普通高等教育"十三五"规划教材
普通高等教育智能建筑系列教材

建筑设备自动化系统工程

主　编　段晨旭
副主编　谢秀颖　袁丽卿
参　编　张永坚　刘兆峰　石嘉川　丁绪东

机械工业出版社

本书是普通高等教育"十三五"规划教材。

全书共分为 6 章，涵盖了建筑设备自动化系统工程的基本概念、支撑技术和各主要系统。详细介绍了给排水、暖通空调、供配电系统监控、智能照明等自动化系统的工作原理和控制策略，给出了各系统的典型控制方案和控制电路。结合空调工程中焓湿图的应用方法，重点阐述了空调冷热源的水系统、新风机组、定风量和变风量空调系统等的监控原理，最后介绍了建筑设备自动化系统的工程设计方法。

本书从自动化专业的角度吸收建筑环境和暖通空调等专业技术方法，内容与实际工程密切联系，力争介绍的知识就是实际工程应用。各章节提供大量有针对性的插图并配有练习和思考题，以培养读者的工程技术设计、开发和应用能力。

本书可作为高等院校电气工程及其自动化、建筑电气与智能化等专业及相关专业的教材，也可供专业技术人员参考。编辑邮箱：jinacmp163.com

图书在版编目（CIP）数据

建筑设备自动化系统工程/段晨旭主编．—北京：机械工业出版社，2016.7（2025.2 重印）
普通高等教育智能建筑系列教材
ISBN 978-7-111-54254-4

Ⅰ.①建⋯ Ⅱ.①段⋯ Ⅲ.①房屋建筑设备-自动化系统-高等学校-教材 Ⅳ.①TU855

中国版本图书馆 CIP 数据核字（2016）第 158127 号

机械工业出版社（北京市百万庄大街 22 号　邮政编码 100037）
策划编辑：贡克勤　责任编辑：贡克勤　吉　玲
版式设计：霍永明　责任校对：张晓蓉
封面设计：张　静　责任印制：单爱军
北京虎彩文化传播有限公司印刷
2025 年 2 月第 1 版第 8 次印刷
184mm×260mm・19.75 印张・484 千字
标准书号：ISBN 978-7-111-54254-4
定价：55.00 元

电话服务　　　　　　　　网络服务
客服电话：010-88361066　机　工　官　网：www.cmpbook.com
　　　　　010-88379833　机　工　官　博：weibo.com/cmp1952
　　　　　010-68326294　金　书　网：www.golden-book.com
封底无防伪标均为盗版　　机工教育服务网：www.cmpedu.com

智能建筑规划教材编委会

主　任　吴启迪
副主任　徐德淦　温伯银　陈瑞藻
委　员　程大章　张公忠　王元恺
　　　　　龙惟定　王　忱　张振昭

序

20世纪，电子技术、计算机网络技术、自动控制技术和系统工程技术获得了空前的高速发展，并渗透到各个领域，深刻地影响着人类的生产方式和生活方式，给人类带来了前所未有的方便和利益。建筑领域也未能例外，智能化建筑便是在这一背景下走进了人们的生活。智能化建筑充分应用各种电子技术、计算机网络技术、自动控制技术和系统工程技术，并加以研发和整合成智能装备，为人们提供安全、便捷、舒适的工作条件和生活环境，并日益成为主导现代建筑的主流。近年来，人们不难发现，凡是按现代化、信息化运作的机构与行业，如政府、金融、商业、医疗、文教、体育、交通枢纽、法院、工厂等，他们所建造的新建筑物，都已具有不同程度的智能化。

智能化建筑市场的拓展为建筑电气工程的发展提供了宽广的天地。特别是建筑电气工程中的弱电系统，更是借助电子技术、计算机网络技术、自动控制技术和系统工程技术在智能建筑中的综合利用，使其获得了日新月异的发展。智能化建筑也为设备制造、工程设计、工程施工、物业管理等行业创造了巨大的市场，促进了社会对智能建筑技术专业人才需求的急速增加。令人高兴的是，众多院校顺应时代发展的要求，调整教学计划、更新课程内容，致力于培养建筑电气与智能建筑应用方向的人才，以适应国民经济高速发展的需要。这正是这套建筑电气与智能建筑系列教材的出版背景。

我欣喜地发现，参加这套建筑电气与智能建筑系列教材编撰工作的有近20个姐妹学校，不论是主编者还是主审者，均是这个领域有突出成就的专家。因此，我深信这套系列教材将会反映各姐妹学校在为国民经济服务方面的最新研究成果。系列教材的出版还说明了一个问题，即时代需要协作精神，时代需要集体智慧。我借此机会感谢所有作者，是你们的辛劳为读者提供了一套好的教材。

吴启迪

写于同济园

前　言

建筑设备自动化系统涵盖了计算机、网络通信和自动控制技术，并涉及建筑结构、建筑环境、建筑设备等诸多方向，是多学科交叉融合、综合运用并处于不断发展的新技术领域，是一个实践性很强，能够形成新的产业增长点的应用技术领域。为了能够培养满足社会对建筑设备自动化系统工程技术人才的需求，作者结合多年的建筑设备自动化教学经验、相关的科学研究成果和专项工程实例，以及在教学过程中收集整理的专业资料，并根据近几年国家的相关工程技术规范和该领域的技术发展，编写了本书。本书减少并压缩了基础知识和设备原理方面的内容，重点介绍建筑设备自动化系统中各典型系统的工作原理、监控方法和设计手段，从节能角度考虑系统的控制策略，通过大量的插图和工程实例，使理论与实际应用结合，力求简明易懂、学以致用。

本书共分6章，第1章重点介绍了建筑设备自动化系统的基本概念、体系结构和系统集成的网络架构；第2章在阐述传感与检测基本概念的基础上，从工程角度介绍了常用的传感器和执行器、直接数字控制器（DDC）和变频器的应用方法；第3章对各种给排水方式的控制策略和具体控制电路进行了详细介绍和分析，重点突出节能控制；第4章重点介绍了中央空调冷热源、冷冻水、冷却水、暖通、新风、定风量、变风量、风机盘管等系统的工作原理和控制方法，引入空调工程中焓湿图概念，详细地分析和学习利用焓湿图原理对中央空调系统进行控制的方法，使电气控制专业的学生了解空调末端空气状态参数的变化过程和趋势，从而能够真正掌握空调系统的控制规律和控制方法；第5章由供配电系统、智能照明系统及电梯系统三部分内容组成，其中，供配电系统监控部分以公共建筑为对象介绍系统的监控方法和设计方法，智能照明监控部分详细介绍了自动照明和智能照明的基本原理、区别和控制方法，以及智能照明系统工程设计，电梯系统监控部分重点介绍高层升降客梯的组成、工作原理，以及电梯监控系统的主要功能和监控方法；第6章采用案例教学方法，依据国家相关设计规范，结合具体建筑设备自动化系统工程实例，详细介绍了工程设计步骤和设计过程。

本书作者均为从事建筑设备自动化教学和相关研究的教师。谢秀颖编写了第5章中智能照明系统监控部分内容，袁丽卿编写了第5章和第6章，张永坚编写了第1章部分内容，其余章节由段晨旭编写，全书由段晨旭统稿，刘兆峰、石嘉川、丁绪东也参与了教材的编写和修改工作。

本书参考了不同专业的建筑设备自动化系统的相关教材和期刊中的资料和研究成果，除在参考文献中列出外，在此向书刊资料作者及同行表示敬意和感谢！对于本书的错误和遗漏之处，以及可能出现的不妥之处，恳请读者提出宝贵意见。

作　者

目 录

序
前言

第1章 建筑设备自动化控制技术基础 ……… 1

1.1 建筑设备自动化系统概述 ……… 1
1.1.1 建筑设备自动化技术的发展历史 ……… 1
1.1.2 建筑设备自动化系统的定义 ……… 3
1.1.3 建筑设备自动化系统的构成及功能 ……… 3

1.2 建筑设备自动化系统的体系结构 ……… 5
1.2.1 集中式控制系统 ……… 6
1.2.2 集散式控制系统 ……… 7
1.2.3 现场总线控制系统 ……… 9
1.2.4 FCS 与 DCS 混合式集成控制系统 ……… 10
1.2.5 网络集成系统 ……… 12

1.3 建筑设备自动化系统集成 ……… 12
1.3.1 系统集成的基本概念 ……… 13
1.3.2 系统集成的分类形式 ……… 14
1.3.3 BA 集成模式 ……… 16
1.3.4 BMS 集成模式 ……… 17
1.3.5 IBMS 集成模式 ……… 20

1.4 建筑设备自动化系统的控制原理 ……… 21
1.4.1 建筑设备自动化系统的基本控制功能 ……… 21
1.4.2 闭环控制/调节系统 ……… 21
1.4.3 控制器调节特性及调节方法的选择 ……… 23
1.4.4 控制系统的参数整定 ……… 30

思考题与习题 ……… 32

第2章 建筑设备自动化系统工程中的监控设备 ……… 33

2.1 传感与检测的基本概念 ……… 33
2.1.1 参数检测分类 ……… 33
2.1.2 检测系统的组成 ……… 33
2.1.3 测量误差与精度 ……… 35
2.1.4 检测仪表的主要性能指标 ……… 35

2.2 建筑设备自动化系统工程中参数检测 ……… 36
2.2.1 温度检测 ……… 36
2.2.2 湿度检测 ……… 45
2.2.3 压力和液位检测 ……… 47
2.2.4 流量检测 ……… 51
2.2.5 风速检测 ……… 56
2.2.6 液位检测 ……… 58

2.3 建筑设备自动化系统中的执行器 ……… 62
2.3.1 电动执行器的分类 ……… 62
2.3.2 建筑设备自动化系统中常用的电动阀 ……… 66
2.3.3 调节阀的流量特性 ……… 70

2.4 变频调速技术 ……… 77
2.4.1 变频器的结构 ……… 77
2.4.2 变频器的分类 ……… 78
2.4.3 变频器控制电路 ……… 79
2.4.4 变频调速的适用范围 ……… 80
2.4.5 变频器的选择 ……… 82
2.4.6 软起动器 ……… 82

2.5 直接数字控制器 ……… 85
2.5.1 直接数字控制器概述 ……… 85
2.5.2 直接数字控制器的基本功能 ……… 85
2.5.3 直接数字控制器的基本应用 ……… 89

思考题与习题 ……… 92

第3章 给排水自动化原理 ……… 94

3.1 给排水系统的分类和基本给水方式 ……… 94
3.1.1 给排水系统的分类 ……… 94
3.1.2 水泵的控制方式 ……… 94

3.2 建筑给水系统自动控制 ……… 98
3.2.1 建筑给水方式 ……… 98
3.2.2 生活用水高位水箱给水系统监控 ……… 99
3.2.3 气压给水方式监控 ……… 102

3.2.4 水泵直接给水的变频器恒压供水系统监控 …… 106	4.5 空调末端自动化 …… 200
3.2.5 一台水泵固定变频运行和多台水泵工频运行的恒压供水控制系统 … 107	4.5.1 新风机组自动控制 …… 200
3.2.6 多泵循环软起动恒压供水控制系统 …… 111	4.5.2 定风量空调机组自动控制 …… 206
3.2.7 恒压供水中水泵电动机由变频器供电到工频供电的切换问题 …… 115	4.5.3 变风量空调系统 …… 224
3.2.8 生活与消防供水系统控制 …… 121	4.6 风机盘管控制系统 …… 238
3.2.9 变频器在小流量恒压供水系统中的应用 …… 125	4.6.1 独立风机盘管和联网风机盘管控制系统 …… 238
3.2.10 无负压供水系统控制 …… 127	4.6.2 风机盘管空调系统的运行调节 …… 243
3.3 排水系统控制 …… 131	4.7 通风系统自动控制 …… 246
3.3.1 排水系统的组成及工作原理 …… 132	4.7.1 高层建筑的通风设计主要考虑的内容 …… 246
3.3.2 给排水系统智能化控制 …… 133	4.7.2 高层建筑各功能区通风及防排烟设计 …… 247
思考题与习题 …… 134	4.7.3 排风排烟机及送风机设置 …… 247
	思考题与习题 …… 249

第4章 空调系统自动化原理 …… 135

- 4.1 空调系统概述 …… 135
  - 4.1.1 湿空气的状态参数 …… 136
  - 4.1.2 空气的参数调节 …… 138
  - 4.1.3 湿空气焓湿图在中央空调控制过程中的应用 …… 141
  - 4.1.4 空调系统的组成 …… 147
  - 4.1.5 空调系统的分类 …… 147
- 4.2 空调的冷热源系统监控 …… 149
  - 4.2.1 制冷机组的工作原理 …… 150
  - 4.2.2 暖通空调的热源设备 …… 159
- 4.3 空调冷源水系统的自动控制 …… 160
  - 4.3.1 空调水系统的组成 …… 160
  - 4.3.2 空调水系统运行参数检测 …… 165
  - 4.3.3 冷水机组的起停联锁控制 …… 167
  - 4.3.4 冷冻水系统的自动控制 …… 169
  - 4.3.5 冷却水系统控制 …… 180
  - 4.3.6 设备相互备用切换与均衡运行控制 …… 184
  - 4.3.7 制冷系统监控技术的发展 …… 185
- 4.4 空调热源系统及集中供热系统自动控制 …… 188
  - 4.4.1 换热站的供热形式 …… 188
  - 4.4.2 集中供热的自动化系统 …… 191
  - 4.4.3 间接连接供热的换热站监控系统设计 …… 195

第5章 供配电系统、智能照明系统及电梯系统监控 …… 251

- 5.1 供配电系统监控 …… 251
  - 5.1.1 供配电系统的检测与控制 …… 251
  - 5.1.2 供配电监控系统的构成 …… 256
  - 5.1.3 监控管理系统的配置方式 …… 258
  - 5.1.4 供配电监控系统设计举例 …… 259
- 5.2 智能照明系统监控 …… 261
  - 5.2.1 照明监控自动化 …… 261
  - 5.2.2 智能照明控制系统 …… 266
  - 5.2.3 智能照明系统设计 …… 270
- 5.3 电梯系统监控 …… 273
  - 5.3.1 电梯的组成和工作原理 …… 273
  - 5.3.2 电梯监控系统的功能 …… 274
- 思考题与习题 …… 275

第6章 建筑设备自动化系统设计 …… 276

- 6.1 建筑设备自动化系统设计概述 …… 276
  - 6.1.1 建筑设备自动化系统设计依据 …… 276
  - 6.1.2 建筑设备自动化系统设计原则 …… 276
  - 6.1.3 建筑设备自动化系统网络结构 …… 277
- 6.2 建筑设备自动化系统的设计步骤 …… 279
  - 6.2.1 方案设计 …… 279
  - 6.2.2 初步设计 …… 279
  - 6.2.3 施工图设计 …… 280
- 6.3 建筑设备自动化系统设计中需要注意的问题 …… 281

6.3.1 编制监控点表 …………………… 281
6.3.2 现场控制器 DDC 的配置 ………… 284
6.3.3 建筑设备自动化系统中现场设备的
配置 …………………………… 285
6.3.4 建筑设备自动化系统的监控中心
设计 …………………………… 286
6.3.5 建筑设备自动化系统辅助设施 … 287
6.4 建筑设备自动化系统设计应用实例 … 288
6.4.1 控制方案设计 ………………… 289
6.4.2 系统及设备选型 ……………… 292
6.4.3 绘制各个监控子系统控制
原理图 ………………………… 293
6.4.4 编制监控点表 ………………… 297
6.4.5 绘制建筑设备自动化系统总控制
网络图 ………………………… 304
6.4.6 设计说明 ……………………… 305
思考题与习题 …………………………… 305

参考文献 ………………………………… 307

第1章 建筑设备自动化控制技术基础

1.1 建筑设备自动化系统概述

随着人类社会的不断发展，建筑物在人类的生活与工作中的地位越来越重要。一方面，人们对建筑物的内外环境要求越来越高；另一方面，科学技术和生产力的迅速发展，为改善建筑物内外环境条件和提高建筑物内外环境质量提供了有效的技术手段和广泛的可能性，结果是附加于传统建筑意义之上的环境、安全等设备的数量及功能要求越来越多，技术水平越来越高，系统越来越复杂，投资、运行能耗和维护费用也越来越高。为了充分、有效地发挥设备潜力，提高系统的整体效能，降低设备运行能耗和系统运行、维护费用，实现建筑物内设备自动控制的建筑设备自动化系统（Building Automation System，BAS，也称为楼宇自动化系统），成为建筑技术不断发展的必然要求和自动化技术在建筑领域应用的必然结果。在建筑设备自动化技术的基础上，结合通信技术、计算机技术和其他科学技术而形成并迅速发展的智能建筑（Intelligent Building，IB）则能更好地满足人们对建筑环境安全、舒适、便捷、高效等要求。

1.1.1 建筑设备自动化技术的发展历史

建筑设备自动化是随着建筑物的环境设备，尤其是暖通空调系统，即供热、通风、空气调节与制冷（Heating, Ventilation, Air Conditioning and Refrigeration，HVAC&R）系统的发展而出现的。建筑设备自动化技术在20世纪50年代后期引入我国，之后的20年随着自动化技术的进步也有所发展，但比较缓慢。近年来随着国内国民经济和科学技术的快速发展，特别是微电子技术、计算机技术和网络技术等IT技术的高速发展，使这一技术在科技与应用两个方面都得到了迅猛发展。

建筑设备自动化系统的发展与其他领域自控系统的发展是相似的。最早的设备自控系统是气动系统，气动控制系统的能源是压缩空气，主要用于控制供热、供冷管道上的调节阀和空气调节系统的空气输配管道调节阀。当时由于市场的竞争和用户的需求，这种控制技术也进行了标准化，标准化的主要内容是统一压缩空气的压力和有关气动部件。在标准的规范下，许多控制设备生产厂商生产的控制设备可以互换，这样不仅可以满足用户的需求，更重要的是标准有利于市场竞争，促进了建筑设备控制系统的发展。

20世纪60年代，随着半导体技术的发展，电气控制系统逐渐代替气动控制系统，并成为建筑设备控制系统的主要控制形式。1973年爆发能源危机，迫使建筑设备自动化系统必须寻求更为有效的控制方式来控制建筑设备，以减少能源的消耗。HVAC&R系统就首当其冲，出现了以HVAC&R设备为主要控制对象的计算机自动化系统，以后逐渐发展为包含照明、火灾报警等子系统的集成计算机楼宇自动化系统。起初计算机系统只是被简单地纳入电气控制系统之中，形成所谓的"监督控制系统（Supervisory Computer Control，SCC）"。在

SCC中，计算机系统的作用只是监督和指导，控制过程仍由原来的控制系统来完成。SCC是计算机系统在控制领域中最简单的应用方式，但在楼宇自控系统中起到了显著的作用，节能效果显著。计算机系统在建筑中的应用由此得到了迅速的发展。

20世纪80年代早期，计算机技术和微处理器有了突破性的发展，产生了直接数字控制（Direct Digital Control，DDC）技术。DDC技术在楼宇自控系统中的应用极大地提高了楼宇设备的效率，并简化了楼宇设备的运行和维护。随后在计算机网络技术的带动下，产生了各种以DDC技术为基础的分布式控制系统（Distributed Control System，DCS）。DCS在楼宇设备控制系统中的应用就形成了建筑设备自动化系统。

早期的建筑设备自动化系统通常是各个独立建筑设备自控系统。随着计算机技术、数字通信技术、控制技术以及微电子技术的发展，其他楼宇设备的自动控制系统也逐渐地被集成到建筑物自动化系统中，如火灾自动报警与消防灭火设备自动控制系统、智能卡设备自控系统等。现代智能建筑的楼宇自动化系统是一个高度集成、和谐互动、具有统一操作接口和界面的"高智商"的自动化系统。

信息技术的飞速发展使建筑设备自动化系统发生了本质的变革。在以往的智能建筑中，建筑设备自动化系统通常与IT系统是分离的。随着企业级管理（Enterprise-wide Management）的日益流行，开放系统技术（Open Systems Technology）以及Internet技术的发展，单纯的物业管理（Facility Management）必将会纳入企业管理之中；专有通信协议的自动化系统将被开放通信协议的自动化系统所取代，并在整个楼宇自动化系统内实现完全互操作，Internet将会成为企业级的基础网络设施（Infrastructure）。这些发展趋势必将导致建筑设备自动化系统建立在企业管理系统的基础设施之上，形成网络化的楼宇系统（Networked Building Systems，NBS），真正成为企业级信息系统的一个子系统。网络化楼宇系统使楼宇自动化系统不仅具有统一的操作界面（如Web浏览器，这种技术在控制系统中的应用已趋成熟），而且使包含物业管理在内的企业管理更加高效。

随着社会与科技的进步与发展，只有建筑设备自动化系统所提供的建筑环境已无法适应信息技术的飞速发展和满足人们对建筑环境信息化、智能化的需求。1984年1月在美国康涅狄格州Hartford竣工的City Place大楼的宣传材料中，第一次出现"智能建筑（Intelligent Building，IB）"一词，标志着"智能建筑"概念的形成。该大楼以当时最先进的技术来控制空调设备、照明设备、防灾和防盗系统、垂直交通运输（电梯）设备、通信和办公自动化等，除可实现舒适、安全的办公环境外，还具有高效、经济的优点。大楼的用户可以获得语音、文字、数据等各类信息服务，而大楼内的空调、供水、防火防盗、供配电等系统均为计算机控制，实现了自动化综合管理，为用户提供了舒适、方便和安全的建筑环境，引起全世界的关注。我国智能建筑起步较晚，直到20世纪80年代末期才有较大的发展，但其迅猛的发展势头令世人瞩目。近几年来，在我国的北京、上海、广州、深圳等城市，相继建成了一批具有相当水平的智能建筑，如北京的发展大厦、上海的金茂大厦、深圳天安数码城等。当前国内的智能建筑开始转向大型公共建筑，例如会展中心、图书馆、体育场馆，乃至城市信息化小区。据国外媒体预测，近期在中国兴建的大型建筑将占全球的一半，21世纪全世界的智能建筑将有一半以上在中国建成。

1.1.2 建筑设备自动化系统的定义

建筑设备自动化系统（Building Automation System，BAS），又称为楼宇自控系统，是根据现代控制理论和控制技术，采用计算机技术、网络技术等，对建筑物内机电系统进行自动监测、自动控制、自动调节和管理的系统。实现建筑物的机电系统安全、高效、可靠、节能的运行和科学的管理。

总的来说，建筑设备自动化系统是一个对建筑物（群）内所有设备及装置的工作状态进行监视、控制和统一管理的自动化系统，它的主要任务是为用户提供安全、高效、经济和舒适的工作环境，保证整个系统经济运行，并提供智能化管理，谋求建筑最佳的节能效果。

本书所涉及的建筑设备自动化的内容主要侧重于建筑物内机电设备范畴的监控与应用。

1.1.3 建筑设备自动化系统的构成及功能

上面给出了建筑设备自动化系统的定义，通过定义可以大致了解建筑设备自动化系统的基本功能和基本组成，它担负着对整幢建筑物机电设备的集中监测与控制，保证所有设备的正常运行，并达到最佳状态。同时，在计算机软件的支持下进行信息处理、数据运算、数据分析、逻辑判断、图形识别等，从而提高了建筑物的管理和服务水平，为建筑的智能化打下坚实的基础。

1. 建筑设备自动化系统的组成

建筑设备自动化系统的内容相当广泛，一般包括暖通空调自动化系统、冷热源自动化系统、给排水自动化系统、供配电监控系统、照明监控系统、电梯监控系统等的控制和管理。建筑设备自动化系统涵盖的基本内容如图 1-1 所示。

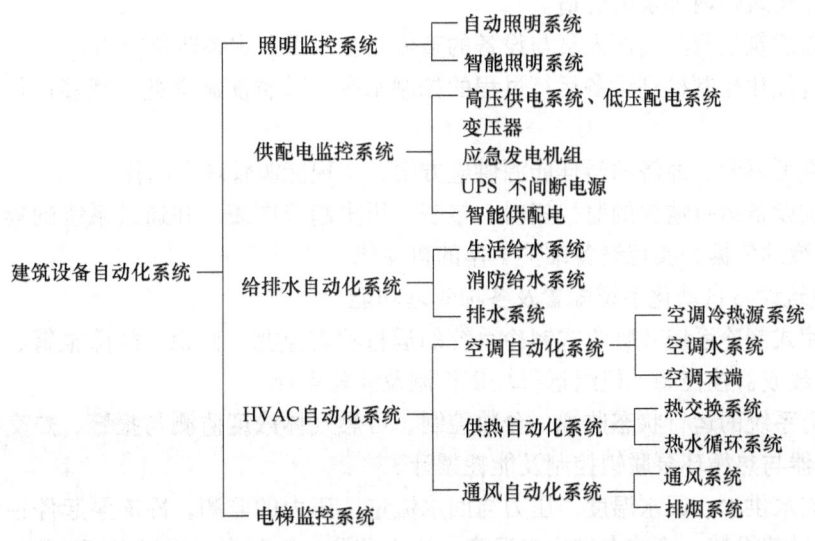

图 1-1 建筑设备自动化系统涵盖的基本内容

1）暖通空调自动化系统（Heating, Ventilation, &Air-Conditioning, HVAC）维持建筑物内各区域环境，通过控制室内温度、湿度和空气质量，以提供满足建筑物的使用要求，并向使用者提供健康舒适的室内环境。

2）冷热源自动化系统指为满足采暖空调系统要求而设立的冷冻站、换热站、锅炉等设备和系统，也包括为生活热水供应的换热设备和水箱。虽然冷热源系统应该是采暖空调系统的一部分，但由于运行维护管理等方面的特殊性，在涉及建筑自动化时，往往将其单独列出。

3）给排水自动化系统指生活用水、饮用水和消防供水等系统，还包括污水处理系统和排水系统。

4）照明监控系统对建筑物照明系统的工作状态进行监控，对局部照明系统，尤其对公共区域照明系统进行各种控制，并引入智能照明的概念、控制方法和工程设计方法。

5）供配电监控系统监控建筑物供配电系统的工作状态，并引入智能供配电的概念和方法。

6）电梯监控系统也属于建筑物的机电设备系统。考虑到电梯、扶梯自身的控制系统的特点，建筑自动化系统要监测各电梯、扶梯的运行状态，有些场合还要求一些必要的集中控制。

随着现代化建筑的发展和对舒适性与能源节约要求的提高，对建筑设备自动化系统的功能也提出新的要求，即在各系统实现控制的基础上，实现系统的集成控制。如：对窗的开闭、各种遮阳装置的调整、建筑物的自然通风等实现自动控制，同时满足采光要求、通风要求以及热环境要求。

2. 建筑设备自动化系统要实现的功能

（1）建筑设备自动化系统的主要功能

1）确保建筑物内环境的舒适。

2）提高建筑物及其内部人员与设备的整体安全水平和灾害防御能力。

3）通过优化控制提高设备运行过程的控制水平，节省能源消耗，减轻操作人员的劳动强度。

4）提供可靠的、经济的最佳能源供应方案，实现能源管理自动化。

5）提供设备运行情况的监控资料、报表、历史趋势图表，并通过系统的集中分析作为设备管理决策的依据，实现设备维护工作的自动化。

（2）建筑设备自动化系统配置及各项管理功能

1）压缩式制冷系统和吸收式制冷系统的运行状态监测、监视、故障报警、起停程序配置、机组台数或群控制、机组运行均衡控制及能耗累计。

2）热力系统的运行状态监视、台数控制、可燃气体浓度监测与报警、热交换器温度控制、热交换器与热循环泵联锁控制及能耗累计。

3）冷冻水供水、回水温度、压力与回水流量、压力的监测，冷冻泵起停控制和状态显示、冷冻泵过载报警、冷冻水进出口温度、压力监测、冷却水进出口温度监测、冷却水最低回水温度控制、冷却水泵起停控制和状态显示、冷却水泵故障报警、冷却塔风机起停控制和状态显示、冷却塔风机故障报警。

4）空调机组起停控制及运行状态显示；过载报警监测；送风、回风温度监测；室内外温、湿度监测；过滤器状态显示及报警；风机故障报警；冷（热）水流量调节；加湿器控制；风门调节；风机、风阀、调节阀联锁控制；室内 CO_2 浓度或空气品质监测；（寒冷地区）防冻控制；送回风机组与消防系统联动控制。

5）变风量（VAV）系统的总风量调节、送风压力监测、风机变频控制、最小风量控制、最小新风量控制及加热控制，变风量末端（VAVBOX）自带控制器时应与建筑设备监控系统联网，以确保控制效果。

6）变制冷剂（VRV）系统的多机控制，制冷剂循环压力监测、温度检测及压缩机的变频控制，电子膨胀阀对过热度控制、制冷剂的总量控制和分配控制的网络集成等。

7）送排风系统的风机起停控制和运行状态显示、风机故障报警、风机与消防系统联动控制。

8）风机盘管机组的室内温度测量与控制，冷（热）水阀开关控制、风机起停及调速控制。能耗分段累计。

9）给水系统的水泵自动起停控制及运行状态显示、水泵故障报警、水箱液位监测、超高与超低水位报警。污水处理系统的水泵起停控制及运行状态显示、水泵故障报警，污水集水井、中水处理池监视、超高与超低液位报警、漏水报警监视。

10）供配电系统的中压开关与主要低压开关的状态监视及故障报警，中压与低压主母排的电压、电流及功率因数测量及电能计量，变压器温度监测及超温报警，备用及应急电源的手动/自动状态、电压、电流及频率监测，主回路及重要回路的谐波监测与记录。

11）大空间、门厅、楼梯间及走道等公共场所的照明按时间程序控制（值班照明除外）或按亮度控制和故障报警，自动照明及智能照明。

12）电梯及自动扶梯的运行状态显示及故障报警。

13）热电联供系统的监视包括初级能源的监测；发电系统的运行状态监测；蒸汽发生系统的运行状态监视；能耗累计。

14）当热力系统、制冷系统、空调系统、给排水系统、电力系统、照明控制系统和电梯管理系统等采用分别自成体系的专业监控系统时，通过通信接口以某一系统为主、或建立公共网络系统将其纳入建筑设备管理系统，实现建筑设备自动化的系统集成系统。

1.2 建筑设备自动化系统的体系结构

建筑设备自动化系统是自动控制技术应用的一个分支，它的技术必然随着自动控制技术的进步而不断发展。建筑设备自动化是将建筑物或建筑群的配电、照明、暖通空调、给排水、防火、保安、车库管理等设备或系统，以集中监测、控制和管理为目的，构成综合自动化控制系统。主要用以营造良好的建筑室内环境；优化建筑设备运行，实现建筑节能；延长建筑设备运行寿命，减少管理成本等。建筑设备自动化系统的控制核心是计算机控制系统。计算机控制系统经过了操作指导控制系统、直接数字控制系统、监督计算机控制系统、集散控制系统到网络化控制的发展过程。

一般建筑设备自动化系统主要由中央管理站、控制分站DDC、现场仪表（检测元件、执行器）等组成。其中，直接数字控制器由于具有数据采集、存储、逻辑判断、高精度运算等能力，既能独立监控空调、通风、锅炉、制冷、电力、照明、给排水设备等设备，又可通过通信网络接收来自中央管理计算机的统一控制与优化管理，所以，由直接数字控制器组成的计算机控制系统是整个建筑设备自动化系统的关键。目前，随着网络通信技术和计算机控制技术的发展，建筑设备自动化控制系统的结构也经历了从集中式控制、集散式控制到网络集成控制发展阶段。

1.2.1 集中式控制系统

集中式结构的控制系统，是指针对不同规模的控制系统，采用不同档次计算机，通过扩展其外围接口电路，集中采集被控系统的模拟量、开关量、数字量等信息，集中进行运算与处理，并以输出模拟量、开关量和数字量的形式，分别完成对被控对象的自动控制、故障报警和保护等功能。集中式控制系统就是由计算机组成的中央控制器独立对被控设备进行智能控制和管理的系统。图1-2是集中式控制系统的组成。

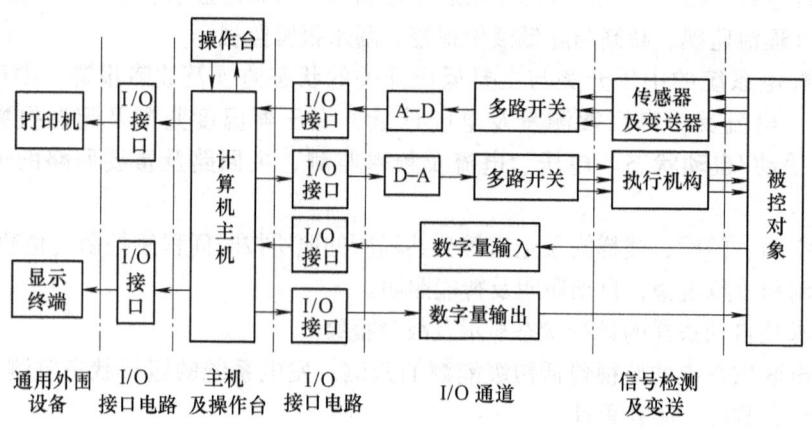

图1-2 集中式控制系统的组成

早期的集中式控制系统采用计算机、键盘、CRT以及打印机构成中央站，传感器和执行器等现场设备位于各处测控点，检测量和被控量都是模拟量，通过双绞线与中央站连接在一起，组成集中监控型控制系统。一台中央计算机操纵着整个系统的工作，中央站根据采集的信息做出决策，完成整个系统的参数调节、节能控制和设备管理。

建筑设备自动化系统中有多个独立运行的控制子系统，例如：建筑的给排水系统、暖通空调的水系统等，这些系统的监控点位置集中、控制规模相对较小，适合集中控制。通常采用直接数字控制器作为控制系统地中央控制器，并独立完成系统的各项控制任务。

集中式控制系统的优点是系统的整体协调性好，缺点是危险性高度集中，一旦中央计算机出现故障，整个系统完全瘫痪。所以，集中式控制方式很难被一些生产过程控制系统所接受。但是对于控制点数相对较少、控制内容相对简单、测控点的位置较集中的控制系统，还是采用DDC组成局部的集中式控制系统。

1.2.2 集散式控制系统

1. 集散式控制系统的定义

集散式控制系统又称为分布式控制系统（DCS），是采用集中管理、分散控制的计算机控制系统。它以分布在现场的数字化控制器或计算机装置完成对被控设备的实时控制、参数监测和保护任务，具有数据处理、显示、记录及显示报警等功能。

2. 集散式控制系统的特点

集散控制系统是纵向分层、横向分散的大型综合系统。它以多层计算机网络为依托，采用大系统分级递阶控制的思想，将设备运行过程水平分解而将功能作垂直分解，将分布的各种控制设备和数据处理设备连接在一起。设备运行过程的信息则全部集中并存储于中央站数据库中，实现各部分的信息共享和协调工作，共同完成各种控制、管理及决策功能，并根据功能需要可利用信息网络向上传递给管理层计算机。

以分布在被控设备现场处的现场控制器（如DDC）完成对被控设备的实时监测和控制任务，以安装于集中控制室的中央管理计算机完成集中操作、显示、报警、打印与优化控制等功能。通过通信总线（现场总线或数据通信网络）使整个系统形成一个整体，实现了信息和操作管理集中化、控制任务分散化的目标。

DCS这种控制分散、信息集中的结构，使系统的危险分散，克服了集中控制系统的危险集中性，系统可靠性差的问题，又避免了常规仪表无法统一管理的分散性和控制装置分散在现场各处，人机联系困难，无法统一管理的不足。

3. 集散式控制系统的结构

集散控制系统中的设备分别处于4个不同的层次，自上而下一般为管理级、监控级、控制级、现场级。在同一层次中，各计算机的功能和地位是相同的，分别承担整个控制系统的相应任务，而它们之间的协调主要依赖上一层计算机的管理，部分依靠与同层中的其他计算机数据通信实现，形成分级分布式控制系统。集散控制系统的体系结构如图1-3所示。

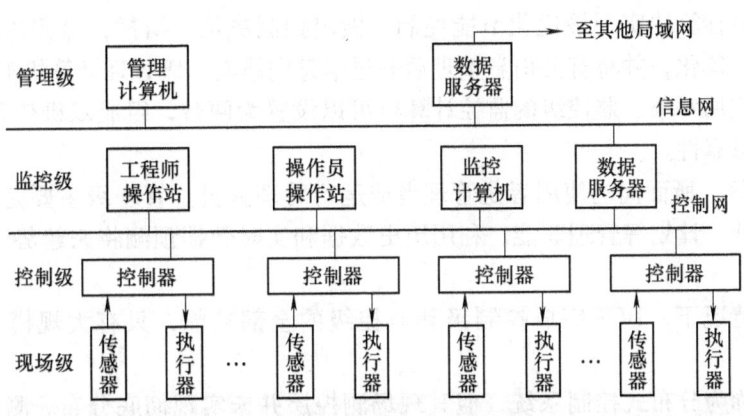

图1-3 集散控制系统的体系结构

（1）现场级　设备位于生产过程附近，典型的现场设备有温度传感器、压力变送器、电动执行器、流量计等，它们将生产过程中的各种物理量转换为DC 4~20mA电信号送往控制级，或者将控制级发出的控制量电信号转换为机械位移，带动调节机构，实现对生产过程的控制。目前现场级的信息传递有三种方式：一种是模拟信号（DC 4~20mA 或 0~5V 等）；另一种是在模拟信号上叠加了调制后的数字量的混合传输模式；还有一种是采用串行通信方式的数字量传输。

通常，现场设备不属于集散控制系统的范畴，但随着技术的发展，现场设备已经智能化和网络化，它们与整个系统逐步连成一体。

（2）控制级　主要由过程控制站和数据采集站构成。过程控制站接收由现场设备，如传感器、变送器来的信号，按照一定的控制策略计算出所需的控制量，控制现场的执行器工作。过程控制站可以同时完成连续控制、顺序控制、逻辑控制等控制功能，也可以只能完成其中的一种控制功能。数据采集站接收来自现场设备的信号，并对它们进行一些必要的转换和处理之后，送到其他部分，主要是监控级设备中。数据采集站不直接完成控制功能。

一般的过程控制系统都把过程控制站和数据采集站集中安装在主控室内的电子设备间中，所以在施工过程中需要耗费大量的控制电缆和人工费用。在建筑设备自动化系统中，各系统相对独立，所以，通常将控制站就近安装在设备间内。

过程控制站可以由 DDC 组成，根据其功能一般可分为 3 种类型：单回路型、功能分离型、多回路型。DDC 接收来自传感器或变送器的过程变量，按照一定的控制策略，计算出所需的控制变量，并把控制变量传给执行机构，由执行机构去调整生产过程的温度、压力、流量、液位等被控变量。

（3）监控级　设置监控计算机、操作员操作台和工程师工作站及数据服务器等。

操作员站是为操作人员提供与集散控制系统相互交换信息的人机接口设备和人机界面，使操作员了解现场运行状态，各种运行参数、异常情况报警显示，通过键盘、操作员也可对过程参数进行调节，对过程进行控制。

工程师工作站则用于对 DCS 进行离线配置，组态工作和在线的系统监督、控制、维护。

监控计算机一般为中、小型计算机，与控制器实时进行信息交换和信息处理，对整个系统的运行进行检测和控制，用以完成系统的高级控制，综合现场控制器的数据，运用现代控制理论，通过最佳算法实现最优化节能控制，做出控制决策、指挥，协调各现场 DDC，实现管理、控制一体化，并将有关信息整理后通过信息网络向上级管理计算机汇报。根据不同的控制要求和应用对象，监控级的监控计算机可以设置为两台，组成双机热备的控制系统，以提高系统的可靠性。

（4）管理级　所面向的使用者是管理者或运行管理人员。管理级主要完成实时监控和性能监控、统计、计划等管理职能，利用历史数据和实时数据预测将来趋势，以规划目标，辅助决策。

在大多数情况下，DCS 完成控制级和监控级的全部功能，只有大规模系统才具有管理级。

DCS 虽然称为分布式控制系统，但其现场测控层并未实现彻底分布。测量变送仪表一般为模拟仪表，即现场 I/O 站的控制器与现场自动化仪表（如传感器、执行器）的测控信号仍为 DC 4~20mA 的模拟信号，因此，它是一种模拟数字混合系统。这种系统在功能、性能上较集中式控制系统有了很大进步，可在实现监控层、管理层的优化控制。但是，在 DCS 系统形成的过程中，由于受计算机系统早期存在的系统封闭这一缺陷的影响，各厂家的产品自成系统，不同厂家的设备不能互连在一起，难以实现互换与互操作，组成更大范围信息共享的网络系统仍存在很多困难。

1.2.3 现场总线控制系统

现场总线控制系统（Fieldbus Control System，FCS）是继集中式控制系统、集散控制系统后的新一代控制系统。由于它适应了工业控制系统向数字化、分散化、网络化、智能化发展的方向，使自动化控制系统真正实现了分散控制，使传统的自动化仪表、集散控制系统、DDC等产品在体系结构和功能等方面都需要改变，从而导致了工业自动化产品的又一次更新换代。

1. 现场总线的定义

现场总线是连接现场智能仪表和自动控制系统的双向串行多节点数字通信的系统，也被称为开放式、数字化、多点通信的底层控制网络。

现场总线技术将专用微处理器置入传统的测量控制仪表，使它们各自都具有了数字计算和数字通信能力，采用双绞线等作为总线，把多个测量控制仪表连接成的网络系统，并按公开、规范的通信协议，在位于现场的多个微机化测量控制设备之间以及现场仪表与远程监控计算机之间，实现数据传输与信息交换，形成各种适应实际需要的自动控制系统。简而言之，现场总线取代了DCS中现场控制器与现场测控单元之间的DC 4~20mA模拟信号传输，它把单个分散的测量控制设备变成网络节点，以现场总线为纽带，把它们连接成可以相互沟通信息、共同完成自控任务的网络系统与控制系统。

2. 现场总线控制系统的结构

建筑设备自动化系统的网络结构已逐步向FCS发展，基本形成三层结构、三层网络的体系结构。三层结构分别是管理层、控制层和现场层。管理层由管理计算机和管理信息网络（以太网）组成，控制层由中央站、控制总线、分站组成，现场层由现场总线和现场智能设备和仪表组成。三层网络分别是管理层的信息网络（主要是开放、高速的以太网）、控制层的控制总线（可以是专有的控制网或开放的现场总线）、现场层的现场总线。现场层的现场总线可以不同，这时连接控制总线的分站实际上成了通信控制器或路由器。现场总线控制系统结构如图1-4所示。

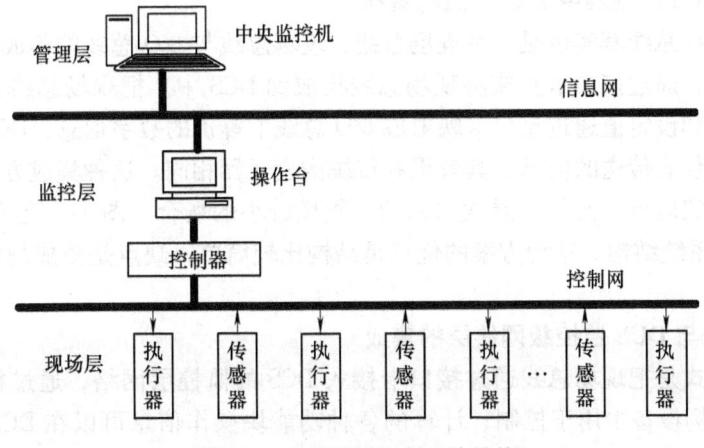

图1-4 现场总线控制系统结构

控制总线若采用与现场层一致的现场总线网络，FCS就可将三层结构简化为两层网络体系结构。如果现场设备采用多种现场总线协议，需要在信息网和现场设备之间增加网关，如图 1-5 所示为两层网络的现场总线控制系统体系结构。

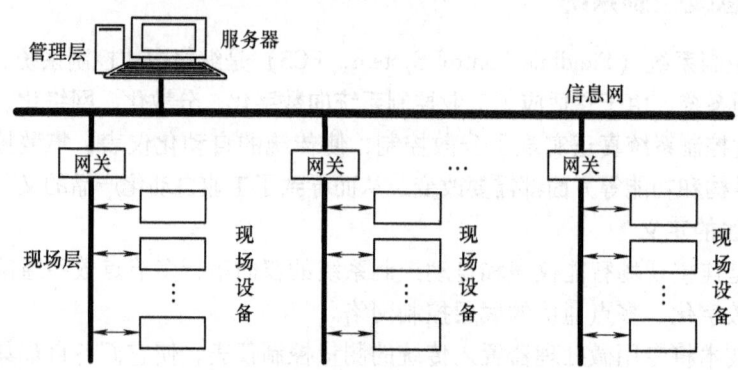

图 1-5　两层网络的现场总线控制系统体系结构

1.2.4　FCS 与 DCS 混合式集成控制系统

现场总线技术是在 20 世纪 80 年代后期，在 DCS 的基础上发展的一种适用于工业环境的网络结构和网络协议。它将现场测控装置与现场控制器之间的模拟信号传输方式，变为数字式串行双向多节点的数据通信方式，从而使 FCS 具备了结构简单、布线费用低、控制功能分散及良好的互操作性。然而这些功能的实现基础是现场控制层的数字智能化的现场测控装置，并不是所有的传感器和执行机构都具备智能化功能和总线通信功能，在目前的技术条件和市场条件下，FCS 还不能完全取代 DCS，而应考虑两者的集成。

充分利用成熟的 DCS 控制管理模式和 FCS 现场通信协议的优势，从技术的继承及控制手段上实现 FCS 与 DCS 相互兼容、优势互补，实现控制功能向现场层下移，使各个现场设备节点的独立功能得以加强，使 DCS 的多层网络扁平化，根据 DCS 系统网络结构特点，现场总线与 DCS 的集成方式主要有以下几种模式：

1. FCS 与 DCS 控制层中 I/O 总线的集成

DCS 中的 I/O 总线其实也是一种现场总线，现场总线与 I/O 总线的集成是不同总线协议之间的互联互通，通过接口卡直接将现场总线集成到 DCS 中。把现场总线当中与 I/O 功能块相关的测量值和设定值通过接口卡映射成 I/O 总线上等价的数字信息，DCS 就能透明地获取现场总线智能仪表传送的信息，其效果和传统的变送器相同。这种集成方式主要用于 DCS 已经安装并且稳定运行，而 FCS 首次引入的，规模较小的场合。图 1-6 是 FCS 通过 DCS 的 I/O 总线集成的系统结构。这种方案的优点是结构比较简单，缺点是集成规模受到现场总线接口卡的限制。

2. 现场总线与 DCS 监控级网络层的集成

这种集成方式是把现场总线通过接口卡接入 DCS 的监控层网络，通过接口单元提供的服务，FCS 的现场设备中用于控制、计算的各种功能块操作信息可以在 DCS 控制台中获取和更改。图 1-7 是现场总线通过接口卡接入 DCS 监控层的网络结构。其优点是原来在 DCS 控制器里的一些控制算法和计算功能可以在现场设备中完成，相关参数可以在 DCS 操作员站中访问，而且不需要对 DCS 系统的控制站进行改动，对原系统影响小。

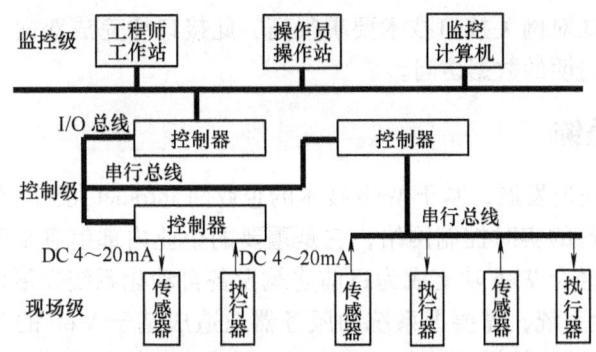

图1-6 FCS通过DCS的I/O总线集成的系统结构

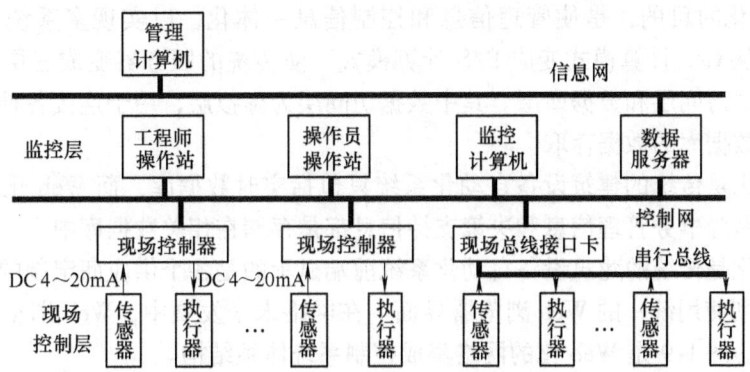

图1-7 现场总线通过接口卡接入DCS监控层的网络结构

3. FCS与DCS并行集成

这种集成方式通过专门设计的网关接口实现现场总线网络和DCS的完全双向连接,即DCS操作员站能访问现场设备中的所有信息,而现场总线也能获取DCS提供的各种信息,因此,便于实现现场总线和DCS的协调控制。此外,在这种集成方式下,现场总线的控制功能更加独立,可以构成一个脱离DCS的完整的控制系统。图1-8是FCS与DCS并行集成的网络系统结构。

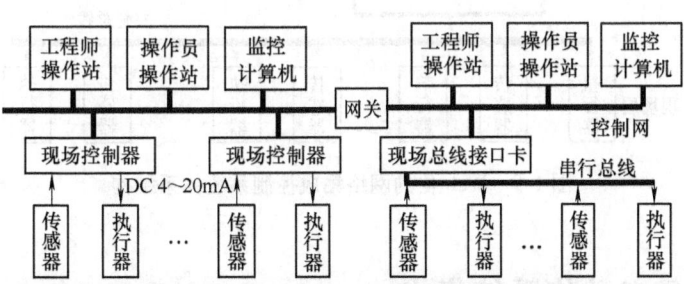

图1-8 FCS与DCS并行集成的网络系统结构

这种方式主要适用于规模较大的控制系统,能有效保护用户对DCS的先期投资。DCS负责监控、优化、先进控制、协调管理等较复杂的应用,是主控系统,而FCS负责现场设备层的数据采集和闭环控制并将设备的状态、诊断信息实时地传送至DCS。

但是这种接口方式对网关接口技术要求很高，此接口要完成双向的协议转换，需要为DCS和现场总线提供透明的数据访问。

1.2.5 网络集成系统

随着网络技术的快速发展，基于 Web 技术的企业网 Intranet 得到广泛应用，建筑设备自动化系统作为企业建筑的实时控制网络，它是重要的企业内部信息来源。系统中央站嵌入 Web 服务器，使系统融合 Web 功能成为目前建筑设备自动化系统发展的方向。要使该系统与 Intranet 融为一体化系统，需要把系统的服务器改造成基于 Web 的工作模式，赋予 Web 网络管理技术，使 Intranet 的授权客户通过 WWW 形式去监控管理建筑设备自动化系统，从而使传统独立的控制系统成为 Intranet 的一部分，使系统网络 Web 化。

系统 Web 化的目的，是使管理信息和控制信息一体化，以实现多系统的集成。网络 Web 化使系统从 C/S 计算模式变成 B/S 计算模式，使传统的服务器变成三层结构，即 Web 服务器层、数据访问层和数据库层。其中数据访问层为虚拟层，用于连接各种事务访问实时数据库和相关数据库的数据存取。

第二个变化是传统的建筑设备自动化系统只包括实时数据库，而 Web 化的系统增加了相关数据库，因为事务管理信息和决策支持信息都是存储在相关数据库中。

第三个变化是传统的建筑设备自动化系统前端显示的是各个供应商定制的人机界面，而 Web 化的系统则使用统一的 Web 浏览器界面。在网络未来发展中，Web 浏览器终将成为标准的用户界面。图 1-9 是 Web 化的网络集成控制系统体系结构。

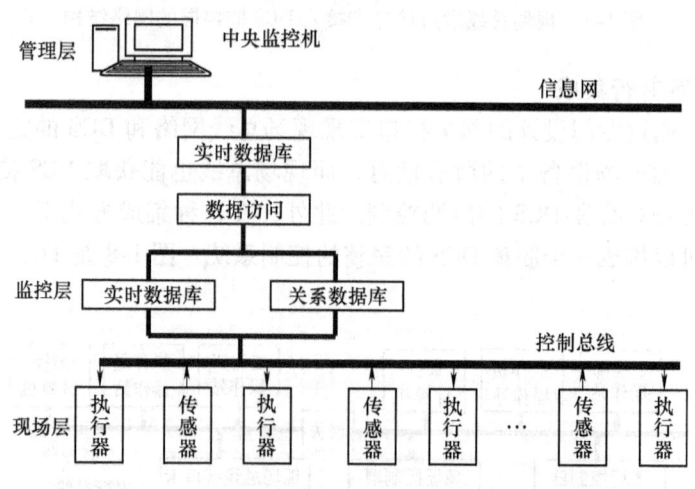

图 1-9　Web 化的网络集成控制系统体系结构

1.3　建筑设备自动化系统集成

系统集成就是通过计算机网络和控制网络技术，把构成智能建筑的各主要子系统的各个分离的设备、功能和信息等集成到一个相互关联的、统一的和协调的系统之中，使该资源达到充分地信息共享，以减少资源的浪费和硬件设备的重复投入，实现真正意义上的统一、实用、高效、便利、可靠、低耗等目的。

目前，智能建筑工程实践中的系统集成主要指在建筑设备自动化各子系统的纵向集成的基础上，以建筑设备自动化系统为主体的包含安全防范系统、火灾自动报警及联动系统、应急响应系统等组成的建筑设备管理系统（Building Management System，BMS），以及将建筑内不同功能的智能化子系统在物理上、逻辑上和功能上连接在一起，以实现信息综合、资源共享，把那些分离的设备、功能和信息有机地连成一个完整的系统，称为建筑集成管理系统（Integrated Building Management System，IBMS）。

以上各系统通过中央监控系统按子系统集成方式组成。各个子系统组建自身的系统，并在基于以太网的局域网信息层或通过网关形式上传信息，形成层次分明、结构完善、整体信息化稳定运行。从系统工程的角度来认识，系统集成不应局限于弱电系统范围。系统集成应当理解为是建筑内所有相关系统之间、与建筑物之间的融合和匹配。

1.3.1 系统集成的基本概念

1. 系统、集成和系统集成的内涵

系统是指由相互作用和相互依赖的若干组成部分按一定的关系组成的具有特定功能的有机整体。其本质在于描述事物的组织架构和事物间的相互关系，系统特别强调"有机的整体"。

（1）集成与系统集成

1）集成（Integration）可理解为一个整体的各部分之间能彼此有机地协调工作，以发挥整体效益，达到整体优化之目的。集成绝非是各种设备的简单拼接，而是要通过系统集成达到"$1+1>2$"的效果。

2）系统集成主要是通过建筑中结构化的综合布线系统和计算机网络技术，使构成建筑的各个主要子系统具有开放式结构，协议和接口都标准化和规范化，具体而言就是软硬件的连接方式、交换信息的内容和格式、子系统之间的互控和联动功能、各子系统的扩展方法等方面，都必须标准化和规范化，从而能将各自分离的设备、功能和信息等集成到相互关联的、统一和协调的系统之中，实现各子系统的信息融合，达到资源的充分共享和方便管理，并进而实现整个系统的协调运行。

（2）系统集成的目的　系统集成强调在网络技术、数据库技术、中间件技术基础上实现各个异构系统之间的信息共享，为包括各个异构系统在内的视为一个整体的、系统的附加功能服务，使信息进一步增值，并为管理控制一体化发挥不可或缺的作用。

（3）系统集成的实质　系统集成是从系统工程的观点，研究解决工程中各个不同系统、不同组件、不同厂家产品进行技术和工程两方面的协调，保证相互的匹配，实现互联互通，达到整个系统的综合与高效。如果没有系统集成过程，再先进新颖的技术产品也构不成统一的整体系统。系统集成可理解为根据客户的需求，优选各种技术和产品，将各个分离子系统（或部分）连接成一个完整、可靠、经济和有效的系统的过程。

当今的系统集成特别要求网络化的集成，而不再是以处理器或服务器为中心。集成系统的开发也不再是面向过程，而是面向对象，密切结合应用需求，强调综合集成。从信息交互上看，也已经从简单的状态信息组合和基于监控的处理，发展到基于内容的处理和融合以及基于虚拟和多媒体技术的人机接口。

(4) 系统集成的功能　系统集成可以从两个层面上体现其功能：一个层面是自动化，主要体现在系统本身、系统与系统之间的关联；另一个层面是管理，主要体现在信息收集、处理和表现。系统集成实现的关键在于解决各系统之间的互联性和互操作性，这就需要解决各系统之间的接口、协议、系统平台、应用软件等问题。

集成系统是建筑物中的一个信息管理系统。目前工程实践中通常是控制网络与信息管理系统的融合。集成系统的作用反映在两个方面：从日后维护管理的角度，确实可实现建筑物业管理上人力、物力的节省，为实现高效的、现代化管理提供技术基础；从功能的角度，应根据不同建筑的实际需求来决定是否采用集成系统。

2. 系统集成的基本功能

(1) 智能系统的集中监视管理　集成系统将建筑物内各分散、独立运行的子系统，通过网络互联，使用统一的集成软件界面进行集中监视。可以监控楼内空调、水泵、风机、电梯等机电设备的运行状态，各建筑设备自动化各系统控制的温度、湿度、通风、照明等环境控制情况，停车场管理系统的车位使用情况，消防报警系统的感烟、感温传感器的工作状态或报警情况，安防和巡更的现状等等。

(2) 弱电系统的整体联动实现大厦的智能控制　系统集成的实施能够使原本各自独立的控制系统在集成平台的统一监控和协调下形成一个有机整体，分布在不同子系统的信息点和受控点可按管理目的建立起联动关系，这种跨系统的流程，扩展了各子系统的功能。

1) 相关系统的联动运行。当火灾报警系统检测到火灾报警时，建筑自动化系统将自动联动关闭相关区域的照明、非消防电源及火灾发生时需要关闭的机电设备，相应的疏散通道的门禁系统将自行开启以方便疏散，闭路电视监控系统将把火灾画面切换到相关部门。

2) 相关系统的节能运行。可根据日常工作流程安排，在上班时间之前的适宜时间开启空调系统，在上班时自动开启照明系统，门禁系统也自动开启以方便人员进入，而在下班时，又可根据需要提前关闭空调和下班后关闭照明系统。

1.3.2　系统集成的分类形式

智能化建筑的系统集成包括：网络集成、信息集成和功能集成，将建筑智能化系统从功能到应用进行开发及整合，从而实现对建筑进行全面及完善的综合管理。

目前，系统集成技术主要有两种模式：基于 BA 系统的建筑设备管理系统（BMS）模式和基于 Internet/Intranet 的建筑集成管理系统（Integrated Building Management System，IBMS）模式。从集成的形式上可分为下面三种功能不同的集成结构。

1. 子系统纵向集成

集成的目的在于各子系统具体功能的实现。例如对于 BA 系统，需将电梯系统、供水系统、照明系统等智能化系统，以子系统为单位进行功能集成，系统包括：子系统中央工作站、网络控制器、现场控制器、信息传输系统等。

1) 子系统中央工作站负责系统的运行管理工作，通常采用 PC 作为硬件平台、Windows 作为软件平台。

2) 网络控制器作为子系统集成的主控制器，采用串行通信方式与现场控制器连接。

3) 现场控制器具有独立完成现场控制与调节的功能，现场控制器的数量以及控制器的输入输出点数和类型等可以根据现场控制需求配置。

建筑设备自动化各子系统集成模式，可分以网络控制器、中央控制器的纵向集成和带有中央管理工作站的集成模式。

（1）建立在现场控制器基础上的网络控制器管理模式　早期建筑设备自动化子系统是在现场控制器基础上，以网络控制器为中心的集成模式，其系统的管理功能受网络控制器的功能限制，但网络控制器作为现场集成控制设备具有可靠性高、网络结构简单的优势，随着具有通用的图形化编译工具、可进行现场集成功能强大的网络控制器出现，在网络控制器层面进行系统集成的系统具备一定优势。如图1-10a所示是建立在现场控制器基础上的网络控制器管理模式。

（2）子系统工作站纵向集成管理模式　从应用和管理角度出发，建筑设备自动化各子系统的集成不但要有高质量的现场控制系统，更希望具有友好人机界面控制工作站。这些功能子系统控制工作站采用通用微处理机平台的可视化管理为基本界面。如图1-10b所示是工作站子系统纵向集成的管理模式。

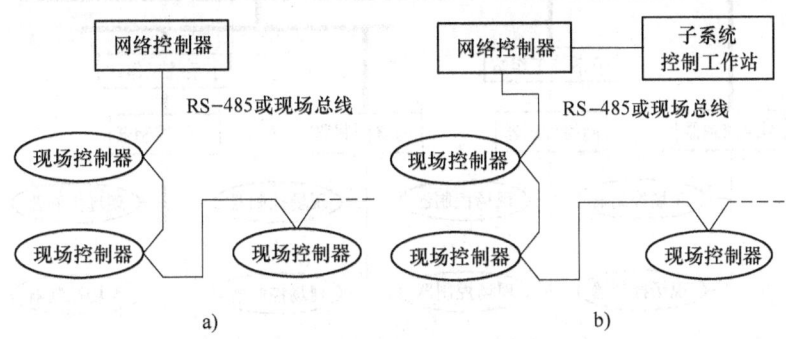

图1-10　网络控制器管理模式和工作站子系统纵向集成管理模式

2. 横向集成

横向集成主要体现于各子系统间的优化组合。在确立各子系统重要性的基础上，实现几个关键子系统的协调优化运行，报警联动控制等再生成功能。按其结构方案的分类分为松散型集成、紧凑型集成和综合型集成三个方案。

（1）松散型集成方案　该方案是基于各功能子系统业已存在的自控工作站，利用网络和特定的编程方法，完成系统与被集成系统之间的数据存取，以达到信息互联的目的。典型的松散型集成系统方案如图1-11所示。

（2）紧凑型集成方案　紧凑型集成方案将直接从各子系统的链路通信协议进行集成。原则上，只要功能子系统能够提供开放的数据传输协议和物理连接方法。目前市场上出现了一些产品，控制器可以直接挂接IP网。这种情况，虽然也是通过类似松散型集成方案中的信息存取方法，但仍然可把它归为紧凑型集成方案，因为其应用层面已经发生变化。典型的紧凑型系统集成方案如图1-12所示。

（3）综合型集成方案　综合型集成方案就是在同一个系统里既有松散型的集成架构，又有紧凑型的集成架构。在大多数实际的工程项目中，将会采取这一种方案。综合型系统集成方案如图1-13所示。

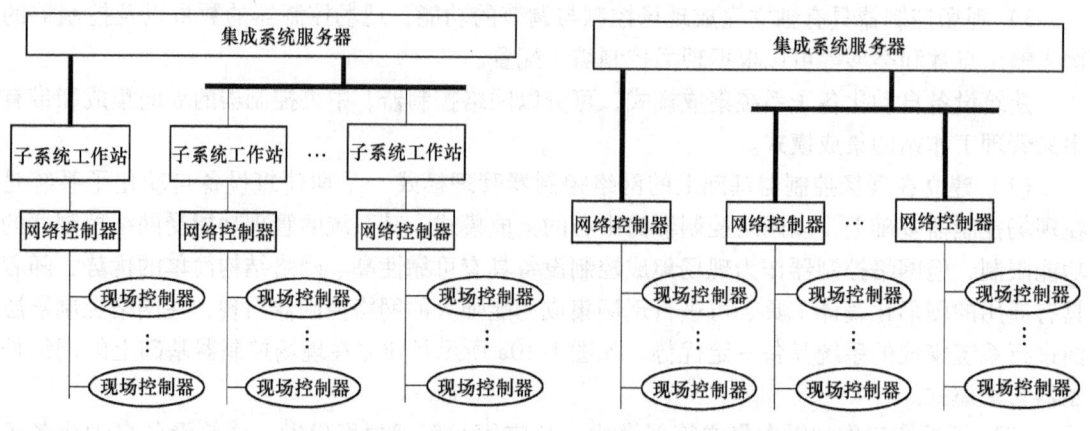

图1-11 典型的松散型系统集成方案　　图1-12 典型的紧凑型系统集成方案

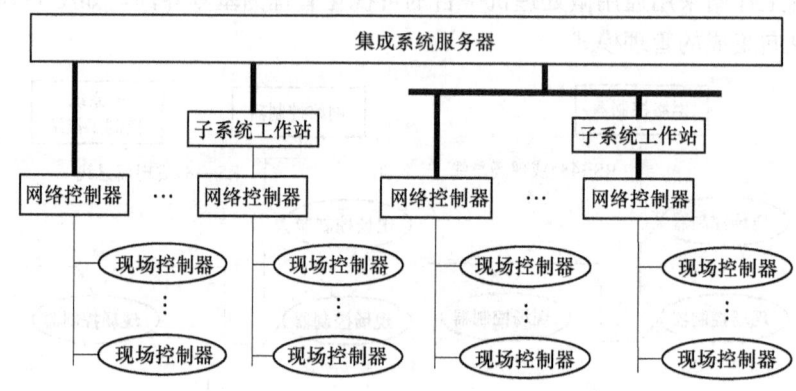

图1-13 综合型系统集成方案

1.3.3 BA集成模式

BA系统即楼宇自控系统（Building Automation System，BAS），又称为建筑设备自动化系统，它是在综合运用自动控制、计算机、通信、传感器等技术的基础上，实现建筑物设备的有效控制与管理，保证建筑设施的节能、高效、可靠、安全运行，满足广大使用者的需求。

1. BA系统的集成结构

BA系统属于一种集散控制系统。其基本结构包括分散的过程控制装置、集中的操作管理装置以及通信网络三部分。如图1-14是典型集散系统组成的BA系统结构。

所谓分散的过程控制装置就是各种DDC或PLC。控制器安装在控制现场，就地实现各种设备监控功能。

数据通信方面，DDC和PLC之间通过通信网络进行连接，使得不同控制器之间实现互联互通、互操作。

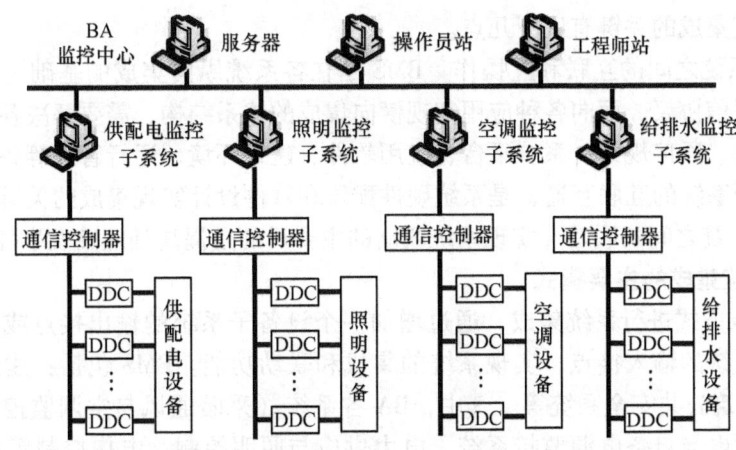

图 1-14 典型集散系统组成的 BA 系统结构

集中操作和管理设备即各种服务器、工作站等。通过这些设备，操作管理人员可以通过友好的人机界面实现设备状态查看及控制、数据信息收集和管理、报警管理、报表生成等。

BA 系统有两大接口界面：一个是集中操作和管理设备与工作人员之间的人机界面（目前行业中对人机界面友好性的要求越来越高）；另一个是 BA 系统与控制对象之间的过程界面，包括各种传感器、执行器、阀门、变频器以及表具等。

2. BA 系统集成的发展

BA 系统已从最初的单一设备控制发展到今天的集综合优化控制、在线故障诊断、全局信息管理和总体运行协调等高层次应用为一体的集散控制方式，已将信息、控制、管理、决策有机地融合在一起。但是随着工业以太网、基于 Web 控制方式等新技术的涌现以及人们对节能管理、数据分析挖掘等高端需求的深化，BA 系统仍然处在一个不断自我完善和发展的过程中。

随着 BA 系统通信的开放化（LonWorks、BACnet、OPC）、网络扁平化（以太网进入现场层）、设备集成化（现场层设备功能越来越强大），BA 系统除了不断完善自身的控制功能外，以 BA 为中心的建筑管理系统也不断发展和完善。

1.3.4 BMS 集成模式

BMS 集成模式是对 BAS（楼宇自控系统）实现综合管理的系统。BMS 以开放的建筑设备自动化系统为基础和平台，增加有关信息通信、协议转换和控制管理等模块，将独立的火灾自动报警与消防联动控制系统、安全防范系统、出入口控制系统、IC 卡系统以及停车库管理子系统等有机的集成起来，运行于 BA 系统中央监控管理级计算机上，实现对各类子系统和设备的信息管理和监控，实现系统联动控制和整个建筑的全局响应功能。

BMS 通过对大厦内所有建筑设备进行全面的监控和管理，确保大厦内所有设备处于高效、节能、最佳的运行状态，提供一个安全、舒适、便捷的工作和生活环境。

1. BMS 系统集成的关键问题

BMS 系统集成的本质是实现各个子系统之间的信息交换，并对各子系统实行统一的管理和监控。系统集成的关键有以下几点。

（1）各子系统之间的互联和互操作　BMS 是在各系统纵向集成的基础上，对不同厂商的设备、多种通信协议、面向各种应用实现横向集成的体系结构，需要解决各类设备、各子系统之间的接口、通信规约、系统平台、应用软件、建筑环境、运行管理等各类面向集成的问题。如何实现系统的互联互通，是系统硬件配置和软件设计实现集成的关键。

（2）各子系统之间的联动　实现系统联动的主要目的是提高处理突发事件的能力。

2. BMS 系统集成的主要模式

（1）以接点方式进行系统集成　通过增加一个设备子系统的输出接点或传感器，接入另一个设备子系统的输入接点，实现系统的集成和联动功能。BMS 包括：建筑设备自动化的 BA 系统及建筑公共安全系统等。其中，BA 各系统（采暖通风与空调监控系统、给排水监控系统、变配电与自备电源监控系统、电力供应与照明控制、电梯控制等系统）在纵向集成的基础上实现横向网络化集成，公共安全各独立系统（火灾自动报警与消防控制系统、人员出入监视系统、保安巡更系统、防盗报警系统等）以输出接点的形式参与 BA 系统的集成。图 1-15 是公共安全系统以硬节点方式参与系统集成的结构。这种集成主要完成联动功能，联动大致分为硬件联动和软件联动两种。所谓的硬件联动就是通过硬接点进行连接，消防报警或安防所有产生的动作或告警，通过硬接点传给监控主机，在主机上进行图像显示、上传信息并完成联动；软件联动即通过软件的集成，在平台上进行图像联动显示。

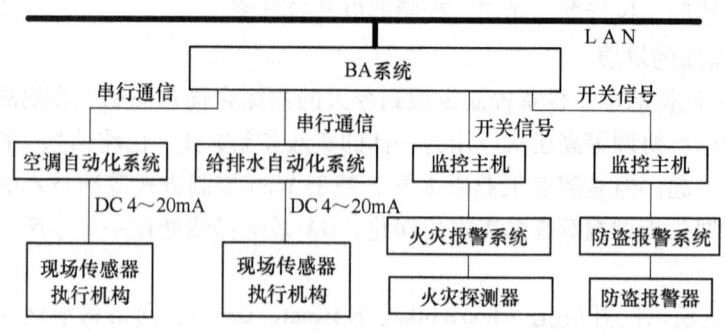

图 1-15　以硬节点方式参与系统集成结构

规范要求火灾自动报警系统应为一个独立的系统，目前，许多设计中允许火灾自动报警系统向建筑物自动化系统发送信号，即平时 BA 系统可以从火灾自动报警主机上获取其运行状态的各类信号，火灾时火灾自动报警系统可向 BA 系统发出信号，但消防的专用设备仍然归到消防联动中，设计消防专用总线，成为独立系统。

这种以接点方式进行系统集成的方式是系统集成早期采用的技术手段，简单、可靠、容易实现，目前，作为电控箱的切换和消防联动的开关条件等还具有实际应用价值。

（2）以串行通信方式进行系统集成　随着串行通信和现场总线技术的发展，建筑设备控制系统具有了串行通信功能和信息交换功能，使之具备集成的能力。常见的方式是将现场控制器增加串行通信接口，能够与其他子系统进行通信。不同子系统和不同厂商的设备之间的信息交换通过通信协议的转换实现信息交换。图 1-16 是以串行通信方式进行系统集成的结构。

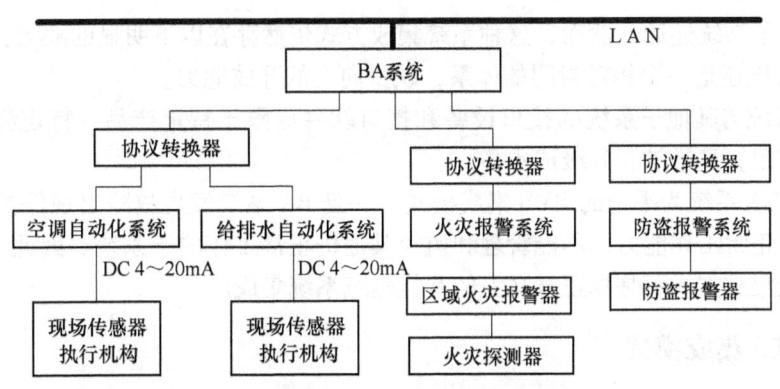

图 1-16　以串行通信方式进行系统集成的结构

各系统在接入 BA 系统之前，通过协议转换器将采用不同通信方式和通信规约的系统统一转换为固定的通信协议和通信方式后（如：统一转换为 RS-232 协议）接入物业管理系统。

（3）基于楼宇自控系统 BA 平台的系统集成　随着计算机技术的发展，建筑设备控制系统制造商将产品和计算机技术紧密结合起来，使建筑设备自动化系统可以通过计算机网络连接其他子系统，建筑设备自动化系统可以监测、控制和管理其他子系统，由此产生了以 BA 系统为平台的系统集成方式。系统把若干个相互独立、相互关联的系统如建筑设备监控系统、安全防范系统、火灾自动报警及联动系统等集成到一个统一的、协调运行的系统中。这种集成方式相对于前两种集成方式来说是一个较大进步，系统集成程度和功能明显得到提高。图 1-17 是基于建筑设备自动化系统 BA 平台的系统集成的结构。

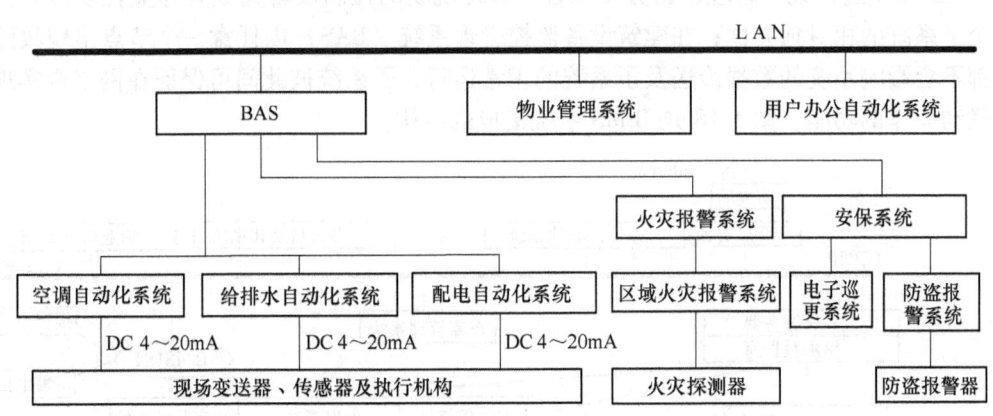

图 1-17　基于建筑设备自动化系统 BA 平台的系统集成的结构

以 BA 系统为中心的系统结构大多采用二级网络的形式，即上层为局域网 LAN（通常是以太网或 BACnet），下层采用 RS-485、LonWorks 等速率较低的标准工控总线方式，具备集成的有利条件。此外，以 BA 为中心的集成模式还可通过开发与第三方系统的网络接口（网关或网络控制器），将各种系统数据集成到网络主干上，这样 BA 网关就能将 SAS、FAS 等第三方系统的协议转化为 BA 级通信主干协议，从而实现了以 BA 为中心的集成目的。这种集成模式的优点是 BA 软件本身提供的开发平台就比较强大，通过网关转换，不难将智能化建筑内全部各子系统连通。然而，这种系统集成方式仍然存在以下明显的缺点：

1）BA系统还是一个相对封闭的体系，缺少向上的开放能力。

2）BA系统与其他子系统的接口设备和接口软件局限于特定产品、特定型号，因此系统集成能力有限，且维护、升级成本高。

3）基于BA系统为平台的BMS集成模式，一旦BA系统发生故障出现停机，BMS集成系统也就失去正常工作能力，不能管理和监控其他仍正常工作的子系统。因此，以BA系统为平台的系统集成方式不是真正意义上的智能建筑系统集成。

1.3.5 IBMS集成模式

IBMS集成属于一体化的网络集成模式，它基于Internet/Intranet技术，将BAS（建筑设备监控管理系统）、PAS（广播系统）、CPS（停车场管理系统）、SCS（综合智能卡系统）、OAS（办公自动化系统）以及CNS（通信与网络系统）等各子系统视为下层现场控制层，并以平等方式集成为一个有机的统一系统。

基于子系统平等方式进行系统集成是一种更为先进的系统。这种系统集成方式的核心思想是建立系统集成管理网络，将各子系统视为下层现场控制网，并以平等方式集成。系统集成管理网络运行集成系统（实时）数据库，各子系统的实时数据通过开放的工业标准接口（如OPC接口）转换成统一格式存储在系统集成数据库中。它既要求实现对控制层信息的系统集成，又要求控制层与管理层能充分融合，IBMS系统主要集中在监视、管理和优化资源的配置上，对于实时的控制信息不直接参与控制，而是交由各子系统独立完成。

IBMS是一个建立在各子系统的基础上采用集散控制方式的完整独立的系统，各子系统在IBMS工作站进行集中管理，由分布在各子系统现场的控制设备完成具体监控功能，并确保每个子系统的相对独立性；在建筑设备监控管理系统（BAS）内任意一个节点出现故障情况下都不会影响系统的数据传送及子系统的正常运行，子系统彼此间可保证在网络内实现互联及联动操作的功能。图1-18是IBMS系统集成的结构。

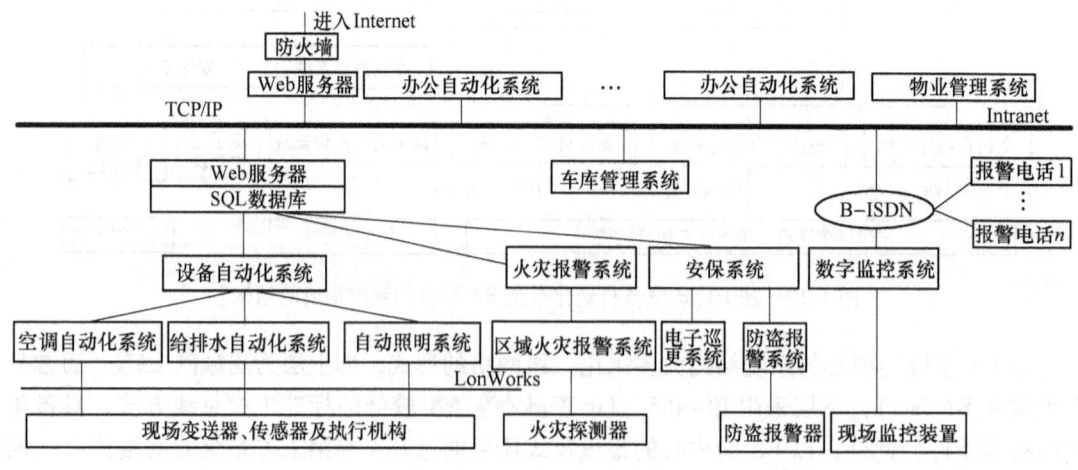

图1-18 IBMS系统集成的结构

IBMS通过TCP/IP、BACnet、OPC、LonWorks等通信协议与楼宇自控系统、安防系统、消防系统、办公自动化系统或现场设备之间相互通讯，实现所有子系统的集成。系统的设计，完全基于企业内部网（Intranet）之上，通过 Web 服务器和浏览器技术来实现楼宇管理系统的实时信息交互、综合和共享，实现统一的人机交互界面和跨平台的数据库访问。

1.4 建筑设备自动化系统的控制原理

建筑设备自动化系统也称为楼宇自控系统。早期的建筑设备控制系统，主要是指建筑物内暖通空调设备的自动化控制系统，随着智能建筑技术的发展，建筑设备自动化系统已经包括了建筑中的所有可控的机电设备，如暖通空调设备、照明设备、变配电设备以及给排水设备等，通过实现建筑设备自动化控制，达到合理利用设备，节省能源，节省人力，确保设备安全运行之目的。

1.4.1 建筑设备自动化系统的基本控制功能

1. 起停控制

自动控制系统检测设备起停状态，按照规定程序顺序起停各台设备，保证设备的安全运行。

2. 参数调节

在设备可靠正确运行的基础上，系统要根据设定值对被控对象进行控制。

3. 安全保护

维持各设备安全可靠运行、避免事故，是比参数调节、维持系统稳定运行更重要的任务。建筑设备自动化各系统都有相应的安全保护措施，这是控制系统的基本要求。

4. 设备工作状态监测

对系统进行全面的状态监测，也就是对相关的物理量进行测量。这包括以下几类：

1）被调节参数：如室内温湿度，送风温湿度等。
2）运行设备状况：如风机起停，水泵起停等。
3）执行机构状态：如调节阀的阀位状态，蝶阀和风阀的到位情况等。
4）安全/报警状态：如水流开关、防冻开关及过滤网压差等状态等。
5）这些状态监测结果，除了送给控制系统以外，通常根据系统要求由指示灯或显示仪表直观的在控制柜上显示。

5. 远程管理

通过工业控制网络或信息网络将现场设备与控制中心实现信息互联，完成远程设备起停控制、远程设备工作状态监测、远程控制参数设定，以及运行参数记录、分析统计、报表打印、历史趋势等的远程管理功能。

1.4.2 闭环控制/调节系统

一般的自动控制系统由被控对象、检测仪表或装置、调节器/控制器和执行器几个基本部分组成。检测仪表对被控对象的被控参数进行测量；调节器根据给定值与测量值的偏差并按一定的调节规律，经过运算处理后输出控制量；控制和执行器对被控对象进行控制，使被控参数满足要求。这类控制系统就是闭环控制系统，也称为调节系统，其原理框图如

图 1-19 所示。

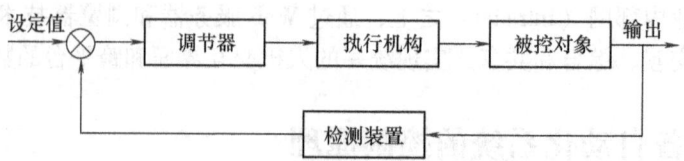

图 1-19　闭环调节系统原理框图

建筑设备自动化系统中常用的控制系统根据其组成结构的不同可分为单回路系统和多回路系统。

1. 单回路控制/调节系统

单回路系统一般指在一个控制对象上用一个调节器来控制一个被控参数，调节器只接受一个测量信号，其输出也只控制一个执行机构。在建筑设备自动化设备控制中，单回路控制/调节系统能够满足绝大部分的控制要求，因此，单回路调节的用量很大。单回路系统结构简单明了、投资小，只要系统设计合理并且选择合适的调节器和适当的调节规律，就能使系统满足控制要求。图 1-20 是变风量空调系统的变风量箱送风控制房间温度的示意图。

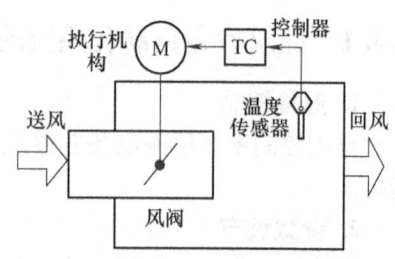

图 1-20　变风量房间温度控制示意图

室内温度控制器根据室内温度传感器检测值和温度设定值，调节变风量箱上的电动风阀的开度，控制送风量。例如在夏季，当室温超过设定值时开大风阀，反之关小风阀。这是一个典型的单回路控制环节，图 1-21 是单回路变风量室内温度控制原理框图。

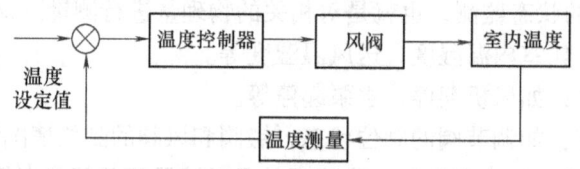

图 1-21　单回路变风量室内温度控制原理框图

2. 多回路控制/调节系统

如果被控制对象的动态特性较为复杂，惯性比较大，采用单回路控制往往不能满足指标要求。对这类控制对象，可寻找某一个惯性较小、能及时反映干扰影响的中间变量或参数作为辅助控制变量，通过辅助回路对辅助变量的及时控制，共同完成对主要被控参数的调节与控制，这就组成了多回路系统。辅助变量的选择，要求它与主要被调参数关系密切，在扰动出现时，其变化比主要被调参数的变化更快，而且容易检测、转换。图 1-22 是变风量室内温度串级控制系统，系统由主、副两个控制回路构成，房间温度控制为主控制回路，副回路是送风量控制回路，两控制回路的调节器相串联，所以

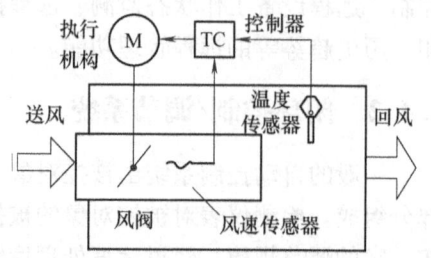

图 1-22　变风量室内温度串级控制系统

又称串联多回路调节系统，简称串级调节系统。

被控温度参数通过反馈构成主回路，而对主控量变化起主要影响的辅助参数——风速反馈后构成副回路，主、副回路相串联。副回路的给定值为一变量，它是主控变量经主调节器调节后的输出量。因而，副回路是一个随主回路变动而能自动调节的随动系统。副回路被加在主控回路中，将随机的、频繁的、高强度的干扰及时消除，而缓慢变化的扰动则由主回路去控制。因此，在选择串联多回路控制系统控制方案时，副回路主要考虑对频繁出现的主要干扰进行控制，以减少主要干扰对被控制变量的影响，副回路应有较快的反应速度。如图 1-23 是变风量室内温度串级控制环节示意图。

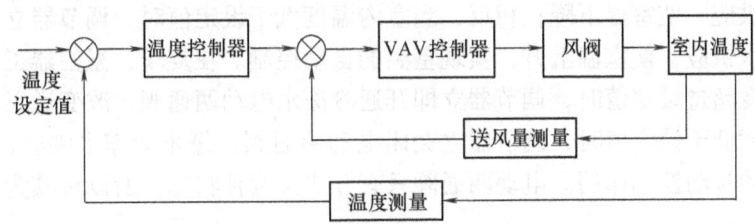

图 1-23 变风量室内温度串级控制环节示意图

1.4.3 控制器调节特性及调节方法的选择

闭环控制系统控制器（也称调节器）的作用是把测量值和给定值进行比较，得出偏差后，根据一定的调节规律计算出输出信号，控制执行器对控制对象进行自动控制，实现对被控变量的调节。

在建筑设备自动化系统中，由于被控对象多为惯性环节，所以，开关式控制或连续控制也是基本的控制方式。对于变化缓慢而且对控制精度要求不高的控制对象，其控制策略通常是两位式动作：开或关，不存在中间位置，例如：空调水系统中的蝶阀的使用分为两位式控制和比例式控制；而对于被控对象的控制精度要求高的系统，通常采用比例（P）、积分（I）、微分（D）三种调节规律组合的连续调节方式。使用比较多的是 PI 比例积分调节或 PID 比例积分微分调节，在一些控制精度要求不高的场合也可以单纯使用 P 比例调节器。下面重点介绍位置式控制和比例、积分、微分连续控制的基本原理和调节规律。

1. 位置式调节

所谓位置式调节，是一种断续的控制方式，每当误差超出上限或低于下限时控制器才会动作，通过起动或关断控制装置，而在其他时刻，系统实际处于开环状态，不对被控对象进行调节。位置调节分双位调节和三位调节两种。

(1) 双位调节 双位调节的特性就是根据偏差值的正/负，输出两个不同的开关控制信号。当被调参数偏差设定在一定数值时，调节器输出最大值或最小值，使调节器全开或全闭，双位调节系统的调节输出有两种状态：全开和全闭，调节器的方程如下：

$$P = \begin{cases} +1 & e > 0 \\ -1 & e < 0 \end{cases} \tag{1-1}$$

式中，P 为双位调节器的输出，取开(+1, on)、关(-1 或 0, off) 两种状态；e 为偏差值。

双位调节的特性如图 1-24 所示。在实际使用中双位调节存在滞环区，所谓滞环区是指不引起调节器动作的偏差的绝对值。如果被调参数对给定值的偏差不超出这个绝对值区间，调节器的输出将保持不变，这样就避免了偏差在"0"（临界点）附近，调节器输出信号频繁变化，引起执行机构和相关设备频繁起停所带来的不利影响。滞环区偏差的绝对值区间如图1-24b中的｜Δ｜。

双位调节方式机构简单，动作可靠，所以在建筑设备自动化各系统中广泛应用。例如：空调系统中的风机盘管的两通阀的控制通常采用双位调节。室温双位调节系统如图1-25所示，系统由温度传感器、控制器和电动两通阀组成。室内温度传感器检测室内温度。在冬季，温控器工作在加热模式下，当室内温度超过设定值时，调节器立即关闭热水电动两通阀，停止热水供应，使室温下降；相反，当室内温度低于设定值时，调节器立即打开电动两通阀，继续热水供应，使室温上升，实现室温的自动控制。在夏季，温控器工作在降温模式下，当室内温度超过设定值时，调节器立即开通冷冻水电动两通阀，改变送风温度使室温下降；当室内温度低于设定值时，调节器立关闭电动两通阀，停止冷冻水供应，使室温上升，同样达到室温的自动控制作用。电动两通阀只有开或关两种状态，所以称其为双位调节。

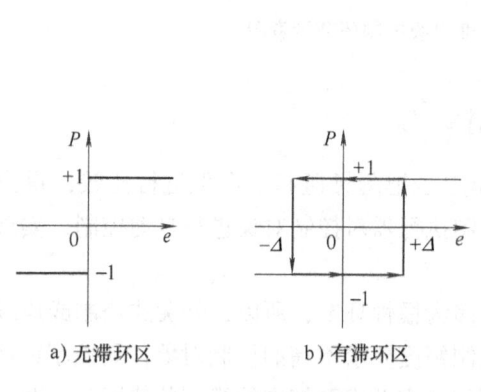

a) 无滞环区　　b) 有滞环区

图1-24　双位调节特性

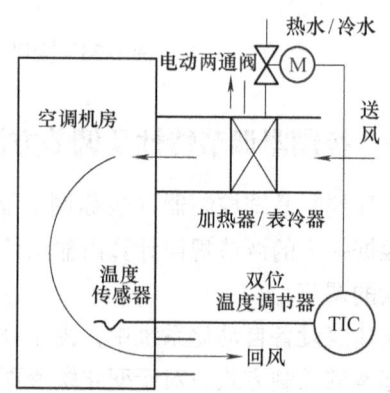

图1-25　室温双位调节系统

（2）三位调节　三位调节的特性就是根据偏差的大小，输出三个不同的开关状态控制信号。三种状态可以分别对应电动机正转、停、反转三种工作状态，也可以分别对应控制系统大、中、小三种工作方式等。其能够克服双位式调节的调节过程会产生的被控量变化过快与超调量大不足。三位调节系统有三种状态：全开、中间、全闭（大、中、小等）。式（1-2）为调节器的方程。

$$P = \begin{cases} +1 & e \geq \Delta \\ 0 & \Delta > e \geq -\Delta \\ -1 & e \leq -\Delta \end{cases} \quad (1-2)$$

式中，P为三位调节器的输出，取+1、0、-1三种状态，实际的工程含义由具体的应用确定；e为偏差值；Δ为输出P取不同值时所对应偏差值e的区间间隔，也可理解为调节器输出对应的偏差不灵敏区。三位调节特性如图1-26所示。

实际使用三位调节也存在滞环区（见图1-26b），这样就避免了偏差在输出状态转换（临界）点附近调节器输出信号频繁变化，从而消除了因设备频繁起停对系统产生的不利影响。

三位调节能够减少双位式调节的调节过程会产生的被控量变化过快与超调量大现象。以图 1-27 所示的室温三位式电加热器控制为例，系统由三位式温度控制器、温度传感器和两个电加热器组成。使用两个继电器，分别控制辅助加热器 A 和主加热器 B 两组加热器，组成"升温加热"、"恒温调节"及"停止加热"三种输出状态。当测量值低于下限设定值时，两继电器均吸合，系统进入"升温加热"状态。A、B 二组加热器同时加热，因此升温速度较快；当测量值到达下限设定值、低于上限设定值时，下限继电器释放，断开辅助加热器 A 的继电器，升温速率随之下降，系统进入"恒温加热"状态；当测量值到达上限设定值时，下限继电器仍保持断开状态，上限继电器开始释放，断开主加热器 B 继电器。此时由于主辅加热器均失去释放，温度逐渐下降，直至降到上限设定回差的下限时，重复上述过程。

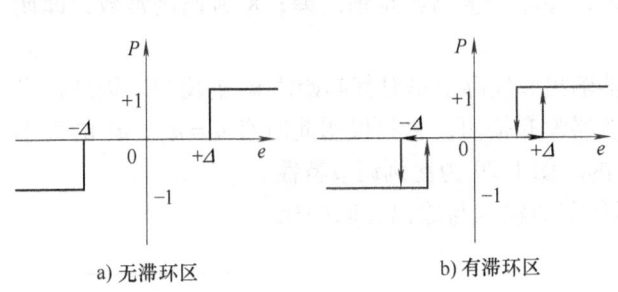

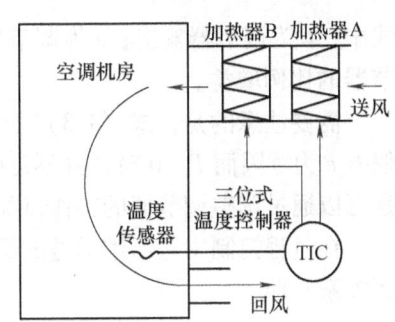

图 1-26　三位调节特性　　　　　　　　图 1-27　室温三位式加热控制系统

图 1-28 给出了三位式电加热器控制过程。三位调节通过对加热器 A 和加热器 B 的组合控制使其升温速度快，又能保证在进入恒温调节状态后温度的波动小，精度高。

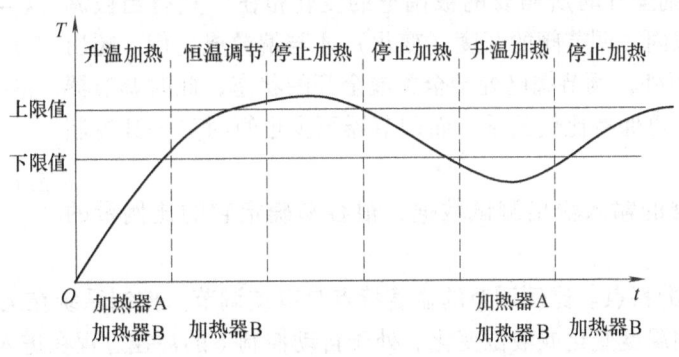

图 1-28　三位式电加热器控制过程

三位调节的仪表还可以由下限继电器承担加热调节，而把上限继电器作超温时的冷却输出或报警输出，且报警值可由用户随意设置，但报警的方式是上限继电器常闭触点重又闭合，与正规的报警动作相反，对此需注意。

三位调节应用在电动阀蝶阀的控制中，分别对应电动机正转、停、反转三种工作状态。

三位调节还可用于回差可调的宽中间带调节方式，其回差约等于上限设定值与下限设定值之差值，在制冷控制系统中应用较多。

位置调节的被调参数不能稳定在不变的数值上，而是在规定范围内波动。从调节的品质角度出发,希望波动范围越小越好,但波动范围越小,则波动的次数越频繁,调节器的动作的频率就越大,甚至会达到不能容许的程度。为了降低开关动作的频率,可以设置滞环区,降低控制器开关动作的频率,延长执行器的寿命。所以,位式调节在调节精度要求不高的地方比较合适,如房间温度的调节和精度要求不高的水池液位控制等。

2. PID 控制

（1）比例调节（P）

1）比例调节的动作规律及比例带。比例调节的特性：当被调参数与给定值有偏差时,调节器能按被调参数与给定值的偏差值大小和方向输出与偏差成比例的控制信号,不同的偏差值对应不同执行机构的位置。比例调节器的方程为

$$u = Ke \tag{1-3}$$

式中,u 为调节器输出;e 为调节器的输入,即测量值与给定值之差;K 为比例常数,即调节器的比例增益。

需要注意的是,式（1-3）中的调节器输出 u 实际上是对其起始值 u_0 的增量。因此,当偏差 e 为零因而 $P=0$ 时,并不意味着调节器没有输出,它只说明此时有 $u=u_0$。u_0 的大小是可以通过调整调节器的工作点加以改变的。图 1-29 为比例调节特性。

在过程控制中习惯用增益的倒数表示调节器输入与输出之间的比例关系,即

$$u = \frac{1}{\delta} e \tag{1-4}$$

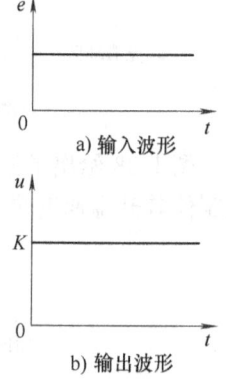

图 1-29 比例调节特性

式中的 δ 称为比例带,具有重要的物理意义。如果直接代表调节阀开度的变化量,那么从式中可以看出,δ 就代表使调节阀开度改变 100%,即从全关到全开时所需要的被调量的变化范围。只有当被调量处在这个范围以内,调节阀的开度（变化）才与偏差成比例。超出这个"比例带"以外,调节阀已处于全关或全开的状态,此时调节器的输入与输出已不再保持比例关系,而调节器至少也暂时失去其控制作用了。

根据 P 调节器的输入输出测试数据,很容易确定它的比例带的大小。

2）比例调节的特点。比例调节的显著特点是有差调节。控制系统在运行过程中经常会发生负荷变化,如温度变化或液位变化。处于自动控制下的被控过程在进入稳态后,输入量与输出量之间总是达到平衡的。因此,通常根据调节阀的开度来衡量负荷的大小。

如果采用比例调节,则在负荷扰动下的调节过程结束后,被调量不可能与设定值准确相等,它们之间一定有残差,下面举例说明。图 1-30 是一个换热器的出口水温控制系统。在这个控制系统中,热水温度 T 由热电阻检测经过传感器变送器 TT 送到调节器 TC,调节器控制加热蒸汽的调节阀开度以保持出口水温恒定,加热器的热负荷既决定于热水流量 Q 也决定于热水温度 T。假定现在采用比例调节器,并将调节阀开度 μ 直接视为调节器的输出。比例调节的控制特性如图 1-31 所示,其中直线 1 是比例调节器的静特性,即调节阀开度 μ 随水温变化的情况。水温越高调节器应把调节阀开得越小,因此,它在图中是左高右低的直线,比例带越大,则直线的斜率越大。图中曲线 2 和 3 分别代表加热器在不同的热水流量下

的静特性。它们表示加热器在没有调节器控制时,在不同的热水流量下的稳态出口水温与调节阀开度之间的关系,可以通过单独对加热器进行的一系列实验得到。直线 1 与曲线 2 的交点 O 代表该点的热水流量为 Q_0。假定投入的控制系统是稳定的情况下,最终要达到的稳态运行点,稳定时的出口水温为 T_0,调节阀开度为 μ_0。如果假定 T_0 就是水温的设定值,从这个运行点开始,如果热水流量减小为 Q_1,那么在调节过程结束后,新的稳态运行点将移到直线 1 与曲线 3 的交 A。这就出现了被调量残差 $T_A - T_0$,它是比例调节规律所决定的。不难看出,残差既随着流量变化幅度也随着比例带的加大而加大。

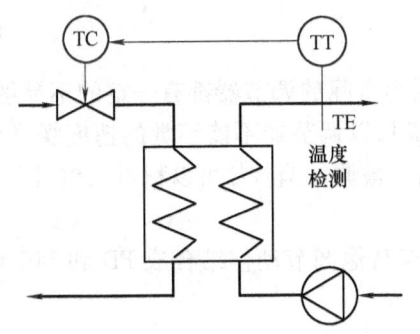

图 1-30 换热器水温控制系统

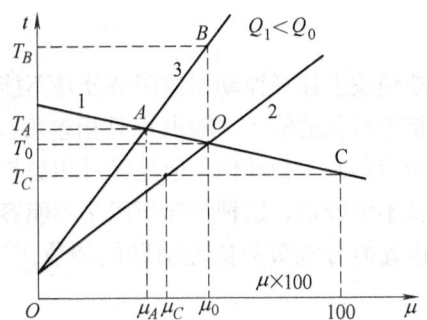

图 1-31 比例调节的控制特性

比例调节虽然不能准确保持被调量恒定,但效果还是比不加自动控制好。如图 1-31 所示,从运行点 O 开始,如果不进行自动控制,那么热水流量减小为 Q_1 后,水温将根据其自平衡特性一直上升到 T_B 为止。

(2) 积分调节 (I)

1) 积分调节的动作规律。积分调节是当被调参数与其给定值存在偏差时,调节器对偏差进行积分并输出相应的控制信号,控制执行器动作,一直到被调参数与其给定值的偏差消失为止,因而在调节过程结束时,被调参数能回到给定值,其静态误差(残余偏差)为零。积分调节方程为

$$u = K_I \int_0^t e dt = \frac{1}{T_I} \int_0^t e dt \tag{1-5}$$

式中,u 为调节器输出;K_I 为大倍数,调节器的积分增益;e 为调节器的输入(测量值与给定值之差);T_I 为积分时间。

积分调节特性如图 1-32 所示。在输入不变的情况下(见图 1-32a),输出按积分输出(见图 1-32b),积分调节只能用于具有自衡特性的被控对象,自衡能力越好调节效果越好。缺点是调节时间长,对变化快的干扰,调节效果差,极少单独使用。

2) 积分调节的特点。积分调节的特点是无差调节。采用积分调节的控制系统,其调节阀开度与当时被调量的数值本身没有直接关系,因此,积分调节也称为浮动调节。积分调节的稳定作用较比例调节差。对于同一个被控对象,积分调节过程较比例调节过程缓慢。表现在振荡频率较低。

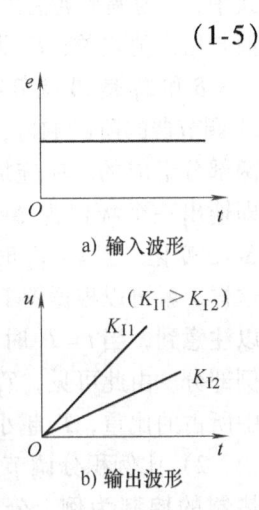

图 1-32 积分调节特性

(3) 微分调节（D） 控制器的输出与输入误差信号的微分（即误差的变化率）成正比关系，这种调节动作称为微分调节。

比例调节和积分调节都是根据当前偏差的方向和大小进行调节，如果调节器能够根据被调量的变化速度来控制执行机构动作，而不要等到被调量已经出现较大偏差后才开始动作，那么调节的效果将会更好，等于赋予调节器以某种程度的预见性。微分调节就是根据被调量的变化速度（包括其大小和方向）可以反映一段内时间输入、输出量间的不平衡情况进行调节的。

调节器输出与被调量的偏差对于时间的导数成正比，其微分调节方程为

$$u = K_D \frac{de}{dt} \tag{1-6}$$

单纯按上述规律动作的调节器是不能工作的，因为实际的调节器都有一定的不灵敏区，如果被控对象的输入、输出量只相差很少以致被调量只以调节器不能察觉的速度缓慢变化时，调节器并不会动作。但是经过相当长时间变化后，被调量偏差却可以积累到相当大的数值而得不到校正，这种情况当然是不能容许的。

因此微分调节只能起辅助的调节作用，它可以与其他调节动作结合成 PD 和 PID 调节动作。

(4) 比例积分调节（PI）

1) 比例积分的调节动作规律。比例积分调节的特点是当被调参数与其给定值发生偏差时，调节器的输出信号不仅与输入偏差保持比例关系，同时还与偏差存在的时间长短有关。比例积分调节器综合了比例、积分两种调节器的优点。在偏差出现时，调节过程开始以比例调节器的特性进行调节，接着又叠加了积分调节的特性进行调节，并消除偏差。比例积分调节的方程为

$$u = K_C e + K_I \int_0^t e dt \tag{1-7}$$

$$u = \frac{1}{\delta}\left(e + \frac{1}{T_I}\int_0^t e dt\right) \tag{1-8}$$

式中，u 为调节器输出；K_C 为比例常数，即调节器的比例增益；e 为调节器的输入，即测量值与给定值之差；K_I 为积分时间；δ 为比例带，可视情况取正值或负值。

δ 和 T_I 是 PI 调节器的两个重要参数。图 1-33 是 PI 调节器的阶跃响应，它是由比例动作和积分动作两部分组成的。在施加阶跃输入的瞬间，调节器立即输出一个幅值为 $\Delta e/\delta$ 的阶跃，然后以固定速度 $\Delta e/\delta$ 变化。当 $t = T_I$ 时，调节器的总输出为 $2\Delta e/\delta$。这样，就可以根据图 1-33 确定 δ 和 T_I 的数值。还可以注意到，当 $t = T_I$ 时，输出的积分部分正好等于比例部分。由此可见，T_I 可以衡量积分部分在总输出中所占的比重，T_I 越小，积分部分所占的比重越大。

2) 比例积分调节过程。仍以图 1-30 所示的换热器的控制为例，分析 PI 调节过程的进行情况。

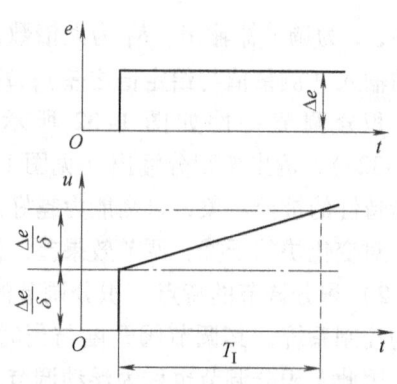

图 1-33 PI 调节器的阶跃响应

图 1-34 是 PI 调节器在阶跃扰动下的调节过程，图中给出了热水流量阶跃减小后的调节曲线，显示出各调节量之间的相互关系。从出口水温开始观察，当水流量减少，出水温度 T 会升高，μ_P 是 PI 调节器阀位输出中的比例部分，它与 T 温度曲线 T 成镜面对称，因为调节器应置于反作用方式下；μ_I 是调节器阀位输出的积分部分，它是曲线 T 的积分曲线；调节器阀位总输出 μ_{PI} 是 μ_P 和 μ_I 的叠加；Q_{h1} 是蒸汽带入的热流入量，其变化情况决定于 μ_{PI}，Q_{h2} 是热水带走的热流出量，其变化情况决定于水流量和热水温度。

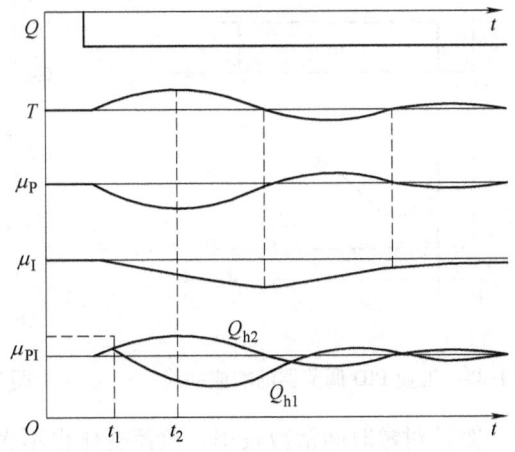

图 1-34　PI 调节器在阶跃扰动下的调节过程

特别值得注意的是，从图中可以看出，残差的消除是 PI 调节器积分动作的结果。正是积分部分的阀位输出使调节阀开度最终得以到达抵消扰动所需的位置，比例部分的阀位输出 μ_P 在调节过程的初始阶段起较大作用，但调节过程结束后又返回到扰动发生前的数值。

应当指出，PI 调节引入积分动作带来消除系统残差之好处的同时，却降低了原有系统的稳定性。为保持控制系统原来的衰减率，PI 调节器比例带必须适当加大。所以 PI 调节是在稍微牺牲控制系统的动态品质以换取较好的稳态性能。

（5）比例积分微分调节（PID）　PID 调节器的动作规律为

$$u = K_C e + K_I \int_0^t e \mathrm{d}t + K_D \frac{\mathrm{d}e}{\mathrm{d}t} \tag{1-9}$$

或

$$u = \frac{1}{\delta}\left(e + \frac{1}{T_I}\int_0^t e \mathrm{d}t + T_D \frac{\mathrm{d}e}{\mathrm{d}t}\right) \tag{1-10}$$

式中，δ、T 和 T_D 参数意义与 PI、PD 调节器相同。

工业 PID 调节器的响应曲线如图 1-35 所示，其中阴影部分面积代表微分作用的强弱。

为了对各种动作规律进行比较，图 1-36 表示了同一对象在相同阶跃扰动下，采用不同调节动作时具有同样衰减率的响应过程。显然，PID 三作用时控制效果最佳，但这并不意味着在任何情况下采用三作用调节都是合理的。何况三作用调节器有三个需要整定的参数，如果这些参数整定不合适，则不仅不能发挥各种调节动作应有的作用，反而适得其反。

事实上，选择什么样动作规律的调节器与具体对象相匹配，这是一个比较复杂的问题，需要综合考虑多种因素才能获得合理解决。

通常，选择调节器动作规律时应根据对象特性、负荷变化、主要扰动和系统控制要求等具体情况，同时还应考虑系统的经济性以及系统是否投入方便等。

1）被控对象时间常数较大或容积迟延较大时，应引入微分动作。若工艺容许有残差，可选用比例微分动作；若工艺要求无残差，则选用比例积分微分动作。如换热器温度控制等。

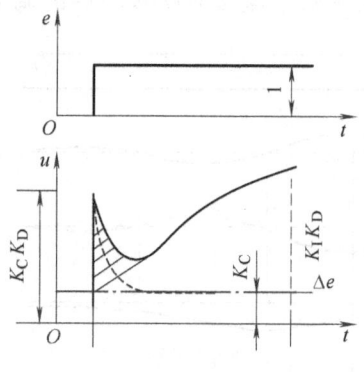
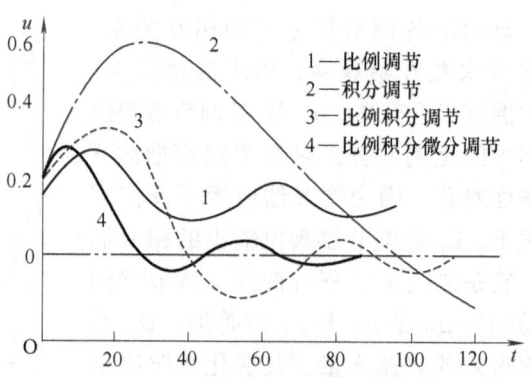

图 1-35 工业 PID 调节器的响应曲线　　图 1-36 PI 控制系统在阶跃扰动下的调节过程

2）被控对象时间常数较小，负荷变化也不大，而工艺要求无残差时，可选择比例积分动作。例如管道压力和流量的控制。

3）被控对象时间常数较小，负荷变化较小，工艺要求不高时，可选择比例动作。例如水箱或水池液位控制。

4）被控对象时间常数或容积迟延很大，负荷变化亦很大时，简单控制系统已不能满足要求，应设计复杂控制系统。

1.4.4　控制系统的参数整定

简单控制系统是由广义对象和调节器构成的，其控制质量的决定性因素是被控对象的动态特性，与此相比其他都是次要的。当系统安装好以后，系统能否在最佳状态下工作，主要取决于调节器各参数的设置是否得当。

应当指出，控制系统的整定是一个很重要的工作，但它只能在一定范围内起作用，决不能误认为调节器参数的整定是"万能"的。如果设计方案不合理、仪表选择不当、安装质量不高、被控对象特性不好，要想通过调节器参数的整定来满足工艺生产要求也是不可能的。所以，只有在系统设计合理、仪表选择得当和安装正确条件下，调节器参数整定才有意义。

评价闭环控制系统性能指标可概括为：稳定性、正确性和快速性。

衡量调节器参数是否最佳，需要规定一个明确的统一反映控制系统质量的性能指标。如：要求最大动态偏差尽可能小、调节时间最短、调节过程系统输出的误差积分值最小等。然而，改变调节器参数可以使某些指标得到改善，而同时又会使其他的指标恶化。此外，不同生产过程对系统性能指标的要求也不一样，因此系统整定时性能指标的选择有一定灵活性。作为系统整定的性能指标，它必须能综合反映系统控制质量，而同时又便于分析和计算。

模拟调节器参数的整定是按照工艺对控制性能的要求来整定调节器的参数 K_P、T_I、T_D，而数字调节器的参数整定除了需要确定上述三个参数外，还需要确定系统的采样周期 T。通常被控对象有较大的惯性时间常数，因此，采样周期与其相比，其时间常数要小得多，所以数字调节器的参数整定可仿照模拟调节器的参数整定。

系统整定方法很多,可归纳为两大类:一类是理论计算整定法,如根轨迹法、频率特性法。这类整定方法基于被控对象数学模型(如传递函数、频率特性),通过计算方法直接求得调节器整定参数。无论采用机理分析法还是测试法,由于忽略了某些因素,它们所得的对象数学模型是近似的,此外,实际调节器的动态特性与理想的调节器动作规律也有差别。所以,在过程控制系统中,理论计算求得的整定参数并不很可靠。另外,理论计算整定法往往比较复杂、烦琐,使用不十分方便。

为了使控制系统不仅静态特性好,而且稳定性好,过渡过程快,正确地整定 PID 数字调节器的参数 K_P、T_I、T_D 是非常重要的。在连续控制系统中,模拟调节器的参数整定方法非常多,在工程实际中最流行的是另一类称为工程整定法,其中有一些是基于对象的阶跃响应曲线,有些则直接在闭环系统中进行,方法简单,易于掌握。虽然它们是一种近似的经验方法,但相当实用。

这并不是说理论计算整定法就没有价值了,恰恰相反,理论计算整定法有助于人们深入理解问题的实质,它所导出的一些结果正是工程整定法的理论依据。

在工程实际中,常采用工程整定法,它们是在理论基础上通过实践总结出来的。这些方法通过并不复杂的实验,就能迅速获得调节器的近似最佳整定参数,因而在工程中得到广泛应用。下面介绍几种最常用的整定方法。

1. 稳定边界法

这是一种闭环的整定方法。它基于纯比例控制系统临界振荡试验所得数据,即临界比例带 δ 和临界振荡周期 T_{cr},利用一些经验公式,求取调节器最佳参数值。稳定边界法参数整定计算公式见表 1-1。具体步骤如下:

表 1-1 稳定边界法参数整定计算公式

整定参数 调节规律	δ	T_I	T_D
P	$2\delta_{cr}$		
PI	$2.2\delta_{cr}$	$0.85T_{cr}$	
PID	$1.67\delta_{cr}$	$0.5T_{cr}$	$0.125T_{cr}$

1)置调节器积分时间 T_I 到最大值($T_I = \infty$),微分时间 T_D 为零($T_D = 0$),比例带 δ 置较大值,使控制系统投入运行。

2)待系统运行稳定后,逐渐减小比例带,直到系统出现如图 1-37 所示的等幅振荡,即所谓临界振荡过程。记录下此时的比例带 δ(临界比例带),并计算两个波峰间的时间 T_{cr}(临界振荡周期)。

3)利用 δ_{cr} 和 T_{cr} 值,按表 1-1 给出的相应计算公式,求调节器各整定参数 K_P、T_I、T_D 的数值。

2. 凑试法确定 PID 参数

增大比例系数 K_P 一般将加快系统的响应,在有静差的情况下有利于减小静差。但过大的比例系数会使系统有较大的超调,并产生振荡,使稳定性变坏。

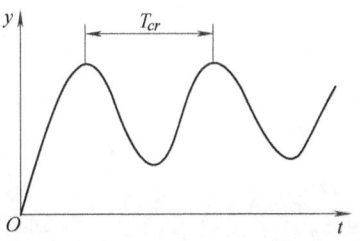

图 1-37 系统的临界过程

增大积分时间参数 T_I 有利于减小超调，减小振荡，使系统更加稳定，但系统静态的消除将随之减慢。

增大微分时间参数 T_D 亦有利于加快系统响应，使超调量减小，稳定性增加，但系统对扰动的抑制能力减弱，对扰动有较敏感的响应。

在凑试时，可参考以上参数对控制过程的影响趋势，对参数实行"先比例，后积分，再微分"的整定步骤。

1）首先只整定比例部分，即将比例系数由小到大，并观察相应的系统响应，直到得到反应快，超调小的响应曲线。如果系统没有静差或者静差已小到允许的范围内，并且响应曲线已属满意，那么只需用比例调节器即可，最优比例系数可由此确定。

2）如果在比例调节的基础上系统的静差不能满足设计要求，则须加入积分环节。整定时首先置积分时间 T_I 为一较大值，并将经第一步整定得到的比例系数略为缩小（如缩小为原值的 0.8），然后减小积分时间，使在保持系统良好动态性能的情况下，静差得到消除。在此过程中，可根据响应曲线的好坏反复改变比例系数与积分时间，以期得到满意的控制过程与整定参数。

3）若使用比例积分调节器消除了静差，但动态过程经反复调整仍不能满意，则可加入微分环节，构成比例积分微分调节器。

在整定时，可先置微分时间 T_D 为零。在第一步整定的基础上，增大 T_D，同时相应地改变比例系数和积分时间，逐步凑试，以获得满意的调节效果和控制参数。

思考题与习题

1-1 给出国内关于智能建筑一种定义，并叙述智能建筑与绿色建筑之间的关系。
1-2 集散控制技术有哪些特点？现场总线技术有哪些特点？
1-3 请描述建筑设备自动化系统的三层网络体系结构。
1-4 什么是 BMS 集成模式，请列出 3 种 BMS 的集成模式。什么是 IBMS 集成模式？
1-5 什么是 BAS 系统？什么是 BA 系统？BA 系统的主要功能是什么？
1-6 试简述建筑设备自动化系统的基本控制功能。
1-7 为什么积分调节能消除余差？积分调节能单独使用吗？
1-8 通过哪些控制系统质量的性能指标能够衡量调节器参数是否最佳？
1-9 请描述采用凑试法确定室内温度控制系统的 PID 参数。

第2章 建筑设备自动化系统工程中的监控设备

建筑设备自动化系统涵盖了空调自动化、给排水自动化以及配电、照明等多个独立的自动控制系统，各控制系统由中央控制单元（直接数字控制器）、现场检测单元和现场控制执行单元等组成，能够实现现场参数的检测和参数的控制。本章侧重介绍检测原理、执行器工作特性、系统组成、参数选型及直接数字控制器的测控原理，并将变频器作为一种执行机构，从应用角度进行重点阐述。

2.1 传感与检测的基本概念

测量是取得各种事物的某些特征的直接方法。从计量角度讲，测量就是把待测的物理量直接或间接地与另一个同类的已知量进行比较，并将已知量或标准量作为计量单位，进而确定出被测量是该计量单位的若干倍或几分之几，也就是求出待测量与计量单位的比值作为测量的结果。

运用一定的转换手段，把非电量参数转变为电量参数，然后进行检测。这些非电量参数到电量参数的转换，是根据电学性质或原理与被测非电量之间的特定关系来实现的。如热电阻就是根据电学原理，利用温度变化引起被测物体电阻的变化，将温度值变换成对应的电流或电压值。

将非电量转换为电量的器件，通常称为传感器。传感器在自动检测技术中占有极为重要的地位，在某些场合成为解决实际问题的关键。

2.1.1 参数检测分类

建筑设备自动化系统工程中涉及温度、湿度、压力、流量、液位、电压、电流、功率因数、装置运行状态、电动阀开度等参数变量和工作状态的检测，其中连续变化的参数经过传感器和变送器转换成相应电信号，开关式变化的工作状态参数也要转换成相应的电压信号。电信号分为模拟信号和开关信号，如：非电量温度、湿度、压力、流量、液位等参数转变为电量参数；水泵和风机的工作状态、空气过滤网的洁净程度、管道的流通与否等都是开关量信号；在配电监控系统中，需要检测母线电压、电流、功率因数等连续变化的电量参数，也要检测接触器、断路器的闭合状态等反应装置工作状态的开关量信号。图 2-1 是建筑设备自动化系统参数检测的分类及检测内容。

2.1.2 检测系统的组成

非电量物理参数的检测单元如图 2-2 所示，包括基本部分（传感器）和信号调理部分及电源。传感器是能够受规定的被测量并按照一定的规律转换成可用输出信号的器件或装置的总称，通常由敏感元件和转换元件组成。当传感器的输出为规定的标准信号时，则称为变送器。

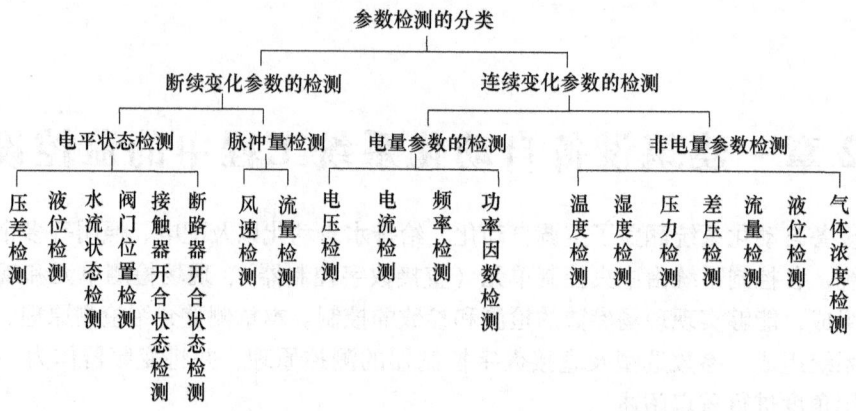

图 2-1 建筑设备自动化系统参数检测的分类及检测内容

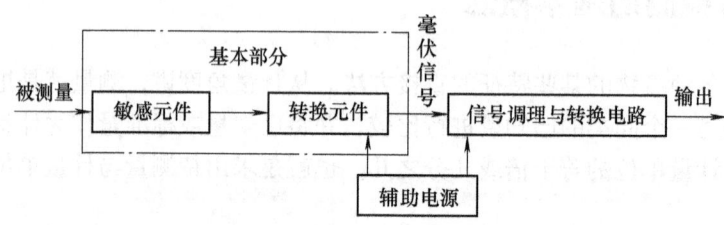

图 2-2 非电量物理参数的检测单元

检测系统由被测对象和检测设备组成,传统的检测设备一般由传感器、变送器、传输通道和处理单元等组成。图 2-3 是传统测量系统的组成框图,图 2-4 是数字式传感器组成的检测系统结构框图。

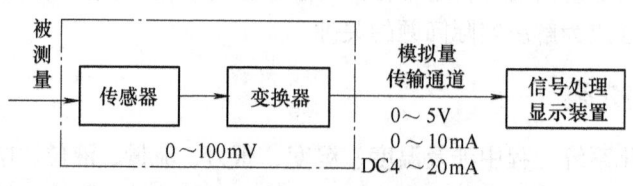

图 2-3 传统测量系统的组成框图

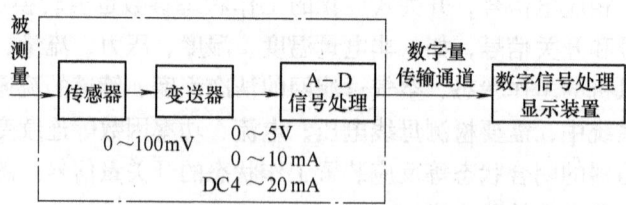

图 2-4 数字传感器组成的检测系统结构框图

(1) 传感器 是检测系统与被测对象直接发生联系的部分。是根据电学性质或原理与被测非电量之间的特定关系,将被检测值转换成对应的电压或电流值。

对传感器的要求是:输入与输出有稳定而准确的单值函数关系;非被测量对传感器作用时,应使其对输出的影响小到忽略;负载效应(被测量受到仪表的干扰而产生的偏离)小。

(2) 变送器 将传感器的输出信号（一般是微弱的毫伏信号）转换成处理装置易于接收的信号。包括机械放大，电信号放大和电信号转换，见表2-1。

表2-1 电动单元组合仪表将传感器检测的毫伏信号转换成标准电压或电流信号

变送仪表	电 流	电 压	输出形式
DDZ－Ⅱ	DC 0～10mA	DC 0～5V	三线制
DDZ－Ⅲ	DC 4～20mA	DC 1～5V	两线制

(3) 传输通道 各检测和控制装置之间输入与输出联系的纽带。传输通道可以是导线、管道、光缆、无线电通信等。

DDZ－Ⅱ仪表采用三线制传输方式，即电源线、地线和信号线。传输信号为DC 0～10mA的电流信号，在信号处理端通过并接在信号线和地线500Ω的电阻，将DC 0～10mA电流信号转换为DC 0～5V的电压信号。

DDZ－Ⅲ仪表采用两线制传输方式，信号线和电源线共用两根导线，传输信号为DC 4～20mA，要求传感器和变送器的电流消耗不大于4mA，通常要求其电流消耗在3.5mA左右，为变送器调零和调满留出余量。在信号处理端通过在信号线和地线之间串接250Ω的电阻，将DC 4～20mA电流信号转换为电阻两端输出的1～5V的电压信号。

2.1.3 测量误差与精度

1) 测量误差：测量值与被测量真值之差。
2) 绝对误差：

$$\Delta x = x - A \tag{2-1}$$

式中，Δx为测量的绝对误差；x为仪表的测量值；A为被测量值的真值，也可以认为是被测量值实际值。

3) 相对误差：

$$\gamma_A = \frac{\Delta x}{A} \times 100\% \tag{2-2}$$

4) 示值相对误差：

$$\gamma_x = \frac{\Delta x}{x} \times 100\% \tag{2-3}$$

式 (2-2) 和式 (2-3) 中的γ_A和γ_x分别代表系统的相对误差和示值相对误差，由于被测量真值一般无法得到，在实际中通常以实际值代替，即：以示值相对误差代表相对误差。

2.1.4 检测仪表的主要性能指标

(1) 量程和量程范围 在数值上等于仪表上限减去仪表下限称作仪表的量程，用L_m表示。仪表能够测量的最大输入量与最小输入量之间的范围称作仪表的量程范围。

(2) 仪表精度（仪表精度等级）

1) 仪表误差：仪表误差有多种表达方式。

示值绝对误差：

$$\Delta = L - A \tag{2-4}$$

引用误差：

$$\gamma_y = \frac{\Delta}{L_m} \times 100\% \tag{2-5}$$

基本误差：

$$\gamma_j = \frac{|\Delta_m|}{L_m} \times 100\% \tag{2-6}$$

2）允许误差：仪表出厂之前仪表厂家规定的仪表基本误差不能超过某一个值。

仪表精度等级：允许误差是将去掉百分号的值定义为仪表的精度等级。

精度等级的国家系列一般为 0.01、0.02、0.04、0.05、0.1、0.2、0.5、1.0、1.5、2.5、4.0、5.0 等。

【例 2-1】 有以下两个仪表：仪表 1：量程范围 0~500℃，1.0 级；仪表 2：量程范围 0~100℃，1.0 级。求两仪表的绝对误差。

解：$|\Delta_1| = 500℃ \times 1.0\% = 5℃$

$|\Delta_2| = 100℃ \times 1\% = 1℃$

从上面的计算可以看出：同一精度仪表窄量程仪表产生的绝对误差小于同一精度宽量程仪表产生的绝对误差。

【例 2-2】 有以下两个仪表：仪表 1：量程范围 0~500℃，0.5 级；仪表 2：量程范围 0~100℃，1.0 级。求两仪表的绝对误差。

解：$|\Delta_1| = 500℃ \times 0.5\% = 2.5℃$

$|\Delta_2| = 100℃ \times 1\% = 1℃$

通过计算可以看出：在仪表选择时，在满足测量要求的前提下，尽可能选择小量程的仪表。

2.2 建筑设备自动化系统工程中参数检测

本章学习温度、压力、湿度、流量、液位、风速等非电参数和电压、电流、功率等电量参数的基本检测方法，并介绍新型传感器和检测技术的发展和应用情况。针对建筑设备自动化系统的应用特点，重点学习系统大量应用的传感装置、检测技术和传输方式。

2.2.1 温度检测

温度是表征被测对象冷热程度的物理量，它在建筑设备自动控制系统中是一个极为重要的参数。温度的自动调节能给人们提供一个舒适的工作与生活环境，通过合理的温度控制又能有效地降低能源的消耗。

建筑设备自动化系统中对温度的检测范围一般分为

1) 室内气温、室外气温，范围为 -30 ~ +45℃。
2) 风道气温，范围为 -30 ~ +130℃。
3) 水管内水温，范围为 0 ~ +90℃。

在建筑设备自动化系统中对温度的测量精度优于±1%。

1. 温度的检测方法分类

温度检测仪表按检测方式可分为接触式和非接触式两大类，如图2-5所示。

接触式测温仪的检测部分（敏感元件）与被测对象有良好的热接触，通过传导或对流达到热功平衡，这时，测温仪的示值即表示被测对象的温度。

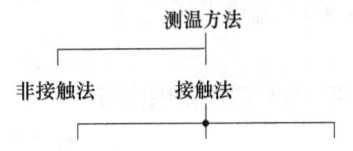

图2-5 温度检测方法分类

1）接触式测温。接触式测温的优点是直观、可靠。在一定的测温范围内，接触式测温可以测量物体内部温度分布。其缺点是存在负载效应，对小目标或热容量小的对象，接触式测温将会引起较大的测量误差；受到测量条件的限制，不能充分接触，特别是对于运动化的测量对象，使检测元件温度与被测对象温度不一致；热量传递需要一定时间造成测温滞后现象。

2）非接触式测温。检测部分与被测对象不直接接触，所以不破坏原有温度场，通常用来测量1000℃以上的移动、旋转或反应迅速的高温物体。目前最常用的是通过辐射热交换实现测温，其主要特点是可测运动体、小目标及热容量小的或温度变化迅速（瞬变）对象的表面温度，也可以检测温度场的温度分布。

2. 热电式温度传感器分类及特性

热电式温度传感器是利用敏感元件电磁参量随温度变化的特性，对温度和与温度有关的参量进行测量的装置。其中将温度变化转换为电阻变化的称为热电阻传感器；将温度变化转换为热电动势变化的称为热电偶传感器。

（1）金属热电阻温度传感器　金属热电阻温度传感器是以金属导体制成的热电阻作为感温元件，利用其电阻值随温度成正比变化的特性来进行温度测量，属于非电测法。它具有较高的测量精度和灵敏度，便于信号的远距离传送及实现多点切换测量。常用铂、铜两种金属导体制作热电阻。

1）铂热电阻。铂热电阻的使用温度范围为 -200~850℃。其特点是准确度高、稳定性好、性能可靠、有较高电阻率。铂热电阻广泛应用于基准、标准化仪器中，是目前测温复现性最好的一种。

常用铂热电阻规格有：Pt10、Pt100、Pt1000。目前我国规定工业用铂热电阻有 $R_0 = 100\Omega$ 和 $R_0 = 1000\Omega$ 两种，它们的分度号分别为 Pt100 和 Pt1000。铂热电阻不同分度号亦有相应分度表，即 $R_t - t$ 关系表，这样在实际测量中，只要测得热电阻的阻值 R_t，便可从分度表上查出对应的温度值。如：Pt100 的电阻值在 0℃时是 100Ω，100℃时电阻值 138.51Ω；Pt1000 的电阻值在 0℃时是 1000Ω，100℃时电阻值 1385.1Ω。分度号为 Pt100 和 Pt000 在 0℃和100℃对应的电阻值见表2-2。

表2-2 分度号为 Pt100 和 Pt1000 在 0℃和100℃对应的电阻值

分度号 阻值Ω	0℃标准电阻值 R_0	100℃标准电阻值 R_{100}
Pt100	100.00	138.51
Pt1000	1000.00	1385.51

铂电阻阻值与温度变化之间的关系可以近似用下式表示：

在 0~660℃ 温度范围内有

$$R_t = R_0(1 + \alpha t + \beta t^2) \tag{2-7}$$

在 -190~0℃ 温度范围内有

$$R_t = R_0[1 + \alpha t + \beta t^2 + C(t-100)t^3] \tag{2-8}$$

式中，R_0、R_t 分别为 0℃ 和 t（℃）的电阻值；α 为常数，$\alpha = 3.96847 \times 10^{-3}/℃$；$\beta$ 为常数，$\beta = -5.847 \times 10^{-7}/℃^2$；$C$ 为常数，$C = -4.22 \times 10^{-12}/℃^4$。

使用铂热电阻的特性方程式，每隔 1℃ 求取一个相应的 R_t，便可得到铂热电阻的分度表。这样在实际测量中，只要测得铂热电阻的阻值 R_t，便可从分度表中查出对应的温度值。

由于铂为贵金属，一般在测量精度要求不高和测温范围较小时，均采用铜电阻。

2）铜热电阻。铜热电阻的使用温度范围为 -50~150℃，电阻值与温度关系为

$$R_t = R_0(1 + \alpha t) \tag{2-9}$$

式中，α 为常数，$\alpha = 4.28 \times 10^{-3}/℃$。

铜热电阻的特点是：电阻温度系数较大、线性好、价格便宜。缺点是：电阻率较低、电阻体的体积较大、热惯性较大、稳定性较差，并且在 100℃ 以上时容易氧化，因此只能用于低温及没有侵蚀性的介质中。

铜电阻的电阻率仅为铂电阻的 1/6 左右。标准化热电阻有 Cu50，Cu100。表 2-3 是分度号为 Cu 的铜热电阻的分度表。

表 2-3　分度号为 Cu 的铜热电阻的分度表

温度/℃	0	10	20	30	40	50	60	70	80	90
	电阻/Ω									
-0	50.00	47.85	45.70	43.55	41.40	39.24				
0	50.00	52.14	45.28	56.42	58.56	60.70	62.84	64.98	67.12	69.26
100	71.40	73.54	75.68	77.83	79.98	82.13				

（2）半导体热敏电阻传感器　热敏电阻是利用半导体的电阻值随温度显著变化这一特性制成的一种热敏元件，其特点是电阻率随温度而显著变化。一般测温范围为 -50~+300℃。

热敏电阻是用半导体材料制成的热敏器件。按物理特性，可分为 3 类：

1）负温度系数（NTC）热敏电阻。热敏电阻在不同值时的电阻-温度特性表现为：温度越高，阻值越小，且有明显的非线性。NTC 热敏电阻具有很高的负电阻温度系数，特别适用于 -100~+300℃ 之间测温。

2）正温度系数（PTC）热敏电阻。PTC 热敏电阻的阻值随温度升高而增大，且有斜率最大的区域，当温度超过某一数值时，其电阻值朝正的方向快速变化。其用途主要是各种电器设备的过热保护、过流保护等。

3）临界温度系数（CTR）热敏电阻。CTR 热敏电阻也具有负温度系数，但在某个温度范围内电阻值急剧下降，曲线斜率在此区段特别陡，灵敏度极高。主要用作温度开关。

各种热敏电阻的阻值在常温下很大，不必采用三线制或四线制接法，给使用带来方便。但是由于热敏电阻特性的严重非线性，扩大测温范围和提高精度必须进行补偿校正。

解决办法：串联或并联温度系数很小的金属电阻，使热敏电阻阻值在一定范围内呈线性关系。热敏电阻非线性校正如图2-6所示。图2-6a是金属电阻与热敏电阻串联以实现非线性校正的电路，只要金属电阻 R_x 选得合适，在一定温度范围内可得到近似双曲线特性 R_s，如图2-6b所示，即温度与电阻的倒数成线性关系，从而使温度与电流成线性关系，如图2-6c所示。

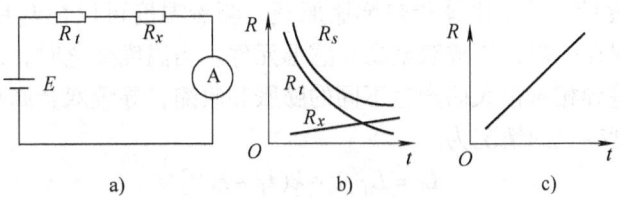

图2-6 热敏电阻非线性校正

近年来利用计算机实现较宽温度范围内线性化校正，使得热电阻的应用更加容易。

(3) 热电偶温度传感器 热电偶温度传感器是以热电效应为基础的测温传感器。将两种不同成分的材质导体组成闭合回路，当两端存在温度梯度时，回路中就会有电流通过，此时两端之间就存在电动势，两种不同成分的均质导体为热电极，温度较高的一端为工作端，温度较低的一端为自由端，自由端通常处于某个恒定的温度下。根据热电动势与温度的函数关系，制成热电偶分度表，分度表是自由端温度在0℃时的条件下得到的，不同的热电偶具有不同的分度表。

热电偶一般做得较短，一般为350~2000mm。由于冷端的存在，需要对热电偶的测量结果进行补偿。具体方法如下：

1) 热电偶补偿导线。在实际测温时，需要把热电偶输出的电势信号传输到远离现场数十米远的控制室里的显示仪表或控制仪表，这样，冷端温度 t_0 比较稳定。热

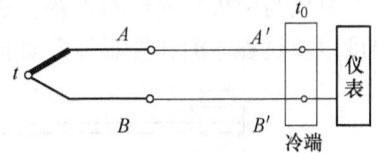

图2-7 热电偶的接线形式

电偶的接线形式如图2-7所示。工程中采用一种补偿导线，在0~100℃温度范围内，要求补偿导线和所配热电偶具有相同的热电特性。

2) 冷端0℃恒温法。在实验室及精密测量中，通常把冷端放入0℃恒温器或装满冰水混合物的容器中，以便冷端温度保持0℃。这是一种理想的补偿方法，但工业中使用极为不便。

3) 冷端温度计算补偿法。当冷端温度 t_0 不等于0℃，需要对热电偶回路的测量电动势值 $e_{AB}(t, t_0)$ 加以修正。当工作端温度为 t 时，利用分度表可查 $e_{AB}(t, 0)$ 与 $e_{AB}(t_0, 0)$，得到 $e_{AB}(t, 0) = e_{AB}(t, t_0) + e_{AB}(t_0, 0)$。

4) 冷端电桥自动补偿法。利用电桥不平衡原理，桥臂热电阻随温度变化，产生补偿电压 U_{AB}，自动补偿由于冷端温度变化所产生的误差。图2-8是冷端电桥补偿法工作原理图，电桥与热电偶串联，$R_1 = R_2 = R_3 = 1\Omega$，阻值不随温度变化，热电阻20℃，$R_{Cu} = 1\Omega$，$U_{AB} = 0V$。

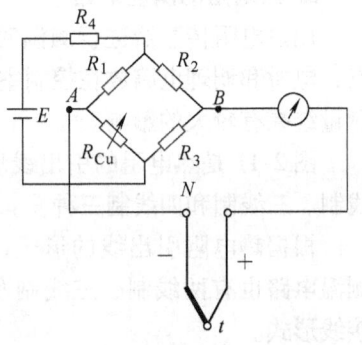

图2-8 冷端电桥补偿法工作原理图

当环境温度不等于20℃时,电桥失去平衡,产生电势U_{AB}与$E(t_N,t_0)$相等,叠加补偿。即

$$E_{AB}(t,t_N) = E_{AB}(t,t_0) - E_{AB}(t_N,t_0)$$
$$U_{AB} = E_{AB}(t_N,t_0)$$
$$E_{AB}(t,T_N) + U_{AB} = E_{AB}(t,t_0)$$

(4) 双金属温度计　基于固体受热膨胀原理,测量温度可以把两片线膨胀系数差异相对很大的金属片叠焊在一起,构成双金属片感温元件。当温度变化时,因双金属片的两种不同材料线膨胀系数差异相对很大而产生不同的膨胀和收缩,导致双金属片产生弯曲变形。

固体长度随温度变化的情况为

$$L_1 = L_0[1 + k(t_1 - t_0)] \tag{2-10}$$

式中,L_1为固体在温度为t_1时的长度;L_0为固体在温度t_0时的长度;k为固体在温度t_0、t_1之间的平均线膨胀系数。

如图2-9所示是双金属温度计的原理图,在一端固定的情况下,如果温度升高,下面的金属因膨胀而伸长,上面的金属因瓦合金几乎不变,致使双金属片向上弯曲,温度越高,引起的弯曲角度越大。目前,使用的双金属材料及测温范围:100℃以下,采用黄铜和34%的镍钢,双金属温度计不仅可以用来测量温度,而且可以可靠的用于温度控制装置。

(5) 数字温度传感器　以 DS18B20 为例,温度测量范围为 -55 ~ +125℃,在 -1 ~ +85℃范围内检测精度为 ±0.5℃,默认分辨率为 0.0625℃,采用一总线通信方式,每个 DS1820 都有唯一的 64 位序列号,可以方便地把温度传感器放在许多不同的地方,通过一根单线总线与中央微处理器连接,这一特性在 HVAC 环境控制、探测建筑物、粮库或机器的温度以及过程监测和控制等方面非常有用。图 2-10 是 DS18B20 的封装与外部引脚。

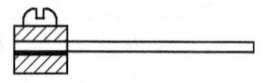

图 2-9　双金属温度计原理图

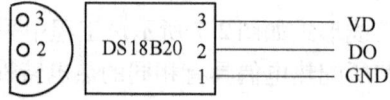

图 2-10　DS18B20 的封装与外部引脚

3. 热电阻的测量电路

用热电阻传感器进行测温时,测量电路经常采用电桥电路。如果将热电阻安装在测温点,电桥和调理电路放在控制室,热电阻与检测仪表相隔一段距离,因此,热电阻的引线对测量结果有较大的影响。

图 2-11 是热电阻的引出线形式,有两线制、三线制和四线制三种。

根据热电阻引出线的形式,直流电桥测温电路也有两线制、三线制和四线制的接线形式。

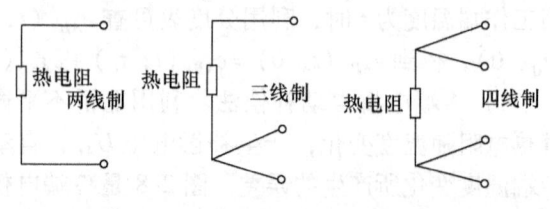

图 2-11　热电子的引出线形式

(1) 两线制　当热电阻与直流电桥组成测温电路时,热电阻的电阻值随测温环境温度

变化而变化，同时，测量导线的电阻也在变化，如图 2-12a 所示。直流电桥输出为 R_t、R_{w1} 和 R_{w2} 之和，R_t 是热电阻的测量值，R_{w1} 和 R_{w2} 为测量导线随环境温度变化时的附加电阻，热电阻的电阻变化值与连接导线电阻值共同构成电桥的输出值，由于导线电阻 R_{w1} 和 R_{w2} 带来的附加误差使实际测量值偏高，如图 2-12b 所示。

这种引线方式简单、费用低，但是引线电阻以及引线电阻的变化会带来附加误差。所以，两线制适于引线不长、测温精度要求较低的场合。使用时可预先测出导线的电阻，折合成温度后在测量结果中扣除，当然这是一种粗略的补偿方法。

（2）三线制 为了消除引线电阻随温度变化引起的附加误差，在输入桥路上增加了温度补偿环节，其做法是在热电阻的一个接线端子上同时压接两根相同规格的导线 R_{w2} 和 R_{w3}，其中 R_{w2} 接电桥的电源，R_{w1} 和 R_{w3} 分别接到热电阻所在桥臂和相邻桥臂，如图 2-13a 所示。三根导线是相同的材质、相同的线径和相同的长度，由于补偿线规格相同，受环境温度影响产生的附加电阻相同，即 R_{w1} 和 R_{w3}，补偿了导线受温度影响产生的电阻变化对桥路测量影响，因此三线制测量精度高于二线制。图 2-13b 是三线制热电阻等效原理图。

三线制接线适用于工业测量和一般精度要求的场合。

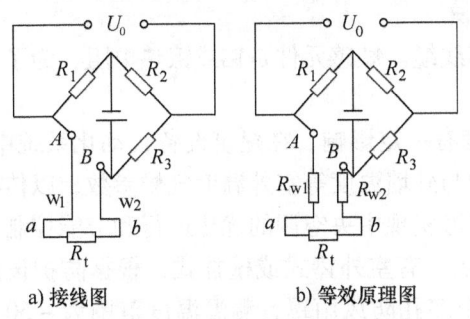

图 2-12 两线制热电阻测量电桥

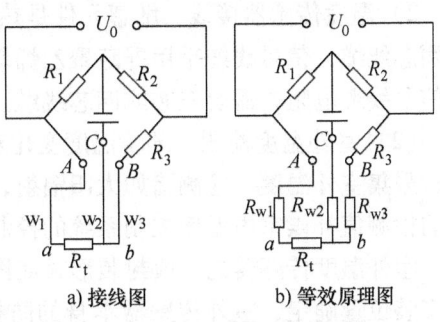

图 2-13 三线制热电阻测量电桥

（3）四线制 在热电阻的两端各连接两根导线的方式称为四线制，四线制一般用于高精度恒流源。四线中用其中两条附加测试线提供恒定电流，另两条测试线测量热电阻的电压降，在电压表输入阻抗足够高的条件下，电流几乎不流过电压表，这样就可以精确测量热电阻上的压降，计算得出电阻值，从而得出温度值。图 2-14 是四线制热电阻测量原理图。

二线制和三线制是用电桥法测量，最后给出的是温度值与模拟量输出值的关系。四线制不使用电桥法，只是用恒流源输出电流，用电压计测量恒流源在热电阻两端产生的电压，最后给出测量电阻值，适合于在实验室内进行精密电阻的测量使用，由于导线比较多，在工业测量中一般不采用四线制测量方法。

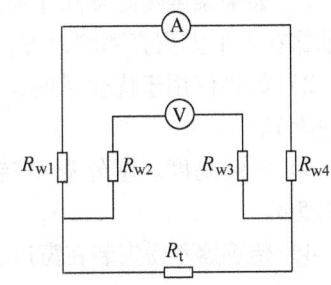

图 2-14 四线制热电阻测量原理图

（4）温度变送器的结构 如图 2-15 是装配式三线制带有固定螺纹的铂热电阻的结构形式。电阻体的一端引出一根引线，称为 A 线，另一端引出两根引线，称为 B 线和 C 线。A 线、B 线和 C 线引入接线盒内并分别接在标有 A、B 和 C 的接线端子上。

4. 建筑设备自动化系统中常用的温度传感器

选用热敏电阻、铂热电阻和镍热电阻作为测温元件，不同用途采用不同的温度传感器，包括：室内、室外温度传感器、电缆式温度传感器、风管温度传感器、浸入式温度传感器、卡箍式温度传感器等。

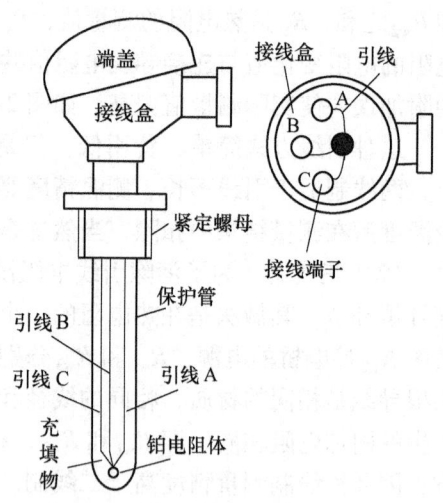

图 2-15　装配式三线制热电阻结构

（1）室内温度传感器　采用侧面带有通气孔的 ABS 外壳封装或棒式结构，多选壁挂式垂直挂于墙上安装。室内温度传感器的一般封装形式如图 2-16 所示。

1）温度传感器的安装。为了能够准确地测量被控区域的温度，传感器应安装在室内墙壁上，避免安装在门后、外墙和空气不流通的隐蔽处，避免直接日晒或接近其他热源，室内温度传感器不防水。

2）温度传感器接线。敏感元件是热敏电阻，使用两芯线缆，信号线缆采用屏蔽聚乙烯软护套两芯线缆。敏感元件是铂或镍热电阻，为了补偿信号线缆电阻，需要三芯或四芯线缆。

（2）室外温度检测　环境温度变化对室内温度有一定影响，在建筑设备自动化系统中，通过采集室外温度，检测诸如太阳辐射、风力影响与外墙温度等室外温度气候参数，以传感器的检测值补偿室内温度控制系统的控制参数。能够实现中央空调的优化运行和节能控制。

室外温度传感器的一般封装形式如图 2-17 所示。有室外棒式或壁挂式，根据防护设施和安装位置确定，室外传感器本身的防护要有一个多孔防风雨罩，测温温度范围为 -50 ~ +70℃。室外温度传感器安装注意事项如下：

1）如果温度传感器用于系统控制目的，则应安装在有人居住房间窗户的外墙上，但不得暴露在上午太阳直晒的地方。若目的不能确定，应安装在朝北或朝西北的墙上。

2）如果仅用于优化目的，则通常总是安装在房屋或建筑物的最冷的墙上（一般是朝北的墙上）。

3）安装高度。室外温度传感器宜在房屋或建筑物或供热区域的中央，距地面至少为 2.5m。

4）传感器不得安装在窗口、门、排气口或其他热源的上方以及阳台或屋顶的屋檐下面。

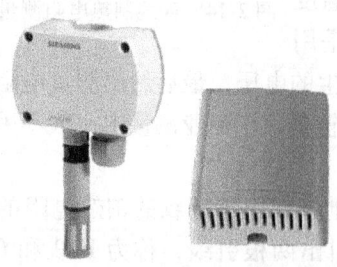

图 2-16　室内温度传感器的一般封装形式

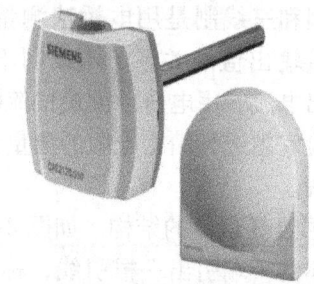

图 2-17　室外温度传感器的一般封装形式

(3) 风管温度检测 管道式温度传感器用于采集风管内的空气温度。图 2-18 是风管温度传感器和安装形式。

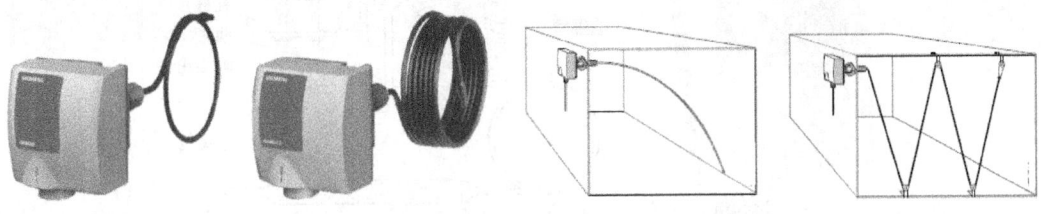

图 2-18 风管温度传感器和安装形式

1) 主要用途。可作为：最低送风温度的限定传感器；温度漂移传感器，设定房间温度随室外温度变化而按一定函数关系漂移；露点温度传感器；测量传感器，用于测量值的显示或者配套建筑设备自动化系统使用。

2) 安装注意事项如下：

① 用于送风温度控制。若送风机位于最后一个空气处理单元之后，则传感器安装于风机下游。若不是，则传感器安装位置与最后一个空气处理单元保证至少 0.5m 的距离。

② 用于排风温度控制。只可安装在排风机的上游。

③ 作为送风的漂移传感器。尽可能靠近房间的送风口处。

④ 用于露点控制。紧靠在空气加湿器的喷水挡板后。

⑤ 用于风管温度检测。将传感元件弯曲，使之成对角线方式穿过风管，以使传感元件有规则地贯穿整个风管截面。传感元件不可与风管壁接触。

(4) 管道水温度检测 管道水温检测主要针对中央空调系统供水温度和回水温度、生活热水温度的参数检测，如图 2-19 所示。根据不同的监测对象，可采用螺纹式（见图 2-19a）、法兰式（见图 2-19b）或卡箍式（见图 2-19c）。具体安装要求如下：

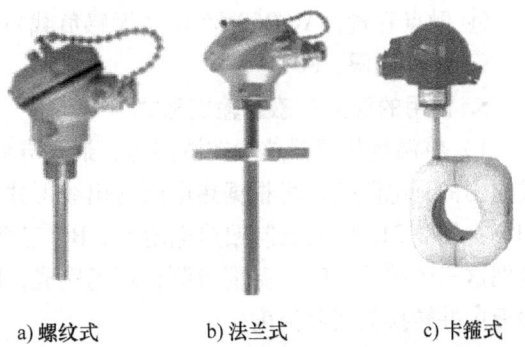

a) 螺纹式　　b) 法兰式　　c) 卡箍式

图 2-19 管道温度检测的传感器

1) 用于供水温度的控制。如果循环水泵安装在供水管道上，传感器可以直接安装在水泵后面；如果循环水泵安装在回水管道上，传感器应安装在混合阀后面 1.5~2m 处。

2) 用于回水温度控制。传感器安装位置必须是水流完全混合处并能够准确反应所控制温度的回水管道上。

(5) 防冻开关 防冻开关能够在温度低于预定的安全温度值时输出接点信号。主要用于制冷系统的管道或各种需要进行过冷保护的设施，如冷水机组，中央空调、风机盘管等装置的低温防冻保护，图 2-20 是防冻开关示意图。

防冻开关由控制器和温度检测元件组成。检测元件是一个具有一定长度的密封感温头，感温头部封装了温度敏感液体。将感温头平铺固定在被监测区域或将感温探头绕在盘管上。

1) 防冻开关的功能。在低于设定温度时，防冻开关输出开关信号，系统根据不同工况

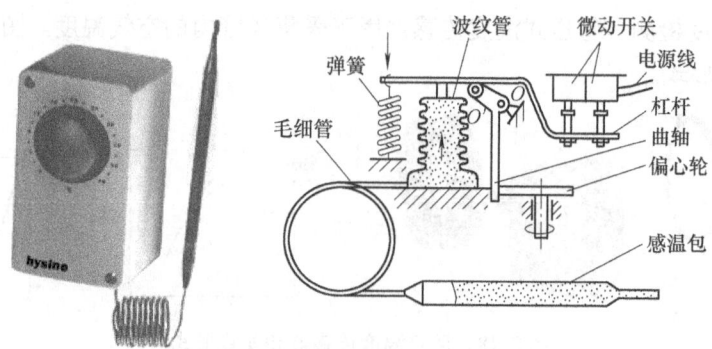

图 2-20 防冻开关工作原理图

可以通过控制风扇停止运行、关闭室外风阀、加热盘管 100% 打开、启动加热盘管水泵以及关闭冷却器（冷凝器）和加湿器等操作，防止设备管道冻裂。

例如：将防冻开关安装在新风机过滤器前面，当室外温度过低时，防冻开关自动将开关量信号送入 DDC 处理，DDC 会关闭新风阀、停用送风机，同时开启热水阀门保护盘管防止其被冻裂。当环境温度达到一定温度时，防冻开关自动开启，系统恢复正常运转。防冻开关有手动复位和自动复位的，一般都用自动复位的。

2）技术规范（以某型号防冻开关为例）如下：
① 开关动作：单刀双掷（低温开）。
② 温度设定范围：1.0~7.5℃。
③ 温度回差：2.5~3.5℃。
④ 触点容量：AC 250V/5A（无感负载）；AC 250V/4A（有感负载）。
⑤ 感温极限：80℃。

5. 常用的温度传感器输出形式

1）将温度传感器放置在测温点，通过导线与安装在仪表盘中温度变送器连接。这种方式输出的是电阻值，可根据热电阻的出线形式，使用两芯或三芯导线将热电阻变送器连接。例如：图 2-21a 中三线制铂热电阻有 ABC 三个端子，来自 DDC 的三根信号电缆一一对应地接到这三个端子上时，温度检测在现场完成，随温度变化的电阻值被接入到 DDC 的 AI 输入插板中并转换为实际温度。

2）将测温元件和变送器组合，安装在测温现场，如图 2-21b 所示。这种方式直接输出模拟信号（如 DC4~20mA），使用两芯电缆将电流信号传送给 DDC 的 AI 输入插板中并转换为实际温度。这种接线方式需要提供 24V 电源和两芯电缆。

温度变送器与 DDC 之间采用两芯电缆连接，其中，一根导线接 DDC 的 24V 电源正极，

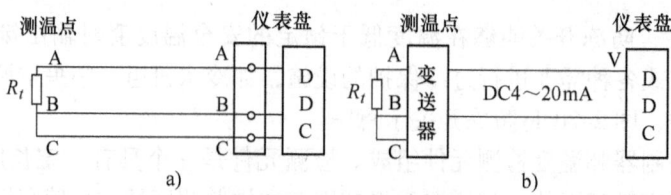

图 2-21 三线制热电阻温度检测的接线形式

另一根导线接 DDC 的 AI 端，信号要在 DDC 处做电流/电压转换。

3）如果将封装后的智能传感器（如：DS18B20）安装在测温现场，如图 2-22a 所示，传感器的三根线分别接 DDC 的电源正、信号总线和电源地，信号总线与电源正极之间接上拉电阻。信号传输采用一总线协议，传感器与 DDC 之间电缆最大长度在不加驱动和光电隔离的情况下可达 80m。

4）如果将 DS18B20 与单片机组合成智能传感器，如图 2-22b 所示，则温度检测值可以由单片机以现场总线方式传输或以 RS-485 协议形式串行传输。智能传感器与 DDC 之间可采用双绞线连接。

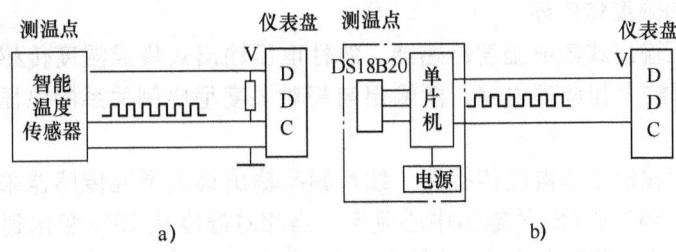

图 2-22 智能温度传感器检测的接线形式

2.2.2 湿度检测

湿度是建筑环境舒适度的重要指标，在建筑设备自动化系统中对湿度的检测主要是对室内和室外空气湿度、送风通道的空气湿度的检测。目的是通过湿度检测保证暖通空调设备的正常运行和对环境的舒适性的可靠控制，以及将湿度参数作为节能控制的重要依据，利用湿度变化对环境舒适度影响，可以适当地降低或升高温度以达到节能的目的。

1. 湿度的基本检测方法

湿空气是由干空气和水蒸汽组成，含湿量和相对湿度是反应空气湿度的主要参数。用含湿量可以确切而方便地表示空气中的水蒸汽含量，相对湿度反映了湿空气中水蒸汽含量接近饱和的程度。

空气湿度检测的方法可以大体分为直接检测（吸湿法）和间接检测（干湿球法）。

（1）湿度的直接检测　若利用某些盐类放在空气中，其含湿量与空气的相对湿度有关；而含湿量大小又引起本身电阻的变化。因此可以通过这种传感器将空气相对湿度转换为其电阻值的测量。这种直接检测空气相对湿度的方法称为吸湿法湿度测量。吸湿法检测的是空气的相对湿度。其检测精度可以做到 3% ~5%RH，测量范围是 1% ~99%RH。

1）湿敏电阻是在基片上覆盖一层用感湿材料制成的膜，当空气中的水蒸气吸附在感湿膜上时，元件的电阻率和电阻值都发生变化，利用这一特性即可测量湿度。湿敏电阻的种类很多，例如金属氧化湿敏电阻、硅湿敏电阻、陶瓷湿敏电阻等。湿敏电阻的优点是灵敏度高，主要缺点是线性度和产品的互换性差。

2）湿敏电容一般是用高分子薄膜电容制成的，常用的高分子材料有聚苯乙烯、聚酰亚胺、醋酸醋酸纤维等。当环境湿度发生改变时，湿敏电容的介电常数发生变化，使其电容量也发生变化，其电容变化量与相对湿度成正比。湿敏电容的主要优点是灵敏度高、产品互换性好、响应速度快、湿度的滞后量小、便于制造、容易实现小型化和集成化，其精度一般比湿敏电阻要低一些。

（2）空气湿度的间接检测 采用检测干球温度（空气中的温度）和湿球温度（湿纱布的温度）的方法，通过空气状态图确定空气的湿度参数，其检测精度一般为 5% ~7% RH。具体检测原理在学习焓湿图的章节中讲解。

由于相对湿度是温度的函数，温度每变化 0.1℃，将产生 0.5% RH 的湿度变化，所以，使用场合如果难以做到恒温，提出过高的测湿精度是不合适的。多数情况下，如果没有精确的温度控制措施或者被测空间是非密封的，±5% RH 的精度就足够了。对于有恒温恒湿要求的精确控制场合，需选用 ±3% RH 的湿度传感器。

2. 几种常用的湿度传感器

（1）线性电压输出式集成湿度传感器 线性电压输出式集成湿度传感器主要特点是采用恒压供电，内置放大和调理电路，能输出与相对湿度呈比例关系的电压信号，响应速度快，重复性。

（2）线性频率输出集成湿度传感器 线性频率输出集成湿度传感器采用频率输出式集成湿度传感器，在 55% RH 时的输出中心频率，当相对湿度从 10% 变化到 95% 时，输出频率线性变化。这种传感器具有线性度好、抗干扰能力强、便于配数字电路或嵌入式系统。

（3）智能化温度/湿度传感器 智能化温度/湿度传感器外形体积与火柴头相近（如图 2-23 所示），可同时测量相对湿度和温度。相对湿度的测量范围是 0 ~ 100%，分辨力达 0.03% RH，测量精度为 ±（2% ~ 5%）RH；测量温度的范围是 -40 ~ +123.8℃，分辨力达 0.01℃，测量精度为 ±1℃。检测结果通过 SPI 接口输出，其特点是产品互换性好，湿度检测响应速度快，适配各种单片机。

图 2-23 智能温湿度传感器

图 2-24 是几种是湿度传感器的安装形式。其中图 2-24a 是壁挂式的两种安装形式，图 2-24b 是风道式的两种安装形式，图 2-24c 是管道式的安装形式。

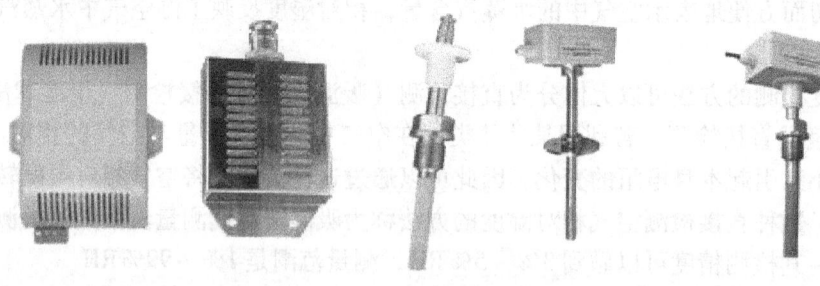

a）壁挂式安装形式　　b）风道式安装形式　　c）管道式安装形式

图 2-24 湿度传感器的安装形式

3. 常用的湿度传感器输出形式

（1）湿度检测元件与变送器组合成 DDZ - Ⅲ 湿度传感器 湿度传感器安装在检测现场，如图 2-25a 所示，这种方式变送器直接输出 DC4 ~ 20mA 电流信号，使用两芯电缆将电流信号传送给 DDC 的 AI 输入端，由 DDC 转换为实际湿度值。

（2）智能湿度传感器与单片机组合成智能湿度传感器 组合智能湿度传感器安装在检

测现场，如图 2-25b 所示，智能湿度传感器与单片机 I/O 口连接，湿度测量值以 SPI 协议形式输入单片机，再由单片机以现场总线方式传输或以 RS-485 协议形式串行传输给 DDC。智能湿度传感器与 DDC 之间可采用双绞线连接，传送距离与所采用的总线技术有关，例如：采用 RS-485 协议，在 1200bit/s 的传送速率下，传送距离可达 1200m。

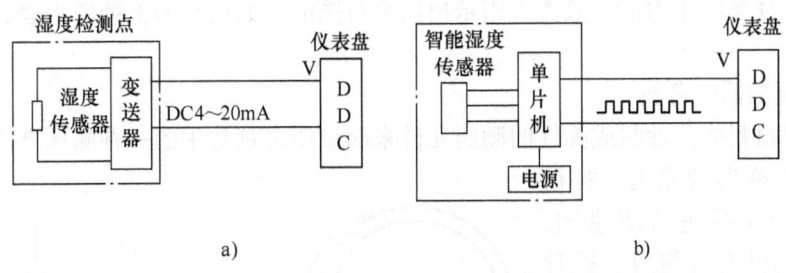

图 2-25 湿度传感器检测的接线形式

2.2.3 压力和液位检测

在建筑设备自动化系统工程中有很多压力参数是保证系统正常运行的基本参数。如：空调系统的风道的静压、过滤网两侧的压差、管道的供水压力、暖通系统的供回水压差以及水箱液位等，无论是压力还是液位，都可以通过压力传感器将压力或液位参数转换成相关的电流或电压参数。不同的系统压力检测范围不同，压力传感器的量程选择不同。

送风压力检测属于微压测量，量程范围一般为 0～1000Pa，根据管道的长度不同，送风压力也有所不同。

供水管道的压力属于中等压力测量，量程范围一般为 0～1.6MPa，根据供水楼层的不同，供水压力也不同。

压力传感器用于液位检测能够方便地通过检测液体压力准确换算出液位，量程范围一般为 0～1MPa，根据容器的深度不同所用压力传感器也不同。

1. 压力的表示方法

被测压力通常可表示为绝对压力、表压、负压（或真空度）。其中，压力为垂直作用于物体表面上的力；压强是垂直作用于单位面积物体表面上的力。在建筑设备自动化系统的参数检测中，并不严格区分压力和压强，通常所说的压力实际上是指压强。

(1) 压力的定义

1) 绝对压力：表以绝对压力（真空）零位为基准，高于绝对压力零位的压力。
2) 正压：以大气压力为基准，高于大气压力的压力。
3) 负压（真空度）：以大气压力为基准，低于大气压力的压力。
4) 压差：两个压力之间的差值。
5) 表压：以大气压力为基准，大于或小于大气压力的压力。
6) 压力表：以大气压力为基准，用于测量小于或大于大气压力的仪表。

由于各种设备和检测仪表通常是处于大气之中，本身就承受着大气压力，因此工程上通常采用表压或真空度来表示压力的大小。除特殊说明之外，以后所提及的压力均指表压力。

压力的法定单位是帕（Pa），另外还有单位兆帕（MPa）= 10^5Pa，1 标准大气

压 = 0.1013MPa。

(2) 压力表的精度等级分类　常见精度等级有 4 级、2.5 级、1.6 级、1 级、0.4 级、0.25 级、0.16 级、0.1 级等。精度等级应在其度盘上进行标识，其标识也有相应规定，如"①"表示其精度等级是 1 级。对于一些精度等级很低的压力表，如 4 级下的，还有一些并不需要测量其准确的压力值，只需要指示出压力范围的，如灭火器上的压力表，则可以不标识精度等级。

2. 压力传感器的分类

利用金属材料的弹性制成弹性的测压元件来测量压力是常用的一种测压方法。它是根据弹性元件受力变形的原理，将被测压力转换成位移进行测量的。常用的弹性元件有弹簧管、膜片等。如图 2-26 所示，是两种常用弹性元件的结构形式。图 2-26a 和图 2-26b 中测压元件将压力分别转换成前后和上下位移变化，然后再将位移的变化通过磁电或其他电学方法转换成能方便检测、传输、处理、显示的电物理量。

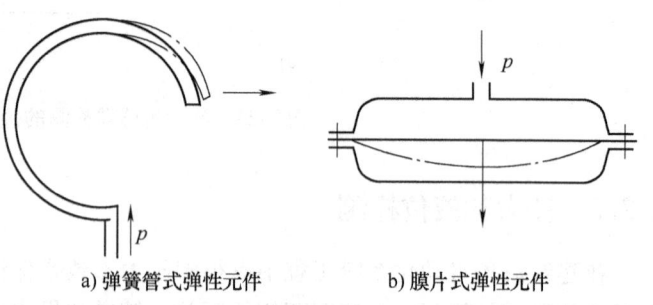

a) 弹簧管式弹性元件　　b) 膜片式弹性元件

图 2-26　常用弹性元件的结构形式

(1) 电阻式压差传感器　将测压弹性元件的输出位移变换成滑动电阻的触点位移，这样被测压力的变化就可转换成滑动电阻阻值的变化，把这一滑动电阻与其他电阻接成桥路，当阻值发生变化时，电桥输出不平衡电压。

(2) 电容式压差传感器　这是现在最常见的一种压力传感器。它是用两块弹性强度好的金属平板，作为差动可变电容器的两个活动电极，被测压力分别置于两块金属平板两侧，在压力的作用下，能产生相应位移。当可动极板与另一电极的距离发生变化时，则相应的平板电容器的容量发生变化，最后由变送器将变化的电容量转换成相应的标准电压或电流信号。

(3) 压电式压力传感器　压电传感器是利用某些材料的压电效应原理制成的，具有这种效应的材料如压电陶瓷、压电晶体称之为压电材料。

1) 压电陶瓷传感器常用的压电陶瓷材料有钛酸钡、锆钛酸铅等。

2) 有机压电材料传感器如聚氯乙烯 PVC，它们具有柔软、不易破碎的特点。

(4) 半导体压力传感器　半导体压力传感器是利用硅晶体的压电电阻效应的半导体压力测量元件。当半导体材料受外力作用时，晶体处于扭曲状态，由于载流子迁移率的变化而导致结晶阻抗变化的现象称为压电电阻效应。

3. 常用的压力传感器

(1) 低压差和低压差传感器　中央空调送风管道的送风压力属于微压检测，可以采用低压差传感器或低压传感器检测风管压力。图 2-27 是微压差/风压变送器。

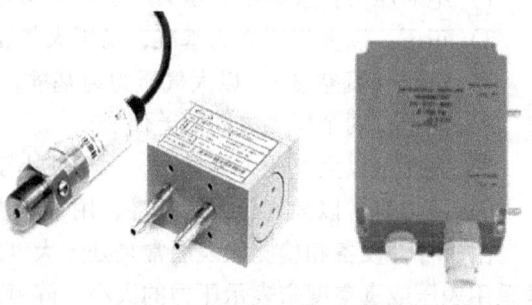

图 2-27　微差压/风压变送器

当空气沿风管内壁流动时,其压力可分为静压、动压和全压。

1) 静压指管道垂直气流方向检测到的压力,也就是作用在管壁上的压力,通俗地讲,是指克服管道阻力的压力。以绝对真空为计算零点的静压称为绝对静压,以大气压力为零点的静压称为相对静压。空调中的空气静压均指相对静压。静压高于大气压时为正值,低于大气压时为负值。通过在管壁上径向开孔可以检测管道静压。

2) 动压指空气流动时产生的压力,只要风管内空气流动就具有一定的动压,动压只作用在气体流动方向恒为正值。

3) 全压是静压和动压的代数和。一般风机全压就是风机出口处的全压。若以大气压为计算的起点,它可以是正值,亦可以是负值。

若采用在管壁上开孔并与管道流向垂直方向上安装取压管,并连接到变送器的高压端,低压端则与大气相通,可以检测送风管道的相对静压。如果将变送器的高压端取样探头入口面对迎风面,高压端检测的是风管全压,低压端取样探头入口背对迎风面,其检测的是风管静压,则高压段和低压端的压差就是管道的动压,通过计算动压可以得到风管内的风速,并可以计算出风管的风量。

(2) 静压式液位变送器 静压式液位变送器由测量探头、接线盒、固定连接件三部分组成。采用投入式压力传感器探头沉入容器底部测量液位高度,液位静压力用公式

$$p = p_0 + \rho g h$$

式中,p_0 为液面上部大气压;ρ 为被测液体密度;h 为液柱高度;g 为重力加速度。

为了消除液面上部大气压的影响,通常采用通心透气电缆设计方案,将 p_0 导入传感器感压背面(低压端),以抵消 p_0 的影响,即:$p = \rho g h$,$h = p/(\rho g)$。

由公式可以看出,传感器检测到的压力 p 与被测液位 h 成线性关系。压力信号由调理电路变换成 DC 4~20mA 直流电流信号输出,检测输出电流的大小,就可以测定液位的高度。图 2-28 是几种静压式液位变送器的外观图,图 2-28a 所示为硬杆沉入式、图 2-28b 所示为法兰式、图 2-28c 所示为电缆沉入式。

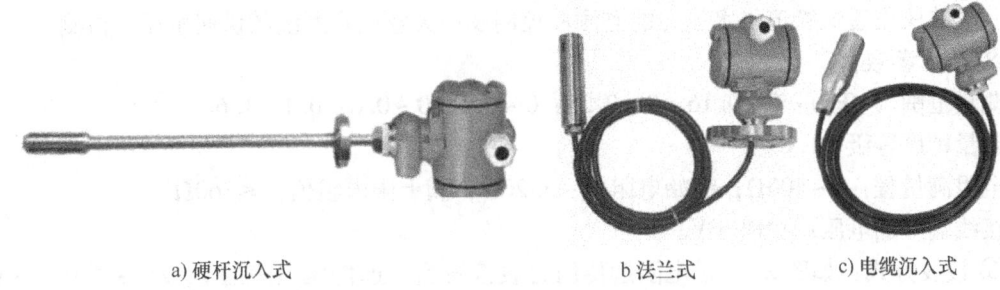

a) 硬杆沉入式　　　　　b) 法兰式　　　　　c) 电缆沉入式

图 2-28　静压式液位变送器外观图

两线制和三线制变送器的连接方式如图 2-29 所示。DDZ – Ⅲ仪表的接线方式如图 2-29a 所示,采用两线传输,一端接电源正极,另一端接 DDC 的 AI 输入端,在输入端和电源地之间接 250Ω 电阻,将 DC 4~20mA 电流信号转换为 1~5V 电压信号。

DDZ – Ⅱ仪表的接线方式如图 2-29b 所示,采用三线传输,分别是电源端、信号输出端和电源地,信号端接 DDC 的 AI 输入端,在输入端和电源地之间接 500Ω,将 DC0~10mA 电流信号转换为 0~5V 电压信号。

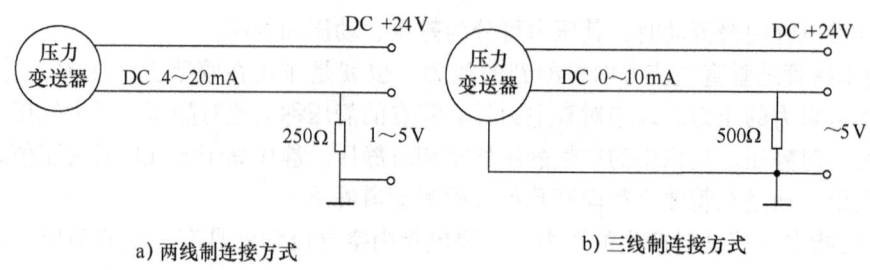

a) 两线制连接方式　　　　　　b) 三线制连接方式

图 2-29　两线制和三线制变送器的连接方式

(3) 常用的供水压力传感器

1) 压力变送器：建筑物供水压力一般在 0～1.0Mpa 或 0～1.6MPa，要根据具体供水楼层的高度决定供水范围和供水压力，还要考虑管道、生活用水器具等的耐压要求，在此基础上选择压力传感器。图 2-30a 是压阻式螺纹连接方式的压力传感器。

压力变送器的接线方式同图 2-29。

2) 电阻远传压力表：电阻远传压力表具有就地指示压力值，同时，内置滑线电阻式发送器可把被测压力值以电阻或电量形式传送至远端二次仪表上。图 2-30b 是电阻远传压力表。

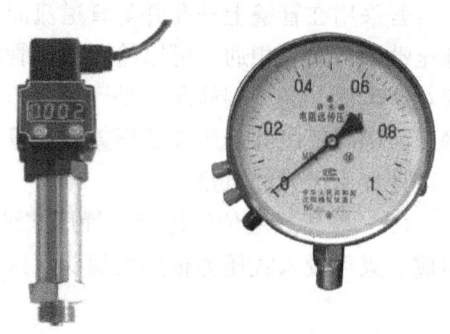

a) 压力传感器　　　b) 电阻远传压力表

图 2-30　压力传感器和电阻远传压力表

① 电阻远传压力表与压力变送器的区别：压力变送器把压力信号转换为电信号，一般不直接显示压力而是通过电流或者电压、频率等信号传送，信号传送到距离可以达到 1～3km（电流信号）。

电阻远传压力表，具有一次仪表的就地压力显示功能，并将压力变化转换为电阻变化远传给二次仪表，集中显示和控制。主要用于一些不太重要、辅助的、需要压力控制的回路，如：一般的民用建筑管道供水压力的监测和控制及中央空调水系统的供回水压力检测。

② 技术参数：

测量范围（MPa）：0～0.16；0～0.25；0～0.4；0～0.6；0.1～1.6。

测量精度等级：1.6。

电阻满量程：0～400Ω；起始电阻值：≤20Ω；满上限电阻值：≤360Ω。

接线端外加电压：≤DC 6V。

③ 接线方式：如图 2-31 是电阻远传压力表接线图，远传压力表的 1、2、3 端中，3 端是电阻滑动端，如果将 1 端和 3 端连接，在没有压力时，1、3 端和 2 段之间电阻值在 30Ω 左右，随着压力的上升，电阻值最大为 360Ω 左右。

图 2-31a 远传压力表内的滑动电阻，通过串联电阻 r 和电源组成电阻回路，由滑动端 3 输出反映压力的电压值。这种方法简单、可靠，但压力检测精度不高，可以用于一般的单栋建筑的供水控制。图 2-31b 在图 2-31a 的基础上采用电桥方法，将滑动电阻作为电桥的一个桥臂，滑动电阻的阻值变化，经过不平衡电桥转换为电压信号输出，再经过调理电路得到标准输出信号。这一方法可以精确、稳定的检测滑动电阻的阻值变化。

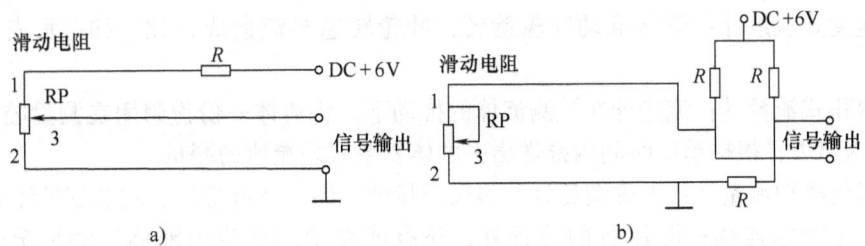

图 2-31 电阻远传压力表接线图

（4）用于监测空气压力的压差探测器 压差探测器用来监控通风、空调等系统中送风的压差和压力参数，输出开关量信号。图 2-32 是某种型号的压差开关外形图。

1）应用场合。压差探测器的应用场合有：

① 空气过滤器监测和保护：在中央空调送风管道的空气过滤器两侧分别检测上游压强和下游压强，当上下游空气压差大于正常情况下的压差的一倍以上就应该输出报警信号。

② 风机进风和出风的压力检测和保护。在中央空调送风管道的送风机两侧分别检测进口压强和出口压强，当出口的空气压差大于正常情况时输出报警信号。过滤网压差检测和送风机压差监测示意图如图 2-33 所示。

2）安装注意事项：压差探测器适合安装在风管或墙上。推荐方位是垂直，但原则上任何方位都可以接受。压强连接管道可为任意长度，但如果长度超过 2m，响应时间将增加。压差探测器应该安装在压强连接点上方。为防止凝结水聚集，管道应该是连通的，在压强连接处和压差探测器之间应该有一个逐渐倾斜的坡度。

图 2-32 压差开关外形图

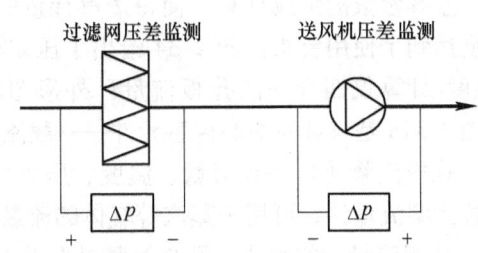

图 2-33 过滤网压差检测和送风机差压监测示意图

2.2.4 流量检测

在建筑设备自动化系统中对流量的检测主要集中在给排水系统、空调系统和供热系统中，实现流量计量和系统控制。

1）流量计量：流量检测可以实现冷水、热水、蒸汽和热量的计量，作为具有收费功能的计量器具，对计量精度、可靠性等指标有较高要求，特别是蒸汽计量和热计量，除要求具备流量检测功能外，还要检测管道温度、压力等参数，通过积算仪得到计量数据。

2）参与系统控制：流量参数较压力参数更能够反映系统工况，流量参数可作为系统的控制调节的重要依据。

1. 流量计分类

1）节流式流量计：采用孔板的压差式流量计、靶式流量计、转子流量计、毕托管等。

2）速度式流量计：流体推动叶轮旋转，叶轮转速与流速成正比。如：水表、涡轮流量计。

3）容积式流量计：流量计在被测流体的推动下，将流体一份份封闭在测量腔体内，并一份份推送出去，根据单位时间内推送出去的体积数实现流速的测量。

4）其他类型流量计：电磁流量计、涡街流量计、超声波流量计、质量流量计等。

5）除了能够连续检测流量的装置外，还有能够检测管道内液体流动情况的流量开关等。

在使用流量检测仪表时要考虑控制系统容许压力损失，最大、最小额定流量，使用场所的环境特点及被测流体的性质和状态，也要考虑仪表的精度要求及显示方式等。

2. 压差式孔板流量计

压差式孔板流量计有悠久的历史背景，各种实验数据齐全。结构简单、无可动部件、长期使用稳定可靠，标准化程度高，标准孔板有可靠的实验数据和完善的国际、国家标准，可不必进行实际流量标定。由于其结构简单、制造方便等优点，目前还是常用的一种流量计。可测量气体、蒸汽、液体的流量，广泛应用于石油、化工、冶金、电力、供热、供水等领域的气体、蒸汽和液体的流量测量。据有关资料的估计占流量仪表总用量的 60%~70%，特别是流量计算仪对压力、温度、压差等参数的集成计算，使得蒸汽计量的计量精度达到了使用要求。图 2-34 给出了压差/压力/温度/计算仪四合一的孔板流量计外形图。

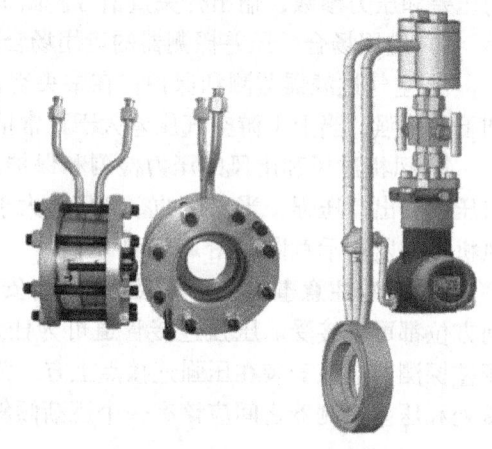

图 2-34 压差/压力/温度/计算仪四合一流量计 a) 截流孔板 b) 结构图

其中，图 2-34a 是流量检测的传感元件——截流孔板，图 2-34b 是流量计的结构图。智能节流装置（孔板流量计）是集流量、温度、压力检测功能于一体，并能进行温度、压力自动补偿的智能型流量计，可用于蒸汽等气体的流量测量。

（1）孔板流量计的组成　孔板流量计分为分体式安装和一体式安装两种结构：分体式安装由独立的孔板、压差变送器、压力变送器、温度变送器、流量计算仪、截止阀等部分组成。各部分之间的连接组合由用户自己完成。一体式安装由智能显示仪和孔板装置组成压差式流量计，自带压差传感器、压力传感器、热电阻温度传感器。DC 4~20mA 两线制瞬时流量输出。一般用于大于 50mm 管径的流量测量。

（2）安装注意事项

1）流量计必须安装在一段直管线上，其前管段线长度不得小于公称通径的 $10D$，后段直管线长度不得小于公称通径的 $5D$。管道内径必须与流量计的公称通径相同，不能把流量计安装在管线的最低处，流量计的指示器必须垂直于管线下方。

2）选择仪表型号时，应按实际工况来确定仪表的型号，蒸汽流向应与仪表指示方向一致。

3）仪表投入运行前冷凝器一定要加满冷凝液，以免造成严重后果，损坏仪表。

3. 超声波流量计

超声波流量计是近代发展起来的一种新型测量流量的仪表,只要能传播声音的流体均可以用超声波流量计测量。利用声波测量介质流速,一般情况下被测介质流速在几 m/s,而液体中声速约为 1500m/s,流速带给声速的变化量在 10^{-5} 数量级。在工业计量中,流速计量精度达到 1% 时,声速的测量精度要达到 $10^{-6} \sim 10^{-5}$ s,必须有完善的测量线路才能实现微秒级的时间计量,这也正是超声波流量计只有在集成电路技术迅速发展的前提下才能得到实际应用的原因。

常用的超声波测量方法有传播速度差法、多普勒法等。传播速度差法又包括:直接时差法、时差法、相差法和频差法。传播速度差法的基本原理都是测量超声波脉冲顺水流和逆水流时速度之差来反映流体的流速,从而测出流量;多普勒法的基本原理则是应用声波中的多普勒效应测得顺水流和逆水流的频差来反映流体的流速从而得出流量。但目前应用较广的主要是超声波传播时间差法。

超声波流量计的测量方式无接触部件,具有低压降、低能量消耗、测量精度高的优点,且具有测量双向流量的功能。超声波流量计一般不作结算计量仪表使用,对于现场计量点损坏生产不能停机更换,又需要检测参数指导生产的情况也往往用到超声波流量计。

(1) 时差法超声波流量计的工作原理 超声波在流体中传播时,在静止流体和流动流体中的传播速度是不同的,利用这一特点可以求出流体的速度,再根据管道流体的截面积,便可知道流体的流量。时差法超声波流量测量原理如图 2-35 所示。

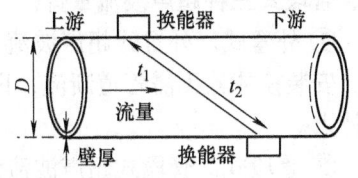

图 2-35 时差法超声波流量测量原理

如果在流体中设置两个超声波换能器 A 和 B,它们既可以发射超声波又可以接收超声波,一个装在上游,一个装在下游,其安装距离为 L,管道外径为 D。若静止流体中的声速为 c,流体流动的速度为 v,当换能器 A 发射,换能器 B 接收时,超声波在流体中顺流传播,其传播速度为 $c+v$;当换能器 B 发射,换能器 A 接收时,超声波在流体中逆流传播,其传播速度为 $c-v$。若设顺流方向的传播时间为 t_1,逆流方向的传播时间为 t_2,A 和 B 与介质传播方向之间的夹角为 θ,则

顺流传播时间 t_1 为

$$t_1 = \frac{L}{c + v\cos\theta} \tag{2-11}$$

逆流传播时间 t_2 为

$$t_2 = \frac{L}{c - v\cos\theta} \tag{2-12}$$

顺逆流时间差 Δt 为

$$\Delta t = t_2 - t_1 = \frac{L}{c - v\cos\theta} - \frac{L}{c + v\cos\theta} = \frac{2Lv\cos\theta}{c^2 + v^2\cos^2\theta} \tag{2-13}$$

由于 $c \gg v$,故 $c^2 + v^2\cos^2\theta$ 可以忽略不计。

可得

$$\Delta t = \frac{2Lv\cos\theta}{c^2} \tag{2-14}$$

即流体流速为

$$v = \frac{c^2}{2L\cos\theta}\Delta t \tag{2-15}$$

式中，L 为两换能器的安装距离（m）；c 为静止流体中的声速（m/s）；θ 为换能器与介质传播的夹角。

从式（2-15）可以看出，从发生器发出的超声波传到接收器的速度变化与管路内的流体流速成正比。据此把管道参数置入仪器，采集数据经变换器变换即得到瞬时流量，并得累计流量。

（2）超声波流量计的结构　超声波流量计由超声波换能器、电子线路及流量显示三部分组成。电子线路包括发射、接收、信号处理和显示电路，换能器将电能转换为超声波能量，并将其发射到被测流体中，接收器接收到的超声波信号，经电子线路放大并转换为代表流量的电信号，得到瞬时流量和累积流量值。超声波流量计的组成图 2-36 所示。

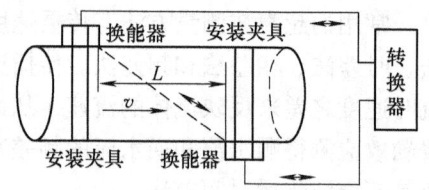

图 2-36　超声波流量计的组成

1）超声波换能器的设置方式：根据超声波换能器使用不同可分为外置式、内置接触式、管段式三种超声波流量计。

① 外置式。外置式超声波流量计是生产最早，用户最熟悉且应用最广泛的超声波流量计，安装换能器无需管道断流，即贴即用，它充分体现了超声波流量计安装简单、使用方便的特点。

② 管段式。管段式超声波流量计把换能器和测量管组成一体，解决了外置式流量计在测量中的一个难题，而且测量精度也比其他超声波流量计要高，但要求切开管道断流安装换能器。

③ 内置接触式。内置式超声波流量计介于上述二者中间。在安装上可以不断流，利用专门工具在有水的管道上打孔，把换能器插入管道内，完成安装。由于换能器在管道内，其信号的发射、接受只经过被测介质，而不经过管壁和衬里，所以其测量不受管质和管衬材料限制。

2）超声波的接收方式：

① 直接透过法，又称 Z 法，主要适用于流体以管轴为对称轴沿管轴平行流动的情形。使用 Z 法安装的换能器超声波信号强度高，测量的稳定性也好，$D > 300$mm，如图 2-37a 所示。

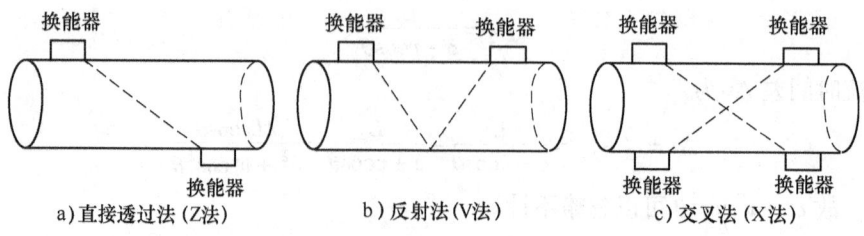

图 2-37　超声波流量计的安装形式

② 反射法，又称 V 法。V 法安装超声波信号行程增加一倍，适用于小管径，管道条件

好的流量测量,如图2-37b所示。

③ 交叉法,又称X法,同V法,是V法的变形。安装距离受限制。如图2-37c所示。

当流体沿管轴平行流动时,选用Z法;当流动方向与管轴不平行或管路安装地点使换能器安装间隔受到限制时,采用V法或X法。当流场分布不均匀而表前直管段又较短时,也可采用多声道(例如双声道或四声道)来克服流速扰动带来的流量测量误差。

(3) 超声波流量计的安装

1) 上、下游直管段:紧邻超声流量计的上、下游安装一定长度的直管段。上游条件较为理想时,要求上游直管段为10D,下游直管段为5D(推荐上游直管段为20D,下游直管段为5D)。双向流动时,上、下游直管段均应至少10D。

2) 超声流量计表体安装:一般应保证表体水平安装,安装时应留有足够的检修空间。

3) 超声流量计的内径、连接法兰及其紧邻的上、下游直管段应具有相同的内径,其偏差应在管径的±1%以内。

4) 内表面:与超声流量计匹配的直管段,其内壁应无锈蚀及其他机械损伤,在组装之前,应除去超声流量计及其连接管内的防锈油或沙石灰尘等附属物。使用中也应随时保持介质流通通道的干净、光滑。

5) 温度计插孔:对单向流测量,应将温度计插孔设在超声流量计下游距法兰端面2~5D之间;对双向流进行测量,温度计插孔应设在距超声流量计法兰端面至少3D的位置。

4. 流量开关

在建筑设备自动化系统的制冷机组冷冻水和冷却水循环系统或自动喷淋灭火系统等中,必须要掌握管道内液体的流动情况,以保证各系统的安全运行和执行可靠操作。特别是在一些需要联锁控制的场合,流量开关是必不可少的检测装置。

(1) 流量开关的工作原理与分类 流量开关分为液体流量开关和气体流量开关。流量开关又分为:单向挡板式、双向挡板式和指针式三种。当管道内液体流速逐渐减小时,流动的液体对挡板力也逐渐减小,转轴在调节弹簧弹力作用下回转,转轴上带动触动螺钉逐渐靠近微动开关,当流速减小到低于流量开关整定的动作流速值时,触动螺钉使微动开关动作发出报警信号,表示管内液体流速低于整定值。图2-38给出了三种类型的流量开关示意图。

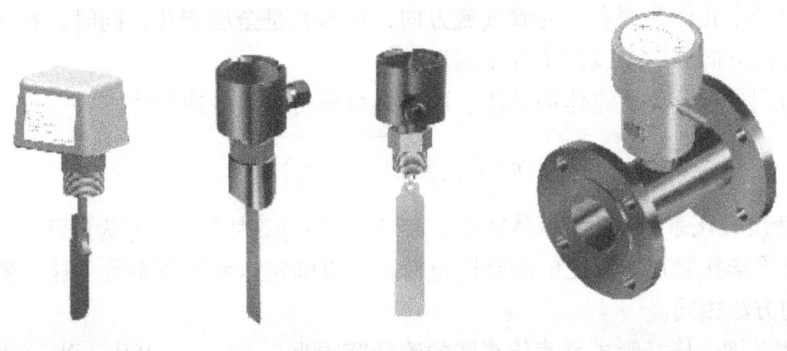

a) 单向挡板式　　b) 双向挡板式　　c) 指针式

图2-38　流量开关示意图

1) 图2-38a所示单向挡板式流量开关,具有挡板直动,接点容量大,适用于单向流体。

2) 图 2-38b 所示双向挡板式流量开关，采用磁感应方式，可耐高压，适用于双向流体。

3) 图 2-38c 所示指针式流量开关，指针指示流量百分比，接点容量大，挡板直动，适用于双向流体。

(2) 水量开关的安装　水量开关上标识的箭头方向应与水流方向一致。水量开关应安装在水平管段上，不应安装在垂直管段上。

2.2.5　风速检测

风速传感器是变风量末端装置的关键部件，风速传感器的类型与性能直接影响系统风量的检测和控制的质量。风速检测的方法有气压法、机械法与散热率法等多种多样，其检测范围、精度要求、使用要求等指标都是选择风速传感器的主要依据。最常用的是毕托管式风速传感器、螺旋桨风速传感器和热线、热膜式风速传感器等。

1. 毕托管式风速传感器

(1) 毕托管风速检测原理　标准毕托管是一根弯成直角的金属细管，它由感测头、外管、内管、管柱与全压、静压引出导管等组成。图 2-39 是毕托管式风速传感器示意图。在毕托管头部的顶端，迎着来流的内管开有一个小孔，小孔平面与流体流动方向垂直，在毕托管头部靠下游的地方，环绕外管管壁的外侧又开了多个小孔，流体流动的方向与这些小孔的孔面相切。

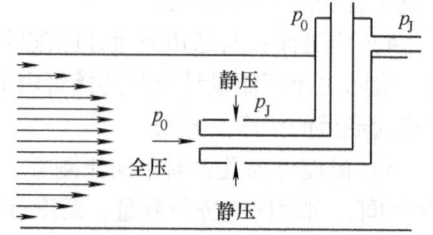

图 2-39　毕托管式风速传感器示意图

顶端的小孔与侧面的小孔分别与两条互不相通的管路相连。进入毕托管顶端小孔的气流压力称为全压，而进入毕托管侧面小孔的气流压力是流体的静压，根据全压和静压的差值可求出动压，从而求出风速。用毕托管只能测量某一点处的流速，而流体在管道中流动时，同一截面上各点的流速各不相同。在变风量末端装置中，由于管道截面积较大，测量某一点的流速不能反映该截面的平均流速。实际上，常采用一种变形的毕托管即均速管来测量流经末端装置的风速，对被测截面上各测点的动压取平均值，求取平均流速。一般用于圆形管道，用一根细的管子插入变风量装置的入口，将被测截面分成若干区域，在每个区域中心位置的细管上开小孔作为测点，迎着气流方向，这些孔是全压测孔，同时，在另一根相同截面的细管的背流方向开一个或多个静压测压孔。

根据伯努利方程，测量流体的总压、静压即可求得流体的速度为

$$v = K_p \sqrt{\frac{2}{\rho}(p_0 - p_j)} \tag{2-16}$$

式中，K_p 为速度校正系数；ρ 为流体密度，$\rho = kg/m^3$；p_0 为全压；p_j 为静压。

一般情况下毕托管在使用之前需要进行标定，以确定速度校正系数，这一测量原理与孔板检测流量的方法相同。

(2) 适用范围　毕托管式风速传感器的测量范围为 $0 < \Delta p < 0.4kPa$，当风速在 4~16m/s 范围内时可保证适当的测量精度。采用毕托管作为流速传感器，应满足下列要求：

1) 被测流体的流速不能太小，一般要求其全压测孔处雷诺数大于 200。

2) 应避免毕托管对被测流体的干扰过大，保证毕托管的直径与被测管道的直径之比在 0.04~0.09 之间。

3）测量时应保证全压测孔迎着流体的流动方向，并使其轴线与流体流动方向一致。

4）防止测压孔堵塞。

2. 热线式风速仪

散热率法利用流速与散热率成对应关系的原理，通过测量相等散热量的时间或测量温度变化，或保持原温度的加热电流量的变化来确定风速。

热线式风速仪基本原理是将一根细的金属丝放在流体中，通电流加热金属丝，使其温度高于流体的温度，因此，将金属丝称为"热线"。当流体沿垂直方向流过金属丝时，将带走金属丝的一部分热量，使金属丝温度下降。根据强迫对流热交换理论，可导出热线散失的热量与流体的速度之间存在关系。热电偶风速传感器结构如图2-40所示，图2-41给出了热线式风速仪工作原理。

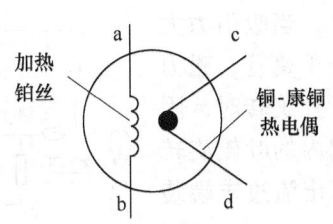
图2-40 热电偶风速传感器结构

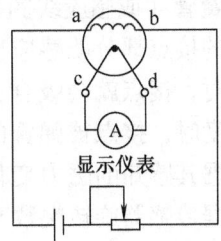
图2-41 热线式风速仪工作原理

热线式风速仪有两种工作模式：

1）恒流式：通过热线的电流保持不变，温度变化时，热线电阻改变，因而两端电压变化，由此测量流速。

2）恒温式：热线的温度保持不变，如保持150℃，根据所需施加的电流可度量流速。恒温式比恒流式应用更广泛。

图2-42是热线式风速检测仪的电路原理。电路由加热丝恒流电路、热电偶冷端温度补偿电路和信号调理电路组成。热电偶的输出电动势范围为 $0 \sim 7mV$，调理电路输出为 $0 \sim 5V$，放大倍数是 $5V/0.007mV \approx 710$。差分放大电路参数设置为 $R_{11} = 35k\Omega$、$R_{12} = 1k\Omega$、$R_{16} = 1k\Omega$、$R_{17} = 10k\Omega$，则

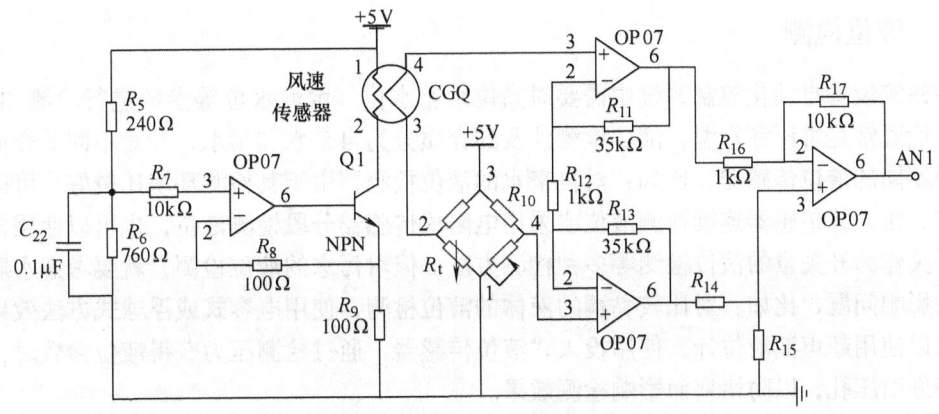

图2-42 热线式风速检测仪电路原理

$$A_{vd} = \frac{u_o}{u_{i1} - u_{i2}} = -\left(\frac{R_{12} + 2R_{11}}{R_{12}}\right)\frac{R_{17}}{R_{16}} \approx 710 \tag{2-17}$$

由于热线法测量以热线为感受元件,随流速变化直接输出电信号,因而具有测速探头体积小、对流场干扰小、响应快、能测量非定常或低速流体的特点,在空调系统的风速测量、过滤器监测、风扇监测和排气跟踪、通风柜和气柜测量、清洁室和净化台表面速度测量以及进出气流的能量管理等方面有着广泛的应用。但热线较为脆弱,不适合于流速较高或非气体流动的场合。

3. 螺旋桨风速传感器

螺旋桨风速传感器由叶片、传感器轴、传感器支架及磁感应线圈等组成。它利用流动空气的动能来推动传感器的叶轮旋转,通过检测转速求出流过末端装置的空气流速。螺旋桨风速传感器通常有多片叶片,传感器支架内侧设置永久磁铁,在不旋转的螺旋桨支架内侧的轴上设置一个干簧管(或感应线圈)做固定磁极,当永久磁铁靠近干簧管时形成的磁场使簧片磁化,簧片的接点部分就感应出极性相反的磁极,当吸引力大于弹簧的弹力时,接点就会吸合;当永久磁铁离开干簧管,磁力较小到一定程度时,接点被弹簧的弹力断开。当叶片旋转时,固定磁极就可根据其感知的磁力变化,测出单位时间内的叶轮旋转次数,从而根据传感器旋转次数与风速的关系计算出流过末端装置的风速。图2-43是干簧管式叶轮风速传感器。

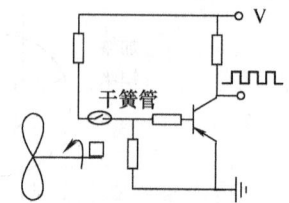

图2-43 干簧管式叶轮风速传感器

测速时,将风速传感器探头与来流方向垂直,叶片在来流的作用下转动并由传感器将转速信号输出到纪录表进行读数。叶轮风速传感器属于机械式测速设备,它不受重力的影响,可安装在任何位置并通过叶轮的转向识别气体流向。叶轮风速传感器可靠性高,不像毕托管测压孔可能被颗粒堵塞而失去测速作用。但是,叶片的形状和表面光洁度,转子的质量以及转子轴承的阻力均影响其测量性能。轴承阻力降低了仪器的灵敏度。目前,叶轮风速传感器的可测速度下限为0.25m/s,叶片的材质通常为ABS塑料,在接触温度较高且具有一定腐蚀性的火灾烟气时极易损坏变形,因此,很少将叶轮风速传感器用于火灾环境下的测速。此外,叶片受力还与气流密度有关。常压下,气体密度随温度改变,因而当被测流体密度与标定流体不同时,必须对风速传感器进行温度补偿才能获得正确的检测结果。

2.2.6 液位检测

在建筑设备自动化控制系统中需要对高位水箱水位、水池水位等参数进行检测和控制,工作环境通常是常压和常温,液位检测涉及的介质分为自来水和污水,针对不同的介质,应该选择不同的液位传感器,比如:对自来水的液位检测,由于其检测环境比较好,可以使用电容式、压力式传感器连续检测液位或采用电阻式传感器分段检测液位,也可以使用传统的浮球开关作为开关量的液位检测等多种检测方法。但对污水的液位检测,就要考虑水质对传感器的影响问题,比如:对比较黏稠的液体的液位检测,使用电容式或浮球式方法效果就不好,可以使用超声波液位计;使用投入式液位传感器,通过检测压力获得液位参数时,要注意处理好引压孔,以防堵塞而影响检测效果。

1. 投入式液位传感器

投入式液位传感器是一种测量液位的压力传感器,由于液体对容器底面产生的静压力与液位高度成正比,因此通过测容器中液体的压力就可测算出液位高度。

容器底部压力除与液面高度有关外,还与液面上部介质压力有关,所以投入式液位检测采用压差检测原理。压力传感器高压端投入液位测量点,低压端采用通心透气电缆与大气连通,将静压转换为电信号,再经过温度补偿和线性修正,转化成标准电信号。投入式液位传感器广泛应用于水厂、污水处理厂、城市供水、高楼水池、水井、矿井、工业水池、水罐、油池、水文地质、水库、河道、海洋等液位检测场所。该部分内容在前面章节做了介绍。

2. 电阻式液位传感器

电阻式液位传感器的原理是基于液位变化引起电极间电阻变化,由电阻变化反映液位情况。电阻式液位传感器既可进行定点液位检测,也可进行连续液位测量。

定点检测是指液位上升或下降到一定位置时引起电路的接通或断开。电阻式定点液位检测原理如图 2-44 所示,多个电阻串联组成液位传感器,电阻由防水护套保护,各电阻之间由电极连接,随着液位变化,液位传感器的电阻值阶梯变化,检测电阻值变化,就可以得到液面的参数;另外也可以通过在介质中安装几个金属接点,利用介质的导电性,接通检测控制回路,检测液位的高低。这种液位检测传感器结构简单,价格便宜,一般用于不要求液位连续检测的无腐蚀、清洁的液体中。

连续测量的电阻式液位传感器如图 2-45 所示。液位检测电路由不平衡电桥组成,两根电极由两根材料、截面积均相同的具有大电阻率的电阻棒组成,电阻棒两端固定并与容器绝缘,电阻大小与液位高度成正比。电阻的测量采用电桥电路完成,电极作为不平衡电桥的一个桥臂,当液位变化时,电极和电阻和电桥输出也随之变化。

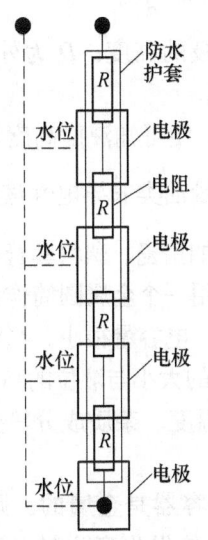

图 2-44 电阻式定点液位检测原理

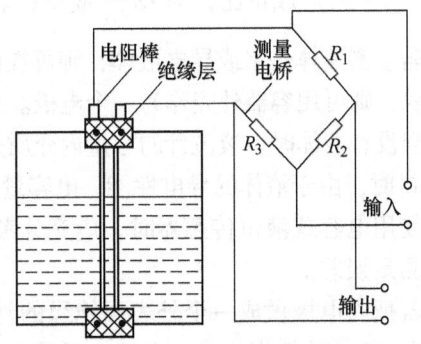

图 2-45 连续测量的电阻式液位传感器

3. 电容式液位传感器

电容式液位传感器利用液位高低变化影响电容量大小的原理进行测量,是对液体液位进行连续精密测量的仪器。它的适用范围非常广泛,对介质本身性质的要求不像其他方法那样严格,对导电介质和非导电介质都能测量。电容式液位传感器的结构形式很多,有平极板式、同心圆柱式等。电容式液位传感器如图 2-46 所示,它是用金属棒和与之绝缘的金属外筒作为两电极，外筒电极底部有孔，金属筒高为 L。被测液体能够进入内外电极之间的空间中，当液面低于液位计、电极间没有液体时，液位传感器相当于一个以空气为介质的同心圆筒电容，其电容值为

$$C_0 = \frac{2\pi\varepsilon_0 L}{Ln\dfrac{D}{d}} \tag{2-18}$$

式中，ε_0 为空气的介电常数；L 为圆筒电极的高度；D 为外电极内径；d 为内电极的外径。

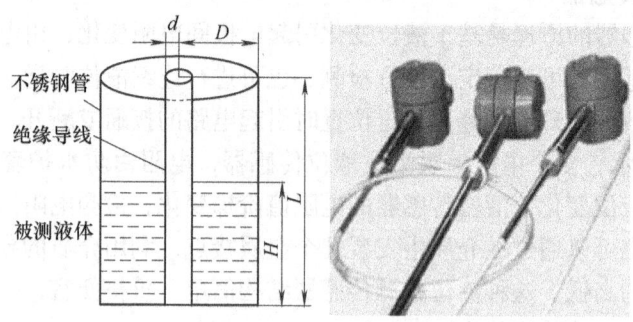

图 2-46 电容式液位传感器

当液面上升到 H 高度时，则液位传感器的电容为两段电容的并联，其电容值为

$$C = \frac{2\pi\varepsilon H}{Ln\dfrac{D}{d}} + \frac{2\pi\varepsilon_0(L-H)}{Ln\dfrac{D}{d}} = \frac{2\pi(\varepsilon-\varepsilon_0)H}{Ln\dfrac{D}{d}} + \frac{2\pi\varepsilon_0 L}{Ln\dfrac{D}{d}} \tag{2-19}$$

式中，ε_0 为空气的介电常数；ε 为液体介电常数；L 为圆筒电极的高度；D 为外电极内径；d 为内电极的外径；H 为液体介质高度；$L-H$ 为空气介质高度。

这时的电容量与液面高度成线性关系，测得此刻的电容值，便可知液面高度。测量灵敏度与 $(\varepsilon-\varepsilon_0)$ 成正比，与 $Ln\dfrac{D}{d}$ 成反比。这种方法经常用于测量油类非导电性液体的液位。

若被测液体是水或导电液体，则可在内电极上套一绝缘层，如搪瓷、塑料套管等；若容器是金属，则可用容器外壳作为一个电极。如容器直径太大，则可用一个金属圆筒作为一个外电极。当没有液体时，液位计的容量内介质是空气和棒上的绝缘层，电容量很小；当液体液位上升到 H 时，由于液体的导电性能，电容量大大增加，此刻电容量的大小与液位的高度成正比。

使用电容式液位传感器时，应充分考虑液体的介电常数随温度、杂质成分等变化可能引起的测量误差。

若把内电极做成一个外表面绝缘的浮筒，套在外筒内（如容器是金属的，则容器当作另一电极），外筒当作另一电极，浮筒是一个活动的电极。当液体发生变化时，浮筒位置随之发生变化，相当于电容的极板面积的变化。这时，极板面积又与液位高低成正比，即此刻液位计的电容量 C 就与液位的高低成正比，读出电容量 C 就能得出液位高度。

4. 液位开关

（1）小型浮球液位开关　在密闭的金属内，设置一点或多点的干簧管，然后将管子贯穿一个或多个中空且内部装有环型磁铁的浮球，利用固定环将浮球固定在与磁簧开关相关范围内，浮球比重小于液体密度，液体使浮球在一定范围内上下浮动，利用浮球内的磁铁去吸

引磁簧开关的闭合,产生开关动作。图 2-47 是小型浮球液位开关的工作原理,当水位上升时浮球上升,干簧管触点闭合;当水位下降时浮球下降,干簧管触点释放。图 2-48 是小型浮球液位开关的安装。

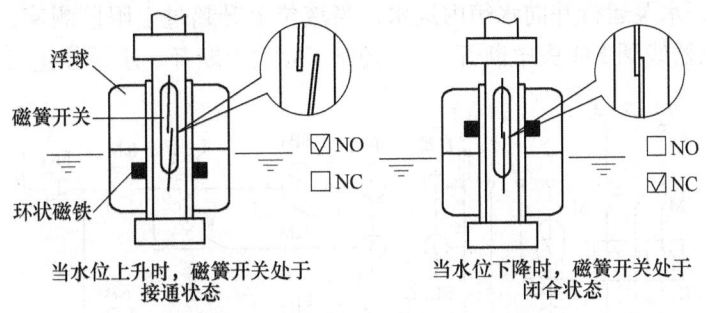

图 2-47　小型浮球液位开关工作原理

(2)连杆浮球液位开关　连杆浮球液位开关与小型浮球液位开关原理基本相同。连杆浮球液位开关为定制品,依照被测液体的温度、压力、相对密度、耐酸碱等特性,选择适合规格的浮球,还需确定接续规格(法兰安装或螺纹安装等),各动作点位置,动作形式(常开或常闭)和总长。图 2-49 是法兰安装的连杆浮球液位开关结构。

(3)电缆浮球液位开关　电缆浮球开关是利用微动开关或水银开关做接点零件,当电缆浮球以重锤为原点上扬一定角度时(通常微动开关上扬角度为 28°±2°,水银开关上扬角度为 10°±2°),开关便会有接通或断开信号输出。图 2-50 是电缆浮球液位开关结构,图中 L1、L2、L3 分别是开关动作的液位点。

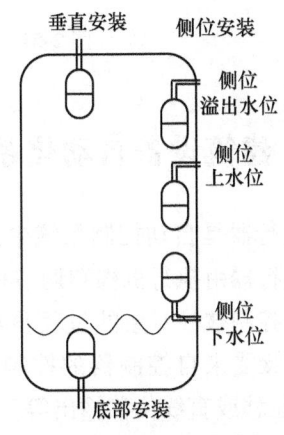

图 2-48　小型浮球液位开关的安装

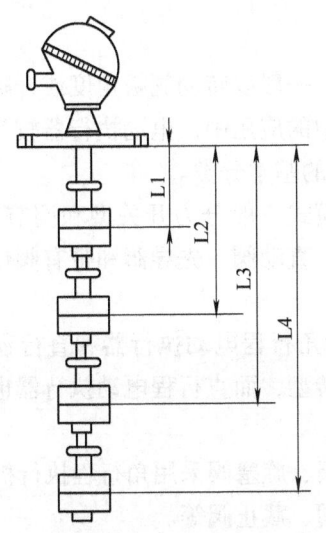

图 2-49　法兰安装的连杆浮球液位开关结构

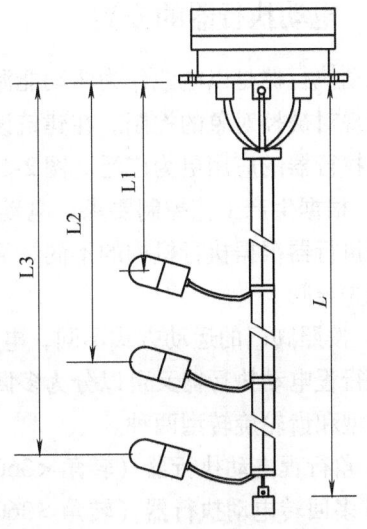

图 2-50　电缆浮球液位开关结构

图 2-51 是连杆浮球液位开关液位控制水泵起停的原理。系统由水泵、交流接触器、断路器和连杆浮球液位开关组成,液位开关的触点 SL_1 和 SL_2 受液位控制,当液位下降超过下限监测值,触点 SL_1 闭合,交流中间继电器 KA 线圈得电吸合,KA 控制交流接触器 KM 吸合接通水泵电路,水泵运行并向水箱内送水,当液位上升超过上限监测值,触点 SL_2 断开,KA 交流中间继电器线圈 KM 失电断开,KA 控制 KM 失电断开、水泵停止工作。

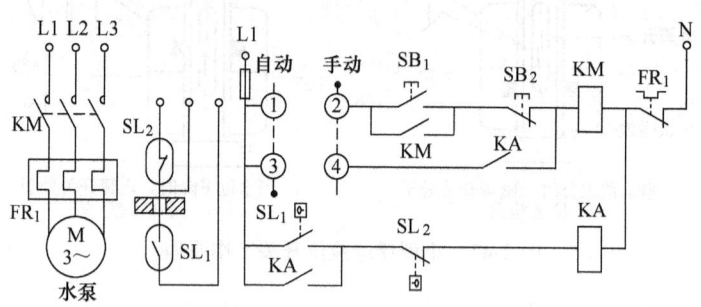

图 2-51 连杆浮球液位开关液位控制水泵起停的原理

2.3 建筑设备自动化系统中的执行器

执行器是自动控制系统中接收调节器发出的控制命令并对被控对象施加控制作用的装置。执行器由执行机构和调节机构两部分组成。调节机构(如:阀门、风门)通过执行元件直接控制被控对象的过程参数,使系统满足指标的要求。执行机构则是执行器的推动部分,它接受来自控制器的控制信息,按照控制器发出的信号大小或方向产生推力或位移(如角位移或直线位移输出等)。从执行机构使用的能源种类可分为气动、电动、液动三种类型。在建筑设备自动化系统中通常使用电动执行器作为控制装置,比较有代表的就是电动控制阀,另外,变频器作为电动机的驱动机构,在某种意义上讲也是一种类型的执行器。

2.3.1 电动执行器的分类

电动执行器是以电能作为驱动能源的一种执行器,一般以转动阀板角度或升降阀板等方式来实现对被控对象的控制。在建筑设备自动化系统中的应用中,电动执行器较气动执行器和液动执行器的应用更为广泛。图 2-52 给出了执行器的基本分类。

1)根据生产工艺控制要求,电动执行器的控制模式一般分为开关型和调节型两大类。开关型执行器根据执行机构的不同,又可分为电机阀、直动阀、先导阀和带有阀位自保的直动阀和先导阀。

2)按照阀门的运动方式不同,电动执行器可分为角行程电动执行器和直行程电动执行器。角行程电动执行器又可以分为多回转型和部分回转型,而直行程电动执行器也可以再分为推拉型和齿轮旋转型两种。

① 角行程电动执行器(转角 < 360°):蝶阀、球阀、旋塞阀采用角行程执行机构。
② 多回转电动执行器(转角 > 360°):适用于闸阀、截止阀等。
③ 直行程(直线运动)电动执行器:适用于单座调节阀、双座调节阀等。

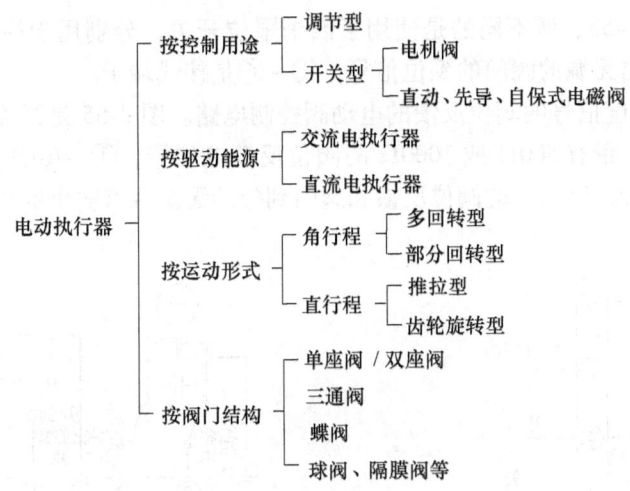

图 2-52 电动执行器的基本分类

1. 开关型电动执行器

开关型电动执行器使用电能作为动力驱动调节机构,根据用途可为电动阀和电磁阀。

(1) 开关型电动阀 开关型电动阀以电动机为动力元件,将控制器输出信号转换为阀门的开度,实现阀门的开启和关闭,是一种两位式调节的执行器。阀门开闭过程中,有开、关、半开、半关状态(DI)输出以及模拟反馈信号(AI)输出。开关型电动阀一般用于不需对介质流量进行精确控制的场合,比较常见于大管道和风阀控制等场合,风机盘管和加湿等系统的控制中也可以用电动阀做两位开关控制。由于只有在改变阀门位置时才需供电,所以阀门所需的功率很小。电动阀的开关动作模式不同,其控制电路也有所不同,下面给出几种电动阀开关动作模式下的控制电路:

1)无输出触点的电动阀控制电路。图 2-53 是开关型带有源指示灯的电动阀接线原理。驱动装置采用单相交流异步电动机,电动机两绕组线圈的公共端接电源零线,两绕组的另外两接线端跨接起动电容,并通过蝶阀设置的两个到位开关接电源火线。在控制回路中分别串接了两个带有常开和常闭触点的限位开关,用于检测和控制阀门的到位,两个指示灯分别指示阀门的到位情况,①~⑤是接线端子。

2)输出无源触点的电动阀控制电路。图 2-54 是输出无源触点信号电动阀的接线原理。

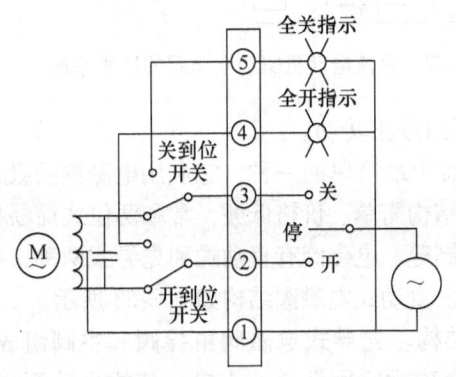

图 2-53 开关型带有源指示灯电动阀接线原理

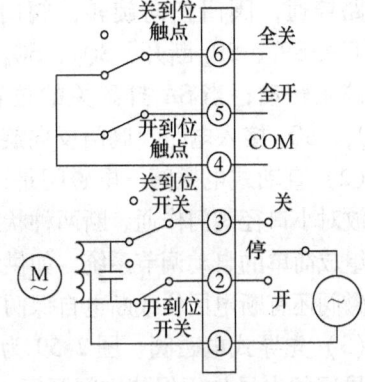

图 2-54 输出无源触点信号电动阀的接线原理

电路控制原理同图 2-53，所不同的是使用了四个限位开关，分别用于检测和控制阀门的到位，并通过触点输出无源的阀门的到位信号，①~⑥是接线端子。

3）开关型带开度信号的阀位反馈的电动阀控制电路。图 2-55 是开关型带开度信号反馈电动阀的接线原理。带有 500Ω 或 1000Ω 的阀位反馈电位器，①~⑥是接线端子。图 2-56 是同时带有开关型带开度信号的阀位反馈和阀门到位的无源触点输出的接线图，①~⑨是接线端子。

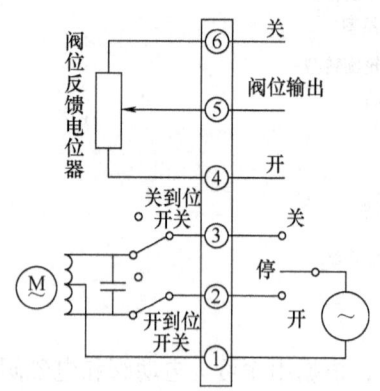
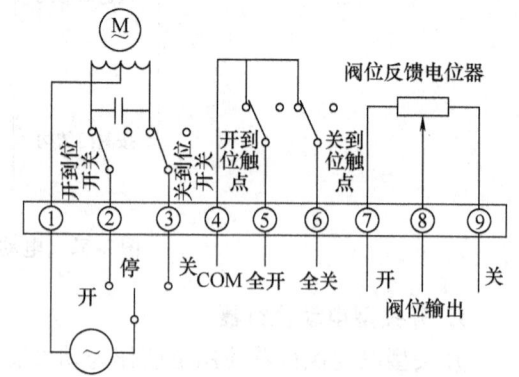

图 2-55 开关型带开度信号反馈电动阀的接线原理

图 2-56 带开度信号和无源触点电动阀的接线原理

4）直流电动机驱动的电动阀。图 2-57 是直流电动机驱动电动阀的接线原理。KA_1 和 KA_2 为电动机正反转控制继电器，两继电器线圈分别与内部限位开关 SQ_1、SQ_3 及互锁辅助点 KA_1 和 KA_2 串联。当阀门全开或全关时，触碰限位开关动作，使继电器吸合或断开，串入控制回路中的常闭点 KA_1 或 KA_2 断开，使电动机停转阀门到位。在主回路中设置转换开关 SA 手动控制开关阀，当需要开阀时，SA 打到开的位置，此时只有限位 SQ_1、SQ_2 接入电路，主电路接通，阀门正向旋转，阀门到位，限位开关 SP_1、SP_2 断开，SQ_2、SQ_4 接入，阀门停止转动；当 SA 打到关的位置，只有 SQ_3、SQ_4 接入电路，阀门反向旋转直到限位，阀门停止转动。

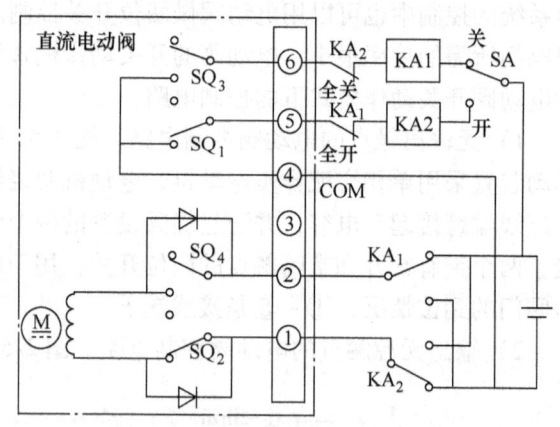

图 2-57 直流电动机驱动电动阀的接线原理

（2）直动式电磁阀　电磁阀是开关型电动执行器中最简单的一种，它利用电磁铁的吸合和释放对小口径阀门作通、断两种状态的控制。由于结构简单、价格低廉，常和两位式简易控制器组成简单的自动调节系统，如供水管道的通断控制等。电磁阀有直动式和先导式两种，每种电磁阀还有断电回位或断电自保两种不同工作方式。直动式电磁阀结构如图 2-58 所示。

（3）先导式电磁阀　图 2-59 为先导式电磁阀结构。先导式电磁阀由导阀和主阀组成，通过导阀的先导作用促使主阀开闭。线圈通电后，电磁力吸引活铁心上升，使排出孔开启，由于排出孔远大于平衡孔，导致主阀上腔中压力降低，但主阀下方压力仍与进口侧压力相等，则主阀因压差作用而上升，阀呈开启状态；断电后，活动铁心下落，将排出孔封闭，主阀上腔因从平衡孔冲入介质压力上升，当约等于进口侧压力时主阀因本身弹簧力及复位弹簧作用力，使阀门呈关闭状态。

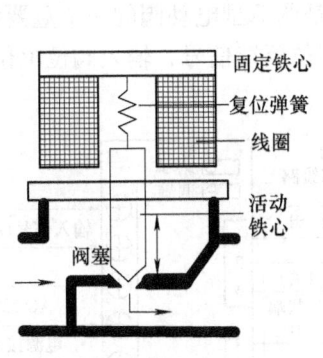

图 2-58　直动式电磁阀结构

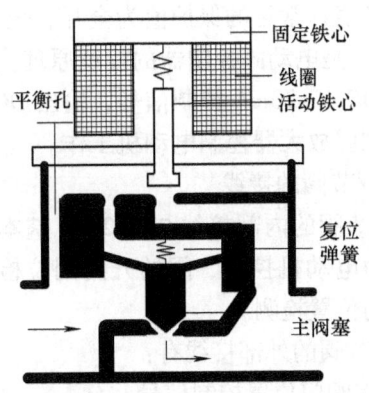

图 2-59　先导式电磁阀结构图

电磁阀的型号可根据工艺要求选择，其通径可与工艺管路直径相同。

直动式用于通径 DN20 左右的管道流量控制，大流量大通径的管道通常选用先导式。先导式电磁阀功耗较小，一般为 0.1~0.2W，直动式功耗较先导式大，一般为 5~20W。

(4) 阀塞位置失电自保持式直动和先导式电磁阀　如果将图 2-58 和图 2-59 中阀体上面固定铁心改为永久磁铁，就形成阀塞位置自保持式结构。当电源正向接通时，阀塞在电磁铁作用下克服弹簧阻力开阀，失电后阀塞位置由永久磁铁保持；当需要关阀时，电源反向接通，阀塞在电磁铁作用下关阀，失电后由弹簧张力保持阀位。这种自保式电磁阀只在开关阀时供电，其余时间断电，可用于电池供电的水表集抄系统中。

2. 调节型电动阀

调节型电动阀由电动执行机构和阀门组成，电动执行机构根据控制信号的大小，驱动调节阀动作，实现对管道介质流量、压力、温度等参数的连续调节。调节阀必须有阀门定位器和手轮机构等辅助装置。阀门定位器利用反馈原理改善执行器性能，使执行器能按调节器的控制信号，实现准确定位。手轮机构用于直接操作调节阀，以便在停电、停气、调节器无输出或执行机构损坏而失灵的情况下，生产仍能正常工作。图 2-60 是电动执行机构的调节原理框图。系统由伺服放大器，电动执行机构、调节阀和阀位传感器等组成。

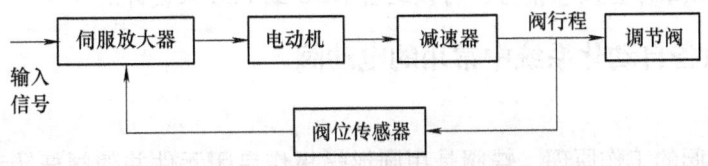

图 2-60　电动执行机构的调节原理框图

(1) 控制信号类型（电流、电压）　调节型电动执行器控制信号一般有电流信号（DC 4~20mA、0~10mA）或电压信号（0~5V、1~5V）。

(2) 工作形式（电开型、电关型）　调节型电动执行器的工作形式分为电开型（以 DC 4~20mA 的控制为例，电开型指 4mA 信号对应阀关，20mA 对应阀开）和电关型（以 DC 4~20mA 的控制为例，电开型指 4mA 信号对应阀开，20mA 对应阀关）。

(3) 失信号保护　因线路等故障造成控制信号丢失时，电动执行器将控制阀门开闭到设定的保护值，常见的保护值为全开、全关、保持原位三种情况。

图 2-61 是电动阀控制器的接线原理。阀门控制器是调节型电动阀的一个重要组成部分，通过输入 DC 4~20mA 控制信号，输出 DC 4~20mA 阀位反馈信号，输入阀位电位器电阻信号，通过伺服放大器控制电动机工作。

(4) 调节阀的接线

1) 调节阀的内部接线与图 2-56 基本相同，分为电动机控制、阀的开闭到位检测和阀位的位置检测。

2) 调节阀的外部接线有：

① 控制阀门位置控制信号。

② 阀门位置的反馈输出信号。

③ 阀门的驱动电源。

3. 电动阀电路设计中应注意的问题

1) 执行器是控制阀门的驱动装置，如果是控制阀门的正反转，首先应要考虑根据阀门的扭矩来选择执行器电动机的功率，3kW 以下的电动机可以用接触器或可控硅来控制，3kW 以上的则必须用接触器控制。

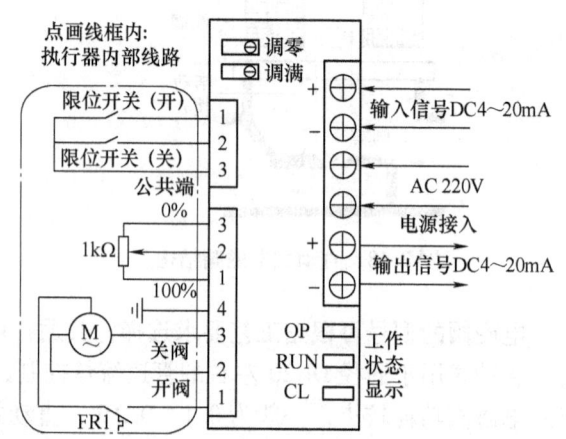

图 2-61　电动阀控制器接线原理

2) 根据客户现场的工艺要求，看阀门是开关型的还是调节型的，如是调节型，而且调节动作频繁，则必须使用可控硅控制，可控硅的触点适合于频繁开关使用，接触器的使用寿命在 10^6 次。调节器频繁动作影响控制器的使用寿命，尤其对执行机构机械装置的寿命影响更大，可以通过合理设置阀门动作的阈值或滞环区，减少调节阀的动作频率。

3) 阀门到位停止方式是通过阀门执行器设置的限位开关控制或是力矩控制，每台执行器必须配备的限位开关和力矩开关两重控制，如过采用限位停机，则力矩开关作为保护，如用力矩停机则限位开关作为保护。

4) 开关型电动阀的电气控制由正反转控制电路实现，而调节型电动阀需要电位器或霍尔元件输出的模拟量位置反馈信号，可以结合 DDC 或 PLC 来设计。

2.3.2　建筑设备自动化系统中常用的电动阀

1. 电动蝶阀

(1) 电动蝶阀的工作原理　蝶阀是用圆形蝶板作启闭元件并随阀杆转动来开启、关闭或调节流体通道的一种阀门。蝶阀的蝶板安装于管道的直径方向。在蝶阀阀体圆柱形通道内，圆盘形蝶板绕着轴线旋转，旋转角度为 0°~90°。当蝶板旋转到 90°时，阀门呈现全开状态，反之，阀门则呈全关状态。

电动蝶阀采用一体化结构，通常由角行程电动执行机构和蝶阀整体通过机械连接共同组成。根据动作模式分类有开关型和调节型两种。开关型是直接接通电源（交流220V或其他电源等级的电源）通过开关正、反导向来完成开关动作。图2-62a是开关式电动蝶阀接线图，图中所示蝶阀采用了单相交流电源直接控制阀门开闭；图2-62b是调节型电动蝶阀接线图，调节型是以交流220V电源作为动力，接收自动控制系统设定的参数值4~20mA等信号来完成调节动作。调节型有内装阀门定位器、伺服放大器和外接伺服操作器等，图2-62c是电动蝶阀实物图。

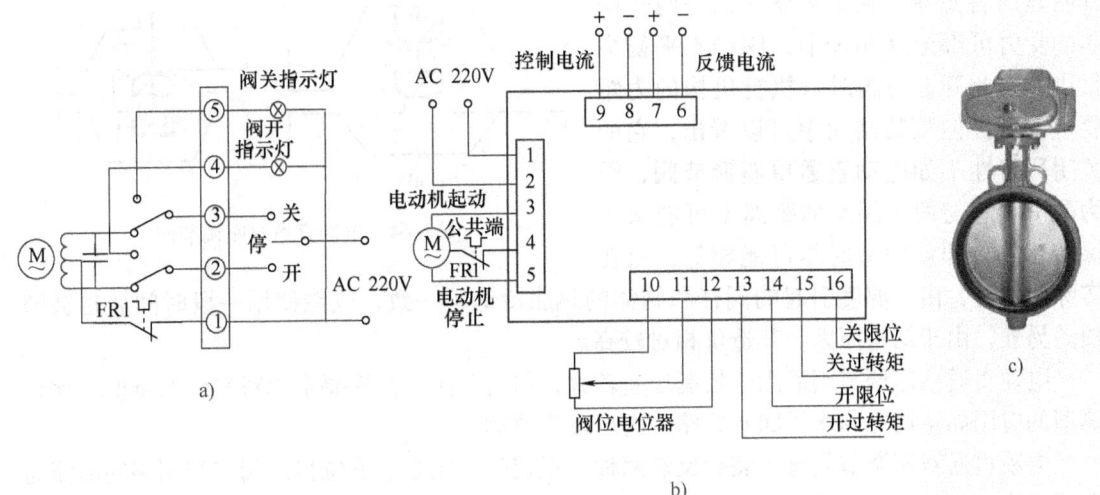

图2-62 电动蝶阀两种控制方法的接线图

（2）蝶阀的选用 蝶阀的蝶板安装于管道的直径方向。在蝶阀阀体圆柱形通道内，圆盘形蝶板绕着轴线旋转，旋转角度为0°~90°，旋转到90°时，阀门处于全开状态。蝶阀处于完全开启位置时，蝶板厚度是介质流经阀体时唯一的阻力，因此通过该阀门所产生的压降很小，故具有较好的流量控制特性。蝶阀有弹性密封和金属的密封两种密封形式。采用金属密封的阀门一般比弹性密封的阀门寿命长，但很难做到完全密封。金属密封能适应较高的工作温度，弹性密封则具有受温度限制的缺陷。

如果要求蝶阀作为流量控制使用，主要的是正确选择阀门的尺寸和类型。蝶阀的结构原理尤其适合制作大口径阀门。蝶阀不仅在石油、煤气、化工、水处理等一般工业上得到广泛应用，而且还大量应用于暖通空调系统的冷却水和冷冻水系统的控制中。

2. 电动直通单座调节阀

电动直通单座调节阀（简称两通阀）如图2-63所示，由直行程电动执行机构和直通单座阀两部分组成，以单相交流220V电源为动力，接受0~10mA或4~20mA直流信号，自动地控制调节阀开度，达到对管道内流体的压力、流量、液位等工艺参数的连续调节。

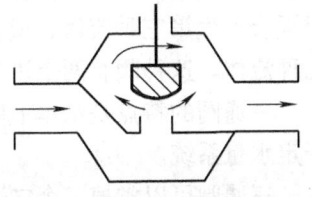

图2-63 电动直通单座调节阀

电动直通单座调节阀的特点是关闭严密、工作性能可靠、结构简单、造价低廉，但电动直通单座调节阀只有一个阀芯，不平衡力较大，阀杆的受力较大，因此对执行器工作力矩要求相对较高。

电动直通单座调节阀仅适用于低压差的场合,主要适合于对关闭要求较严密及压差较小的场所,如普通的空调机组、风机盘管、热交换器等设备的流量控制。

3. 电动直通双座调节阀

电动直通双座调节阀又称压力平衡阀,阀体内有两个阀座及两个阀芯,如图2-64所示。阀杆做上、下移动来改变阀芯与阀座的位置。从图2-64中可以看出,流体从左侧进入,通过上、下阀芯在汇合在一起,由右侧流出。其明显的特点是:在关闭状态时,两个阀芯的受力可部分互相抵消,阀杆不平衡力很小,因此开、关阀时对执行机构的力矩要求较低。但从其结构中可以看出,它的关闭严密性不如电动直通单座调节阀,因为两个阀芯与两个阀座的距离不可能永远保持相等,即使制造时尽可能相等,而在

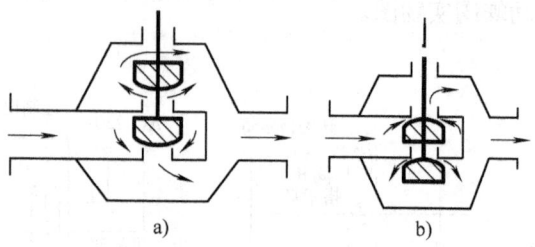

图2-64 电动直通双座调节阀

实际使用时,由于温度引起的阀杆和阀体的热胀冷缩不一致,或在使用一段时间后也会磨损。另外,由于结构原因,其造价相对较高。

电动直通双座调节阀适用于控制压差较大,但对关闭严密性要求相对较低的场所,比较典型的应用如空调冷冻水供回水管路上的压差旁通阀。

电动直通双座调节阀有正装和反装两种。正装时,阀芯向下位移,阀芯与阀座间的流通面积减少,如图2-64a所示;反装时,阀芯向下位移,阀芯与阀座间的流通面积增大如图2-64b所示。由于双座阀有两个阀芯和阀座,采用双导向结构,正装可以方便地改成反装,只要把阀芯倒装,阀杆与阀芯的下端连接,上、下阀座互换位置之后就可改变安装方式。

4. 电动三通调节阀

三通阀有三个出入口与管道相连,按作用方式分为三通混流阀(两入一出型)和三通分流阀(一入两出型)两种形式。

分流是把一种流体通过阀后分成两路,这种阀有一个入口和两个出口。分流阀用于要求上游流体流量保持恒定的系统,即通过分流的方式实现一个出口流量的调节,而多余流量由另一个出口分流,保持阀门入口流量恒定。

混流阀则是在保持出口流量恒定的同时,对某一入口流体的流量进行调节,出口流量的其余部分由另一入口流体补充,从而保证阀门出口流量基本恒定。混流阀是两种流体通过阀时混合产生第三种流体,或者两种不同温度的流体通过阀时混合成温度介于前两者之间的第三种流体。这种阀有两个进口和一个出口。

三通阀的特点是基本上能保持总水量的恒定。因此,适合于定水量系统。

三通阀可以省掉一个二通阀和一个三通接管,因此得到广泛应用,常用于热交换器的旁通调节,也可用于简单的配比调节。

如图2-65所示是三通分流阀,当出口水温发生变化,通过调节热交换器的旁通流量来控制其出口流体的温度。

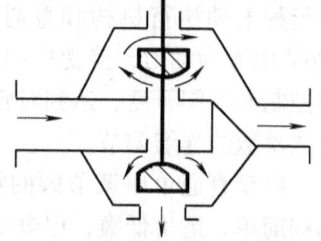

图2-65 三通分流阀

5. 电动风门

电动风门由电动执行机构和风门组成，分为调节型电动风门和开关型电动风门，是空调送风系统和建筑防排烟系统中常用的设备。调节型电动风门采用连续调节电动执行器，通过调节风门的开启角度来控制风量的大小，可用来控制风的流量；开关型电动风门采用两位式电动执行器，实现对风阀开启、关闭及中间任意位置的定位。对开启和关闭时间有特殊要求的场合，可采用快速切断风门，其全行程时间可在 3~6s 内完成。图 2-66 是电动风门控制器。

风门由若干叶片组成，当叶片转动时改变流道的等效截面积，即改变了风门的阻力系数，其流过的风量也就相应地改变，从而达到了调节风流量的目的。图 2-67 是电动风门的结构。

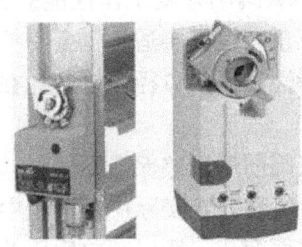

图 2-66 电动风门控制器

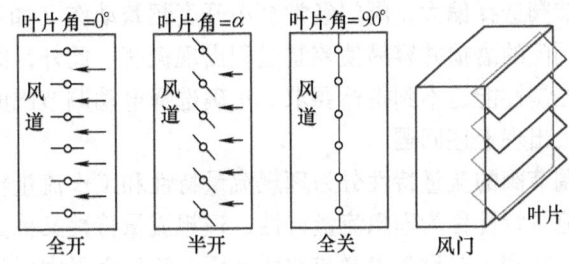

图 2-67 电动风门的结构

（1）电动风门的控制方式　电动风门的控制与蝶阀的控制方法基本相同，也分为调节型电动风门和开关型电动风门，如图 2-68 所示，交流 24V 供电，通过控制器的开关控制风门的开度。调节型风门带有位置电位器，能够反馈风门的位置信息；开关式风门根据控制器开关实现全开、全关或半开。

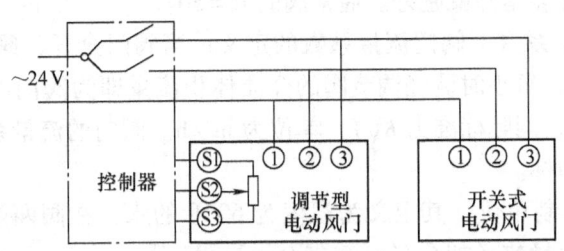

图 2-68 电动风门控制方式

（2）电动风门的种类

1）电动风量调节阀。一般用于空调通风系统管道中，用来调节风量，也可用于新风与回风混合调节。电动执行器可提供 DC24V 或 AC220V 电源控制，电动开启或关闭阀门，可输出位置信号。具有电动按钮，可手动开启或关闭也可提供开关控制或比例控制两种控制方式。开闭方式分为顺开式和对开式。

2）自动复位防烟防火调节阀。通常安装在通风空调系统的送、回风总管及水平支管上。其主要功能和特点为：70℃熔断器动作，阀门自动关闭。动作电压/电流为 DC 24V/0.5A。温感器动作温度为 70℃。

3) 排烟防火阀。安装在排烟系统管道上、常闭。火灾时，烟（温）感探头出火灾信号，控制中心接通电源，阀门迅速打开排烟，280℃时，阀门自动关闭。

2.3.3 调节阀的流量特性

调节阀是控制系统的执行器，在建筑设备自动化系统中，调节阀被广泛应用于管道流量、风道送风量等参数的调节和控制中，调节阀的流量特性是反映阀门的位移和流过阀门的变化关系，一般来说改变调节阀的阀芯与阀座的流通截面，便可控制流量。但实际上由于多种因素的影响，如在截流面积变化的同时，阀前后压差也会发生变化，而压差的变化又将引起流量的变化。在实际工程应用中，如果暖通工程师根据管径而不是阀门的流量特性来选择调节阀，而电气工程师根据暖通工程师所提的要求，配置和设计控制系统，这样通常会使电动调节阀选择偏大，阀门经常会小开度频繁动作（如双座阀、蝶阀小开度工作性能差），增加了阀门的磨损并容易使控制过程出现振荡。此外，阀门的流量特性不合适，也会使控制系统的控制性能达不到指标要求。正确选择电动调节阀的流量特性和阀门口径可以避免在系统运行后出现上述问题。

调节阀的流量特性分为理想流量特性和工作流量特性，在阀前后压差保持不变时，控制阀的流量特性称为理想流量特性，理想流量特性又称固有流量特性。在实际应用过程中，调节阀往往和工艺设备串联或并联使用，流量因阻力损失的变化而变化，所以阀前后压差总是变化的，这时的流量特性称为工作流量特性。

1. 调节阀的可调比和流通能力

（1）调节阀的可调比 调节阀的可调比为调节阀所能控制的最大流量与最小流量的比值，反映了调节阀可控制的流量范围，用 $R = Q_{max}/Q_{min}$ 表示。其中 Q_{min} 不是指阀门全关时的泄漏量，而是阀门能平稳控制的最小流量，为最大流量的2%~4%。R 越大，调节阀调节流量的范围越宽，性能指标就越好。通常阀的 $R = 30$。

（2）调节阀的流量系数 阀门流量系数的定义：当阀门全开，阀两端压力降为 10^5 Pa，流体密度为 $1g/cm^3$ 时，每小时流经调节阀的介质体积流量即为阀门的流量系数，用字母 C 表示（欧美标准为 C_V，国际标准为 K_V），单位为 m^3/h。阀门的流量系数是阀门、调节阀的重要工艺参数和技术指标。

流量系数 C_V 为英制单位，其定义为温度为 60°F 的水，在阀两端压差 1 磅/英寸^2 时，每分钟流过调节阀的流量数（加仑/分，1 加仑 = 3.785 升）。

流量系数 K_V 为国际单位（m^3/h），当调节阀全开时，阀门前、后两端的压差 Δp = 100kPa。流通能力 C 表示通过流量的能力，正确计算和选择 C 值是保障管道流量控制系统正常工作的重要步骤。K_V 和 C_V 的数值关系为 $K_V = 0.8569 C_V$；$C_V = 1.167 K_V$。

2. 调节阀的理想工作特性

调节阀的流量特性是指流过调节阀流体的相对流量与调节阀相对开度之间的关系，即

$$\frac{Q}{Q_{max}} = f \frac{l}{L_{max}} \tag{2-20}$$

式中，l/L_{max} 为相对开度，即调节阀在某一开度下的行程与全行程之比；Q/Q_{max} 为相对流量，即调节阀在某一开度下的流量与全开时流量之比。

在理想情况下，假设调节阀上的压降不随阀的开度和流量而变化，因而得到相对流量与

相对开度之间的关系，即为理想流量特性。调节阀的理想流量特性曲线如图 2-69 所示，常用的是直线、等百分比和快开三种，抛物线流量特性介于直线与等百分比之间，一般可用等百分比来代替，而快开特性主要用于二位式调节及程序控制中。因此，控制阀的特性选择是指如何选择直线和等百分比流量特性。在以后的讨论中，除特别指明某种特性阀，均是指其理想特性。

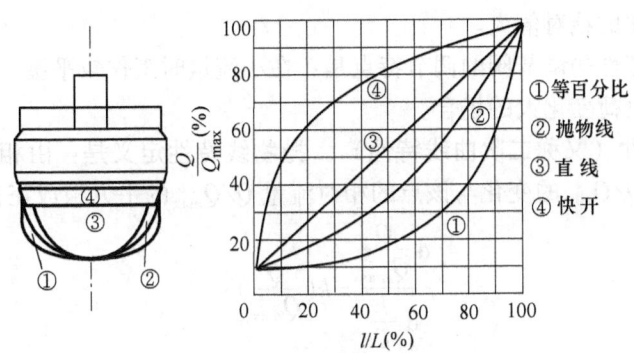

图 2-69　阀门的理想流量特性曲线

（1）直线特性　直线特性的定义是：阀门相对流量 Q/Q_{max} 的变化与其相对开开度 l/L 的变化成线性关系（比例系数为 k），即单位行程变化引起的流量变化是常数。

$$\frac{d\frac{Q}{Q_{max}}}{d\frac{l}{L}} = k \tag{2-21}$$

对式(2-21)进行积分得

$$\frac{Q}{Q_{max}} = k\frac{l}{L_{max}} + C \tag{2-22}$$

带入边界条件：

当 $l=0$ 时，$Q=Q_{min}$；当 $l=L_{max}$ 时，将 $Q=Q_{max}$ 带入式(2-19)得：$C=Q_{min}/Q_{max}$。$k=1-Q_{min}/Q_{max}$。令 $R=Q_{max}/Q_{min}$（R 为调节阀的可调比系数），一般阀门的可调比 $R=30$。将 C、k 带入式(2-22)整理得

$$\frac{Q}{Q_{max}} = \frac{1}{R}[1 + (R-1)l/L] \tag{2-23}$$

式（2-23）表明，Q/Q_{max} 与 l/L 成线性关系，即调节阀的放大系数是一个定值。

（2）等百分比特性　等百分比特性的定义是：因阀门相对开度 l/L 的变化而引起的相对流量 Q/Q_{max} 的变化与该点的相对流量 Q/Q_{max} 成正比（比例系数为 k），或者说调节阀杆的行程增加相同值时，流量特性按等百分比增加，调节阀的放大系数是变化的，它随相对流量的增加而增大，即

$$\frac{d\frac{Q}{Q_{max}}}{d\frac{l}{L}} = k\frac{Q}{Q_{max}} \tag{2-24}$$

同样，对上式积分并代入与直线法相同的边界条件得

$$\frac{Q}{Q_{max}} = R \cdot \exp\left(\frac{L}{L_{max}} - 1\right) \tag{2-25}$$

式（2-25）表明，l/L 与 Q/Q_{max} 之间成对数关系。此外，从图 2-69 中可见，等百分比流量特性的调节阀，其放大系数随行程增大而增大。在小流量时，流量变化的绝对值小；在流量大时，流量变化的绝对值大。

等百分比流量特性的调节阀的调节特点是：在小流量时工作较平缓，在大流量时工作灵敏。它适用于要求负荷变化大的场合。

（3）抛物线特性（又称二次曲线特性） 抛物线特性定义是：由相对开度 l/L 的变化所引起的相对流量 Q/Q_{max} 的变化与该点的相对流量 Q/Q_{max} 的平方根成正比，即

$$\frac{d\frac{Q}{Q_{max}}}{d\frac{l}{L}} = k\left(\frac{Q}{Q_{max}}\right)^{\frac{1}{2}} \tag{2-26}$$

对上式积分并代入边界条件得

$$\frac{Q}{Q_{max}} = \frac{1}{R}[1 + (\sqrt{R} - 1)l/L]^2 \tag{2-27}$$

式（2-27）表明，Q/Q_{max} 与 l/L 间成抛物线关系，如图 2-69 中曲线②所示，它介于直线流量特性与等百分流量特性的曲线之间。

（4）蝶阀的理想流量特性 蝶阀（翻板阀）的理想流量特性与上述几种有着明显的区别。由于在阀板、驱动轴等构造上不同，因此各厂家制造的蝶阀的理想特性有较大的区别。通常来说，阀板较薄时，其流量特性接近于等百分比特性，反之，则向直线特性靠近。蝶阀的理想流量特性曲线如图 2-70 所示。从图中可以看出，它在开度 $l/L \leq 60\%$ 的范围内接近等百分比特性，而在 $l/L > 60\%$ 的范围，则多表现出直线特性。

（5）三通调节阀的理想流量特性 三通调节阀常用于热交换器的温度控制。由于它在结构上是由一个直通双座阀改型而成，所以它的理想流量特性相当于两个阀的理想流量特性的叠加。直线流量特性的三通调节阀在任何开度下其总流量不变；而等百分比流量特性的三通调节阀，在开度为 50% 处其总流量为最小，图 2-71 分别给出了它们分流量和总流量特性曲线。

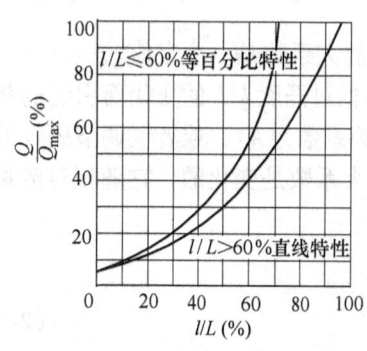

图 2-70 蝶阀的理想流量特性曲线

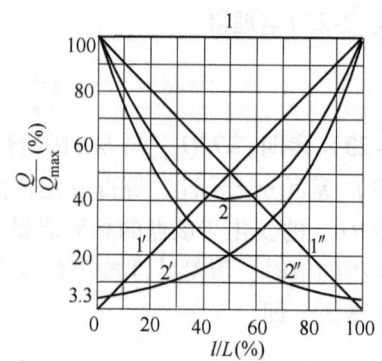

1′—直线特性输入　2′—等百分比特性输入
1″—直线特性输入　2″—等百分比特性输入
1—直线特性输出　2—等百分比特性输出

图 2-71 三通调节阀的理想流量特性曲线

3. 工作流量特性

工作流量特性是阀门在实际使用条件下的流量特性。实际使用时，调节阀装在具有阻力的管道系统中。管道对流体的阻力和阀前后压差都随流量变化而变化，这时的流量特性与理想流量特性有较大的差异。必须根据系统特点来选择希望得到的工作特性，然后再考虑配管情况来选择相应的理想特性。

图2-72 给出了阀门与管路串联的压力分布情况。Δp_1 是调节阀压差，Δp_2 是串联管路及设备的压差，控制阀、全部工艺设备和管路系统上的压差，称为系统总压差 Δp。当调节阀全关时，阀上压力最大，基本等于系统总压力；当调节阀全开时，阀上压力降至最小。当阀门处于不同的开度或管路中其他部件的阻力变化时，Δp 和 Q 会相应变化。

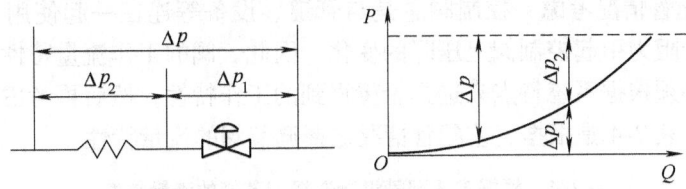

图2-72　阀门与管路串联压力分布

S 称为阀阻比，表示阀门两端压力与在管路系统中总压力的分配比例，将控制阀全开时阀前后压差 Δp_{1m} 与系统总压差 Δp 之比称为 S 值，即

$$S = \frac{\Delta p_{1m}}{\Delta p} = \frac{\Delta p_{1m}}{\Delta p_{1m} + \Delta p_2} \tag{2-28}$$

Δp 由泵或风机提供，其大小与泵或风机的性能曲线有关，并随管路的流量 Q 变化而变化。即使阀门处于同一开度，S 也可能不同。由式（2-28）可看出，S 随 Δp 增大而减小。

阀门与管路串联的实际流量特性如图2-73 和图2-74 所示。图2-73 是直线阀的实际流量特性，图2-74 是等百分比阀的实际流量特性。

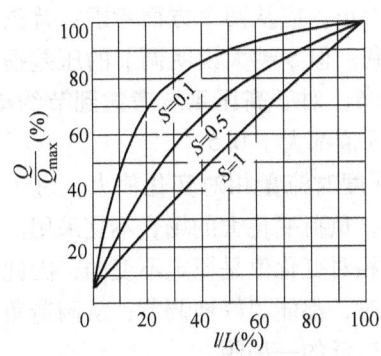
图2-73　直线阀的实际流量特性

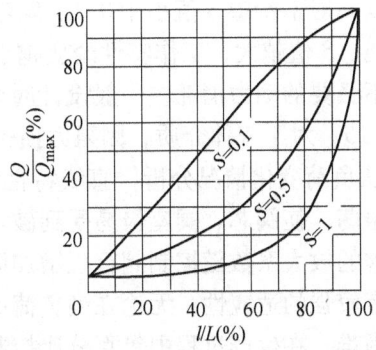
图2-74　等百分比阀的实际流量特性

当 $S=1$ 时，实际流量特性与理想流量特性吻合；随着 S 减小，实际流量特性发生畸变，曲线向上拱起，理想的直线特性趋向快开特性，理想的等百分比趋向直线特性。这一特性变化对阀门的选择来说相当重要。

阀门的实际流量特性与阀阻比 S 关系密切，因而要使阀门有较好的可控性，S 值就应在合理的范围内。S越大,实际流量特性与理想流量特性越接近,阀门的控制能力就越好;$S=1$时,阀门具有最好的可控性,但这种情况在实际使用中不可能出现;S越小,阀门的控制能力就越差,实际流量特性趋向两位阀;$S=0$时,阀门失去调节能力。因此,实际工程中S的取值应合理,通常分配阀门的压差与被控对象的压差相等,即取$S=0.5$。

4. 流量特性的选择

控制阀的理想流量特性,常用的是直线、等百分比、快开三种,抛物线流量特性介于直线与等百分比之间,一般可用等百分比来代替,而快开特性主要用于二位式调节及程序控制中。因此,控制阀的特性选择是指如何选择直线和等百分比流量特性。调节阀的选择主要依据以下几个原则。

(1) 从工艺配管情况考虑 控制阀总是与管道、设备等连在一起使用,由于系统配管情况的不同,配管阻力引起控制阀上压降的变化,因此,阀的工作流量特性与阀的理想流量特性也有差异。必须根据系统特点来选择希望得到的工作特性,然后再考虑配管情况来选择相应的理想特性。表2-4是根据工艺配管情况选择调节阀的流量特性。

表2-4 根据工艺配管情况选择调节阀的流量特性

配管情况	$S=0.6\sim1$		$S=0.3\sim0.6$		$S<0.3$
阀的工作特性	直线	等百分比	直线	等百分比	不宜控制
阀的理想特性	直线	等百分比	等百分比	等百分比	不宜控制

从上表可以看出,当$S=0.6\sim1$之间时,所选理想特性与工作特性一致。当$S=0.3\sim0.6$时,若要求工作特性是线性的应选等百分比,这是因为理想特性为等百分比特性的阀,当$S=0.3\sim0.6$时,经畸变的工作特性已经接近线性了;当要求的工作特性为等百分比时,那么其理想曲线应比它更凹一些,此时可通过阀门定位器凸轮外廓曲线等来补偿来解决。当$S<0.3$时,直线特性已严重畸变为快开特性而不利于调节,即使是等百分比理想特性,工作特性也已严重偏离理想特性接近于直线特性,虽然仍能进行调节,但它的调节范围已大大减小,所以一般不希望S值小于0.3。确定阀阻比S的大小,应从两个方面考虑:首先应保证调节性能,S值越大,工作特性畸变越小,对调节有利;但S越大说明调节的压差损失越大,造成不必要的动力消耗。一般设计时取$S=0.3\sim0.5$,对于高压系统考虑到节约动力,允许$S=0.15$。对于气体介质,因阻力损失较小,一般S值都大于0.5。

(2) 从负荷变化情况分析 直线特性调节阀在小开度时流量相对变化值大,过于灵敏容易引起振荡,使阀芯、阀座极易受到破坏,在S值小,负荷变化大的场合不宜采用。等百分比控制阀的放大系数随控制阀行程增加而增加,流量相对变化值是恒定不变的,因此它对负荷波动有较强的适应性,无论在满负荷或半负荷生产时,都能很好地调节;从制造角度来看也并不困难。在生产过程中等百分比控制阀是应用最广泛的一种阀。

(3) 节能等因素 如果长期工作在小开度的调节阀应选用等百分比特性,介质固体较多,易选用直线特性;从节能角度讲要选择低S值的调节阀,但要考虑到流量畸变,对确有节能必要的情况才选低S值运行;有时要参考特种阀门的技术要求。

(4) 从控制系统的控制品质出发选择调节阀的工作特性 控制系统中,当各控制环节的动态特性为线性时,控制系统具备良好的可控性。但在实际生产过程中控制对象的特性往往是非线性的,以建筑设备自动化系统中水为介质的换热设备为例,换热量近似与流量的平方根成正比，这是一个非线性的关系，其放大系数随负载增大而趋于减小。为了保证系统的可控性，就要满足执行环节的线性化，即：利用与平方根关系相反的非线性阀门来补偿非线性的换热设备，从而使阀门的相对开度（输入）与换热设备的换热量（输出）成线性关系，也就是选用放大系数随负载加大而趋于增大的调节阀。显然，直线特性的阀门是做不到这一点的，只有等百分比特性的阀门才能满足此要求。因此，在以水为介质的执行环节应尽量选择等百分比流量特性的阀门。图 2-75 给出了针对水为介质的换热器，使用等百分比调节阀的热量输出与阀门开度的线性关系。

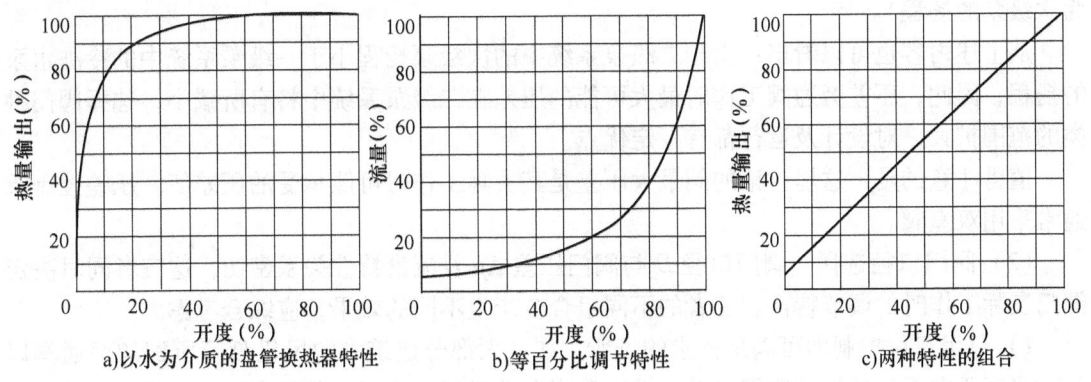

a）以水为介质的盘管换热器特性　　b）等百分比调节特性　　c）两种特性的组合

图 2-75　热量输出与阀门开度的线性关系

对于以蒸汽为介质的换热设备，其换热量与流量基本成线性关系，因此，为满足执行环节的线性化，宜选用直线流量特性的阀门。图 2-76 给出了以蒸汽为介质的换热器的热量输出与阀门开度的线性关系。

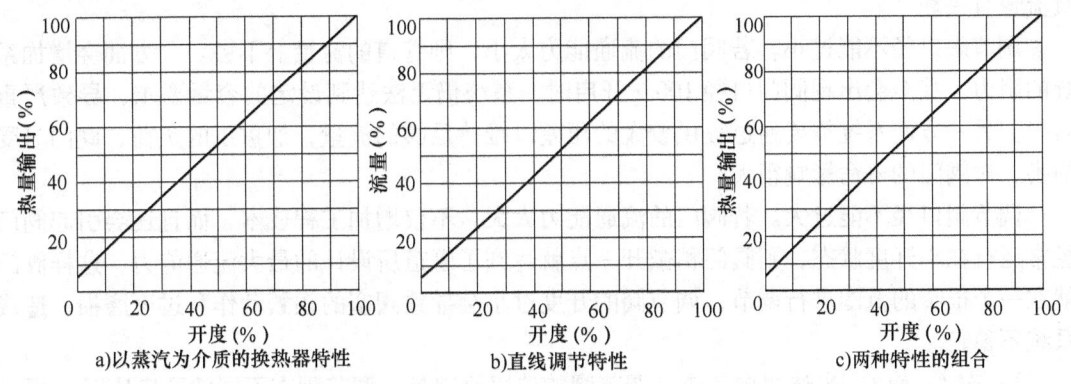

a）以蒸汽为介质的换热器特性　　b）直线调节特性　　c）两种特性的组合

图 2-76　热量输出与阀门开度的线性关系

5. 调节阀选择

在讨论了调节阀的类型及各种性能参数之后，实际设计工作就可以合理选择一个满足使用要求的调节阀。

（1）阀门功能　三通阀与两通阀具有不同功能，因此也是有着不同适用场所的阀门。当水系统为变水量系统时，应采用两通阀；当水系统为定水量系统时，应采用三通阀。

在采用两通阀时，为了保证变水量系统的运行及节能，应采用常闭型阀门。当它不需要工作时应能自动关闭（电动或弹簧复位）。

阀座形式的选择主要由阀两端压差来决定。

空调机组、风机盘管及热交换器的控制，通常阀两端的工作压差不是太高，最高压差也不会超过系统压差 Δp。因此，这时采用单座阀通常是可以满足要求的。

总供、回水管之间的旁通阀，尽管其正常使用时的压差为系统控制压差 Δp，但在系统初启动时，由于还不知用户是否已运行及用户的电动两通阀是否已打开。因此，旁通阀的最大可能的压差应该是水泵净扬程（在一级泵系统中，为冷冻水泵的扬程，在二级泵系统中，为次级泵的扬程）。

从上述内容也可以看出：由于二级泵系统中的次级泵扬程小于一级泵系统中的冷冻水泵的扬程，因此，压差旁通阀工作时最大可能的压差在二级泵系统中将有所减小，选择阀门种类的范围扩大，对设计及运行都有一定优点。

值得注意的是，这里讨论的阀最大压差是其实际工作时可能承受的压差值。压差控制阀通常采用双座阀。

(2) 阀门口径选择　阀门口径 D 与阀门压差 Δp 及流量特性关系密切，这三者同时决定阀门实际工作时的调节特性。三者的不同组合会产生不同的效果，应综合考虑。

1) 只用双位控制即可满足要求的场所。如：大部分建筑中的风机盘管所配的两通阀以及对湿度要求不高的加湿器用阀等，无论采用电动阀或电磁阀，其基本要求都是尽量减少阀门的流通阻力而不是考虑其调节能力。因此，此时阀门的口径可与所设计的设备接管管径相同。

2) 调节阀直接按照接管管径选取是不合理的。在选择阀门的时候，阀门的流通能力要和管道设计的流通能力相匹配，阀门的调节品质与接管流速或管径没有关系，仅与水的阻力及流量有关。

调节阀口径不能过小。若阀门的流通能力太小，则管道的流量上不去。一方面会增加系统的阻力，甚至会出现阀门口径 100% 开启时，系统仍无法达到设定的容量要求，导致严重后果。另一方面系统需要通过提供较大的压差以维持足够的流量，加重泵的负荷，阀门易受损害，对阀门的寿命影响很大。

调节阀口径不能过大。若阀门的流通能力太大，不仅增加工程成本，而且还会引起阀门经常运行在小开度状态，则阀门稍微开一点就达到了管道所设计的最大流通能力，这样阀门就在一个很窄的范围进行调节，调节阀的开度过小会导致阀塞的频繁动作和过度磨损，造成系统不稳定。

3) 按 K_V 或 C_V 来选用调节阀。调节阀的选用原则是：调节阀在不同的开启度时，可以通过不同的需求流量，为了维持系统的可调性，一般保持调节阀正常流量时的开度为 40%~60%；在最小流量时的开度需要高于 25%，在最大流量时的开度不要大于 80%，否则会使调节阀的调节性能变坏。

一般选择阀门的流通能力稍大于管道所设计的最大流量。这样既保证了流通能力，又有较好的控制性能。一般管道的最大流量为阀门流通能力的 85% 左右。在实际工程中，阀的口径通常是分级的，阀门的实际流通能力 C 通常也不是一连续变化值（而根据公式计算出的 C 值是连续的）。目前大部分生产厂商对 C 的分级都是按大约 1.6 倍递增的。表 2-5 反映了某一厂家产品随阀门口径变化的 C 值。

表 2-5 随阀门口径变化的 C 值

D/mm	15	15	15	15	20	25	32	40	50	65	80	100
C	1.0	1.6	2.5	4.0	6.3	10	16	25	40	63	100	160

在按公式计算出要求的 C 值后,应根据所选厂商的资料进行阀口径的选择,使 C 尽可能接近且大于计算出的 C 值。例如,计算要求 $C = 12$,则若按表 2-6 应选择 DN32 的阀门,其 $C = 16$;若选择 DN25 的阀径,则 C 不能满足要求;选择 DN40 则显然过大,既增加投资又降低了调节品质。

2.4 变频调速技术

变频调速技术是现代电力传动的重要发展方向,而作为变频调速系统的核心——变频器是强弱电结合、机电一体的综合性技术,既要处理电能的转换(整流、逆变),又要处理信息的收集、变换、传输和控制。变频器的共性技术分为功率转换和弱电控制两大部分。前者要解决与高压大电流有关的技术问题和新型电力电子器件的应用技术问题,后者要解决基于现代控制理论的控制策略和智能控制策略的硬、软件开发问题。变频器的性能越来越成为调速性能优劣的决定因素,同时,对变频器采用什么样的控制方式也是需考虑的重点之一。

2.4.1 变频器的结构

变频器是把工频电源(50Hz 或 60Hz)变换成各种频率的交流电源,以实现电动机的变速运行的设备。通用变频器的构造分为主回路和控制回路两部分。图 2-77 是交–直–交变频器的基本结构。

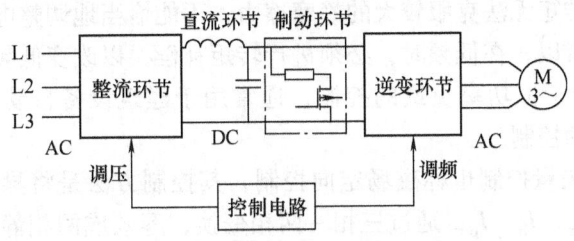

图 2-77 交–直–交变频器的基本结构

1. 主回路

给异步电动机提供调压调频电源的电力变换部分称为主回路,主回路包括整流器、中间直流环节(又称平波回路)和逆变器、制动或回馈等环节。

三相变频器通过三相桥式全波整流电路,将三相交流电源转换为逆变电路和控制电路所需要的直流电源。直流环节的作用是对整流电路的输出进行滤波,以保证逆变电路和控制电路能够获得质量较高的直流电源。当整流电路是电压源时,直流中间电路的主要元器件是大容量的电解电容;当整流电路是电流源时,滤波电路则主要由大容量电感组成。

2. 控制回路

控制回路常由运算电路,检测电路,控制信号的输入、输出电路,驱动电路和制动电路等构成。其主要任务是完成对逆变器的开关控制,对整流器的电压控制,以及实现各种保护功能等。

当电动机处于制动工作状态时(如往复式索道和升降式电梯的拖动控制,当轿厢下放运行时),变频器的直流中间电路的直流母线的电压会升高,这时需要采用回馈制动或能耗制动方式抑制高于正常值的母线电压。通用变频器中设置的制动电路就是为了满足异步电动机制动的需要,对于大、中容量的通用变频器来说,为了节约能源,一般采用电源再生单元将上述能量回馈给供电电源。而对于小容量通用变频器来说,通常是采用制动电阻以及在辅助电路控制下,在制动电路上消耗掉直流母线上的多余电能,以保证逆变单元的可靠工作。

2.4.2 变频器的分类

变频器按照主电路工作方式分类,可以分为电压型变频器和电流型变频器;按照开关方式分类,可以分为 PAM 控制变频器、PWM 控制变频器和高载频 PWM 控制变频器;按照工作原理分类,可以分为 V/f 控制变频器、转差频率控制变频器和矢量控制变频器等;按照用途分类,可以分为通用变频器、高性能专用变频器、高频变频器、单相变频器和三相变频器等。

变频器对电动机进行控制是根据电动机的特性参数及电动机运转要求,对电动机提供电压、电流、频率的控制达到负载的要求。目前变频器对电动机的速度控制方式大体可分为:V/f 恒定控制、转差频率控制、矢量控制、直接转矩控制、非线性控制。

(1) V/f 恒定控制 V/f 恒定控制是在改变电源频率进行调速的同时改变电动机电源的电压,使电动机磁通保持一定,在较宽的调速范围内,既要保证电动机的效率、功率因数不下降,又要保证电动机的磁通不变。通用型变频器基本上都采用这种控制方式。V/f 恒定控制变频器结构简单,但采用开环控制方式,不能达到较高的控制性能。主要是低速性能较差,转速极低时电磁转矩无法克服较大的静摩擦力,不能恰当地调整电动机的转矩补偿和适应负载转矩的变化,所以,在低频时,必须进行转矩补偿,以改变低频转矩特性。

V/f 恒定控制适合于恒功率负载的控制,通常用于建筑设备自动化系统工程中各类水泵、风机等设备的驱动控制。

(2) 矢量控制 矢量控制也称磁场定向控制,其控制方法是将异步电动机在三相坐标系下的定子交流电流 I_a、I_b、I_c,通过三相-两相变换,等效成两相静止坐标系下的交流电流 I_{a1}、I_{b1};再通过按转子磁场定向旋转变换,等效成同步旋转坐标系下的直流电流 I_{m1}、I_{t1}。I_{m1} 相当于直流电动机的励磁电流,I_{t1} 相当于直流电动机的电枢电流。然后模仿直流电动机的控制方法,求得直流电动机的控制量,经过相应的坐标反变换实现对异步电动机的控制。矢量控制方法的出现,使异步电动机变频调速在电动机的调速领域里处于优势地位。但是,使用矢量控制技术需要对电动机参数进行正确估算。

目前在变频器中实际应用的矢量控制方式主要有基于转差频率控制的矢量控制方式和无速度传感器的矢量控制方式两种。

基于转差频率的矢量控制方式与转差频率控制方式相比,在输出特性方面得到了很大的改善。但是,这种控制方式属于闭环控制方式,需要在电动机上安装速度传感器。

无速度传感器矢量控制是通过坐标变换处理分别对励磁电流和转矩电流进行控制,然后通过控制电动机定子绕组上的电压、电流辨识转速以达到控制励磁电流和转矩电流的目的。

矢量控制适合于恒转矩负载的控制，在建筑设备自动化系统中通常用于电梯等轿厢驱动控制。

2.4.3 变频器控制电路

各生产厂家生产的通用变频器，其主电路结构和控制电路并不完全相同，但基本的构造原理、主电路连接方式以及控制电路的基本功能都大同小异。图 2-78 所示为变频器控制回路端子接线。

变频器控制回路主要包括三个部分：主电路接线端，包括接工频电网的输入端（R、S、T）、接电动机的频率、电压连续可调的输出端（U、V、W）；控制端子，包括外部信号控制端子、变频器工作状态指示端子、变频器与微机或其他变频器的通信接口；操作面板，包括液晶显示屏和键盘。

1. 变频器的接线端子

（1）主电路接线端

1）交流电源输入：其标志为 R/L1、S/L2、T/L3，接工频电源。

2）变频器输出：其标志为 U、V、W，接三相笼型异步电动机。

3）制动电阻和制动单元接线端（需要能耗制动的场合使用，如电梯、往复索道的拖动控制等）。

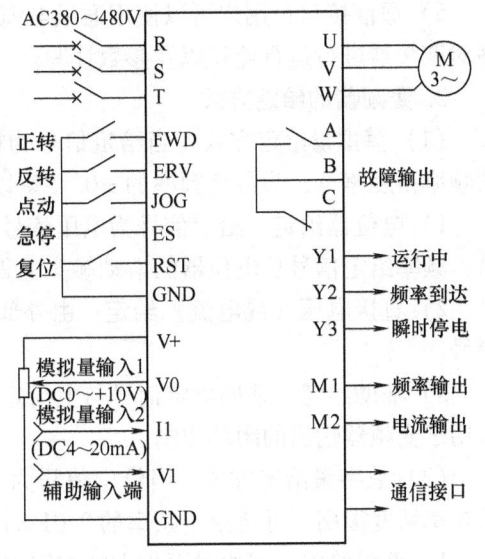

图 2-78 控制回路端子接线图

（2）控制电路接线端

1）外接频率给定端：信号输入端子分别为电压信号输入（DC 0~10V 或 0~5V）、电流信号输入（DC 4~20mA）。在 10V 或 5V 和 20mA 时为最大输出频率，输入输出成比例变化。

另外，还有辅助频率设定端，输入 DC 0~10V 时，电压或电流输入端子的频率设定信号与这个信号相加。这个可以理解成偏置信号。

2）起动控制端：FWD——正转控制端；ERV——反转控制端；JOG——点动模式选择/脉冲列输入端；ES——输出停止端；RST——复位控制端，在变频器保护动作后用于复位。

3）故障信号输出端：由端子 A、B、C 组成，继电器输出，可接至 AC 220V 电路中。指示变频器因保护功能动作时输出停止的转换接点。故障时，BC 间不导通（AC 间导通）；正常时，BC 间导通（AC 间不导通）。

4）运行状态信号输出端：Y1、Y2、Y3 为开关量输出端，可设置输出与变频器运行参数关联，如：

Y1（RUN）——运行信号，变频器输出频率为启动频率（初始值 0.5Hz 以上时为低电平，正在停止或正在直流制动时为高电平）。

Y2——频率到达信号，输出频率达到设定频率的 ±10%（出厂值）时为低电平，正在加/减速或停止时为高电平。

Y3——频率检测信号，当变频器的输出频率为任意设定的检测频率以上时为低电平，未达到时为高电平。

5）测量输出端：可以从多种监视项目中选一种作为输出。输出信号的大小与监视项目的大小成比例。

M1——模拟电压输出，接至 DC 0～10V 电压表。

M2——模拟电流输出，输出信号 DC 0～20mA。

6）通信接口：用户可以使用通讯电缆连接接口与个人电脑或等计算机，通过客户端程序对变频器进行运行监视以及参数读写。

2. 变频器的给定方式

（1）模拟量给定方式 当给定信号为模拟量时，称为模拟量给定方式。模拟量给定时的频率精度略低，为最高频率的 ±0.5% 以内。具体给定方式介绍如下：

1）电位器给定：给定信号为电压信号，信号电源由变频器内部的直流电源（10V）提供，频率给定信号从电位器的滑动触头上得到。

2）直接电压（或电流）给定：由外部仪器设备直接向变频器的给定端输入电压或电流信号。

3）辅助给定：辅助给定信号与主给定信号叠加，起调整变频器输出频率的辅助作用，可用于变频器输出的闭环控制。

（2）数字量给定方式 当给定信号为数字量时，称为数字量给定方式。这种给定方式的频率精度很高，可达给定频率的 0.01% 以内。具体给定方式介绍如下：

1）面板给定：即通过面板上的按钮来控制频率的升降。

2）多档转速控制给定：在变频器的外接输入端中，通过功能预置，最多可以将 4 个输入端（RH，RM，RL，MRS）作为多档转速控制端。根据若干个输入端的状态（接通或断开）以按二进制方式组成 1～15 档。每一档可预置一个对应的工作频率，则电动机转速的切换便可以用开关器件通过改变外接输入端子的状态及其组合来实现。

3）通信给定：通过通信电缆将个人计算机与变频器通信接口连接进行通信给定。

2.4.4 变频调速的适用范围

1. 风机、水泵的二次方律转矩控制

离心式水泵和风机是二次方律负载的主要代表，其特点是风量、流量与转速成正比关系，功率和转速成三次方正比关系。

由流体力学可知，$P(功率) = Q(流量) \times H(扬程)$；流量 Q 与转速 n 一次成正比，即 $\frac{Q}{Q_0} = \frac{n}{n_0}$；扬程 H 与转速 n 二次方成正比，即 $\frac{H}{H_0} = \left(\frac{n}{n_0}\right)^2$；功率 P 与转速 n 三次方成正比，即 $\frac{P}{P_0} = \left(\frac{n}{n_0}\right)^3$。在水泵效率一定，当要求调节流量下降时，转速 n 可成比例下降，而此时轴输出功率 P 成三次方关系下降，即水泵电动机耗电功率与转速近似成三次方正比关系。

传统的风机、水泵等设备的控制方法是工频运行。通过调节入口或出口挡板、阀门开度来调节给风量和给水量，其输出功率大量消耗在挡板、阀门截流过程中。在通常设计中，用户水泵电动机设计容量比实际需要高出很多，存在"大马拉小车"现象，造成电能浪费。变频器通过降低电动机转速来降低泵、风机的输出功率，使其输出功率与实时负载匹配，同时，降低电动机的铜损和铁损、提高电动机的功率因数、改善电动机的起动和停止性能，从而达到节能、降耗和延长泵、风机寿命的效果。

由于风机、水泵类大多为二次方律转矩负载，轴功率与转速成三次方关系，当风机、水泵转速下降时，消耗功率也大大下降，节能潜力非常大。最有效节能措施就是采用变频调速器来调节流量、风量，其节电率为 20%~50%。

以水泵为例，一般情况，工频时水泵的出力是恒定的。为了保证正常供水，泵的功率设计要高于正常供水要求。在用水量大的时候，电动机功率的大部分转化为出水量；当用水量小的时候，电动机功率的大部分转化为供水压力，这样不但浪费大量电能，而且使管网压力升高，给管网造成破坏和威胁。

使用变频器后可以根据管网需要的供水压力，通过调节变频器的输出频率控制水泵转速，特别是当用水量较小的时候，使电动机转速降低，功率下降。这样就克服了工频驱动时小供水量时的电能浪费和管网压力升高的问题。

在一天的居民用水中，大用水量占 8~10h，小用水量占 12~16h，如果采用变频器根据用水量调节供水，具有可观的节能效果。

以一天中大小用水量各占 12h 为例，则小用水量等于大用水量的一半。假设大用水量和小用水量时变频器输出频率分别为 50Hz 和 40Hz，则小用水量时电动机的实际消耗的功率是大用水量二分之一，即 $\frac{P}{P_0} = \left(\frac{n}{n_0}\right)^3 = \left(\frac{40}{50}\right)^3 \approx \frac{1}{2}$，若考虑到水泵在低于工频下运行效率有所降低，设效率是工频时的 4/5，那么考虑到一天小水量使用时间和水泵的工作效率，使用变频器后节电率为

$$\eta = \frac{12}{24} \times \left(\frac{40}{50}\right)^3 \times \frac{4}{5} \approx 0.5 \times 0.5 \times 0.8 = 20\%$$

2. 电动机的恒转矩控制

（1）变频器用于恒转矩控制负荷 可以减小电动机的功率从而降低能耗。传统的恒转矩控制方式之所以会有大马拉小车的现象，主要是起动转矩的需要。在 0~50Hz 范围内，由于此类设备的最低转矩 M 是固定的，即 M 等于常数，电动机输出的总机械功率为 $P = M \times n$，n 的变化范围在生产所允许的最低转速和最高转速之间变化，因此最低所需功率 P 也是固定的。这意味着减小 n 就减小电动机有功的输出，增加 n 可提高电动机的输出功率，电动机的总输出功率对所拖动的负载来说是动力源，输出的是视在机械功率（含两大部分 = 恒转矩设备最低所需有功功率 + 余量功率），余量功率的性质是由设备的生产率决定。

（2）变频器用于电梯轿厢的速度控制 电梯拖动控制系统在每次运行过程中可以看作是一个恒转矩系统，对于这种恒转矩系统采用变频器的主要目的不是节能，而是通过具有矢量控制的变频器取代直流调速系统，实现对电梯轿厢的交流调速控制。

3. 功率因数补偿

无功功率增加线损和设备发热，更主要的是功率因数降低导致电网有功功率降低，大量无功电能消耗线路当中，设备使用效率低下。普通水泵电动机功率因数在 0.6~0.7，使用变频调速装置后，由于变频器内部滤波电容作用，使得功率因数 $\cos\phi \approx 1$，减少了无功损

耗,增加了电网有功功率。

例如:一台螺杆泵,电动机额定功率为90kW,其机械视在功率为90×70%kW=63kW。如果不需额定额定功率为流量输出,对于变频来说,降速到所需的功率范围内运行,变频输出的是90%以上的有功功率,如果是传统的设备,因不能调速运行,那么余量功率就是无功功率,表现的特点是电网的总电流增加了(主要是无功分量的总电流增加),危害是功率因数降低和线损增加,对整个电网的运行有所损害。

在负荷不变的情况下,使用大功率电动机和小功率电动机,所消耗的电功率基本相同,但功率因数不同。大功率的电动机功率因数低,小功率的电动机功率因数高。

4. 软起动节能

电动机直接起动的起动电流等于4~7倍的额定电流,30kW以上的电动机即使采用Y/△等减压起动,也会对机电设备和供电电网造成严重冲击。起动时产生大电流和震动时对挡板和阀门造成损害,对设备、管路使用寿命极为不利,同时,还会对电网容量要求过高。利用变频器软起动功能将使起动电流从零开始,最大值可以限定在额定电流范围内,从而减轻了设备起动对电网的冲击和对供电容量要求,能够延长设备和阀门使用寿命、节省设备维护费用。

2.4.5 变频器的选择

1)送风设备加变频器意义不大。送风设备在生产中要求一定的风压,风机的特性出厂后就确定了,除非风叶的物理形状和电动机有变化。此时,一般电动机需最高速运转,变频降速反而降低了机械效率。只有对风量调节有需求的场合才能加变频器。

2)风机和泵类负载在过载能力方面要求较低。由于负载转矩与速度的平方成反比,所以低速运行时负载较轻(罗茨风机除外),又因为这类负载对转速精度要求不高,所以,选型时通常以价廉为主要原则,可选V/f控制方式的普通功能型变频器。

3)对于具有恒转矩负载特性的多数负载,由于具有恒转矩特性,并且在转速精度及动态性能等方面要求较高,例如电梯拖动系统等,因此选型时应考虑矢量控制方式的变频器。

2.4.6 软起动器

晶闸管电动机软起动器简称软起动器,是一种集电动机软起动、软停车、轻载节能和多种保护功能于一体的控制交流异步电动机起动和停止的设备。它的主要构成是串接于电源与被控电动机之间的三相反并联晶闸管及其电子控制电路,运用不同的方法,控制三相反并联晶闸管的导通角,使被控电动机的输入电压按不同的要求变化,实现不同的起动、停止方式和不同的运行功能。

软起动器和变频器是两种完全不同用途的产品。软起动器是降压起动器的一种,只改变输出电压并没有改变频率和相位,通过合理有序地控制大功率晶闸管组件的导通,使之产生逐步增加的平滑的交流电压并加在交流电动机上,令电动机按预先设定的方式和参数进行逐渐地加速,实现软起动;变频器则不但可以改变输出电压,而且同时改变输出频率,主要用于需要调速的设备,变频器不但具备软起动器的功能,而且可使电动机以较小的电流起动,并在低速条件下达到与高速相同的转矩,实现恒转矩起动。

变频器的这些功能软起动器是无法实现的,但软起动器特别适用于各种泵类负载或风机类负载需要软起动与软停车的场合；电动机运行负载功率在 80% 以上时，使用软起动器是最实用的选择；同样对于变负载工况、电动机长期处于轻载运行，只有短时或瞬间处于重载场合，应用软起动器则具有轻载节能的效果。

由于软起动器只改变输出电压，不改变频率，则加大曲线的陡度，使电动机特性变软。当 n_0 不变时，电动机的各个转矩（额定转矩、最大转矩、堵转转矩）均正比于其端电压的二次方，因此，软起动大大降低电动机的起动转矩。软起动并不适用于重载起动的电动机。

1. 软起动器的控制

软起动器是通过控制可控硅的导通角来控制输出电压。因此，软起动器从本质上是一种能够自动控制的降压起动器，由于能够任意调节输出电压，作电流闭环控制，因此比传统的降压起动方式（如串电阻起动，自耦变压器起动等）有更多优点。例如满载起动风机水泵等变转矩负载、实现电动机软停止、应用于水泵起停控制能够完全消除水锤效应等。图 2-79 是软起动器端子接线图，表 2-6 是软起动器端子的功能表。

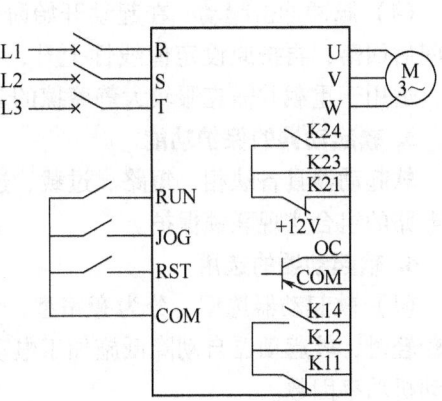

图 2-79 软起动器端子接线图

表 2-6 软起动器端子功能表

符号		端子名称	功能
主电路	RST	交流电源输入端	通过断路器接三相交流电源
	UVW	软起动输出端	接三相异步电动机
控制电路	数字输入		
	RUN	外控启动端子	RUN 和 COM 短接即可外接启动
	STOP	外控停止端子	STOP 和 COM 短接即可外接停止
	JOG	外部点动端子	JOG 和 COM 短接即可实现点动
	COM	外部数字信号公共端	内部电源参考点
	数字输出		
	+12V	内部电源端子	内部输出电源 +12V、50mA、DC
	OC	起动完成端子	起动完成后 OC 门导通，DC30V，100mA
	COM	外部数字信号公共端	内部电源参考点
	继电器输出		
	K14	常开	故障输出端子 故障时 K14-K12 闭合，K11-K12 断开。触点容量：AC10A/250V DC 10A/30V
	K11	常闭	
	K12	公共端	
	K24	常开	外接旁路接触器端子 起动完成后 K24-K22 闭合，K21-K22 断开。触点容量：AC10A/250V 或 5A/380V
	K21	常闭	
	K22	公共端	

2. 软起动器的起动方式

（1）斜坡升压软起动 这种起动方式最简单，不具备电流闭环控制，仅调整晶闸管导通角，使之与时间成一定函数关系增加。其缺点是由于不限流，在电动机起动过程中，有时要产生较大的冲击电流使晶闸管损坏，对电网影响较大，实际中很少应用。

(2) 斜坡恒流软起动　这种起动方式是在电动机起动的初始阶段起动电流逐渐增加,当电流达到预先所设定的值后保持恒定,直至起动完毕。起动过程中,电流上升变化的速率是可以根据电动机负载调整设定。电流上升速率大,则起动转矩大,起动时间短。该起动方式是应用最多的起动方式,尤其适用于风机、泵类负载的起动。

(3) 阶跃起动　以最短时间,使起动电流迅速达到设定值,即为阶跃起动。通过调节起动电流设定值,可以达到快速起动效果。

(4) 脉冲冲击起动　在起动开始阶段,让晶闸管在极短时间内,以较大电流导通一段时间后回落,再按原设定值线性上升,连入恒流起动。该起动方法,在一般负载中较少应用,适用于重载并需克服较大静摩擦的起动场合。

3. 软起动器的保护功能

软起动器具备缺相、短路、过载、逆序、过电压、欠电压等保护功能,以及能够通过电子电路的组合实现联锁保护。

4. 软起动器的选用

(1) 软起动器选型　分为旁路型、无旁路型、节能型三种。其中节能型是当电动机负荷较轻时,软起动器自动降低施加于电动机定子上的电压,减少电动机电流励磁分量,提高电动机功率因数。

(2) 软起动器的选用规格　根据电动机的标称功率和电流负载性质选择起动器,一般软起动器容量稍大于电动机工作电流,还应考虑保护功能是否完备,例如:缺相保护、短路保护、过载保护、逆序保护、过压保护、欠压保护等。

5. 软起动器在民用建筑动力设备控制中的应用

当建筑物层数较高或规模较大时,其电动机的额定功率通常都较大,例如:消防泵的额定功率通常都在55～150kW。这些设备在起动过程中,将产生较大的起动电流,造成电网较大的电压降。因此,恰当地选择电动机的起动方式、降低起动电流,具有减少供电容量、保证建筑物供电可靠性等重要意义。

(1) 消除水锤效应　泵控制功能水泵在起动和停车时,水流冲击管道,产生严重的"水锤效应"。采用带泵控功能的软起动器,则完全可以消除水锤效应,减少机械维护的工作量,节省系统维修费用,并保证供水可靠。

(2) 消防水泵定期自动试机　由于消防水泵属消防应急设施,平常时长期处于不使用状态,容易出现泵卡死的现象。软起动器具有的定时低速运行功能,可根据用户设定的时间自行定时起动、停止,对消防泵起到定期自动试机、自动检测的作用,提高消防泵作为消防设施的可靠性,应急性。

6. 民用建筑动力设备控制中采用软起动器时应注意的问题

1) 软起动器具有多种内置的保护功能,对电动机而言起到了进一步的保护作用。设计时应根据具体情况通过编程来选择保护功能或使某些保护功能失效。《低压配电设计规范》GB 50054—195 第4.3.5条规定:"突然断电比过负载造成的损失更大的线路,其过负载保护应作用于信号而不应作用于切断电路"。在消防泵控制系统中,当火灾发生时,最重要的是消防泵能否运转并向消防管网供水,对消防泵电动机的保护是次要的。所以上面提到的过载保护功能只应动作于信号显示,而不是作于使消防泵电动机停机。

2) 支路保护由于软起动器本身没有短路保护,为保护其中的晶闸管,应根据软起动器的额定电流选择相应的快速熔断器。

3）应在软起动器之前增加断路器。当软起动器控制电动机制动停机时，只是晶闸管不导通，在电动机与电源之间并没有形成电气隔离。

4）由于软起动器采用了晶闸管等非线性器件，所以当软起动器功率较大或者台数较多时，产生的高次谐波将对电网造成不良影响并对建筑物内的电子设备产生干扰。此时可装设旁通接触器。在软起动器使电动机平稳起动至正常转速后，接触器KM闭合，把软起动器短接。

5）软起动器在通过电流时将会产生热耗散，安装时应注意在其上、下方留出一定空间，以使空气能流过其功率模块。当软起动器额定电流较大时，要采用风机降温。风机的电源可取自电动机控制系统的二次回路。

2.5 直接数字控制器

2.5.1 直接数字控制器概述

直接数字控制器（Direct Digital Controller，DDC），是计算机数字控制器的一种类型，是能够完成被控设备过程参数和工作状态测量，并达到控制目标的控制装置。DDC采用模块化结构，通常由微处理器单元、内存模块、输入/输出通道、通信接口模块、电源模块等部件组成，采用全光电隔离、电源电压监视、瞬间脉冲干扰抑制、数字滤波、看门狗等多种抗干扰措施，多用于中央空调、新风机组、给排水换热站等机电设备温度、湿度、压力、流量等的测量控制。在集散控制系统中，通常用作现场控制器，通过通信总线与中央控制站联络。其主要功能如下：

1）将现场采集的各种信号（如温度、湿度、压力、状态等），通过输入装置输入计算机。

2）对现场采集的数据进行分析，确定现场设备的运行状态。

3）对现场设备运行状态进行检查对比，并对异常状态进行报警处理。

4）对现场采集的数据按预先编制的程序进行运算处理、执行预定的控制算法，从而获得控制数据。

5）通过预定的控制程序完成各种控制功能，包括比例控制、比例加积分控制、比例加积分微分控制以及其他的控制功能。

6）将处理后的数据向现场数据控制和执行设备输出，完成控制和执行命令。

7）通过网关或网络控制器与各上级管理计算机进行数据交换，同时发出请求和接收各种控制命令。

2.5.2 直接数字控制器的基本功能

DDC由中央处理单元和输入输出单元以及电源、时钟、通信接口等组成。输入/输出单元根据物理性质通常分为数字量输入（DI）、输出（DO）和模拟量输入（AI）、输出（AO）四种类型。DDC基本功能框图如图2-80所示。

(1) 数字量输入（Digital Input，DI） 数字量输入也称为开关量输入。NC表示常闭；

NO 表示常开；湿节点指带电压开关，也称为有源输入节点；干接点指无电压开关，也称为无源输入接点；接点容量指最大可承受的电压和电流。

当外界接入通道的电压高于指定的门槛电压时，DDC 计算机能够直接判断 DI 通道上电平的高低（相当于开/关）两种状态，并将其转换为数字量 1 或 0，进而对其进行逻辑分析和计算。DI 通道是控制器应用最多的通道，建筑设备自动化系统中常用的输入点如下：

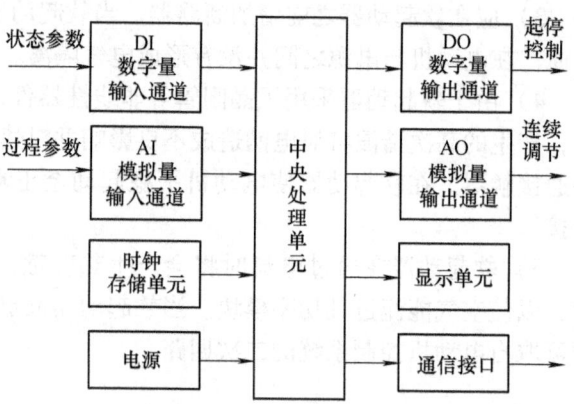

图 2-80　DDC 基本功能框图

1）以开关状态为输出的传感器，如：水流开关、风速开关、压差开关、防冻开关等。

2）反映工作状态的继电器触点，如：电动机工作状态、水泵及风机工作状态等。

3）除了测量开关状态外，DI 通道还可以直接对脉冲信号进行测量，如测量脉冲频率及高电平或低电平的脉冲宽度，或对脉冲个数进行计数。

图 2-81 给出了 DI 端口工作原理，DI 端口检测交流接触器 KM 的辅助触点闭合和断开。图中细实线内的器件就是实现电气隔离作用的光隔离器。当光隔离器的发光二极管得电导通，光隔离器中的光敏晶体管饱和，集电极输出低电平，反之，当发光二极管失电，光敏晶体管截止，集电极输出高电平。作为 DDC 的 DI，光隔离器的发光二极管阳极接输入端，阴极接公共端 GND，交流接触器 KM 的辅助触点是一个无源触点，直接并接在 DDC 的 DI 和公共端之间，当接触器 KM 线圈失电时，触点释放，通过上拉电阻为发光二极管提供 24V 供电，发光二极管导通，光敏晶体管饱和，输出低电平，相当于 DI = 0；当 SB_1 闭合，接触器 KM 得电，KM 的 DDC 输入端对地短接，光隔离器的发光二极管两端电压为零，光敏晶体管截止，输出低高平，相当于 DI = 1；DDC 可以根据端子上输入电压的高低变化，检测出接触器触电的工作情况。

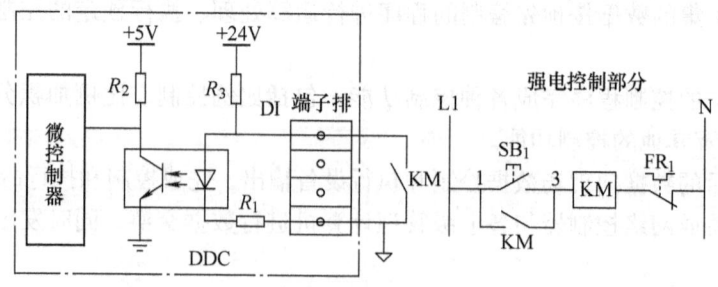

图 2-81　DI 端口工作原理

（2）数字量输出（Digital Output，DO）　数字量输出也称开关量输出，计算机通过控制程序由输出通道输出高电平或低电平，再通过驱动电路控制与该通道端子连接的继电器或其他开关元件动作完成控制任务，也可控制指示灯处于显示或熄灭状态。DO 通道是控制器通过开关量输出实现控制和调节的主要方式之一。常见的湿节点（有源节点）为 24V AC 晶闸管开关输出，干接点（无源节点）为 24～220V 的继电器开关输出。

开关量输出信号可直接用来作为控制开关，控制交流接触器、变频器以及晶闸管等执行元件通断。

交流接触器是起停风机、水泵及压缩机等设备的执行器。控制时，可以通过 DDC 的 DO 信号带动继电器，再由继电器的触点控制交流接触器线圈，实现对设备的起/停控制。为了使 DDC 能够感知接触器是否真正吸合，一般要将接触器的一个辅助触点接至 DDC 的 DI 通道，使 DDC 能随时测出接触器的实际工作状况。图 2-82 给出了 DO 对交流接触器的控制原理。

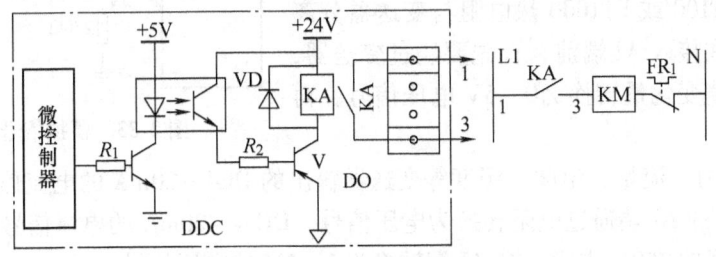

图 2-82　DO 对交流接触器的控制原理

交流接触器线圈的吸合电流一般在几十毫安到几百毫安之间，这一电流远远超出单片机控制器 DO 通道所能输出的电流（一般为毫安级）。为此，二者之间必须有驱动电路连接。DDC 通过控制晶体管驱动继电器，再经过继电器触点控制交流接触器线圈工作，实现了弱电控制强电的目的。

图 2-82 中当微控制器 DO 输出高电平时，晶体管饱和驱动光隔离器中二极管发光、光敏晶体管导通，24V 通过电阻加到晶体管基极，晶体管饱和导通，继电器 KA 得电，继电器 KA 的触点接通交流接触器 KM 的线圈，使接触器吸合；反之，当微控制器 DO 输出低电平时，晶体管截止，光隔离器中发光二极管熄灭，光敏晶体管截止控制晶体管关断，继电器 KA 线圈失电，继电器 KA 触点释放。

一般都在磁隔离的基础上，在经过光电隔离，使这些电流大幅度变化的外围电路与微处理器之间实行彻底的电隔离。提高 DDC 的可靠性。

（3）模拟量输入（Analog Input，AI）　计算机可以直接检测模拟量输入通道的电压值，使计算机得到具体的被测物理参数值，是控制器获取传感器信息的主要途径。

模拟量输入通道所对应的是一定量的电压或电流值，这与传感器输出信号的特性有关。一般情况下，建筑设备自动化系统中常见的模拟量输入点有温度、湿度、压力、流量、压差等，这些物理量需要由相应的传感器转换为电信号，再经过信号调理变送为标准模拟信号，参数的检测与变换分为：传感器与变送器一体和传感器与变送器分离两种形式。

● 传感器与变送器一体：传感器的毫伏信号经过变送器转变为标准电信号，可以是电流信号（DC 0～10mA、DC 4～20mA），也可以是电压信号（0～5V、0～10V 或 1～5V）。通常，由设置在检测现场的变送器以电流信号形式传给 DDC 的 AI 端，由接在输入端口的电阻转变为电压信号。

● 传感器与变送器分离：一般指热电阻和热敏电阻等温度传感器，温度传感器放在检测现场，将电阻变化信号传给 DDC，经过 DDC 的变送单元转换为标准电信号，接入 DDC 的 AI 端。

传感器与变送器一体和传感器与变送器分离形式的信号传输内容不同，传输导线的设置也不同，一体式布线时，需根据采用二型表还是三型表确定电缆根数；二分离式传输电阻值时，需根据精度要求采用两线或三线电缆。

1）传感器与 DDC 的基本连接形式。AI 的任务是监测现场的温度、湿度、压力、流量等物理量变换而来的模拟信号，这是一个连续变化的电压或电流信号，一般采用电流信号传输。如图 2-83 所示是 DDC 的模拟信号输入原理，图中给出了两种 AI 方式。

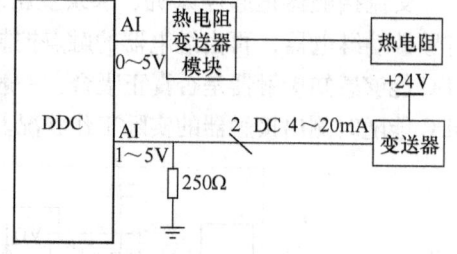

① 对于 PT100 或 PT1000 热电阻与变送器分离的输入信号，在接入 AI 端前，首先要经过变送器，将热电阻的阻值变化量转换为 0~5V 电压信号，再接入 AI 端。

图 2-83 模拟信号输入原理

② 对于压力、流量、温度、湿度等变送器输出的 DC4~20mA 的电流信号，可直接输入 AI 端，在 DDC 的 AI 端通过电阻转换为电压信号。DC 4~20mA 的电流信号经过并接在信号端和电源地之间的 250Ω 电阻，在 AI 端转换为 1~5V 的电压信号。

2）带有光电隔离 AI 输入。为了保证 DDC 可靠工作，在实际的控制中，模拟量输入信号必须经过光电隔离后接入 DDC。根据采用 A-D 转换装置的形式不同，光电隔离的位置可以在 A-D 转换前或在 A-D 转换之后，图 2-84 给出了 A-D 转换后进行光电隔离的 AI 电路原理。

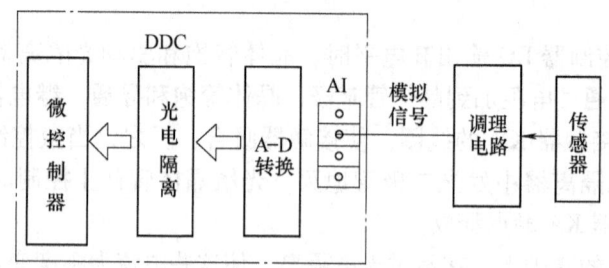

图 2-84 A-D 转换后光电隔离的 AI 电路原理

3）模拟信号经 V/f 变换为频率信号的 DI 输入。将模拟信号经过 V/f 变换，把电压信号转换为频率信号，经过光电隔离后接入 DI 通道，由计算机检测出频率值，然后再转换为所测物理量数值。这种方法将信号输入通道由 AI 变为 DI，简化了电路设计并降低了对输入通道的要求。图 2-85 给出了 V/f 变换后由 DI 通道完成模拟量采样的原理。

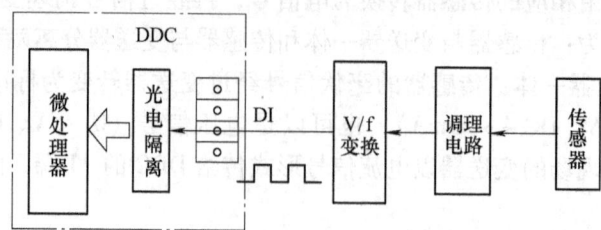

图 2-85 V/f 变换后由 DI 通道完成模拟量采样的原理

如果直接使传感器输出频率或脉冲宽度信号，控制器接收端就可以很容易通过光电隔离器件隔离外电路与内电路。同时可以用微处理器上资源最多的 DI 通道接收信息。为了防止传输过程信号的变形和外界电场磁场的干扰,信号频率不能太高,一般不应超过 10kHz。同时,保证传输线路上有不小于 1mA 的电流,因为大电流是抑制传输过程干扰的有效措施。对于频率或脉冲宽度方式的输入信号,计算机测量需要至少一个以上的脉冲时间,与模拟量测量相比,占用时间要高出几倍到几十倍。

4) 采用串行数据传输或现场总线的 DI 输入。把微控制器嵌入到传感器中,成为智能传感器已成为目前发展的主要趋势。微控制器直接对被测物理量进行采样和信号处理,并将得到的测量数据通过数字通信的方式,发送到 DDC。DDC 可以通过串行接口或 DI 通道接收数据。

数据通信可以避免任何传输干扰和信息损失,也可以实现非常理想的光电隔离,现场总线的应用可以减少现场布线、提高传输距离。图 2-86 给出了智能传感器和串行数据传输的原理。

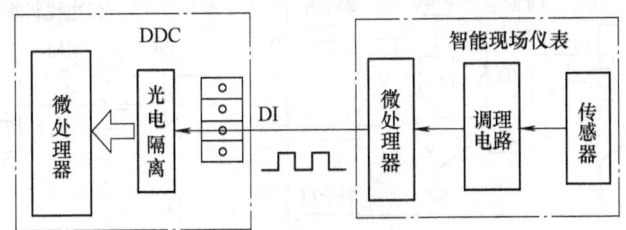

图 2-86　智能传感器和串行数据传入原理

采用这种方式传输信息所要考虑的问题就是要采用哪一种通信协议,保证传感器产品与控制器产品能够更容易地兼容。

(4) 模拟量输出（Analog Output，AO）　DDC 的模拟量输出信号是 0~5V、0~10V 的电压或 0~10mA、4~20mA 的电流,其输出电压或电流的大小由程序控制,确定与其端子相连的外电路的电压或电流。由于 DDC 内部处理的信号都是数字信号,所以这种可连续变化的模拟量信号要通过内部数字－模拟（D－A）转换器产生。这是控制器控制调节外部设备的又一主要手段。

通常,模拟量输出（AO）信号控制风阀、水阀等执行器动作。风阀、水阀的电动执行器一般由三相或单相电动机通过机械减速系统与阀门连接,同时阀门位置通过滑动电阻器以电阻值形式输出,成为检测阀位参数的电反馈信号,通过设在执行器内相应位置的全开和全关限位开关,控制电动机的转动,当阀门到达全开或全关位置时,限位开关动作直接控制电动机停止运行。

(5) 串行通信（Universal Asynchronous Receiver/Transmitter，UART）　一般的 DDC 都可通过设置,在 I/O 通道中得到一组甚至两组串行通信接口。通过适当的外电路,可以与不同的通信网络相连,从而实现串行数据通信。

这样,只要正确地在 DDC 各条 I/O 通道上连接各传感器、执行器,通过程序设计,就可以组成一台完善的控制器来实现各种控制和调节功能,并成为分布式控制系统中的末端控制装置。

2.5.3　直接数字控制器的基本应用

1. 风机、制冷压缩机的电动机控制

三相异步电动机是建筑设备自动化系统中最常见的动力装置,也是控制调节中的主要对象之一。它的控制调节包括电动机的直接起停控制、降压起动、分档变速以及通过变频实现的变速调节。

(1) 电动机的直接起停控制　交流异步电动机起动电流一般是额定电流的5~7倍，大功率电动机直接全压起动会造成电网电压波动，通常规定电动机额定功率7.5kW以下可以直接起动；再就是在电动机起动瞬间造成电压波动小于10%的，对于不经常起动的电动机电压波动可以放宽到15%；专用变压器容量大于电动机功率5倍以上允许直接起动。

图2-87为DDC控制电动机直接起停的原理，使用DDC的一个DO和两个DI（DI_1、DI_2），通过控制交流接触器KM的主触点，实现对交流电动机的起停控制。DO为输出继电器触点，用于控制交流接触器KM的线圈，DI用于交流接触器触点和热继电器工作状态的监测，串接在电动机主回路上的热保护继电器为电动机提供过载保护。

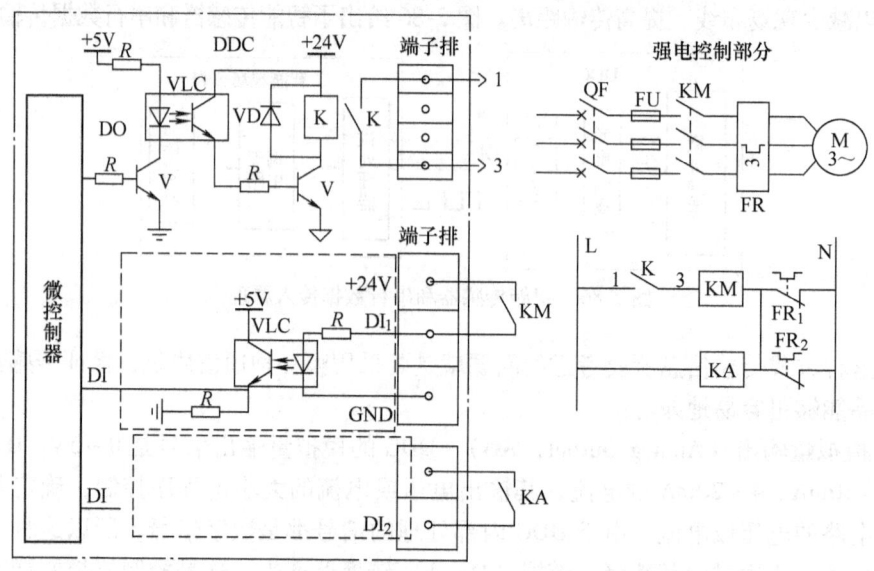

图2-87　DDC直接起动三相异步电动机的控制电路

在控制过程中，DDC必须掌握电动机的工作状态，通过DI_1输入通道检测接触器KM辅助触点的状态。控制器通过读出DI_1的状态，判断接触器的工作状态，从而间接掌握电动机的运行情况。

DI_2输入通道作为电动机过载保护输入端，热继电器的常闭触点FR同时控制中间继电器和KA的线圈。当电动机过载，热继电器动作，常闭触点FR_1断开，接触器KM失电、电动机停止运行，同时，常开触点FR_2闭合，中间继电器KA得电，触点KA闭合，DI_2光电隔离器的发光二极管得电，光敏晶体管发射极输出高电平；当热继电器复位时，KA释放，光电隔离器发光二极管失电，光敏晶体管发射极输出低电平。这样控制器通过读出DI_2的状态，可以实现对电动机的过载保护。

(2) 电动机Y-△起动控制　对于大功率异步电动机，为避免其在起动过程中电流过大，而对电网电压造成冲击，往往采用减压起动方式，其中Y-△起动是较为常用电动机起动方法。在起动时电动机先接成Y形，在电动机达到一定转速后，再转换成正常运行的△形联结。图2-88是DDC控制的三相异步电动机Y-△减压起动电路。电路分为：DDC控制电路、继电器控制电路和电动机控制回路。DDC控制电路由三个DO和三个DI通道完成Y-

△起动控制，DO_1 实现 Y 形起动控制，DO_2 实现△型起动控制。为了防止出现 DO_1、DO_2 两个通道全部接通，导致接触器 KM_1、KM_2 同时接通造成电路短路，KM_1 和 KM_2 控制回路中分别串接了 KM_2 和 KM_1 的常闭触点，如果 KM_1 吸合，则 KM_2 断电；反之，KM_2 吸合，KM_1 断电。增加了互锁，从强电回路上避免 KM_1、KM_2 同时接通的可能。也可以通过 DDC 软件互锁，从程序上设计 K_1、K_2 两个内部继电器在任何时候只可能接通一个。交流接触器 KM_3 的闭合，可以与 KM_1 同时闭合也可以随后闭合，KM_1、KM_3 闭合后电动机丫形起动，在预先设定的起动时间后，DDC 控制 KM_1 触点释放，KM_2 闭合，电动机转为△形联结运行。图 2-88a 给出了 DDC 控制回路，图 2-88b 交流接触器控制电路，图 2-88c 给出了电动机控制回路电路，图 2-88 没有给出手动控制回路和相应的自动/手动转换电路。

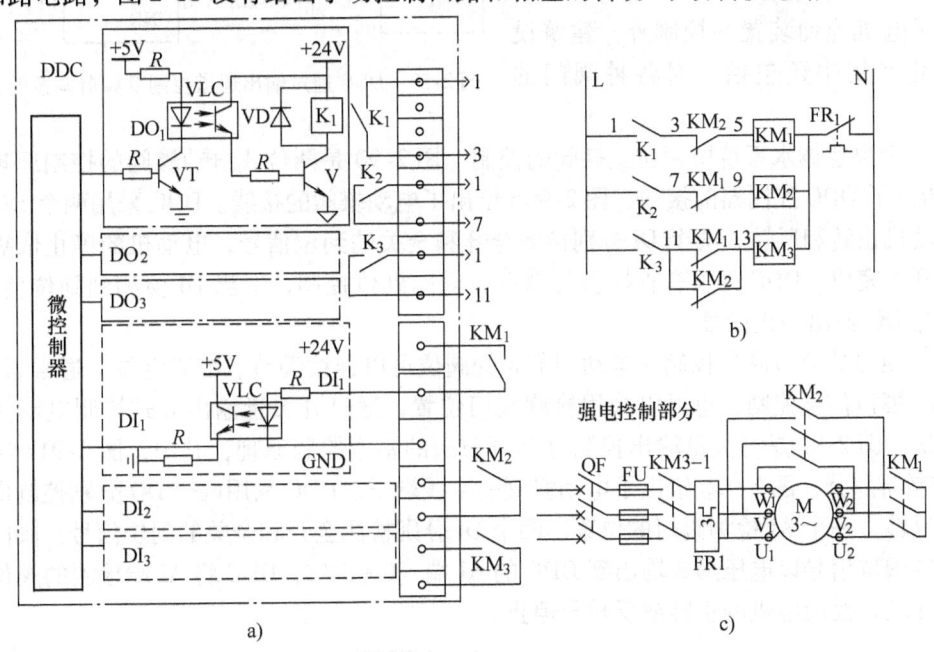

图 2-88 DDC 控制的三相异步电动机丫-△减压起动控制电路

（3）DDC 变频器调速控制 通过改变供电频率来改变异步电动机的转速，风机、水泵通过变转速后可以降低风量或供水量，实现对环境的控制和调节。

通过直接的数字通信方式向变频器发出频率控制命令，接收实际的电动机工作频率信息，这样的连接成本最低，并可以避免任何干扰，而且接线简单。但这种控制方式无法实现自动和手动控制的简单切换，因为自动控制方式是 DDC 通过串行通信方式发布调速指令，而手动控制方式只能是传统的模拟量方式，两种控制方式的转换需要对变频器进行设置，不适合实际现场控制使用。

实际应用中还是通过通用变频器的 DC 4~20mA、DC 0~10mA 电流信号或 DC 0~5V、DC 0~10V 电压信号输入的调速控制端，根据得到的信号大小，改变其输出频率，实现对电动机转速的控制。这样对于使用通用变频器的场合（尤其是风机、水泵控制），需要由 AO 通道产生输出电压送到变频器，变频器同时输出作为反馈值的 DC 0~5V 电压信号或 DC 4~20mA 电流信号，正比于实际输出的频率，控制器需要用自己的 AI 通道进行测量，以监视和管理变频器的工作。

图 2-89 是 DDC 通过输出通道控制变频器调速的原理，使用了 DDC 的一个 AO、一个 AI 和一个 DI。AO 用于变频器的调速控制，AI 用于检测变频器的输出频率，并增加了一个手/自动转换开关 SA。开关拨到上方，变频器接收 DDC 的 AO 输出；开关拨到下方，变频器接收电位器输出（手动控制）。DI 用于接收转换开关 SA – 1 的状态变化，掌握变频器当前的工作状态。

2. 电动阀的控制

除了电机拖动装置的控制外，建筑设备自动化系统中还包括了对各种阀门的控制。

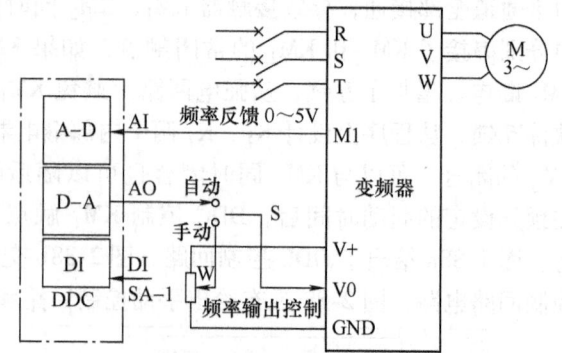

图 2-89　DDC 通过输出通道控制变频器调速的原理

（1）中央空调水系统中两位式蝶阀的控制　图 2-90 是两位式电动蝶阀的控制原理。图 2-90a 给出了 DDC 控制器的接线，图 2-90b 给出了电动蝶阀的接线。DDC 采用两个 DO 分别控制电动机正转和反转，两个 DI 分别检测全开和全关的到位信号，电动机的停止依靠内部的限位开关完成，DDC 并没有直接参与电动机阀的到位控制，但当 DI 检测到到位信号时，应该通过 DO 输出停止信号。

（2）换热器调节阀的控制　电动调节阀的阀位可以连续调节、准确定位，通常采用 DC 4～20mA 模拟信号控制，也可以采用检测阀门位置，通过开关量输出方式控制电动阀门定位的方法。图 2-91 是开关量输出控制电动调节阀的基本控制原理，其中，图 2-91a 给出了 DDC 控制器部分，图 2-91b 给出了电动蝶阀的接线端子。DDC 采用两个 DO 分别控制电动机正转和反转，一个 AI 检测阀门的位置、两个 DI 分别检测全开和全关的到位信号，阀门位置电位器的阀位信号以电压形式输出到 DDC 的 AI 端（0～5V），DDC 将 AI 端检测的阀位值与设定值比较，控制电机的正转或反转及停止。

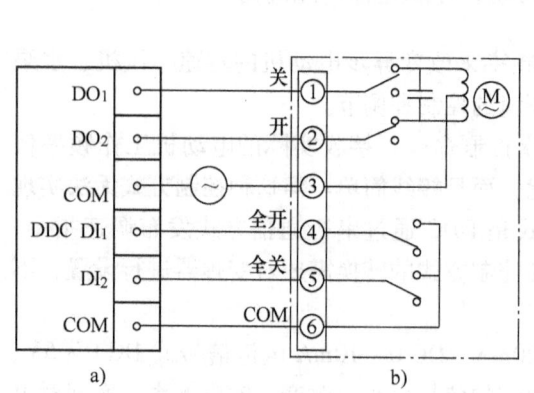

图 2-90　两位式电动蝶阀的控制原理

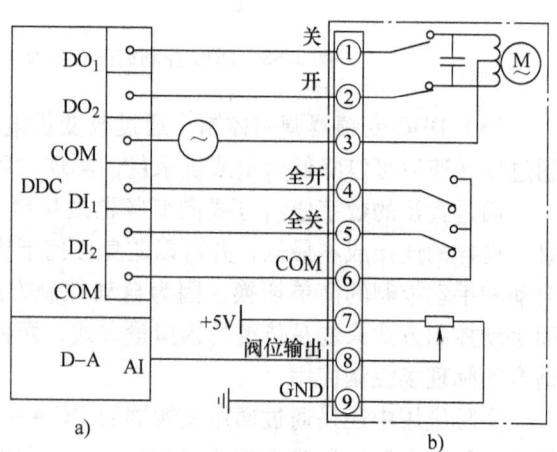

图 2-91　电动调节阀的控制原理图

思考题与习题

2-1　请简述自动检测电物理量和非电物理量的基本方法。

第 2 章 建筑设备自动化系统工程中的监控设备

2-2 什么是传感器？什么是变送器？它由哪几部分组成？

2-3 请说明Ⅱ型表和Ⅲ型表的特点，为什么Ⅱ型表是三线制、Ⅲ型表是两线制？Ⅲ型表为什么把输出下限设为 4mA 而不是Ⅱ型表的 0mA？

2-4 仪表精度等级的含义是什么？试说明仪表等级、量程范围与精度指标要求之间的关系。

2-5 试设计室内温度、室外温度、管道和风道的温度检测具体方法并说明为什么？

2-6 热电阻有二线制、三线制和四线制三种引出线方式，请说明其工作原理和应用特点。

2-7 试根据高位水箱、污水处理池和密封罐等不同液位检测系统选择液位传感器。

2-8 试分别说明热线仪和毕托管的风速测量原理。

2-9 执行器哪有几类？什么是电磁阀？什么是先导电磁阀？什么是带自保电磁阀？各有什么功能特点？

2-10 试叙述两位式电动阀和调节阀的工作原理。如何控制两位式电动阀和调节阀？

2-11 简述直通阀和直通双座阀的特点及应用场合。

2-12 三通阀的结构与直通双座阀有什么不同？说明三通阀的主要应用场合？

2-13 何为调节阀的流量特性？何为理想流量特性和工作流量特性？试说明直线调节阀和等百分比调节阀的工作特性及应用场合。

2-14 试说明阀阻比的物理意义。试说明阀阻比与调节阀的调节特性的关系，在阀阻比一定的条件下如何选择调节阀？如何提高阀阻比？并叙述阀阻比与供水动力系统节能之间的关系。

2-15 请分别说明变频器对风机、水泵的二次方律转矩系统和对恒转矩系统控制特点和作用。

2-16 试说明 DDC 的 DI、DO、AI、AO 的含义和功能。什么是输入节点的"干接点""湿节点"？请给出具体的接线电路。

第 3 章 给排水自动化原理

3.1 给排水系统的分类和基本给水方式

3.1.1 给排水系统的分类

给水工程中的能耗费占供水成本的 30%～70%，水泵的能耗费占总能耗费的 90% 左右。实际运行中，水泵的效率大多数不足 60%，泵站的综合效率不足 50%，存在着较大的能源浪费。水泵把水从水源中取出送至用户或净水厂；把净化的水送至供水管网；在长距离输水中将水加压；在分压供水系统中增加管网的压力；在用水高峰季节调节管网供水量；在建筑和小区供水中保持日常的供水量；在中央空调循环供水系统中调节冷冻水和冷却水供水量等。按照功能划分，水泵在供水系统各环节中构成取水泵站（一级泵站）、配水泵站（二级泵站）、加压泵站、调节泵站、循环泵站等。可以说水泵站是供水系统中的枢纽，水泵是枢纽中的核心。对于水泵的控制、在系统中的运行情况与节约能源、降低成本、提高经济效益密切相关。

本节主要涉及建筑和小区的给水系统、建筑排水系统以及消防给水系统的控制技术和系统组成。图 3-1 给出了建筑给排水系统的基本分类。

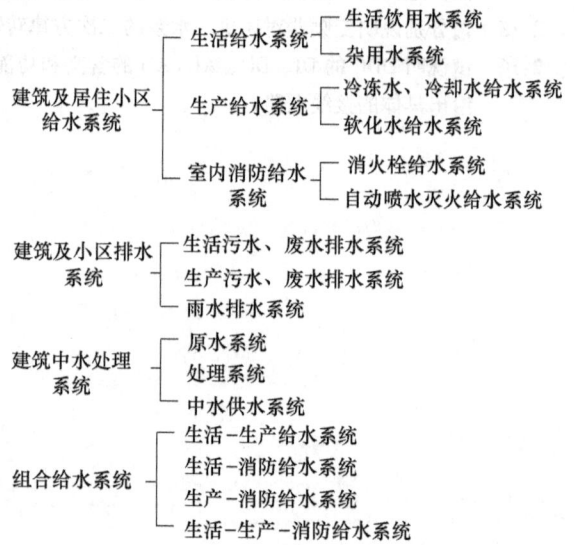

图 3-1 给排水系统的基本分类

给水系统按用途可分为生活给水系统、生产给水系统和室内消防给水系统三类；排水系统分为生活污水和废水、生产污水和废水排水系统，以及雨水排水系统。给水系统由引入管、水表节点、管道系统、配水装置与用水设备、控制附件、增压和储水设备等主要部分组成，其中控制附件主要有管道系统中调节水量、水压、控制水流方向以及便于管道、控制器、仪表和设备检修的各类阀件；常用的阀门有截止阀、闸阀、蝶阀、止回阀、液位控制阀、安全阀等；控制器包括 DDC、管道供水压力检测仪表等。

3.1.2 水泵的控制方式

1. 水泵电动机的起停控制

笼型异步电动机的起动方式分为全电压起动、减压起动和变频起动。《民用建筑电气设计规范》（JGJ 16—2008）以下简称《民规》第9.2.2条规定，交流电动机起动时，其配电母线上的电压应符合下列要求：
- 电动机频繁起动时，不宜低于额定电压的90%；电动机不频繁起动时，不宜低于额定电压的85%；
- 当电动机不与照明或其他对电压波动敏感的负荷合用变压器，且不频繁起动时，不应低于额定电压的80%；
- 当电动机由单独的变压器供电时，其允许值应按机械要求的起动转矩确定；
- 对于低压电动机，除满足上述规定外，还应保证接触器线圈的电压不低于释放电压；
- 笼型电动机全电压起动时，配电母线的电压应符合上面的规定；
- 当不符合全电压起动条件时，笼型电动机应减压起动。

(1) 全压起动　全电压起动具有起动力矩大、起动时间短、起动设备简单、操作方便、易于维护、投资省、设备故障率低等优点，但全电压起动电流大，笼型异步电动机的起动电流一般为额定电流的4~7倍，一般情况下，发电机容量与允许直接起动电动机功率之比为 1kV·A/（0.1~0.12kW）变压器容量与允许直接起动电动机功率之比为0.2~0.3。如果大于上述比值电动机的起动电流将会引起配电系统的电压显著下降，影响接在同一台变压器、发电机或同一条供电线路上的其他电气设备的正常工作。

《民规》（JGJ/T16—1992）第10.2.1.5条规定：由城市低压网络直接受电的场合，电动机允许全电压起动的容量应与地区供电部门的规定相协调。如当地供电部门对允许笼型异步电动机全电压起动容量无明确规定时，可按下述条件确定：

1) 由公用低压网络供电时，容量在11kW及以下的电动机可全电压起动。
2) 由居住小区变电所低压配电装置供电时，容量在15kW及以下的电动机可全电压起动。

随着配电变压器容量的不断增大，电动机的起动电流占变压器额定电流的比例越来越小，电动机起动时引起的压降也越来越小，允许采用全电压起动的电动机的容量也就应当提高。在《民规》2008版中去掉了1992版中具体的起动功率限制，只要被拖动的设备能够承受全电压起动的冲击力矩，起动引起的压降不超过电网的允许值，就应选择全电压起动的方式。但在实际应用过程中，用户通常还是注重电动机起动对电网的影响，采用减压起动方式的系统越来越多。

在后面的电动机控制电路、DDC设置的学习中，大多以全电压起动方式为例进行设计，即：使用一路DO完成电动机的起停控制，但在实际工程中，还要根据电动机实际使用的功率和全电压起动对电网的影响决定电动机的起动方式。

(2) 减压起动　减压起动的方法较多，有星-三角换接、自耦变压器减压、软起动、变频起动、串电抗器或电阻器减压等。对于中小型电动机，采用软起动、星-三角换接或自耦变压器减压得较多。

软起动通过改变双向晶闸管的导通角，从而改变晶闸管的输出电压来实现电动机的减压起动。电动机的起动转矩与其端电压的二次方成正比，由于软起动时的输出电压很容易调节，可方便而连续地控制电动机的起动电流，能满足水泵、风机等"轻载起动"负荷的要求，而且其价格和装置的复杂程度又远远低于变频调速，因此得到广泛应用。但是软起动产生高次谐波，对电源电网有污染，也需注意。

(3) 变频起动　变频起动通过变频调速改变了异步电动机的同步转速,保持了电动机的硬机械特性,与其他起动方式相比,起动电流小而起动转矩大,对设备无冲击力矩,对电网无冲击电流,既不影响其他设备的运行,又有最理想的起动特性。但是,这种起动方式的设备价格较全电压起动和软起动要贵得多,所以,在不需要变频调速的场所,采用变频起动是不合适的,只有在变频调速系统中,才采用变频起动。近年来,在采用变频调速的恒压供水系统、变风量调速系统中,其水泵、风机自然是变频起动。

(4) 其他起动方式　采用化整为零的起动方式,在建筑给排水系统中,根据供水量周期性变化的特点。可采用多台小泵组成一个给水系统,既减缓了给水系统的流量扬程特性曲线,对水路管网有利,又减小了水泵的起动电流,对配电系统有利。某些大型冷水机组,可以由多台小电动机拖动,每台小电动机单独起动,其起动电流与机组总容量比就显得很小,减小了对配电系统的影响。

2. 水泵的调节方式

水泵的调节方式与节能的关系非常密切,过去普遍采用改变阀门或挡板开度的节流调节方式,即改变装置管网的特性曲线进行调节。这种调节方式虽然简便易行,但往往造成较大的能量损失。一些在运行中需要进行调节的水泵出现能量浪费的主要原因,往往是由于采用不合适的调节方式。因此,研究并改进它们的调节方式,是节能最有效的途径和关键所在。水泵的调节方式可分为恒速调节与变速调节,如图3-2所示。

水泵的调速运行,是指水泵在运行中根据运行环境的需要,人为地改变运行工作状况点(简称工况点)的位置,使流量、扬程、轴功率等运行参数适应新的工作状况的需要。水泵的工况点是由水泵的扬程曲线和管网的管阻特性曲线的交点确定的。因此,只要这两条曲线之一的形状或位置有了改变,工况点的位置也就随之改变。所以,水泵的调节从原理上讲是通过改变水泵的性能曲线或管网特性曲线或二者同时改变来实现的。图3-3给出了管网及水泵的运行特性曲线。

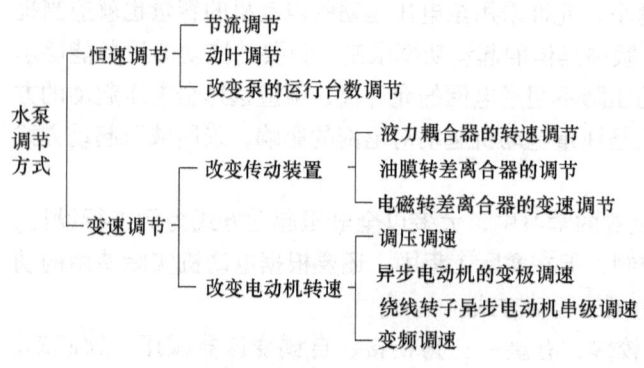

图3-2　水泵的调节方式　　　　图3-3　管网及水泵的运行特性曲线

在供水系统中,通常以流量为控制对象,调节供水流量有两种方法:

(1) 阀门控制方法　开大供水阀,流量上升;关小供水阀,流量下降。阀门控制调节法是通过调节阀门开度的大小来调节流量,而水泵电动机转速保持不变,其实质是通过改变水路中的阻力大小来改变流量。因此,管阻特性将随阀门开度的改变而改变,但扬程特性不变。当用阀门控制时,图3-3中扬程特性(转速n_0)保持不变,若供水量高峰水泵工作在A

点，流量为 Q_1，扬程为 H_1。当供水量从 Q_1 减小到 Q_2 时，必须关小阀门，这时阀门的摩擦阻力变大，阻力曲线从 R_1 移到 R_2，扬程特性曲线不变。而扬程则从 H_1 上升到 H_2，运行工况点从 A 点移到 B 点，此时水泵的输出功率正比于 H_2Q_2。

（2）转速控制方法　水泵转速升高，供水流量增加；转速下降，供水流量降低。转速控制调节法通过改变水泵电动机的转速来调节流量，而阀门的开度保持不变，其实质是通过改变水的势能来改变流量。因此，扬程特性将随水泵转速的改变而改变，但管阻特性不变。当用调速控制时，若采用恒压 H_1，扬程特性变为曲线 n_1，管阻特性曲线为 R_2，工作点从 A 点移到 D 点。此时水泵输出功率正比于 H_1Q_2。

由于 $H_2 > H_1$，所以当用阀门控制流量时，有正比于 $(H_2 - H_1)Q_2$ 的功率被浪费掉，并且随着阀门的不断关小，阀门的摩擦阻力不断变大，管阻特性曲线上移，运行工况点也随之上移，于是 H_2 增大，而被浪费的功率要随之增加。所以这种二次方律负荷的调速控制方式相比阀门控制方式有显著节能效果。

3. 恒压供水系统的闭环控制

用户用水量一般是动态变化的，而用水和供水之间的不平衡集中反映在供水的压力上，即用水多而供水少，则压力小；用水少而供水多，则压力大。保持供水压力的恒定，可使供水和用水之间保持平衡，即用水多时供水也多，用水少时供水也少，从而提高了供水的质量。

在供水系统中，供水管网中的水压能够充分反映供水能力与用水需求之间的关系：

- 供水流量 > 用水流量　→　供水管网压力上升；
- 供水流量 < 用水流量　→　供水管网压力下降；
- 供水流量 = 用水流量　→　供水管网压力不变。

可见供水能力与用水需求之间的矛盾反映在供水管网压力的变化上，因此，管网的供水压力就成为控制用水量大小的主要参数。保证供水管网检测点的压力恒定，也就保证了检测点处供水能力和用户流量处于平衡，所以，只要合理地选择供水压力值，就能保证用户的用水流量。图3-4给出了恒压供水的控制原理框图。

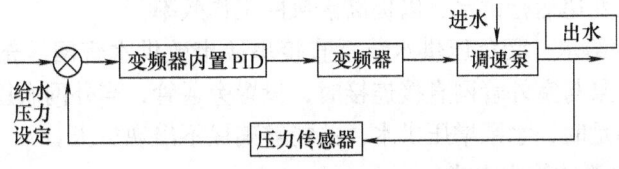

图3-4　恒压供水的控制原理

水泵在运行中，压力传感器将管网压力信号传输给变频器或 DDC 的 DI 端，与设定值比较后的差值经过运算处理后，控制变频器的频率输出，当管网压力低于设定压力时，向变频调速器发出提高电源频率的信号，变频调速器将水泵电动机转速提高，出水量增大，管道压力也随之升高；当供水压力高于设定值时，降低电源频率的信号，水泵的转速相应下降，水泵转速的提高与下降完全根据压力检测点的压力高于或低于设定压力来调节。因此，系统在供水压力基本上维持在设定压力范围内供水，也就是基本保持恒压供水。

3.2 建筑给水系统自动控制

3.2.1 建筑给水方式

现代建筑中常见的生活给水系统有：市政管网直接给水方式、高位水箱给水方式、水泵直接给水方式、气压罐给水方式、无负压给水方式，以及上述几种给水方式的组合。

1. 利用市政管网压力的给水方式

（1）直接给水方式　建筑内部管网直接在室外管网压力的作用下工作。当室外给水管网的水量、水压一天内任何时间都能满足室内管网的水量、水压要求时，采用这种直接给水方式。

直接给水方式的优点是系统最简单，能充分利用外网压力；缺点是室内没有储备水量，外网一旦停水，内部立即断水。

（2）单设水箱的给水方式　单设水箱给水方式在室外管网水压周期性不足，一天内大部分时间能满足需要，仅在用水高峰时，由于用水量的增加，而使市政管网压力降低，不能保证建筑上层的用水时，由水箱供水。高位水箱供水方式依靠水箱与用水器具的高度差，重力供水，克服了水压水量的不稳定性，具有节能、无运行维护费用、减轻市政管网高峰负荷的特点。缺点是水箱水质易受二次污染。

2. 水泵直接给水方式

适用于室外给水管网的水压经常不能满足供水要求的场合。通常要在水泵吸入口加设水池，以缓冲对吸入管的负压影响，应用变频装置改变水泵电动机转速，以适应用水量变化。供水系统由水泵和低处蓄水池（地下室）及管网构成。

（1）恒速泵给水　当建筑内用水量大且较均匀时，可用恒速水泵供水，多用于生产给水。

（2）变频泵给水　当建筑内用水量大但不均匀时，宜采用变频泵给水，可采用变频器拖动一台或多台水泵变速运行供水，以提高水泵的工作效率。

（3）无负压变频给水　无负压供水装置直接串接市政供水管网，充分利用室外管网压力，节省电能。当水泵与室外管网直接连接时，设置旁通管，当外网水压高时，由外网直接供水；当外网水压不足时，水泵增压供水，并能够确保不出现负压。

3. 设贮水池和水泵的给水方式

贮水池、水泵的给水方式是通过室外管网供水至贮水池，由水泵将贮水池中水抽升至室内管网各用水点。这种给水方式适用于外网的水量满足室内的要求，而水压大部分时间不足的建筑。当室内一天用水量均匀时，可以选择恒速水泵；当用水量不均匀时，宜采用变频调速泵，使水泵在高效工况下运行。这种供水方式安全可靠，不设高位水箱，不增加建筑结构荷载，但是外网的水压没有充分被利用。为了安全供水，我国当前许多城市的建筑小区设贮水池和集中泵房，定时或全日供水，并采用这种小区供水方式。

4. 水泵和水箱的给水方式

高位水箱给水方式在屋顶设高位水箱，在低处（地下室）设低位水池，中间设置水泵。水泵自贮水池抽水加压，利用高位水箱调节流量，水泵的进水管也可直接与外网连接，外网水压高时,由外网直接供水。这种给水方式适用于外网水压经常或间断不足,允许设置高位水箱的建筑。设置的水箱贮备一定水量,停水停电时可以延时供水,供水可靠,可以充分利用外网水压,节省能量。

水箱给水方式的优点是:水泵可及时向水箱充水,减小水箱容积,使水泵在高效率状态下工作;水池和水箱可以贮备一定的水量,停水、停电时可延时供水,供水压力稳定。

水箱给水方式也有缺点:不能利用外网压力;日常运行的能源消耗大;水池占地;水池防污染、防渗漏要求高。

5. 水泵和气压水罐联合给水方式

气压水罐的作用相当于高位水箱,其位置可根据需要设置在建筑物的高位或低位。在给水系统中设置气压给水设备,利用该设备的气压水罐内压缩空气的压力稳定供水量。气压给水适用于室外给水管网压力低于或经常不能满足建筑内给水管网所需水压,室内用水不均匀,且不宜设置高位水箱的情况。

水泵和气压水罐联合给水方式具有:气压水罐的放置位置灵活、不受限制、便于隐蔽,不影响建筑美观与结构承重、安装方便;水质卫生条件好、不会被污染、有助于消除水锤现象;给水压力可以在一定范围内调节的优点。但调节容量小,贮水量小,一般调节水量仅占总容量的20%~30%,水泵起动频繁,水泵在变压下工作,平均效率低、能耗较大、运行费用相对较高。

下面从给水系统的控制角度对几种给水方式进行学习。

3.2.2 生活用水高位水箱给水系统监控

在目前国内高层建筑给水系统中,采用高位水箱的给水系统比较普遍。在建筑的最高楼层设置高位供水水箱,采用水泵将低位水箱水输送到高位水箱,再通过高位水箱输送到给水管网供水,将水输送到用户。

高位水箱给水系统具有以下优点:采用价廉的定速水泵,水泵的工作效率高;管理维修简单,技术要求低;可贮存一定的生活和消防用水。但在使用中如果由于水箱水位自动控制系统失灵,水箱溢水会造成水资源浪费或财产损失,所以必须设置水箱水位监测、报警和控制装置。高位水箱已成为高层建筑给水系统基本供水设备之一。

1. 系统组成

高位水箱给水系统主要由供水、水位检测和控制、电气控制等几部分构成,图3-5列出了高位水箱给水控制系统的基本组成。

1) 在高位水箱中,设置4个液位开关,分别为:检测溢流水位;停泵水位;起泵水位;低限报警水位。

2) 高位水箱供水系统中水泵提供的供水压力用于提高重力势能,无法通过变频器实现节能运行,所以使用恒速泵为水箱供水,水泵电动机采用直接起动方式。

3) 在由多台水泵组成的系统中,多台水泵互为备用。当一台水泵损坏时,备用水泵能投入使用,以保证系统正常工作。图3-6给出了高位水箱给水系统的监控原理。图中采用两台水泵,互为备用,为了延长各水泵的使用寿命,通常要求水泵累计运行时间尽可能均衡。因此,每次起动水泵时,应优先起动累计运行时间数最少的水泵,控制系统应有自动记录设备运行时间的功能。

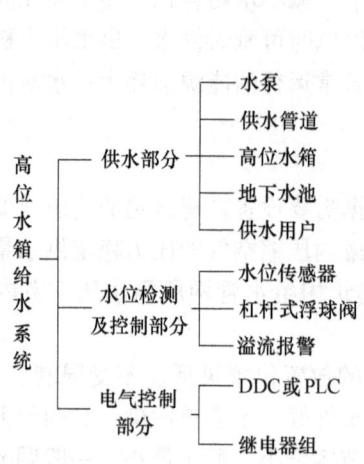
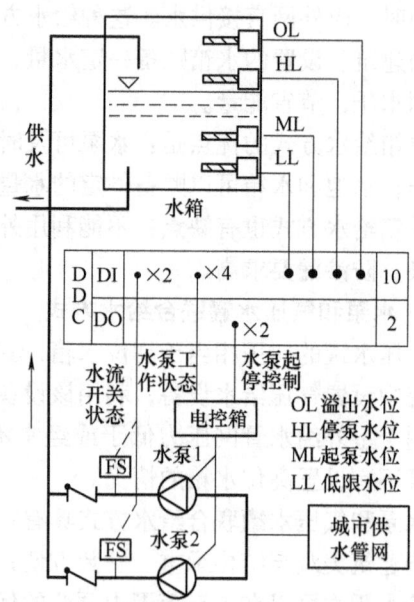

图 3-5　高位水箱给水控制系统的基本组成　　图 3-6　高位水箱给水系统的监控原理

控制中心能实现对现场设备的远程控制，监控系统能够在控制中心实现对现场设备的远程开/关控制。

4）系统采用 DDC 或 PLC 作为主控制器，完成系统各监控参数的采集和水泵的起停控制等功能。

2. 监控参数的采集及水泵控制

1）高位水箱的水位监测。采用两位式的开关信号，通常设 4 个水位监测点，分别是溢流报警水位、起泵水位、停泵水位、低限报警水位。

2）水泵运行状态检测。取自水泵配电柜接触器辅助触点，触点的闭合与断开状态间接反馈水泵的工作情况，图中设置了水流开关，当水泵运行时，水流开关闭合，水流开关的闭合状态能够直接反馈水泵运行状态，在实际应用中一般只采用检测交流接触器触点状态方法。

3）水泵故障报警。取自配电柜水泵主电路热继电器触点。当水泵过载或出现过电流的情况时热继电器动作。

4）水泵手/自动转换状态信号。取自水泵配电柜手自动转换开关（可选）。主要是为控制器提供手自动状态信号，控制器可以根据这一信号改变运行方式。

① 自动工作方式：DDC 检测水位并控制水泵起停。

② 手动工作方式：水泵起停由人工控制，DDC 只负责监控系统运行状态。

5）生活水池的液位监控。

6）水泵控制。控制器输出接口控制继电器、中间继电器、交流继电器完成对水泵的起停控制。

3. 监控点统计

高位水箱给水控制系统监控点见表 3-1。

第3章 给排水自动化原理

表 3-1 高位水箱给水控制系统监控点配置

监控点描述	AI	AO	DI	DO	接口及功能
系统起动/停止			2		起动系统进入工作状态
水箱水位监测			4		溢流、起泵、停泵、低限水位开关
水泵运行状态			2		取自水泵配电柜接触器辅助触点
水流开关			2		取自水泵供水主管道水流开关
水泵故障状态			1		取自配电柜水泵主电路热继电器触点
手/自动转换状态			2		取自水泵配电柜手自动转换开关
水泵起停控制				2	控制器输出接口控制交流继电器主触点
水位状态指示				4	溢流、起泵、停泵、低限水位指示
系统运行状态指示				6	水泵工作状态、水流状态、故障报警指示
合计			13	12	

4. 控制器主控制电路

根据统计出的监控点,确定控制系统所需的输入/输出数量,根据输出/输入点数和类型选择控制器。高位水箱给水系统中,现场 10 个输入点,起泵控制两个输出点,另外还有个工况的指示灯控制 12 个输出点,如果以西门子 S7-200PLC 作为主控制器,可选用 CPU224(14 输入/10 输出)组成控制器。高位水箱 PLC 控制回路如图 3-7 所示。

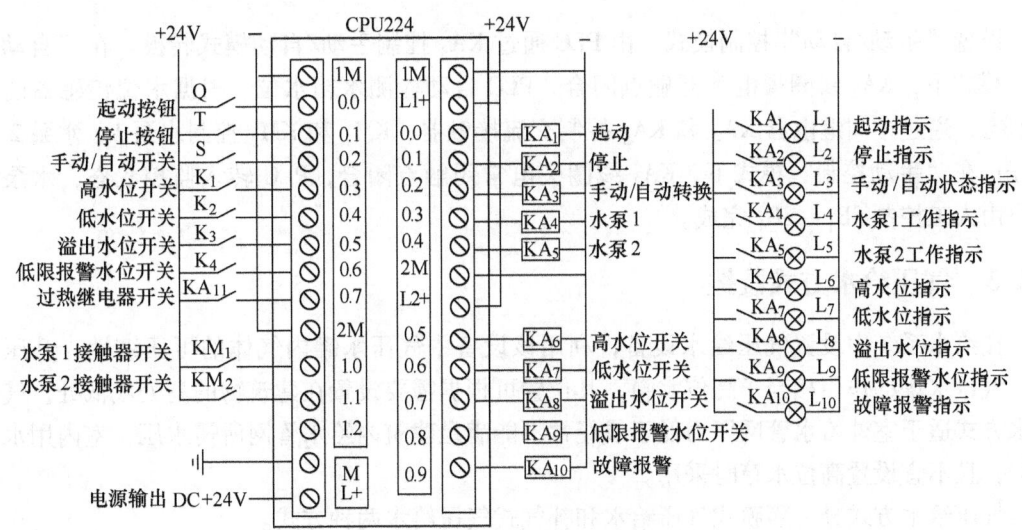

图 3-7 高位水箱 PLC 控制回路

(1)输入信号检测 控制回路的输入信号包括 3 种类型。
1)系统控制信号:起动按钮、停止按钮、手自动转换等信号,采用点动控制。
2)现场检测信号:水箱液位开关信号。
3)过载检测信号:水泵强电控制回路的热继电器信号。

(2)输出控制 输出控制采用 PLC 控制中间继电器,再由中间继电器完成现场的控制功能。这种方法中 PLC 的 DI 端子只控制中间继电器,不直接控制现场设备,其优点是控制线路清晰，现场安装调试简单，后续的维修方便。中间继电器要完成以下功能：

1）控制交流接触器，实现水泵的全压起停控制。
2）参与联锁控制：如手自动转换控制、主备水泵的起停管理、电机热保护控制等。
3）工作指示灯控制。

（3）水泵强电控制回路　强电系统设置水泵1和水泵2互为主/备水泵，控制器根据现场供水情况控制水泵的起停或单泵工作、双泵工作。图3-8给出了水泵强电控制系统电路原理。

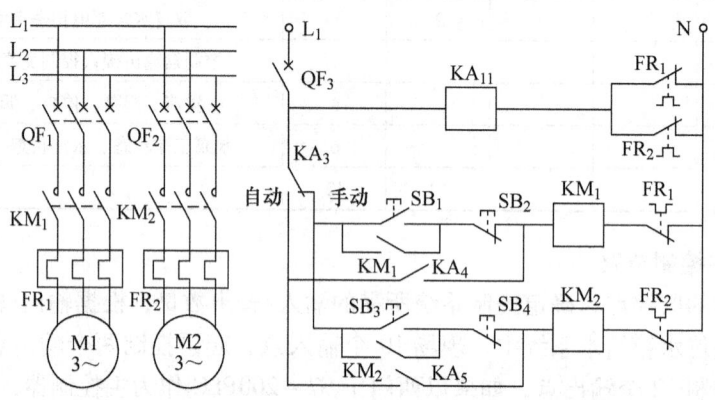

图3-8　水泵强电控制系统电路原理

设置"手动/自动"控制模式，由PLC通过KA_3控制手动/自动模式转换。在"自动控制"模式下，KA_3线圈得电常开触点闭合，PLC自动检测水箱水位，根据水位传感器的输出状态，通过中间继电器KA_4和KA_5控制交流接触器，KM_1和KM_2控制水泵1、水泵2的起停；在"手动控制"模式下，KA_3线圈失电常闭触点闭合，PLC转入监控状态，水泵的起停由人工控制$SB_1 \sim SB_4$完成。

3.2.3　气压给水方式监控

在给水系统中设置气压给水设备，利用该设备中气压水罐内气体的可压缩性，升压供水。气压水罐的作用相当于高位水箱，其位置可根据需要设置在建筑物的高处或低处。气压给水方式适于室外给水管网压力低于或经常不能满足建筑内给水管网所需水压，室内用水不均匀，且不宜设置高位水箱时采用。

气压给水方式分为隔膜式气压给水和补气式气压给水两种方式。

1. 空气压缩机补气式气压给水系统控制

补气式气压给水设备气与水在气压水罐中直接接触，设备运行过程中，部分气体溶于水中，随着空气量的减少，罐内压力下降，不能满足供水需要，为保证给水系统的设计工况，需设补气调压装置。补气的方法很多，在允许停水的给水系统中，可采用开起罐顶进气阀，泄空罐内存水的简单补法；对不允许停水的给水系统，可采用空气压缩机补气，也可通过在水泵吸水管上安装补气阀，水泵出水管上安装水射器或补气罐等方法补气。以上方法属余量补气，多余的补气量则需通过排气装置排出。有条件时，宜采用限量补气法，使补气量等于需气量，如当气压水罐内气量达到需气量时，补气装置停止从外界吸气，自行平衡，达到限量补气的目的，可省去排气装置。

（1）罐顶进气的简单补气法给水的控制原理　在允许短时停水、供水压力不大、对供水压力要求不高的气压给水系统中，可采用开起罐顶进气阀，泄空罐内存水的简单补气法。这种方法需要检测罐内水位和气体压力两个参数，通常是在罐内水位上限和下限位置安装液位计，在罐的顶部安装电接点压力表，控制器根据液位和压力开关量信号控制水泵工作。

（2）空气压缩机补气式气压给水的控制原理　大多数给水系统是不允许停水，可采用空气压缩机补气，利用空气压缩机补气时，小型的气压给水设备可采用手摇式空气压缩机；大中型气压给水设备一般采用电动空气压缩机。利用空压机的气压给水控制电路原理如图3-9所示。

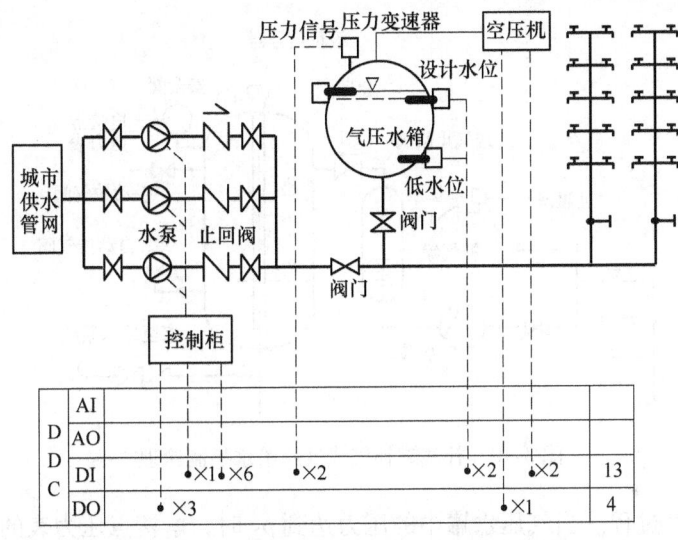

图 3-9　利用空压机的气压给水控制电路原理

1）系统组成。系统由控制器、气压水罐、空气压缩机、水泵、水位检测装置、压力检测装置等组成。空压机的工作压力应为罐内工作压力的1.2倍，空压机的排气量应根据气压水罐的总容量决定。一般气压罐总容量为 $3 \sim 16.5 m^3$ 时，空压机排气量可为 $0.05 \sim 0.25 m^3/min$。正常情况下，罐内水位检测信号控制水泵的起停，电接点压力表控制空压机的起停。在最高设计水位以上 $100 \sim 300mm$ 处设置水位电极，当罐内水位超过了设计最高水位、但工作压力不到起泵压力时，起动空压机向罐内补气并使水面下降，当水面恢复到最高设计水面时电极断开，空压机停止补气。用空气压缩机补气方式现在采用的较少。

2）监控点统计。空气压缩机补气式气压给水的控制系统监控点配置见表3-2。

表 3-2　空气压缩机补气式气压给水的控制系统监控点配置

监控点描述	AI	AO	DI	DO	接口位置及功能
补气罐压力监测			2		电接点压力表的高低压力接点
补气罐水位监测			3		设置起泵、停泵、高位水位开关
水泵运行状态			3	3	取自水泵配电柜接触器辅助触点
水泵故障状态			3	1	取自配电柜水泵主电路热继电器触点

(续)

监控点描述	AI	AO	DI	DO	接口位置及功能
手/自动转换状态			1	1	取自水泵配电柜手自动转换开关,可选。
水泵起停控制				3	控制器输出接口控制交流继电器主触点
合计			10	10	

2. 设补气罐补气式气压给水控制

(1) 补气罐补气式气压给水工作原理　补气罐补气式气压给水控制装置的工作过程分为:补气罐充气过程、气压水罐补气过程、补气过量排气过程3个阶段。图3-10给出了补气罐补气式气压给水控制原理。

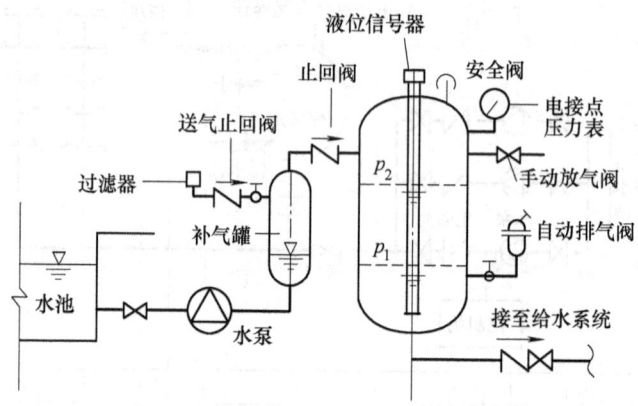

图3-10　补气罐补气式气压给水控制原理

1) 补气罐充气过程。当气压水罐中的压力达到 p_2 时,电接点压力表的接点动作,水泵停止工作,补气罐内水位下降,出现负压,进气止回阀自动开起进气。

2) 气压水罐补气过程。当气压水罐内水位下降,压力达到 p_1 时,电接点压力表的接点动作,水泵开起,补气罐中水位升高,出现正压,进气止回阀自动关闭,补气罐内的空气随进水补入气压水罐。

3) 补气过量排气过程。当补入的空气过量时,可通过自动排气阀排气。自动排气阀设在最低水位以下10~20mm处,当气压水罐内空气过量,至最低水位时,罐内压力仍大于 p_1,电接点压力表无动作接点,水位继续下降,自动排气阀即打开排出过量的空气,直至压力降至 p_1,水泵起动水位恢复正常,排气阀自动关闭。

4) 自动排气阀的基本工作原理。自动排气阀设在最低水位以下1~2cm处,当罐内开始注水时,排气阀的塞头停留在开起位置,进行大量排气,随着罐内水位上升,阀内积水,浮球被浮起,传动塞头至关闭位置,排气阀停止排气;当罐内水位低于最低水位以下10~20mm时,浮球随之下降,塞头打开,此时多余的空气由小孔排出。

(2) 补气式气压给水的继电器逻辑控制　气压给水继电器逻辑控制系统由压力检测、继电器逻辑控制和水泵全压起动3部分组成。图3-11给出了电接点压力表控制的水泵给水继电器逻辑控制电路。

水泵控制电路通过转换开关 SA_1 设为:自动工作方式或手动工作方式,当端子1和端子

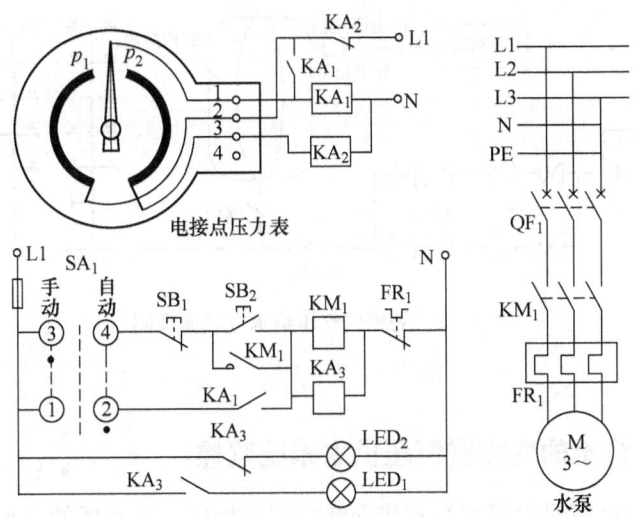

图 3-11 电接点压力表控制的水泵给水继电器逻辑控制电路

2 连接时，为自动工作方式；当端子 3 和端子 4 连接时，为手动工作方式。压力检测部分由电接点压力表和中间继电器组成。根据要求设置电接点压力表的下限压力 p_1 和上限压力 p_2 的输出接点。以下是自动工作方式为例分析逻辑控制系统的工作过程。

- 当气罐内压力低于下限设定值时，电接点 p_1 与转动表针连接，中间继电器 KA_1 得电触点吸合，KA_1 通过继电器 KA_2 (KA_2 的常闭触点) 与相线 L_1 接通，实现继电器 KA_1 的自保（压力升高后，电接点 p_1 与表针断开也不会影响水泵运行），KA_1 触点闭合，交流接触器 KM_1 得电，KM_1 主触点闭合，水泵全电压起动，为气压水罐补水、补气；

- 气压水罐内水位和气压升高，当气罐内压力高于上限设定值时，电接点 p_2 与转动表针连接，中间继电器 KA_2 得电，常闭触点 KA_2 断开，继电器 KA_1 失电，触点 KA_1 断开，KM_1 失电触点断开，水泵停止补水。

3. 隔膜式气压给水控制原理

隔膜式气压罐被广泛应用于中央空调、锅炉、热水器、变频、恒压供水设备中，具有缓冲系统压力波动、消除水锤并起到稳压卸荷的作用，在系统内水压轻微变化时，隔膜式气压罐气囊的自动膨胀收缩会对水压的变化有一定缓冲作用，能保证系统的水压稳定，水泵不会因压力的改变而频繁的开起。隔膜式气压给水设备被广泛地应用于给水工程实践中。

隔膜式气压给水设备由隔膜式气压罐、稳压泵、电控箱、仪表、管道附件等组成。根据设备设置位置分为：上置式（设备放置在高位水箱间）和下置式（设备放置在底层消防泵房）；根据气压罐设置方式分为：立式罐和卧式罐；根据设备的消防给水系统分为：消火栓给水系统、自动喷水灭火系统和消火栓及自动喷水消防给水合用系统。图 3-12 给出了隔膜式气压给水方式原理。

隔膜式气压给水设备随时处于待工作状态。隔膜罐内水位会随着用水而逐渐下降，从而使管道系统压力也随之下降，当罐内水位下降至下限水位 p_1 时，稳压泵起动向罐内加压补水；当水位重新上升至上限水位 p_2 时，稳压泵停止工作，如此循环保证系统的供水压力在 p_1 和 p_2 所对应的水位之间。

气压罐给水系统特别适合采用电接点压力表实现水泵的间歇补水控制，具体电路可参照

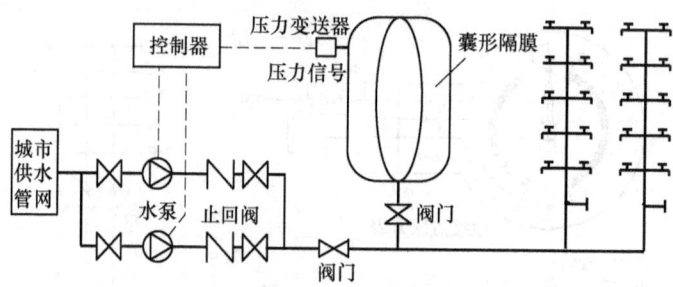

图 3-12 隔膜式气压给水方式原理图

图 3-11。

3.2.4 水泵直接给水的变频器恒压供水系统监控

水泵直接给水方式就是设置水泵直接向终端用户提供一定水压的供水方式。这种给水方式适用于室外给水管网的水压经常不足的场合，采用水泵直接给水通常在给水泵前建有缓冲水池，以避免水泵大水量不均衡供水对城市管网产生影响。这种供水系统通常采用恒速泵加变频调速泵的供水方式，即：建筑内用水量大且较均匀时，可用恒速水泵供水；建筑内用水不均匀时，宜采用一台或多台水泵变速运行供水，以提高水泵的工作效率。图 3-13 给出了水泵直接给水系统的监控原理。

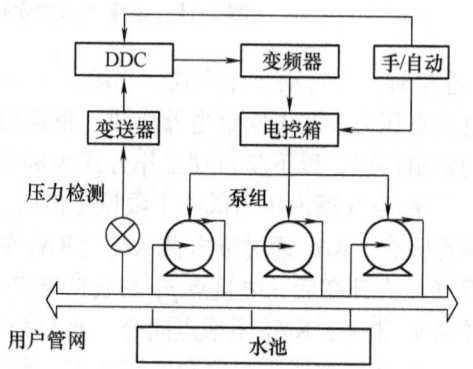

图 3-13 水泵直接给水系统的监控原理

系统主要由泵组、变频器、压力检测装置、DDC、水池、管道和阀门等构成。由异步电动机驱动水泵旋转完成供水；变频器的作用是为电动机提供可变频率的电源，实现电动机的无级调速，从而使管网水压连续变化；传感器的任务是检测管网水压；压力设定单元为系统提供满足用户需要的水压期望值。用户用水的多少是经常变动的，而用水和供水之间的不平衡集中反映在供水的压力上，即用水多而供水少，则压力低；用水少而供水多，则压力大。保持供水压力的恒定，可使供水和用水之间保持平衡，即用水多时供水也多，用水少时供水也少。通常在同一路供水系统中设置多台水泵，根据管网需要的给水压力，开起或较少水泵的运行台数，并通过调节变频器的频率控制水泵转速保证管网给水压力稳定，特别是当用水量较小的时候，调节电动机使其转速减低、降低电动机的功耗，同时克服了小流量时管网压力升高的缺点，提高了供水的质量、降低了电能消耗。变频调速恒压供水有两种基本的水泵控制方式。

1. 变频器与水泵一对一的控制模式

一台变频器对应一台水泵的一对一调速控制方式如图 3-14 所示，每台水泵与变频器构成一个闭环调速控制回路，根据管道供水压力，与设定值比较后，经过 PID 运算自动调整变频器输出频率，控制电动机转速，最终达到保持供水管网压力恒定的目的。这种变频器和水泵一对一的恒压供水系统也称为全变频系统。全变频系统不仅避免了管网压力波动，而且也减小了起停过程对水泵机电系统的影响；在暖通空调冷冻水系统的控制中，为了保证冷水机组冷源侧水量稳定并要求降低水泵的电能消耗,也可采用多泵全变频控制的方法。

但在多个水泵组成的直接给水系统中,这种方法使控制电路相对较简单,有利于供水压力的稳定,但增加了设备投资。

2. 一台变频器拖动多台水泵的控制模式

变频器一拖多的控制模式通常又可分为两种控制方式:一种是变频器只控制一台水泵的变频调速运行,其余水泵根据需要工频运行;另一种是变频器分别控制每一台水泵变频运行。一台变频器拖动多台水泵的控制方式如图3-15所示。

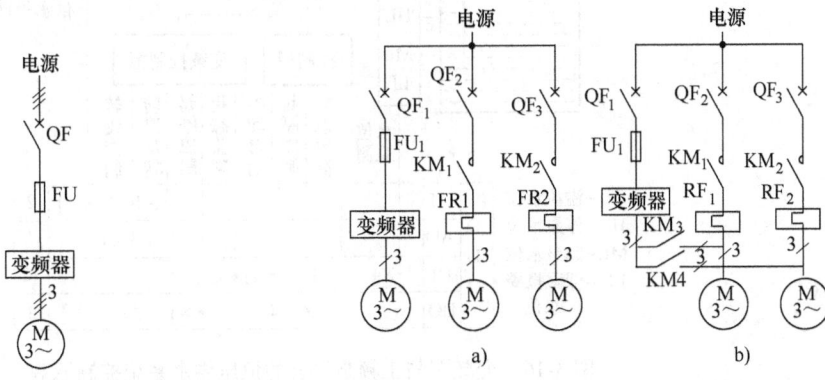

图3-14 变频器与水泵一对一控制　　图3-15 一台变频器拖动多台水泵的控制方式

(1) 一台变频泵固定运行和多台工频泵交替运行的恒压供水系统　如图3-15a所示,对于由多台允许直接起动的小功率水泵组成的直接给水系统,可采用一台固定的水泵变速运行,其余水泵以工频方式自动投入运行,每次先起动变频泵,供水压力不够时,先降频到下限频率,然后起动一台工频泵,实现恒压供水。

这种方式不存在水泵由变频与工频的切换,特别适用于多台小功率水泵的控制(水泵功率<7~11kW),在需要起动一台工频泵时,通过调节变频器输出、配合控制恒速泵的起动,可以减小工频泵起动造成管网压力波动。这种方式控制系统相对简单,资金投入也不大,但如果系统频繁的直接起动水泵,对供水管网水压稳定还是有一定影响。

(2) 多泵变频、工频循环运行恒压供水控制系统　如图3-15b所示,对于多台功率较大水泵、需要软起动和变频调速的恒压供水场合,可采用一台变频器分别控制每台水泵的起停和调速运行。由两台水泵组成的恒压供水系统,一台变频器依次控制每台水泵实现软起动及转速的调节。先起动第一台泵为变频调速,当变频泵达到水泵额定转速后(变频泵运行在50Hz),在设定的时间内,如果供水压力还没达到设定的供水压力,变频器停车并降低输出频率,同时,将变频泵切换到工频运行,然后变频起动第二台水泵。

多泵恒压供水循环软起动控制系统的控制电路相对复杂,而且,对于大功率水泵给水系统还要解决水泵切换过程中电压、电流、相位等的同步问题,这种供水控制方式如果同步切换解决不好,会对机械系统、供水管网压力和电网电源造成冲击。

3.2.5 一台水泵固定变频运行和多台水泵工频运行的恒压供水控制系统

1. 系统组成

系统由生活水池的水位监测传感器、给水泵、压力变送器、变频器及控制器等组成,设采用 3 台 10kW 以下的小功率水泵，其中两台水泵为直接工频起动方式，一台水泵采用变频调速控制方式。变频泵与工频泵组合的恒压供水系统原理如图 3-16 所示。

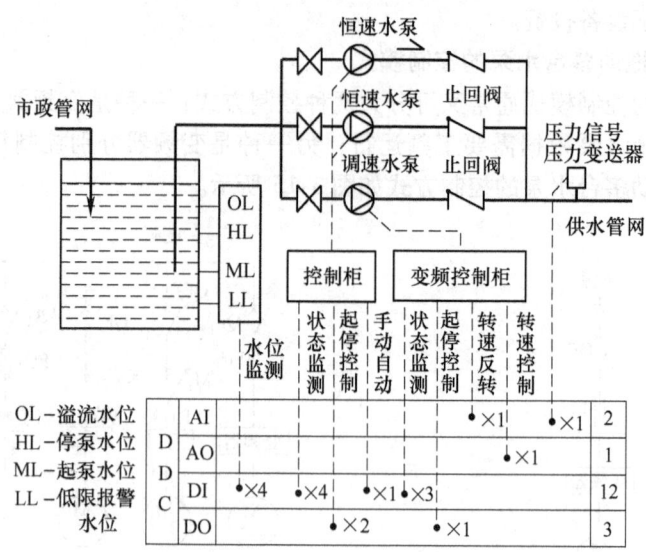

图 3-16 变频泵与工频泵组合的恒压供水系统控制原理

2. 控制原理

安装在水泵输出口的管式压力传感器检测管网压力，压力检测值与设定值比较的偏差去控制变频器的输出频率，实现水泵转速的控制，将供水压力维持在设计范围内。当给水管网用户用水量增多、管网压力减小时，控制器控制变频器输出频率增加，水泵转速随之增加，供水量增加，以满足用户的需求；当给水管网用户用水量减少时、管网压力增加，控制器控制变频器输出频率降低，水泵转速随之减少，供水量减少，以达到节能的目的。

系统运行时，变频调速泵首先工作，当调速泵不能满足供水压力要求时，直接起动恒速泵，同时变频泵输出频率降低到 25Hz 左右，控制器根据检测的供水压力调节变频器输出；反之，当压力高于设定值时，亦是先降低调速泵的转速，当调速泵转速低于一定频率时(20~30Hz)，检测的供水压力仍高于设定值时，关停一台恒速泵，通过调节变频泵使供水压力控制在设定范围内。

3. 监控参数的采集

（1）生活给水管道压力测量　采用压力变送器（输出 DC 4~20mA 或输出 DC 0~10mA 电流信号）或采用电阻远传式压力表（滑动电阻值输出，阻值变化范围为十几欧至几百欧之间）。

（2）恒速泵运行状态信号　取自水泵配电柜接触器辅助触点，触点的闭合与断开反应水泵的工作情况。

（3）调速泵运行状态信号　取自变频器端子排和水泵配电柜接触器辅助触点，触点的闭合与断开反应水泵的工作情况。

（4）变频器输出频率反馈信号　有变频器端子输出 0~10V 电压信号。

（5）生活水池的水位监测信号　采用两位式的开关信号。溢流水位、起泵水位、停泵水位、低限报警水位。

(6) 恒速泵故障报警信号 取自配电柜水泵主电路热继电器触点。当水泵过载或过电流一定时间后,热继电器触点动作。

(7) 调速泵故障报警信号 取自变频器端子排。当水泵过载或出现过电流的情况变频器有相应的端子输出。

(8) 水泵手/自动转换状态信号 取自水泵配电柜手自动转换开关,可选。主要是为控制器提供手自动状态信号,控制器可以根据这一信号改变运行功能。

4. 监控点统计

根据图3-16,可得出变频泵与工频泵组合的恒压供水系统监控点配置,见表3-3。

表3-3 变频泵与工频泵组合的恒压供水系统监控点配置

监控点描述	AI	AO	DI	DO	接口位置及功能
生活水池水位监测			4		一般设置溢流、起泵、停泵、低限水位开关
恒速水泵运行状态			2		取自水泵配电柜接触器辅助触点
恒速水泵故障状态			2		取自配电柜水泵主电路热继电器辅助触点
水泵手/自动转换状态			1		取自水泵配电柜手自动转换开关,可选
水泵起停控制				2	控制器输出接口控制交流继电器主触点
调速水泵运行状态			1		取自变频器输出端子
变速水泵故障状态			1		取自变频器输出端子
变速水泵起停控制				2	控制器输出端子
变速水泵调速控制	1	1			变频器模拟量输出端子、变频器输入端子
供水管道压力检测	1				取自安装在现场的压力传感器输出
合计	2	1	12	4	

以西门子S7-200PLC作为主控制器,选用CPU224 (14输入/10输出)模块,并扩展EM235模拟量输出/输入混合模块 (4 AI/1 AO)组成控制器。

5. 控制器主控制电路

控制器输出接口控制继电器、中间继电器、交流继电器完成对水泵的起停控制,控制器模拟输出模块输出0~10V的电压信号,控制变频器频率输出,主要完成以下控制任务:恒速泵的起停控制、调速泵的起停控制、调速泵转速控制。图3-17给出了水泵直接给水PLC主控制回路电路原理。

(1) 输入信号检测 控制回路的输入信号主要包括3种类型。

1) 系统控制信号:起动按钮、停止按钮(采用点动控制)、手动/自动等输入信号。

2) 现场检测信号:变频器输出端子输出、水箱液位开关、交流接触器辅助触点状态以及水流开关等信号。

3) 过载检测信号:水泵电动机控制回路的热继电器辅助触点信号和变频器输出端子过载信号输出。

(2) 输出控制 输出控制可采用PLC直接控制交流接触器或采用控制中间继电器,再由中间继电器控制交流接触器,控制水泵起停。下面介绍的控制方法,电路形式与上面给出的高位水箱电路控制形式基本相同,但其控制原理有所不同(见图3-17),变频泵与工频泵组合的恒压供水系统由变频器控制的变频泵和全压起动的工频泵组成,控制器要完成以下

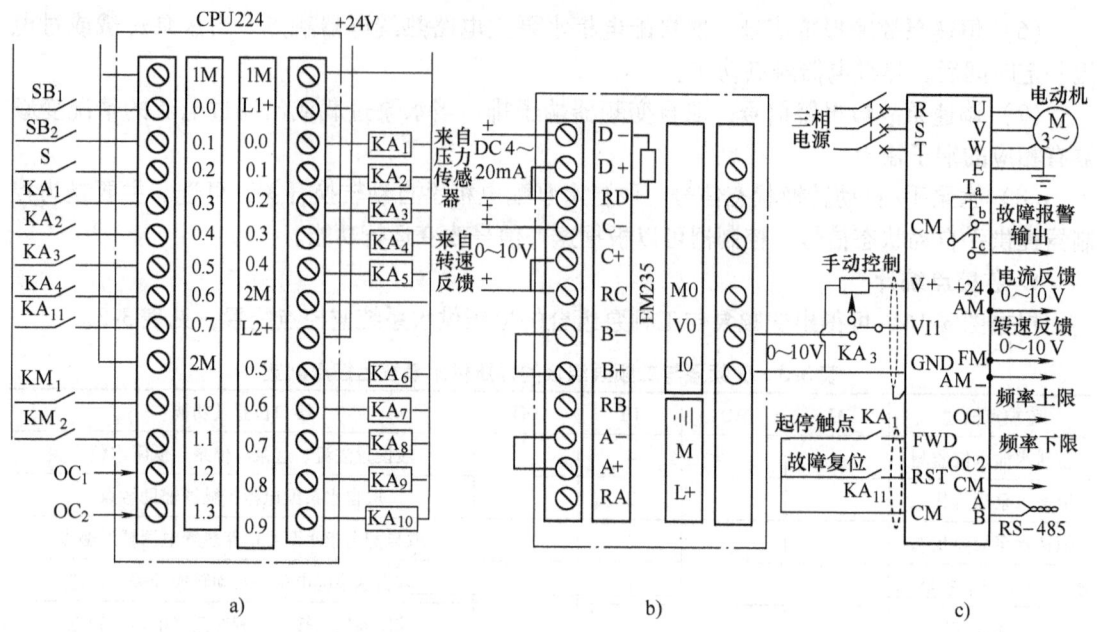

图 3-17 水泵直接给水 PLC 主控制回路电路原理

控制:

1) 起停按钮 SB_1 和 SB_2 发出变频器起停信号,控制器通过 KA_1 和 KA_2 的触点控制变频器的起停和起停方式。

2) 根据检测的供水管网的压力和设定的供水压力,控制变频器频率输出,改变水泵转速。

3) 根据变频器频率输出值和供水管网压力情况,控制工频泵的全电压起停。

4) 参与联锁控制。如手自动转换控制、主备水泵的起停管理、电动机热保护控制等。

5) 作指示灯控制。

(3) 手动/自动转换控制 控制器根据设置的手动/自动转换开关状态,控制系统的手/自动工作状态,中间继电器 KA_3 触点吸合为自动工作状态,KA_3 触点释放为手动工作状态。

1) 自动工作状态:控制器扩展模块 AO 输出 DC 0~10V 的电压信号,通过 KA_3 的闭合触点控制变频器频率输出,此时,变频器的输出受控制器控制,各泵的起停受控制器控制。

2) 手动工作状态:KA_3 释放,变频器的频率输出控制有电位器控制,控制器只检测供水系统输入参数,不参与水泵的调速和起停控制。

(4) 监控点配置 PLC 控制的变频调速给水控制系统的监控点配置见表 3-4。

表 3-4 PLC 控制的变频调速给水控制系统的监控点配置

输入信号	功　能	输出控制	功　能
SB_1	起动按钮	KA_1	变频泵起停控制
SB_2	停止按钮	KA_2	变频泵复位控制
S	手动/自动转换	KA_3	手动/自动转换
KA_1	高水位	KA_4	工频泵 1 起停

(续)

输入信号	功能	输出控制	功能
KA_2	低水位	KA_5	工频泵2起停
KA_3	溢出水位	KA_6	高水位开关
KA_4	低限报警水位	KA_7	低水位开关
KA_{11}	热继电器	KA_8	溢出水位开关
KM_1	工频泵1接触器	KA_9	低限报警水位开关
KM_2	工频泵2接触器	KA_{10}	故障报警
OC_1	频率上限输出端		
OC_2	频率下限输出端		

6. 强电控制电路设计

强电系统设置变频泵一台和工频泵两台，控制器根据现场供水情况控制水泵的起停或单泵工作、双泵工作。设置"手动/自动"控制模式，由 PLC 通过 KA3 控制手动/自动模式转换，在"自动控制"模式下，KA_3 吸合常开触点闭合，PLC 自动检测水箱水位，根据水位传感器的输出状态，通过中间继电器 KA_4 和 KA_5 控制交流接触器，KM_1 和 KM_2 控制水泵1、水泵2的起停；在"手动控制"模式下，KA3 释放常闭触点闭合，PLC 转入监控状态，水泵的起停由人工控制 $SB_1 \sim SB_4$ 完成。图 3-18 给出了变频泵和工频泵的电气控制原理。

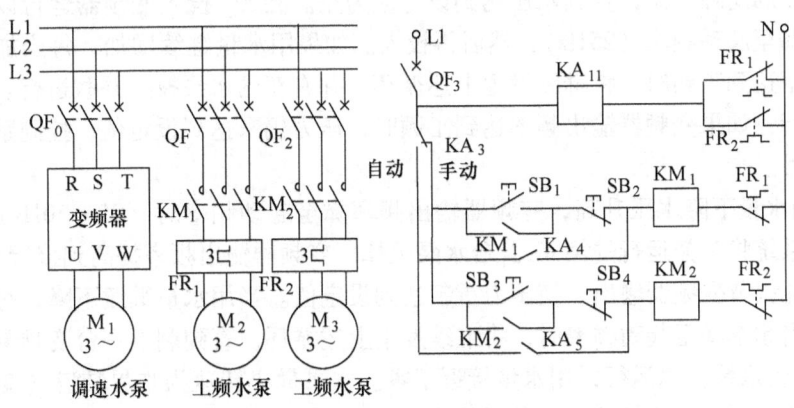

图 3-18 变频泵和工频泵的电气控制原理

3.2.6 多泵循环软起动恒压供水控制系统

为了使供水系统能够节能运行，特别是一些水泵功率大于全压起动要求的最低功率的场合，如：小区供水、自来水厂以及中央空调水系统等供水系统，宜采用多泵并联的供水模式。系统工作时，每台水泵处于3种状态之一，即工频运行状态、变频器调速运行状态、停止状态。现假定系统由一台变频器和3台水泵组成，其多泵变频软起动恒压供水自动控制原理如图 3-19 所示。

1. 系统的工作过程

1) 系统开始工作时，供水管道水压力较低，在控制系统作用下，变频器开始运行，第

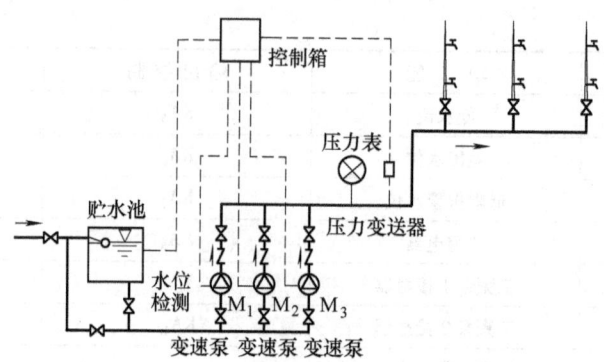

图 3-19 多泵变频软起动恒压供水自动控制原理

一台水泵 M_1 在变频器控制下起动且转速逐渐升高（变频器输出频率 <50Hz），当供水压力达到设定值，供水量与用水量相平衡时，转速稳定到某一定值，这期间 M_1 工作在调速运行状态。

2）当用水量增加供水压力减小时，通过压力闭环调节水泵按设定速率加速到另一稳定转速；反之，用水量减少水压增加时，水泵按设定的速率减速到新的稳定转速。

3）当用水量继续增加，变频器输出频率达到或接近工频（50Hz）时，水压仍低于设定值，水泵切换到工频电网后恒速运行；同时，变频器控制第二台水泵 M_2 投入变速运行，系统恢复对水压的闭环控制，直到水压达到设定值为止。在 M_2 投入变频器运行以前，变频器输出频率应降至起动频率（25Hz），然后再投入。如果用水量继续增加，每当加速运行的变频器输出频率达到工频时，将继续发生上述循环，并有新的水泵投入并联运行。当最后一台水泵投入运行，如果变频器输出频率达到工频时，压力仍未达到设定值，控制系统就会发出水压报警信号。

4）当用水量下降水压升高，变频器输出频率降至起动频率时（25~30Hz），水压仍高于设定值，系统将工频运行的第 M_{n-1} 台水泵关掉，变频器输出频率提高到接近 50Hz 并根据水压检测闭环调节变频器输出，使压力重新达到设定值。当用水量继续下降，每当减速运行的变频器输出频率降至起动频率时，将继续发生上述循环，直到剩下一台变频泵运行为止。

5）当一台水泵变速运行，用水量接近于零。水泵最小转速为临界转速（变速运行水泵最小工作转速）时，可根据这一工作状态的长短和系统用水特点，使系统转换到间歇运行或小容量水泵运行。

注意：在多泵循环软起动恒压供水系统的控制过程中，系统根据供水压力的加泵或减泵的控制过程有所不同，加泵过程采用变频器分别控制各水泵的起动和调速过程；减泵过程采用固定正在变频运行的水泵调速运行，直接停止正在工频运行的水泵。

2. 恒压供水系统的控制方式 1——基于 PLC 或 DDC 的恒压供水控制

对于不允许水泵直接起动的供水系统，可以采用多泵循环软起动恒压供水控制方案。这种恒压供水系统有两种控制方案。

多泵循环软起动恒压供水控制系统采用 PLC 或 DDC 作为中央控制单元，通过检测供水压力控制和调节变频器频率输出，并控制其他水泵的软起动和软停车，最终实现恒压供水。图 3-20 给出了基于 PLC 的多泵恒压供水强电控制原理。

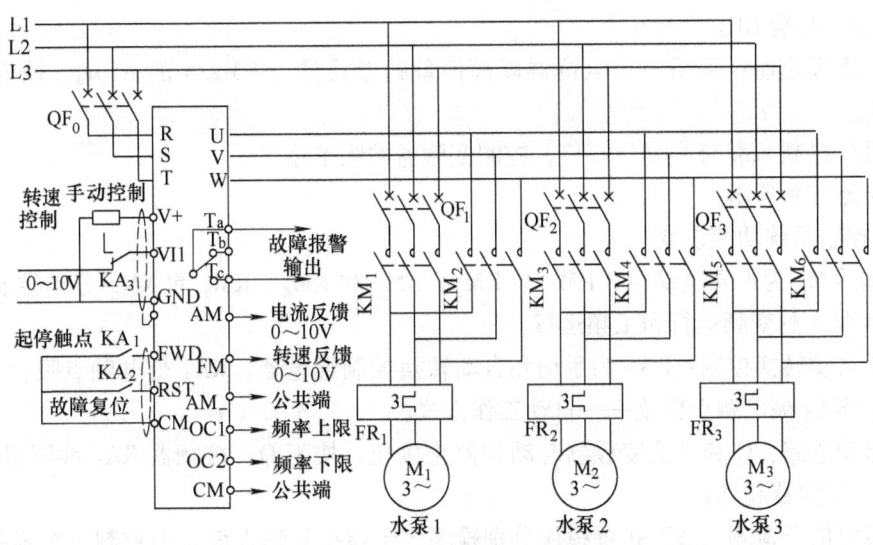

图 3-20 基于 PLC 的多泵恒压供水强电控制原理

变频器输出频率控制为 0~10V 的模拟量，PLC 的硬件组成既要有 CPU 模块、开关量输入/输出接口模块，还要有模拟量输入/输出模块，软件设计要包括：多泵的起停管理、供水压力的采样、PLD 运算和输出控制等程序。这就要求在 PLC 的 CPU 模块的基础上还要扩展模拟量接口板，相对增加了恒压供水装置的成本。

（1）控制器配置　控制器由主控制单元和扩展单元组成。图 3-21 给出了 PLC 主控单元电路原理，供水压力信号直接进 PLC 模拟量输入端子，变频器的转速控制由 PLC 模拟量输出模块完成。同时，PLC 需要检测变频器输出频率的模拟量反馈信号、上限和下限开关量信号，及各水泵的继电器触点闭合情况，通过 DO 端子控制各水泵的切换，通过 AO 端子控制变频器的频率输出。控制系统的组成如下：

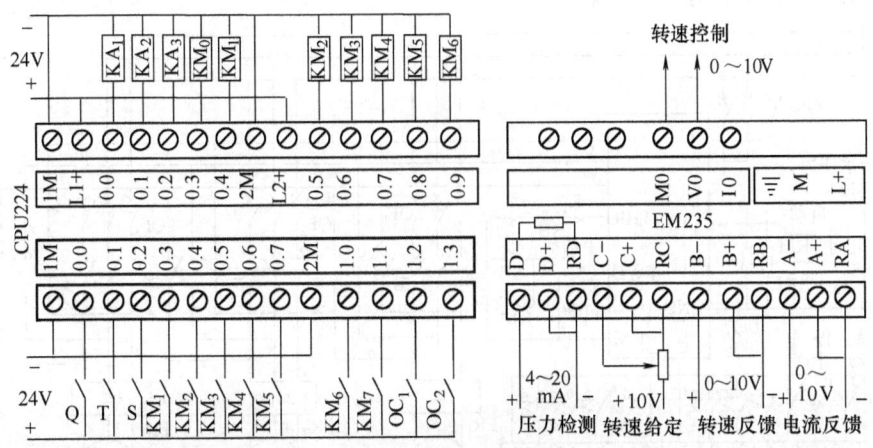

图 3-21 PLC 主控单元电路原理

1）PLC、一台变频器和 3 台水泵。
2）压力传感器：传感器检测的供水压力信号直接送入 PLC 的扩展模块 EM235 的 AI 端，

输入端口 D、共端 DR。

3) 压力设定值：采用一只电位器以模拟量的形式接入 EM235 的 AI 端，输入端口 C、公共端 CR。

4) PLC 控制 EM235 的 AO 端口，控制变频器的频率输出。

5) 交流接触器组。

(2) 控制系统功能设置

1) $M_1 \sim M_3$ 为水泵电动机，KM_1 和 KM_2、KM_3 和 KM_4、KM_5 和 KM_6 分别控制水泵 1、水泵 2、水泵 3 的变频运行和工频运行。

2) 手自动转换控制：KA_3 为手动和自动转换控制继电器，KA_3 得电触点吸合——手动工作方式；KA_3 失电触点释放——自动工作方式。

3) 起动电路：Q 和 T 为变频器起动和停止按钮，按下 Q，接触器 KA_1 线圈得电，KA_1 触点闭合，变频器起动；

4) 模拟信号检测：通过扩展模块分别检测 3 个模拟量输入信号和控制一个模拟量输出信号。AI 分别是压力信号、给定信号和变频器的输出频率反馈信号；AO 是控制变频器转速的电压信号 0～10V。

5) 水泵工作状态检测：$KM_1 \sim KM_6$ 的辅助触点接 PLC 的 DI 端，触点 KM_1、KM_3、KM_5 之一闭合，对应该水泵工频运行；触点 KM_2、KM_4、KM_6 之一闭合，对应该水泵变频运行；

3. 恒压供水系统的控制方式 2——以变频器为控制中心的恒压供水控制

随着变频器功能的不断加强，变频器自身内置了 PID 调节器，可以以变频器为中心非常简单地组成变频调速系统，图 3-22 给出了变频器承担压力采样和恒压供水控制原理。系统由可编程序逻辑控制器的开关量输入/输出 CPU 模块、带有 PID 调节器的变频器及继电器逻辑电路，组成多泵循环软起动恒压供水系统，由于 PID 运算在变频器内部，这就省去了对可编程序逻辑控制器存储容量的要求和对 PID 算法的编程，使得 PID 参数的设置和在线调试简单，水压的调节十分平滑，稳定。

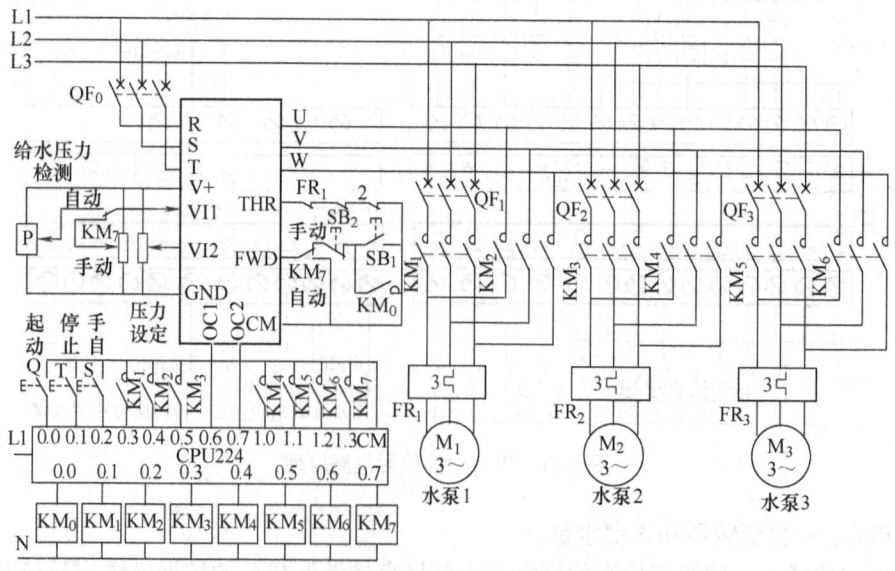

图 3-22 变频器承担压力检测和恒压供水控制原理

变频器承担了供水压力信号采样、控制算法及水泵的转速输出控制等工作，PLC 只完成检测开关量输入和控制开关量输出，而无须扩展模拟量输入/输出模块，可以降低控制器的成本。

变频器的 OC_1 和 OC_2 分别对应变频器运行在预先设定的上限或下限频率，PLC 根据 OC_1 和 OC_2 的输出（变频器的转速）反馈信号，控制水泵的切换和变频泵的调速运行。

3.2.7 恒压供水中水泵电动机由变频器供电到工频供电的切换问题

变频泵循环运行方式优点很多。在变频器带动电动机达到额定转速后，当用户管网压力仍低于设定压力时，就要将电动机切换到工频电网运行，变频器再起动一台电动机变频调速运行；而当水压过高需要停泵时，为了避免"水锤效应"，也不允许突然切断水泵电源，而要求逐渐降低转速缓慢停车，这时就需要将工频运行的电动机再切换到变频器调速运行。这样水泵电动机就不可避免地要进行在电网和变频器之间的切换操作。变频泵循环运行控制方式的关键问题是解决水泵电动机由变频器供电切换到工频电网供电的平滑过渡。

由于变频器电压输出起始相位具有随机性，它所输出的三相电源和工频电源并不一致，即使变频器的输出频率等于工频频率，它输出的三相电源和工频电源的初始相位也不一致。

在非同步状态下（变频器的频率和相位与工频电源的频率和相位不一致），将水泵电动机从变频器供电切换到工频电网供电，将可能遇到很大的电流冲击。如果在水泵电动机脱离变频器后，等待一段时间（1~2s），待电动机的反电动势降下来后再接到工频电源，则流过电动机的电流约为电动机额定电流的 5 倍；如果不等待切换，即在电动机的反电动势比较高时切换，若电动机的反电动势与工频电源电压的相位差比较大（比如：刚好为 180°时），将会产生比起动电流还要大的冲击电流，一般的异步电动机将流过额定电流 10 倍左右的电流，会影响到电网和电动机的寿命。对于 55kW 以上电动机和变频器的切换尤其困难。

目前，多数变频泵循环运行方式的供水系统采用延长切换时间的办法（一般超过 1s），来避开相位不一致造成的电动势叠加，等电动机的感应电动势降下来后再切到工频电源，但此时水泵电动机的速度已很低，切换后电动机瞬间电流基本等于直接起动电流，使变频泵切换到工频泵的过程变为了水泵的工频直接起动；再者，变频泵循环运行方式中，变频泵切换到工频泵的次数，多于变频泵固定运行方式中工频泵起动次数。以上原因导致变频泵循环方式会比变频泵固定方式更多次地冲击电网、水泵和管网中的管路、阀门等设备，加上变频泵循环方式控制复杂，或用户设计不当等原因，设备的可靠性将会大大降低。

下面就恒压供水中变频到工频的切换问题给出几种解决方案。

1. 固定变频泵和工频泵结合方式或小功率循环变频控制系统

1) 对于由多台小功率水泵组成的直接给水系统，一台固定的水泵变速运行，其余水泵以工频方式自动投入运行，实现恒压供水。这种方式不存在变频与工频的转换。

2) 对于小容量循环泵（一般 < 22kW）从变频切换到工频时，只要掌握好切换时间，不会出现过流等问题，因为交流接触器的通断动作时间大于电动机剩磁的衰减时间常数。但对于大功率电动机从变频到工频的切换，当工频相位和变频器输出相位接近时，切换相对平稳；当相位相差较大（特别是相位差接近 180℃时），会出现供电系统跳闸、断路器烧毁、电伤事故等，必须采取一定的措施。

2. 降低感应电动势幅值后的工频切换

采用延长切换时间的办法（一般超过1s左右），来避开相位不一致造成的电动势叠加，等电动机的感应电动势降下来后再切入工频电源，这种依赖时间的推移来降低电动势幅值的方法也存在不足。因为随着时间的推移，转速也在快速的下降，转差的增大将不利于减小起动电流。图3-23给出了在快速降低感应电动势幅值后，由变频器电源切入到工频电源的几种方式。

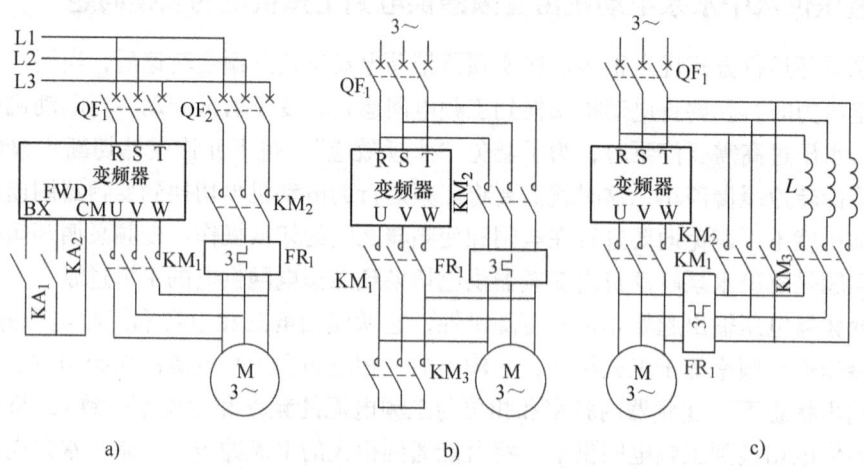

图3-23 由变频器电源切入到工频电源的几种方式

如图3-23a所示，变频器自由停车后延时100ms~1s（可调节），接通工频电源。

在图3-23a基础上增加交流接触器KM_3（见图3-23b），适当控制KM_3的作用时间，让感应电动势的幅值减小到额定电压的三分之一以下就可以了。这样，即使切换至工频电源时刻感应电动势与工频电源的相位相差180°，叠加的电动势也不会超出其许可的安全范围了。此方法简单易行，安全可靠，成本增加较小，但仍存在不小的电流冲击。通过实验和现场测试，此种切换方法的冲击电流约为额定电流的3~5倍。

3. 在回路中串入电抗的变频、工频的切换

在工频回路中串接电抗器的方法，可以限制变频向工频切换时的冲击电流。通过合理设计电感参数，电动机分担的电压就可以控制在允许范围之内，顺利完成切换。图3-23c是串电抗器的切换电路，这种切换方法控制简单安全，缺点是电抗器体积大，成本增加较多，冲击峰值较大，但持续时间短。此种切换方法的冲击电流峰值约为额定电流的4~5.5倍。通过合理设计电感参数，可以将电动机分担的电压控制在允许范围之内，顺利完成切换。

4. 变频泵和软起动器结合的切换控制

前面的几种方法都是在变频电源向工频电源切换时，先切断变频器电源，待电动机反电动势降低到一定值后，再采用丫-△减压起动方法切入工频电源。在大中容量的供水系统中，这种采用时间延时控制系统安全切换的方法往往会导致水压波动大，影响系统的性能。

采用一台变频器固定拖动调速泵调节供水压力，另一台软起动器负责多台恒速泵的起停控制，既可以保证恒压供水，又可以避免变频电源向工频电源切换过程造成的水压波动。变频泵和软起动器结合的切换控制电路如图3-24所示。

一台水泵变速运行，其余水泵软起动方式投入运行。系统首次起动总是先起动变频泵，

当变频器输出频率达到50Hz、供水压力达仍不到设定值时,就需要投入一台工频泵,这时要将变频器先降频到下限频率(25Hz),同时软起动一台工频泵,变频泵根据检测的供水压力继续调节变频器频率输出,保证供水压力稳定。系统中的软起动器指的是电子式晶闸管减压软起动器(软起动器的价格为变频器价格的15%~20%),软起动器的输出频率和相位与电网同步,可以实现水泵的软起动和软停车。具体切换步骤如下:

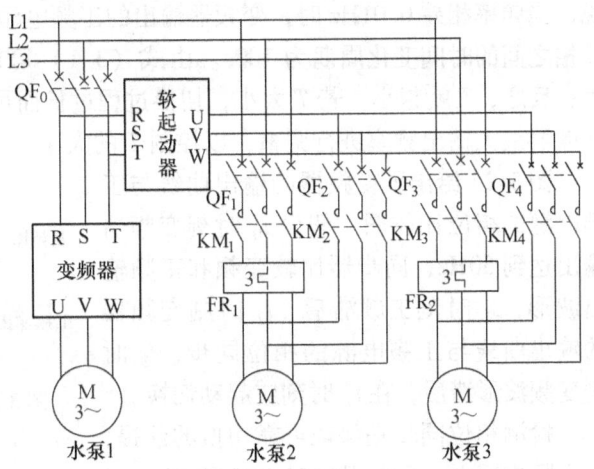

图3-24 变频泵和软启动器结合的切换控制电路

1)水泵软起动过程。通过可控硅的移相控制作用,使电动机的电压按一定的规律升为全电压后,短路旁路接触器,关断晶闸管,软起动器退出运行。目前主流的软起动器多为内置旁路接触器,当起动完成后软起动器通过内部信号直接触发内置旁路接触器吸合同时关断晶闸管,无须专门的外部控制。

2)工频泵停车过程。当某台水泵需要退出系统软停车时,可以先将软起动器投入,使晶闸管全开通,再将该泵的旁路接触器跳开,软起动器就可通过控制晶闸管的导通角,逐渐减小输出电压,进行水泵的软停车了。

5. 采用监频监相同步器保证同步切换

采用监频、监相同步器,用来监视切换时变频器输出的频率和相位,当变频器输出与工频电源的频率和相位一致时,再完成水泵由变频器电源到工频的切换,使切换后瞬时电流大致等于电动机的额定电流,基本上实现对生产和电网无任何影响的无扰动切换。

(1)系统组成 系统由变频器、监频监相同步器、可编程序逻辑控制器和接触器、继电器、转换开关及运行旋钮等组成。在用水量增大,变频器输出频率升至工频电源频率时,系统进入切换等待时期,当变频器输出相位与工频电源相位一致时,监频监相控制器输出同相信号,可编程序逻辑控制器通过切换接触器把变频泵从变频电源切换到工频电源,实现无扰动切换。

切换的步骤一般为:第一步控制变频器停机,第二步在其输出侧进行切换操作,第三步是在切换完成后,变频器带另一台水泵重新起动。

(2)监频监相同步器工作原理 当变频器的输出频率达到50Hz时,同步器检测变频器输出电压与工频电源的相位差,当相位差相同时输出切换信号,PLC在接到该控制信号后,控制供水系统的变频和工频的切换。

由于变频器输出的50Hz频率与电网的频率会存在一定的误差,同相周期出现的间隔时间是工频电网的频率与变频器输出频率之间差值的倒数,即

$$T = \frac{1}{|f_1 - f_2|} \tag{3-1}$$

式中,T为同相周期出现的时间;f_1为工频电网的电源频率;f_2为变频器的输出频率。

如果电网频率 f_1（50Hz），变频器输出频率 f_2（50Hz±0.01Hz），则 $T=100$s。也就是说，当频率相差 0.01Hz 时，变频器输出的工频电源与电网提供的工频电源同步，从同步到反相之间的时间变化周期为 100s。由式（3-1）可以看出，f_1 和 f_2 之间的误差越小，T 越大；反之，T 就越小。若 T 太小，切换过程过长而可能造成切换失败。在实际应用中，可对变频器最大输出频率进行调整，以控制 T 的大小。

图 3-25 给出了变频器的输出曲线与工频电源的相位比较图。假设 t_0 时刻变频器输出达到 50Hz，同步器比较变频和工频输出波形，t_1 时刻工频滞后，t_2 时刻变频器的输出曲线与工频电源的相位同步，t_3 时刻变频波形滞后，在 t_2 时刻应起动切换。

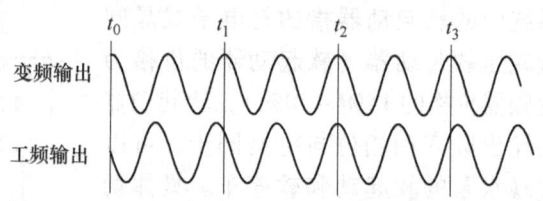

图 3-25　变频器输出曲线与工频曲线相位比较

检测相位同步是保证可靠切换的前提，在实际应用中，可采用数字或模拟方法检测相位同步，图 3-26 给出了采用模拟方法检测变频和工频两侧的电压差曲线。电压曲线的变化反映相位同步情况，实际中的变频电源的相位也未必会与工频电源的幅值完全一致，当电压值进入切换区后，表明变频和工频的波形相位接近同步，这时同步器可以向 PLC 发出切换信号，PLC 在收到切换信号后，按照控制顺序完成切换过程。

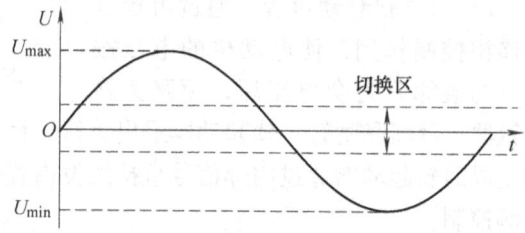

图 3-26　变频工频两侧电压检测曲线

图 3-27 给出了监频监相同步器的工作原理。图 3-27a 是变频和工频同步检测原理，在变频器输入侧和输出侧跨接电压互感器，检测两端的电压差值，变频侧和工频侧之间的电压波形越趋近同步，电压差值就越小，反之，电压差值就越大。当两端电压周期同步时，输出电压为零。

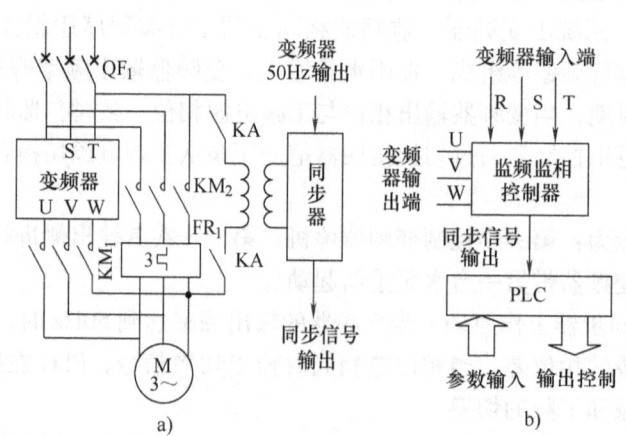

a)　　　　　　　　　　b)

图 3-27　监频监相同步器的工作原理

图 3-27b 是同步器的工作原理。首先变频器在输出频率达到 50Hz 时，输出开关量信号到同步器，起动同步检测；同步器检测变频和工频两侧的电压差值，经电压互感器降压、整

流、调理,输出标准模拟信号到 PLC 的 A – D 转换模块,完成参数监测。

注意:从根本上讲,变频电源与工频电源的频率不可能完全一致,监频监相同步器正是利用变频电源与工频电源的频率之间存在微小差异,使两者的相位差不断调整,同步点会周期性出现。监频监相同步器能否保证同步切换的关键就是检测变频和工频的相位同步点,当两者的相位差处于允许误差的范围之内时,进行从变频电源到工频电源的切换。

- 当变频器输出频率达到 50Hz 时,利用变频器输出的 50Hz 与电网频率存在微小差值(例如:0.01Hz),同步器开始检测相位同步点,差值越小出现相位同步的时间越长。
- 在变频器输出电压和工频电源同频同相时,可进行变频向工频电网的切换。切换动作一定要迅速,以免相位偏离增大,导致切换时扰动增大。一般把切换过渡过程控制在 20ms 以内。
- 确定工频与变频的相序一致是可靠切换的关键点。只有在二者相序一致的情况下才能正常切换。初次接线要确定相序接线正确,对于大功率电动机,可以先用一个小电动机进行实验,保证工频与变频的相位一致,再接上大功率电动机调整相序,确保大功率电动机工频与变频相序一致。在大功率变频器的控制柜中,由于变频与工频的接触器线路中,原来的走线都是确定的,在确定相序的过程中,一般不要动柜内的走线,防止动线后与原来的走线不一致,造成切换时相序不一致,所以一般只可动柜子外部的电动机线与电源线,电器柜内线路一般不动。

6. 采用锁相环技术的同步切换方式

将变频调速技术与锁相技术结合,能够有效地克服水泵电动机由变频向工频切换时的过电流现象。即在水泵不停电的情况下,利用锁相环技术,使变频器输出电压的频率、幅值和相位均保持与电网电压的频率、幅值和相位一致,然后进行变频器与电网之间的相互平稳切换。

(1)锁相环路的组成和控制原理 锁相环路是一种反馈控制电路,简称锁相环(Phase-Locked Loop,PLL)。锁相环利用外部输入的参考信号控制环路内部振荡信号的频率和相位,可以实现输出信号频率对输入信号频率的自动跟踪。锁相环在工作的过程中,当输出信号的频率与输入信号的频率相等时,输出电压与输入电压保持固定的相位差值,即输出电压与输入电压的相位被锁住,这就是锁相环名称的由来。

锁相环一般由鉴相器(PD)、环路滤波器(LF)和压控振荡器(VCO)3 个基本部件组成,如图 3-28 所示。锁相环中的鉴相器又称为相位比较器,它的作用是检测输入信号和输出信号的相位差,并将检测出的相位差信号转换成 $U_D(t)$ 电压信号输出,该信号经低通滤波器滤波后形成压控振荡器的控制电压 $U_C(t)$,对振荡器输出信号的频率实施控制。

在恒压供水系统中锁相环模型的压控振荡器(VCO)由变频器取代,环路滤波器(LF)由单片机软件的控制算法取代,根据锁相环路的理论,依靠环路的自身捕获使得输出频率与输入频率同频同相的调节过程比较缓慢,当起始频差过大,同时捕获频带过小时,很难依靠自身捕获来完成相位跟踪。实际应用中在相位闭环的基础上采用了辅助鉴频的方法。图 3-29 给出了数字锁相环路控制原理框图。当起始频差较大时,鉴相器不起作用,这时主要依靠鉴频器输出的误差电压把变频器的频率向锁定的方向牵引。当频差

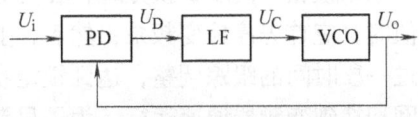

图 3-28 锁相环路的基本构成

减小到进入环路快捕带时,鉴相器取代鉴频器工作,使环路最终达到锁定。调节过程中,频率闭环相当于粗调,先将环路带入捕获带,然后再进行相位闭环的微调,最终实现两路频率信号进入同频同相状态。

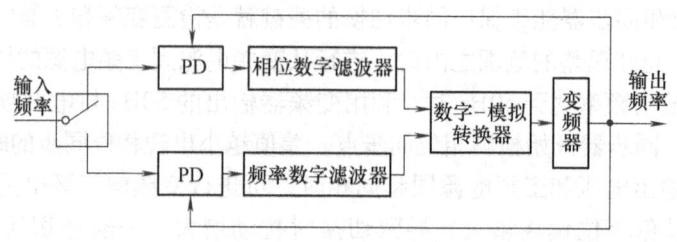

图 3-29 数字锁相环路控制原理

图 3-30 给出了锁相环在恒压供水中的应用。当管网压力小的时候,开关 S 拨到 b 端,压力传感检测的压力信号输入变频器,变频器提高输出频率、管压增大;当变频器输出频率达到工频并维持,此时将开关 K 拨到 a,引入锁相环,对变频器输出电压进行相位锁定,并将此台水泵切换到工频,变频器起动第二台水泵时,开关拨回到 b,压力传感器采集管压控制变频器输出频率。

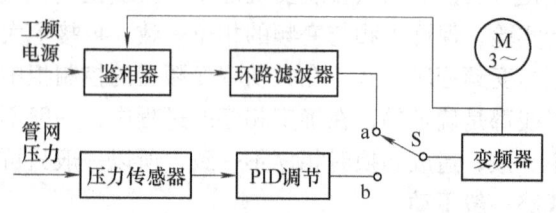

图 3-30 锁相环在恒压供水中的应用

(2) 由变频器向电网切换 当变频器输出频率接近 50Hz 进入锁相环路的捕捉范围后,在锁相环路的作用下,锁定变频器输出电压的频率、幅值、相序、相位与工频电网的一致,将电动机与工频电网之间的接触器吸合,电网和变频器同时向电动机供电,然后封锁变频器的输出,并将电动机从变频器切出,电动机即平稳地切换到电网运行。由于进行了同步操作,变频器的输出参数与电网参数保持一致,在接入电网时对变频器和电动机都不会有什么影响。在电动机从变频器切出前,有一段时间变频器和电网同时对电动机供电,为了使变频器能安全切出,应该逐渐减小变频器的负荷,可以稍稍降低变频器的输出电压幅值,然后封锁变频器的输出,再进行切换操作。

(3) 由电网向变频器切换 当一台水泵工作在工频,而另一台由变频器控制时,由于供水管网的用水需求减小,使得变频器已经工作在低效运行区而供水管网压力仍然高于设定值时,可以简单地直接切断工频运行的水泵,由变频器继续控制原来的水泵进行压力闭环的调节,这种方法操作简单,但容易造成水锤现象。

采用锁相环同步切换方式,在变频器已经工作在低效运行区而供水管网压力仍然高于设定值时,应首先停掉变频泵,然后,变频器先空载加速到 50Hz,起动锁相环路的跟踪技术,经过一段时间的跟踪调整,达到锁定状态后变频器合闸,电网开关跳闸,电动机即平稳地由电网切换到变频器调速运行。为了尽量减小切换过程中对变频器的冲击作用,在锁定状态变频器合闸之前,应稍稍调低变频器输出电压的幅值,以免合闸时造成对变频器过大的冲击电流。在过渡到由电网和变频器同时向电动机供电阶段,再稍稍调高变频器输出电压的幅值,逐渐将负荷从电网向变频器转移,以免在电网开关跳闸时对变频器造成过大的冲击。

3.2.8 生活与消防供水系统控制

在 GB 50016—2014《建筑设计防火规范》中取消了消防给水系统、室内外消火栓等系统的设计要求,改为由相应的国家标准做出规定。但根据 GB 50016—2006《建筑设计防火规范》还是能够了解生活用水和消防供水的关系,例如其中 8.1.4 节提到:建筑的低压室外消防给水系统可与生产、生活给水管道系统合并。合并的给水管道系统,当生产、生活用水达到最大的小时用水量时,仍应保证全部消防用水量。如不引起生产事故,生产用水可作为消防用水,但生产用水转为消防用水的阀门不应超过两个。该阀门应设置在易于操作的场所,并应有明显标志。

消防给水系统包括消火栓给水系统和自动喷水灭火系统。对于大多数高层建筑往往采用独立的消防给水系统;而对于建筑高度不太高,楼群比较密集的小高层住宅群,生活消防给水压力差别不大,若管材选用适当或消防管路采取防倒流措施,在采用变频设备及电源可靠条件下,其消防给水系统在具体实施过程中,可适当放宽要求并允许生活消防合用供水设备。

1. 生活水箱与消防水箱共用水泵供水的控制方式

《建筑设计防火规范》和《高层民用建筑防火设计规范》中规定:消防给水设为临时高压给水系统的建筑物需设置消防水箱和消防泵,但对于多层民用建筑消防指导思想有别于高层建筑的消防要求,多层民用建筑的消火栓给水系统只要求扑救初期 10min 内的火灾,所以,要求多层建筑在最高部位设置重力自流式消防水箱。目前依消防规范要求,当高位水箱设置高度能满足最不利点消火栓静压要求时,由水箱直接供水,当高位水箱设置高度不能满足最不利点消火栓静压要求时,采用气压水罐或稳压泵作为增压设施和屋顶消防水箱组合,以保证最不利消火栓处的水压要求的供水方式。

图 3-31 给出了在屋顶生活水箱与高位消防水箱分开设置、共用水泵的控制原理。出于对生活用水水质安全卫生的考虑,在水池-水泵-水箱联合供水系统设计时,通常将屋顶生活水箱与高位消防水箱分开设置。这两个水箱都由地下室的同一组生活水泵供水,采用两台水泵互为备用,在生活水箱和消防水箱内分别设置液位传感器,控制器根据生活水箱内的液位传感器控制水泵的起闭,在消防水箱进水管上装设电磁阀,消防水箱的液位传感器控制消防水箱上水管电磁阀的开闭,与水泵的起闭无关。只要消防水箱中的水位未达到设定的高水位,即消防水箱未注满,电磁阀就处于开起状态,直到液位传感器检测到设定的高水位时,电磁阀关闭。

液位检测采用了投入式和节点式两种液位传感器。投入式液位传感器输出 DC 4~20mA 模拟信号,节点式液位检测输出开关量信号,在实际应用中可以根据设计要求采用一种检测方法或其他液位检测

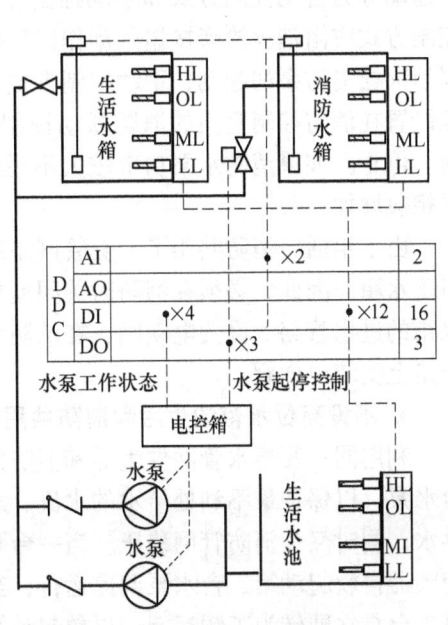

图 3-31 分设生活和消防水箱
共用水泵控制原理

方法。

消防水箱液位传感器负责上水电磁阀的控制，不参与对水泵的控制，具体控制方法有两种：

- 液位传感器直接控制上水电磁阀；
- 液位传感器输出直接接到 DDC 控制的 DI 或 AI 端，当达到消防水箱达到高水位时，由 DDC 关闭电磁阀。

2. 生活和消防共用水箱的给水系统

这种给水方式是市政给水进入生活水池后，由水泵提升到屋顶水箱，从屋顶水箱供给生活用水，消防给水的管网与生活给水管网共用，火灾时起动消防泵供水，其控制原理如图 3-32 所示。设屋顶水箱的生活和消防共用给水系统，屋顶水箱内储藏生活用水和 10min 消防用水（$3m^3$），并分别与生活、消火栓管路相连。水泵采用 3 台，一台用于保证平时的生活给水，一台用于保证消防给水，另一台作为备用，其工作能力按生活、消防给水的最不利情况设计，它可以为任何一台的备用。

生活消防共用给水系统最适用于住小区内使用，其水泵可集中设置在室外或多层地下室。生活水泵的起闭由屋顶水箱的水位控制。消防水泵的起动分为自动控制方式和手动控制方式，自动

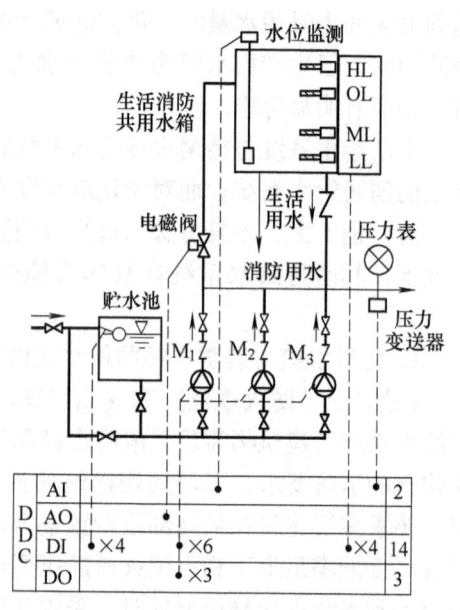

图 3-32　生活消防合用水箱供水系统控制原理

控制方式应由消火栓旁按钮的动作信号作为系统的联动触发信号，由消防联动控制器联动控制消火栓消防泵的起动；手动控制方式，应将消火栓消防泵控制箱的起动、停止触点直接引至设置在消防控制室内的消防联动控制器的手动控制盘，实现消火栓消防泵的直接手动起动、停止。如果消防水泵功率较大不适合直接起动，还要采用降压起动，DDC 的控制点数要相应增加。

由于生活、消防共用了一套管网系统，发生火灾后由消防水泵供给的消防用水不应进入消防水箱，因此，必须在消防时关闭屋顶水箱进水管，由消防泵直接向消火栓供水。在屋顶水箱的进水管路上设置电动阀，在消防泵起动的同时关闭该电动阀，在消防水箱的消防供水管路上安装单向阀。

3. 不设高位水箱的生活和消防共用给水系统控制

利用同一套给水管网供生活和消防给水系统使用，不设屋顶水箱，采用变频泵作为生活给水泵，以保证最不利处给水的水流、水压。各泵平时轮流工作，由一组泵变频为生活管网供水，同时又为消防管网稳压。当一台泵供水不足时，先开的泵由变频稳压转为工频运行，变频器再软起动第二台水泵调速运行，当发生火灾时，消防管网水压下降，水流量不够时，第二台泵立即转为工频运行，再软起动第三台泵工频运行……依此类推。若用水量减少，则按起泵顺序依次停止工频泵，直到最后一台泵变频稳压供水。

不设屋顶水箱由变频泵直接供水的给水方式，避免了由于消防与生活管网合在一起，消

防专用水箱对生活用水的水质影响,也无须在生活给水管路上安装紧急关闭阀。但这类住宅不设消防水箱的做法与现行的《建筑设计防火规范》有一定的冲突。

(1) 双恒压变频供水系统工作原理

1) 小泵变频稳压,大泵变频起动。常态下由一台泵变频运行,$1 \sim n$ 台泵工频运行,满足生活、生产水量及水压和消防水压。消防主泵定期自动巡检,也可随时手动巡检。火警时,控制器接收到消防中心传来的信号,把处于变频运行的水泵迅速提高至工频运行,从而尽快变频起动主消防泵投入消防运行,同时声光报警。消防技术规范要求整个起动时间不超过30s。

2) 小泵变频稳压,大泵减压起动。常态下由一台泵变频,$1 \sim n$ 台泵工频运行,满足生活、生产水量及水压和消防水压。消防主泵定期自动巡检,也可随时手动巡检。火警时,消防中心信号传至降压起动柜,工频起动主消防泵,这段过程完全能满足起动时间小于30s的要求。

(2) 消防主泵变频供水系统控制 多层建筑消火栓或自动喷水灭火系统采用消防主泵变频供水设备,平时无消防时,设备处于稳压工作状态,由电接点压力表采集管网水压信号,当管网水压低于稳压下限时,消防泵变频运行,向消防管网补水,当管网水压达到稳压上限时,消防泵软停止。发生火灾时,设备接到消防信号,立即进入消防恒压供水状态。变频柜具有循环软起动功能,若一台泵故障或流量不够,可自动变频起动另一台泵。消防信号解除,立即恢复至平时消防高稳压供水状态。图 3-33 给出了变频消防恒压给水系统原理。设备的主要功能如下:

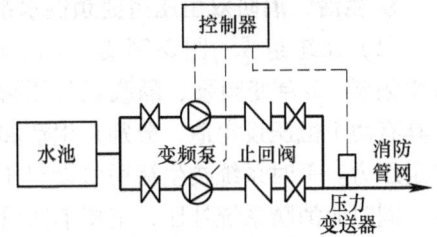

图 3-33 变频消防恒压给水系统原理

1) 主泵变频稳压功能。平时无消防时,设备处于变频稳压工作状态,由电接点压力表采集管网水压信号。当管网水压低于稳压下限时,消防泵变频运行,向消防管网补水;当管网水压达到稳压上限时,消防泵软停止。

2) 自动换泵功能。消防主泵具有周期轮换稳压运行功能,换泵周期由变频柜程序设定,一般设定为 $24 \sim 48h$。若设备检测到稳压主泵故障时,立即切换到另一台主泵稳压运行,并报警显示。

3) 自动巡检功能。设备具有定期强制自动巡检功能或随时手动巡检功能,以防水泵长期不运转而"锈死"。巡检周期和单泵巡检运行时间可调。若水泵故障,设备可自动报警并记忆。

4) 自动消防恒压供水。设备接到消防信号,立即进入消防主泵恒压供水状态。变频柜具有循环软起动功能,若一台泵故障或流量不够,可自动变频起动另一台泵。消防信号解除,立即恢复至平时消防高稳压供水状态。

5) 智能消防功能。因火灾或管网漏水严重,在无消防信号情况下,设备自动进入消防高恒压供水状态并报警,防止真正火灾发生时水泵频繁起停,水压时高时低不稳,影响灭火用水。

该类消防设备安装相对集中,配置简易,系统自动化程度高,减少了平时管理要分散保养、维护、检查的工作量。

(3) 消防主泵变频加气压罐供水系统　系统配置两台消防主泵（其中一台备用）、一台消防稳压泵、一个隔膜式气压罐，平时由消防稳压泵及隔膜气压罐维持管网压力恒定，火警发生时，自动按消防用水量依次变频起动消防主泵供水。图3-34给出了带有气压罐的变频消防恒压给水系统。

由于变频器的造价较高，而且节能对于消防给水系统意义不大，所以，在实际工程中完全依靠变频调速水泵用于消防给水系统的情况并不是很多。变频泵用于高层建筑消防时，常

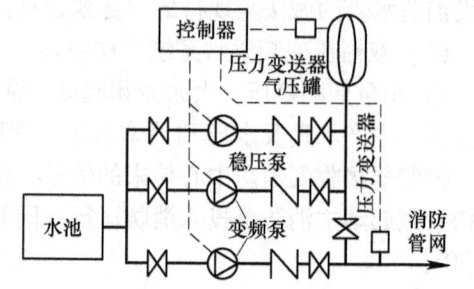

图3-34　带有气压罐的变频消防恒压给水系统

常是将小流量高扬程稳压泵置于变频调速控制，消防水泵处于工频状态。前者保证消防系统所需的水压，后者在火灾发生后相继起动供水装置进行灭火。平时根据压力开关信号起停稳压泵，维持系统压力，当发生火灾时，稳压泵不能维持消防所需压力，自动起动消防给水泵工频运行，满足消防状态下流量和压力的需要。

4. 生活、消防双恒压用变频供水系统

（1）系统组成　图3-35是生活、消防双恒压用变频供水系统控制原理。系统中配置一台变频器、5台变频泵、隔膜式气压罐。系统具有两个恒压设定值，分别是生活和消防设定压力。平时系统按生活用水设定压力运行，同时向消防系统补压，维持消防管网压力。当火警发生时，控制器接到消防信号后自动控制系统将供水压力提高到消防设定压力，变频泵软起动消防水泵，提高扬程，增加流量。若单台水泵的流量不能满足需要，按消防所需水量，依次起动多台水泵参与运行，供给全部系统设计流量。在夜间小流量时，通过稳压泵和气压罐或者变频辅泵维持系统的流量和压力。

生活、消防管道系统应分别从设备接出。当消防状态下不需供给生活用水时，在生活管网上安装电磁阀，当设备接到消防起动信号，先关闭电磁阀，再自动将供水压力提高至消防设定压力，供给消防所需全部用水量。

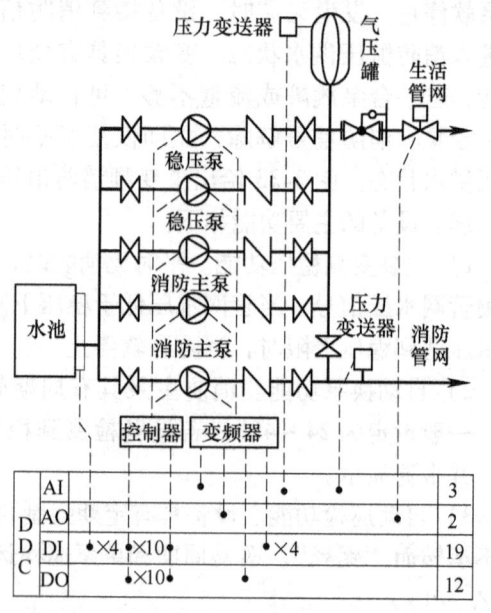

图3-35　生活、消防双恒压用变频供水系统控制原理

当在消防状态下同时保证生活用水时，应在生活管网上安装减压阀，将阀后压力设定为生活用水的设定压力。

（2）监控点表　表3-5是根据图3-35的生活、消防双恒压用变频供水系统所得出的监控点表。

表 3-5 生活、消防双恒压用变频供水控制系统监控点表

监控点描述	AI	AO	DI	DO	接口位置及功能
生活水池水位监测			4		一般设置溢流、起泵、停泵、低限水位开关
恒速水泵运行状态			5×2		取自水泵配电柜接触器辅助触点
恒速水泵故障状态			1		取自配电柜水泵主电路热继电器辅助触点控制的中间继电器常开触点
水泵手动/自动工作状态			1	1	DI 取自水泵配电柜手自动转换开关触点,DO 手自动转换继电器线圈
水泵起停控制				5×2	控制器输出接口控制交流继电器主触点
调速水泵运行状态			2		取自变频器输出端子(50Hz 和 25Hz)
变速器故障状态			1		取自变频器故障输出端子
变速器起停控制				1	控制器输出端子,控制变频器起停
变速器调速控制	1	1			变频器模拟量输出端子、变频器输入端子
供水管道压力检测	2				取自安装在现场的压力传感器输出
供水管道电动阀		1			安装在生活用水供水管道
合计	3	2	19	12	

3.2.9 变频器在小流量恒压供水系统中的应用

随着变频调速技术的发展和人们对生活饮用水品质要求的不断提高,变频供水设备已广泛应用于多层住宅小区生活及高层建筑生活消防供水系统,传统的生活小区恒压供水系统中一般选用相同型号的水泵 2~4 台,采用循环软起动控制方式,即自动补泵、自动减泵、定时换泵,大多没有考虑小流量用水情况。在夜间用水低谷时,系统内的用水量很小,变频供水系统处于小流量或零流量的情况下,此时水泵在低流量下运行,会造成水泵效率大大降低,不能达到节能的目的。水泵功率越大用电越多。

一般住宅小区的供水规律性较一致,即用水高峰比较集中在早上、中午、晚上三个高峰时段,约 8h;而其余时间供水量较小,水泵负荷小。尽管采用变频器调速,由于存在调速泵在低频率下运行效率较低的问题,造成小流量供水时水泵耗能相对浪费的情况。

若主泵功率 11kW,会造成小流量供水时间内较大能量浪费,可通过增加 1~2 台小流量泵的方案来解决小流量供水问题。

假设:主泵功率 11kW,小泵功率 3kW,用水高峰和低谷各 8h,计算用水低谷时开起小泵供水和主泵供水的功率情况。

在用水低谷时使用 11kW 主泵供水,变频器输出频率 35Hz,这时的水泵电动机功率为

$$P = P_e \left(\frac{35}{50}\right)^3 = 11 \times \left(\frac{35}{50}\right)^3 \text{kW} = 11 \times 0.7^3 \text{kW} = 3.77 \text{kW}$$

式中,P 为设备实际输出功率(kW),P_e 为设备额定功率(kW)。

在用水低谷时使用 3kW 小泵供水,变频器输出频率 40Hz,这时的水泵电动机功率为

$$P = P_e \left(\frac{35}{50}\right)^3 = 4 \times \left(\frac{40}{50}\right)^3 \text{kW} = 3 \times 0.8^3 \text{kW} \approx 1.5 \text{kW}$$

在用水底谷期间使用小泵代替主泵可降低水泵的电能消耗：$K = \dfrac{1.5}{3.77} \times 100 \approx 40\%$

一般可以采取以下几种方案：变频主泵+工频辅泵；变频主泵+工频辅泵+气压罐；变频主泵+气压罐；变频主泵+变频辅泵+气压罐；变频主泵+变频辅泵+工频辅泵。

(1) 系统参数设计 设小区有住户700人，按每户4人、人均150L/d用水量计算，用水时间为每天12小时，变化系数为1.2~1.7，用水流量为

$$Q = \dfrac{4 \times 700 \times 150 \times (1.1 \sim 1.7)}{1000 \times 12} \times (1.2 \sim 1.7)\,\mathrm{m^3/h} = (42 \sim 58.5)\,\mathrm{m^3/h}$$

取 $Q = 50 \sim 60\,\mathrm{m^3/h}$。

相对水泵的楼高50m，若0.1MPa可获得10m扬程，考虑到管阻和表计的压降，取1.1~1.15保险系数，则水泵要提供的供水压力为

$$P = (1.1 \sim 1.15) \times 50 \times 0.1\,\mathrm{MPa} = (0.55 \sim 0.575)\,\mathrm{MPa}$$

1) 水泵有效功率：用水量取上限 $60\,\mathrm{m^3/h}$，换算为每秒流量 $Q = 0.0167\,\mathrm{m^3/s}$。扬程取57.5m，则水泵有效功率为

$$P_\mathrm{u} = \dfrac{\rho g Q H}{1000} = \dfrac{1000 \times 9.81 \times 0.0167 \times 57.5}{1000}\,\mathrm{kW} = 9.41\,\mathrm{kW}$$

2) 水泵效率：取0.6~0.7，这里小型泵取 $\eta = 0.6$。

3) 水泵轴功率：$P = \dfrac{P_\mathrm{u}}{\eta} \times 100\% = \dfrac{9.41}{0.6} \times 1000\,\mathrm{kW} = 15.68\,\mathrm{kW}$

4) 电机功率：$P_\mathrm{e} = P \times K = 15.68 \times (1.1 \sim 1.3)\,\mathrm{kW} = (17.25 \sim 20.38)\,\mathrm{kW}$

式中，K为电动机的安全系数，取1.1~1.3；P为设备实际输出功率（kW）；P_e为设备额定功率（kW）；P_e为设备有效功率（kW）。

选用两台11kW电动机作为主泵动力，能够满足高峰期供水要求；选用两台3kW电动机作为小泵动力，满足用水低谷的供水。

5) 变频器功率：变频器功率与电动机额定功率相同，即变频器功率为11kW。

由于主泵、小泵功率差别不太大，采用一套变频控制水泵软起动和调速，其中，设计一个小泵为直接工频起动。图3-36给出了带小流量泵的变频恒压供水控制系统，图中，M_1和M_2为11kW电动机，M_3和M_4为小流量泵的3kW电动机，M_1、M_2、M_3为变频起动，M_4为工频起动。系统采用变频主泵+变频辅泵+工频辅泵方案。

(2) 控制功能 在自动变频恒压供水模式下，管网压力传感器P（采用远传压力表），3个输出端子分别接变频器V+、VI1、GND端子，供水压力设定值由可变电阻设置，可变电阻滑动端接VI2端，可变电阻固定端分别接V+和GND。变频器根据VI1和VI2输入端电压信号比较，确定频率输出，泵的切换功能由变频器的两个输出端子OC1和OC2完成，OC1和OC2采用开关输出方式，当满足条件是开关闭合，否则，开关断开。变频器运行时，当变频器输出频率达到50Hz时，OC1输出开关闭合；当变频器输出频率降到25~35Hz退泵频率时（具体输出频率要根据现场调试时设定），OC2输出开关闭合。OC1和OC2的开关状态输入给PLC控制器，控制器可以根据OC1和OC2的状态和$KM_1 \sim KM_7$辅助触点的闭合情况，决定起泵和停泵。

1) 主泵的自动起泵功能。当M_1泵变频器达到设定的上限频率（50Hz）时，OC1开关

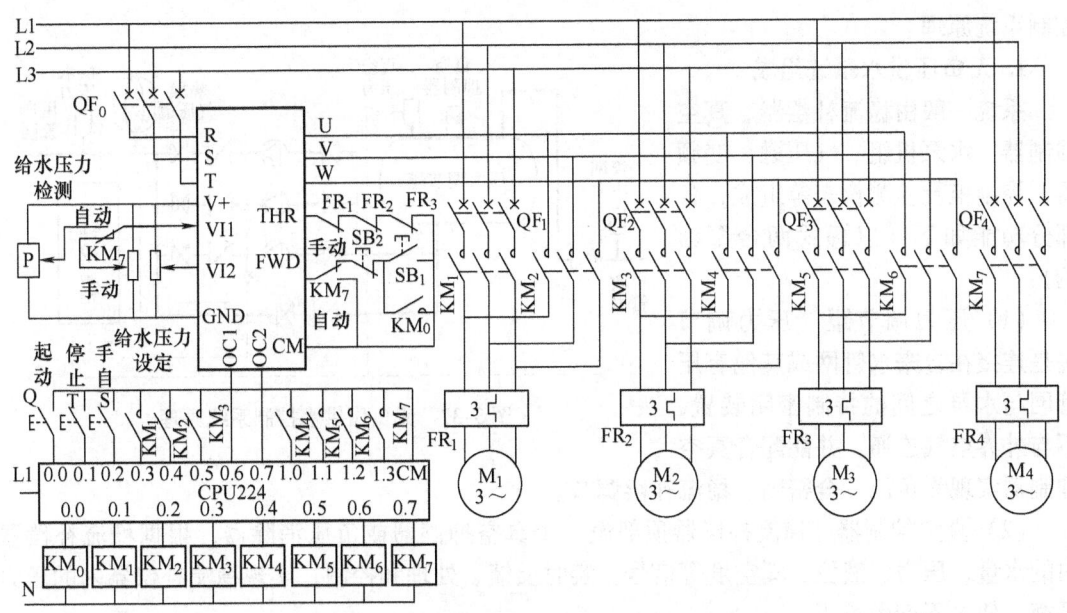

图 3-36 带小流量泵的变频恒压供水控制系统

闭合，M_1 泵切换为工频运行，再由变频器起动 M_2 泵运行。

2) 主泵的自动退泵功能。对本系统供水若高峰时两台主泵一台工频、一台变频同时运行，随着供水量逐渐减小，变频泵频率逐渐降低，当频率降至退泵频率时，OC2 开关闭合，系统进行退泵操作。

3) 小流量控制模式。小流量控制模式分"进入小泵""小泵运行""退出小泵"3 种情况。当单台主泵变频运行时，随着用水量的逐渐减小，变频器频率逐渐降低，当频率降低至"小流量频率"时，可编程序逻辑控制器检测到该信号便停止主泵（M_1 和 M_2）变频运行，切换至小泵（M_3）变频恒压运行。当变频器输出频率等于或小于设定的频率时，OC2 闭合，系统便进入小流量供水模式。小流量模式采用两台 3kW 水泵，一台变频运行，一台工频运行。

当 M_3 泵变频器达到设定的上限频率（50Hz）时，OC1 开关闭合，控制器直接起动 M_4 泵工频运行，并同时降低变频器的输出频率（20Hz），变频器继续控制 M_3 泵运行。随着供水量进一步减小，变频泵 M_3 频率逐渐降低，当频率降至退泵频率时，OC2 开关闭合，系统进行小泵的退泵操作，停掉 M_4，同时，变频器提高频率输出到 40~50Hz，控制 M_3 变频提速运行。

3.2.10 无负压供水系统控制

无负压供水方式也称为叠压供水，是 20 世纪 90 年代中期在我国二次供水继高位水箱、气压给水、变频调速给水之后而兴起的一种新型的、节能省地型的二次供水方式。一般市政给水管网压力均在 0.2~0.4MPa 之间，把市政供水管网的水储存到水池内，然后再由水池通过水泵统一加压供水，这种方式浪费了市政供水原有的余压。无负压供水是以市政管网为水源，充分利用了市政管网原有的供水压力，形成密闭的连续接力增压供水方式，节能效果好，没有水质的二次污染，是变频恒压供水设备的发展与延伸。图 3-37 给出了无负压供水控制系统原理。

1. 无负压供水系统组成

系统一般由稳流补偿器、真空抑制器、水泵机组、气压罐、变频器、控制柜及检测仪表等组成，各部分功能如下（以罐式两台泵为例）：

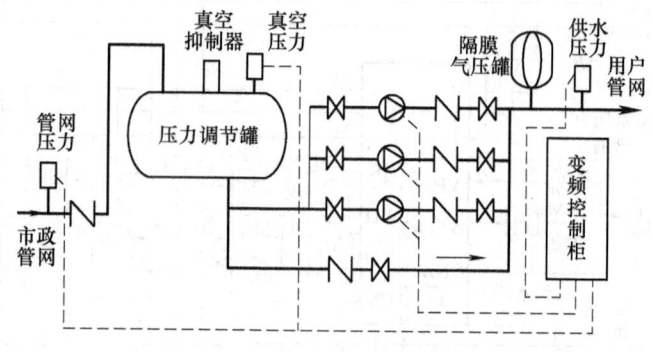

图 3-37　无负压供水控制系统原理

（1）压力调节罐　压力调节罐是连接在自来水管网或其他有压管网与水泵之间的特制密闭装置，不与外界空气连通，并能配合真空抑制器实现无负压、全密闭、稳流补偿调节。

（2）真空抑制器　稳流补偿器顶部设一个真空抑制器或负压消除器，根据稳流补偿器内的水量、压力、液位、真空度等信号，实时反馈、处理和控制，实现稳流补偿器内的压力平衡，使之不产生负压。

如果在上端进水（接管网）下端出水（接水泵）的密闭水罐的顶部装上一个或一组吸气阀，则可在水泵抽水流量大于管网进水流量而产生真空时打开吸气阀吸入大气，使密闭水罐成为在大气压力下的开口容器，从而消除了负压，使管网流量限定在负压抽水的临界流量以下。

（3）水泵机组　两台水泵并联，选用具有非过载特性的水泵，其工作特性可以适应水源的较大范围内的压力变化，不会产生过载现象。

（4）气压罐　其作用与通常两次增压供水设备中的气压罐相同，采用隔膜式微型气压罐，主要利用其保压功能，在水泵起动、停泵、水压振荡等很多情况下有可能产生瞬变流负压，为避免此现象造成管网脉动，可以在水泵进水管上并联一个气压罐，罐中积蓄着管网压力和罐中水位高度的势能，当水泵吸口因瞬变流态突然产生水柱分离时，气压罐向水泵口补给流量。

（5）变频控制柜　采用全变频控制系统，即所有水泵均采用变频调速拖动，也可采用部分变频控制系统。

（6）旁通管路　如果市政供水平时能够满足水压要求，仅在供水高峰时压力不足，可加载旁通管路，可使市政下拉供水与增压供水实现自动切换运行。

（7）检测仪表及控制器　采用 PLC 或 DDC 作为系统中央控制单元，负责参数监测和水泵控制。

2. 无负压给水设备的工作原理

无负压供水设备利用水泵与自来水管网的串接，自来水进水储水装置为压力调节罐，在罐体安装稳流补偿器用以消减管网内的负压，实现对管网原有压力的有效利用，完成整个供水过程。当自来水管网供水压力满足要求时，设备通过阀门直接供水；当自来水管网压力不足时，供水系统的压力传感器发出起泵信号，水泵进入运行状态。无负压供水系统在供水和用水之间可能出现几种状况，不同状况系统工作状态不同。图 3-38 给出了无负压供水系统的工作原理框图。

1）当管网进水量大于设备出水量时，缓冲水罐满水，如果市政管网压力高于设定压力

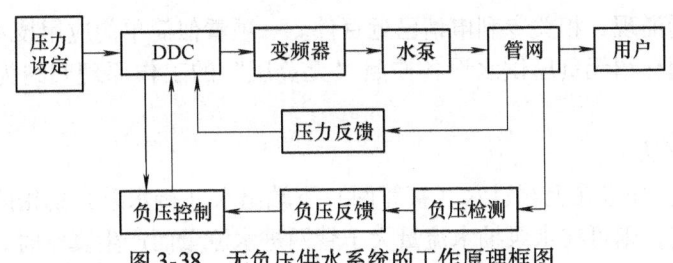

图 3-38 无负压供水系统的工作原理框图

值时,压力变送器将该信号送到变频控制柜,使水泵机组处于关闭状态,自来水通过连通管路直接到达用户管网实施供水。当水泵机组的供水与自来水管网的进水保持平衡时,负压抑制器使压力调节罐与外界隔离,水泵机组可利用自来水的压力进行恒压供水。

2) 当用户管网用水量增加时,压力传感器将用户管网压力低于设定值的信号反馈给变频控制柜中的 PID 控制器,并通过其起动水泵机组,调整变频器的输出频率,调节水泵转速以保持恒压供水;如果少数水泵启动不能满足供水要求时,变频器将控制多台泵变频或工频运行,以达到恒压变量供水的要求。

3) 当市政管网压力下降或管网进水量小于设备出水量时,缓冲水罐内的压力和水位开始下降。当罐内压力低于大气压时,为防止罐内产生负压,吸/排气阀打开进气,负压抑制器使压力调节罐与外界大气相通,并通过检测装置,采集压力调节罐内的真空度及水位信号反馈给微机,通过微机控制负压抑制器动作,抑制负压产生,保证设备在维持正常供水的前提下不对城市管网产生任何负面影响。

4) 当市政管网供水不足或停水时,罐体水位不断下降,但水泵机组仍可继续工作,直到罐中的水位下降至下限,液位传感器发出停泵信号,避免水泵机组毁坏,来水后再自动开机。

5) 控制系统停电时,水泵机组停止工作,自来水可通过市政管网与用户之间的连通管进入用户管网,为低楼层用户供水,来电时机组自动开机恢复正常供水。

6) 当罐体内水位较高时,通过倒流防止器控制自来水倒流。

3. 供水设备消除负压的常见方法

在管网上直接水泵加压一直是供水系统的禁区。其主要有两个原因:

1) 在供水能力不足以满足高峰用水量时,需要设置贮水池起到调峰的作用;

2) 水泵直接在管网上取水,会在进水口产生负压(或称真空现象),出现个体超量取水,使管网压力陡降,波及相邻用户的正常用水。

如果能从技术上解决这两个问题,就可以实现管网直接水泵加压供水。近年来城市供水系统通过水源工程、水厂建设、管网更新改造等项目,大大提高了供水能力,已可以满足高峰用水量的需求,可以无须依赖用户的贮水池调峰,供水能力已具备直接串联泵加压的基础条件。

只要通过技术和设备的改进,消除管路中负压产生的条件,使其根本就不产生负压。使管网中合格的自来水可以在全密闭的管路中直接送到用户的水龙头,水体不暴露、不储留,从根本上消除了二次污染。同时,管网的压力可与水泵水头叠加利用(即管网有多少压力都能利用),从而大幅度降低了水泵功耗,节省了电能(50%~70%),降低了供水成本。

所以"无负压"技术是无负压供水的关键技术,自 1998 年无负压供水设备面市以来,其装置和产品不断涌现，相关专利申请已近百件。一项看似简单的应用技术，令人有深奥和神秘的感觉。下面介绍无负压供水设备按照"无负压"的工作原理归纳为如下几种消除负压的方法。

(1) 补入空气法

1) 工作原理。如果在上端进水（接管网）下端出水（接水泵）的密闭水罐的顶部装上一个或一组吸气阀，则可在水泵抽水流量大于管网进水流量而产生真空时，打开吸气阀吸入大气，使密闭水罐成为在大气压力下的开口容器，从而消除负压，使管网流量限定在负压抽水的临界流量以下。这种常用的吸排气阀技术和装置属于成熟和有效的技术，因此"补气法"成为无负压给水设备绝大多数产品采用的消除负压方法。其中，"机械式真空补偿器"采用了一个浮子式吸气阀，当水位下降时浮子及阀芯下降接通大气；"电动式真空补偿器"是通过液位检测触点控制电磁阀，当水位下降时，水位接触点接通电磁阀。

在罐顶装上一个吸排气阀门，这种简单的原理和普通的构造使无负压给水类设备更容易被接受。

2) 存在的问题。

① "补气法"是在真空产生时吸入大气，自然会有空气或吸入物污染水质的可能。

② 机械结构器件的浮子阀或电磁阀作为吸排气阀动作的可靠性。对瞬变流产生的负压，机械阀门动作相对迟缓；在水罐截面面积较大的罐中，水位下降到达控制高度时间较长，在吸气阀打开前的过渡时段，负压早已形成并对市政管网产生影响。更严重的情况是可能导致水体汽化，充塞在水罐顶部，使得进水过程中出现汽液两相的非稳定流态运动的水力因素，有可能出现进气阀打不开的情况。如若不能顺畅地排气、吸气则会产生管道水阻增大、压力增高或压力振荡不稳的问题，因吸气阀失灵或打不开的故障会导致水泵、电气发生故障，甚至会把进水罐都吸瘪。

3) 消除吸气污染的对策。

① 在进气口加装空气过滤装置，防止颗粒物进入水罐。同时要监测过滤器的阻力损失，保证吸排气阀通畅地进气或排气。

② 采用全密闭形式的隔膜式罐体，罐内形成空气和水的分离，水体不会接触空气，利用胶囊外空气的进入或膨胀来解决负压问题。

4) 负压消除实验方法和检验手段。采用控制进水流量小于出水流量时，检测负压抑制器能否自动打开的实验方法，确定供水装置能否抑制负压的产生。具体方法是：将进水阀门关小，进水量必然小于出水量，根据吸气阀打开的灵敏度判定无负压系统工作指标。由于这种方法并不规定进水或出水流量的数值，是系统很容易达到要求的低标准，因此这并不能反应正常工况流量时的动作状况。

(2) 压力限定的负压控制　在进水罐上装一块电接点压力表监测管网压力值，当管网压力低于规定下限值（例如 0.2MPa）时，发出控制指令，停止水泵运转。由于突然停泵会直接影响供水品质，所以通常设定一个供水压力下限值（高于 0.2MPa），使得停泵之前有一个缓冲的空间，例如，当压力为 0.22MPa 时，约束水泵不再升速，使水泵在管网特性曲线的作用下自然地改变工况。管网常常会自然恢复压力，从而减少了突然停泵次数，这对于管网压力相对较低，压力值在约束条件的临界点附近飘移时会有很好的效果。

(3) 流量限定条件的负压控制　限定流量的控制方法适用于管网压力较低，管网能力较弱的条件下。有的城市管网干管末端压力仅有 0.12~0.15MPa 的较低压力，若用较苛刻的压力约束条件，几乎无法推广使用无负压供水设备。采用流量约束控制方法，可以限定用户的取水流量，只要用户不超过允许的流量用水，则无须顾虑管网在取水口处的压力是多少，这就大大扩展了无负压供水方式的应用范围。但流量限定的负压控制要检测水流量，根据水流量指标进行控制。通常只会在管网直接加压的大流量供水的末端加压站上使用流量计，一般小区、楼宇用的无负压供水设备可用压力仪表检测压力，通过压力和流量的关系间接将压力演算为流量进行控制，这在建筑设备自动化控制系统中是不难实现的，关键是选择能够正确反映流量值的压力检测点。

(4) 瞬变流负压的抑制　抑制瞬变流即避免流量的突变，有水泵的软起动，软停止，台数增减时的平滑处理，流量（压力）超调的限制，是保持非恒定流的连续性流态，即使得进水流量的和出水流量相等，不产生出水瞬间流量大于进水而拉断水柱的现象。

4. 无负压给水设备的管网接入条件

《城市供水条例》中规定："禁止在城市管网公共供水管道上直接装泵抽水"。这是因为在城市供水条件尚不成熟的情况下，没有控制和保护措施，从管网直接抽水可能会对管网水质、水压产生不良影响，甚至造成管网破坏。随着城市供水条件的完善以及供水技术、自动化控制技术的发展，无负压供水技术在国内推广使用的条件日趋成熟，所以，有必要对其接入管网的条件进行约束和规定。

1) 应当规定当室外给水管网的水量、水压达到一定要求时，方可选用直接增压二次供水设备。

① 水量要求：用户需水量低于管道供水量时，即可满足水量要求；用户需水量高于管道供水量时，可以采取加大配水管管径或适当增加稳流调节器容积的方式满足用水需要。否则，不得选用直接增压方式。

② 水压要求：室外给水管网的压力任何时候都不得低于 0.11MPa（参考值）。

2) 无负压供水设备必须有多重的、可靠的防负压、防倒流、防水表计量冲击等措施，避免对城市公共供水管网的水质造成污染。

3) 要有防止设备本体对水质造成污染相应的检测和要求。

3.3 排水系统控制

JGJ/T 344—2014《建筑设备监控系统工程技术规范》中，对排水设备的监控功能有以下规定。

(1) 能监测下列参数

1) 水泵的起停和故障状态。
2) 污水池的低、高和超高液位状态。

(2) 能实现下列保护功能

1) 水泵的故障报警功能。
2) 污水池液位超高时发出报警，并连锁起动备用水泵。

(3) 能实现水泵起停的远程控制

(4) 能实现下列自动起停功能

1) 根据水泵故障报警自动起动备用泵。
2) 根据液位自动起动水泵，低液位时自动停止水泵。
3) 按时间表起停水泵

在以上的规定中强调了对设备本体进行监控，有效地对控制对象进行监控也是建筑设备自动化系统的重要内容之一。下面重点对监控对象的有效控制及在实际应用中水池的溢流、建筑污水井污水排放等的具体控制对策和控制方法进行学习。

3.3.1 排水系统的组成及工作原理

排水系统是通过管道及辅助设备，把屋面雨雪水、生活和生产产生的污水、废水由集水坑和污水池集中，并及时排放到城市污水管网中去的系统。

排水系统由集水坑（污水池）、排水泵（污水泵）、现场控制器及液位传感器等构成，其监控原理如图 3-39 所示。集水井设 4 个液位计检测液面位置，分别是极低液位 LL、低液位 L、和高液位 HL 和极高液位 HH。监控系统根据集水井液位变化控制工作泵的起停，液位信号送入 DDC，当集水井中液位达到低液位时，控制器起动排水泵运行，直到液位下降至极低液位时停止排水泵运行。当污水流量较大，液位达到高水位时，备用水泵投入运行。

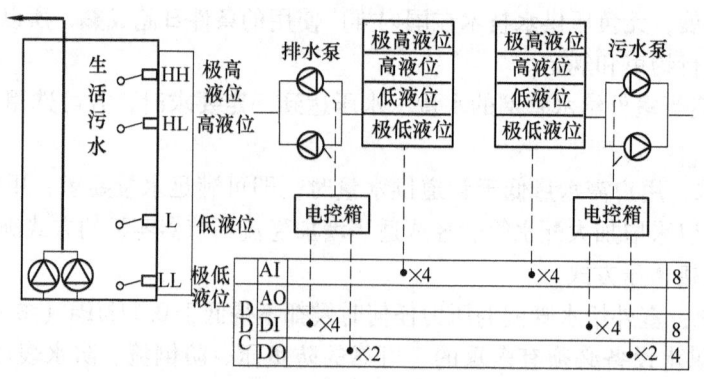

图 3-39 排水系统监控原理

系统根据污水集井和废水集井的液位参数控制排水泵的起停。当集水井的液位达到上限时，起动相应的水泵；当液位达到高限时，联锁起动相应的备用泵。

1. 排水系统控制参数检测

（1）污水处理池、污废水集井的高低液位检测　采用浮球式液位计，以磁浮球做液位测量元件，浮球根据排开液体体积相等原理浮于液面，当容器的液位变化时浮球也随着上下移动，由于磁性作用，浮球液位计的干簧受磁性吸合，把液面位置变化转换成开关量电信号，从而达到液面的远距离检测和控制。

（2）水泵运行状态检测　通过检测控制水泵起停的交流接触器辅助触点的吸合情况，检测水泵的起停情况。

（3）水泵过载报警　通过检测串接在水泵主回路的热继电器的辅助触点吸合情况，当水泵出现过载时，热继电器辅助触点动作，向 DDC 发出停机和警报信号。

2. 排水泵起/停控制

排水泵为一用一备，集水坑有 4 种液位，液位由液位传感器把信息传递给直接数字控制器（DDC），实现排水自动控制。

（1）集水坑中液位低于停泵液位——极低液位 液位传感器把信号送给 DDC，DDC 把信号送至工作泵，工作泵立即自动停止运行，排水过程结束。

（2）集水坑中液位超过起泵液位——低液位 液位传感器把信号送给 DDC，DDC 再把起泵信号送给工作泵，工作泵起动，起动一台水泵，实现排水功能。

（3）集水坑中液位超过报警液位——高液位 液位传感器把信息送至 DDC，DDC 再把信号送给备用泵，备用泵立即自动起动，起动两台水泵同时工作。

（4）集水坑中液位处于极高水位——异常状况 维持两台水泵工作，同时发出报警信号，并将报警信号上传到中央控制室。

3. 排水系统的安全监控

（1）集水坑的液位超限报警

1）当集水坑中液位超过高水位，液位传感器把信号送给 DDC，系统在起动两台水泵的同时，发出告警信号。

2）当集水坑中液位超过极高水位时，液位传感器把信号送给 DDC，系统在维持两台水泵的同时，发出故障报警信号。

（2）水泵过载、过流故障监测

1）监测热继电器的常开触点，报警信号送给 DDC，系统自动报警。

2）水泵运行时间、用电量自动累计。

3）两台泵互为备用、轮流工作。

3.3.2 给排水系统智能化控制

1. 非正常情况快速报警

当流入污水井中的水流量过大或超过正常排放标准时，应及早报警并采取措施。出现这种情况的原因主要有进水阀、消防水阀损坏，水管爆裂或大量雨水渗漏等，如不及时采取措施后果是十分严重的，而及早发现并处理可减少损失。

利用污水坑水位检测点来确定来水流量。上面例子中污水坑液位检测均设置 4 个液位点：极低液位、低液位、高液位、超高液位。通过判定低液位和高液位的积水时间就可判断出流量大小是否属正常情况。低液位和高液位之间的正常排放时间可近似为 T_P：

$$T_P = \frac{KV}{Q\eta} \tag{3-1}$$

式中，V 为低液位和高液位之间的体积；Q 为水泵流量；η 为水泵效率；K 为调整系数，取 1。

如果设低液位和高液位之间的积水排放检测时间为 T_J，如果 $T_J \leq T_P$，则说明流量过大无法排放，可判定属非正常情况。由于这种情况的出现是非常少的，为保证检测的实用性，可设定检测报警时间为 T_b，$T_b = (3 \sim 5) T_P$，并可根据实际确定检测报警时间。例如：低液位和高液位之间排水 10min，液位没有降到低液位，即可认为非正常情况并发出报警信号。

2. 污水井正常液位定时排放

潜水泵的起停控制一般要求污水在正常低液位时不自动排放，这样常常会造成电梯井道、泵房等场所长期潮湿，危害电气设备的正常运转，另外也占用了一定的存水空间，可采取定时排放的方法就可以解决这一问题。

定时起动的时间间隔 T_s 的确定：T_s 即要大于水泵排水时间，又不能起动太频繁，取 $T_s = (3 \sim 5) T_P$，假设潜水泵型号为 WQG40 – 15 – 4，$\eta = 53\%$，$K = 1$，排污井有效体积 $2m^3$，则

$$T_P = \frac{KV}{Q\eta} = \frac{1 \times 2}{40 \times 0.53} h = 0.094 h = 5.66 min, \quad T_s = (3 \sim 5) T_P \approx 25 min$$

具体的定时起动时间 T_s 可根据实际情况调整。在水泵水位监测控制的基础上，增加定时控制，可以提高系统的可靠性。

3. 非常情况起动双泵

在流入污水井中的流量超过单泵排放流量时，例如在火警时，消防电梯底坑积水不及时排放，会危及消防人员的生命安全，双泵起动会起到很好的效果。由于潜水泵的设计是普通情况的污水排放。一般设计排量为 10L/s 左右，因此在非常情况下不一定能起到完全的作用，但是如果双泵能同时使用，那么流量加大一倍一定会起到积极的作用。

在建筑给排水控制系统中，采用以上几种方法可以提高排水系统的智能化程度，预防水淹事故的发生并提高建筑物的管理水平。

思考题与习题

3-1 电动机有几种起动方式？请简述电动机功率与电动机直接起动的关系和起动方式。

3-2 列出 4 种以上建筑给水方式，简述各种给水方式的工作原理和特点。

3-3 简述高位水箱和水泵直接给水系统的监控原理。请分析两种系统的适用范围。

3-4 简述消防变频恒压稳压供水设备的工作原理和特点。

3-5 高位水箱给水系统如何兼顾消防给水？水泵直接给水系统如何兼顾消防给水？

3-6 请设计一个消防湿式喷淋系统的喷淋稳压控制系统。

3-7 简述无负压恒压供水系统的工作原理、系统组成及节能原理。说明无负压供水系统的使用条件。

3-8 简述变频恒压供水一台变频器拖动多台水泵的工作过程。

3-9 什么是带小流量水泵的循环软起动变频供水系统？为什么要设置小流量水泵？

3-10 请分别描述基于 PLC 的变频恒压供水控制系统和以变频器为控制中心 PLC 为辅助的变频恒压供水控制系统的控制原理。

3-11 设计一个以变频器为控制中心 PLC 为辅助的，由两台 11kW 和一台 3kW 水泵组成的变频恒压供水控制系统，控制系统由 PLC、变频器、继电器等组成。

第4章 空调系统自动化原理

空调系统是现代建筑必须拥有的设备之一，是建筑设备自动化系统的主要监控对象，同时也是建筑智能化系统主要的管理内容之一。它能够为人们提供一个舒适的生活和工作环境，提高人们的生活质量和工作效率。但空调系统在给建筑物带来舒适的内部环境的同时，它又是整个建筑最主要的耗能系统之一。有统计资料表明，随着生活条件的不断改善，我国的建筑能耗在总能耗中的比例逐年上升，大约占到全国总能耗的28%，而供暖、空调和通风系统的能耗又几乎占到建筑总能耗的2/3。

对建筑物的围护结构和空调系统进行节能设计可以降低建筑能耗。充分运用现代科学技术成果，通过控制建筑设备自动化系统的节能运行，改善运行模式和控制策略，以降低运行费用、提高设备效率，也是降低建筑能耗非常重要的途径。比如：进一步减少冷热负荷，提高冷热源效率，充分利用自然冷源；减少输送系统泵类、风机类系统的电能消耗；对系统采用实时调节控制、定时控制和均衡控制等。降低建筑物能耗的主要方法涉及控制与管理的多个领域和技术，这些都对建筑设备自动化系统的控制功能提出了更高的要求。所以，空调系统的设备配置与功能相对于建筑设备自动化系统的其他设备，其要求更高、技术更复杂。

课程重点包括集中式和半集中式的中央空调系统，变制冷剂空调系统的控制原理和控制方法以及控制系统的一般设计方法等内容。从控制系统的角度来看，中央空调系统一般由冷源（水冷，风冷或溴化锂主机等）系统、热源（锅炉、换热器等）系统、空调末端设备三部分组成。其中，冷源系统中除了冷水机组以外，主要还包括：冷冻水传输控制系统、冷却水传输控制系统、补水控制系统及相配套的水泵、冷却塔风机、检测装置和执行机构等；热源系统中除了锅炉系统以外，主要包括：热交换器、热水的供回水循环控制系统、补水控制系统及相配套的水泵、检测装置和执行机构等；空调末端设备包括有：新风机组、空气处理机组、风机盘管及相配套的风机、检测装置和执行机构等，其中空气处理机组又分为定风量机组和变风量机组以及变频控制系统等。

针对变风量空调系统和变制冷剂空调系统的分散控制的特点，通过现场总线技术实现空调系统的分散控制和统一管理，这种基于网络的分散式空调控制系统也是重点介绍的学习内容。

4.1 空调系统概述

空调是空气调节的简称。空气调节采用人工方法处理室内空气的温度、湿度、洁净度和气流速度，使空气调节的场所获得具有一定温度和一定湿度的空气，创造一个合适的室内大气环境，以满足使用者、生产工艺过程或科学研究、实验过程对环境的要求。

为了实现这一目的，空气调节所依靠的技术手段之一就是通风换气。具体地说，就是通过加工和处理一定质量的空气并送入室内，使室内大气环境满足要求。对空气的处理过程包括加温、降温、加湿、除湿、净化等，即常说的热湿处理。室内空气状态的调节主要包括温度调节和湿度调节。

4.1.1 湿空气的状态参数

空气的状态通常是用压力、温度、相对湿度、含湿量及焓等参数来描述和度量,这些参数称为湿空气的状态参数,以下重点学习湿度和焓值的概念。

1. 湿度

空气湿度是用来表示空气中水汽含量的多少或空气潮湿程度的物理量,有以下几种表示方法:

(1) 绝对湿度 单位容积 ($1m^3$) 湿空气中含有水蒸气的质量称为湿空气的绝对湿度,单位为 g/m^3。由于湿空气中水蒸气具有与湿空气同样的体积,所以绝对湿度就是湿空气中水蒸气的密度,即

$$\rho = \frac{p_q}{R_n T} = \frac{m}{V} \tag{4-1}$$

式中, p_q 为空气中水蒸气分压力 (Pa); R_n 为水的气体常数 $R_n = 461.52 J/(kgK)$; T 为温度 (K); m 为在空气中溶解的水的质量 (g); V 为空气的体积 (m^3)。

绝对湿度只表明单位体积湿空气中含有多少水蒸气,而不能表示湿空气吸收水蒸气的能力,即不能表示湿空气的潮湿程度。

(2) 含湿量 在湿空气中,每千克干空气 m_w 所含有水蒸气量 m_S 称为含湿量,用符号 d 表示,单位是 g(水蒸气)/kg(干空气)。

$$d = 1000 \frac{m_S}{m_w} = 622 \frac{p_q}{p_w} = 622 \frac{p_q}{B - p_q} \tag{4-2}$$

式中, p_q 为水蒸气分压力; p_w 为干空气分压力; B 为大气压力。

含湿量 d 几乎与水蒸气分压力 p_q 成正比,而与空气总压力 p_w 成反比。当大气压力一定时,空气中水蒸气分压力的大小取决于含湿量,空气中水蒸气的分压力越大,则其含湿量也越大;如果其中含湿量不变,水蒸气的分压力将随大气压力的增加而上升,随大气压力的减小而下降。由于在某一地区,大气压力基本上是定值,所以,空气含湿量仅同水蒸气分压力 p_q 有关。

(3) 饱和湿度 空气在一定的条件下只能容纳一定的水蒸气量。饱和湿度是表示在一定温度下,单位容积空气中所能容纳的水汽量的最大限度。如果超过这个限度,多余的水蒸气就会凝结,变成水滴,达到最大值时的空气称为饱和空气,此时的湿度称为饱和湿度。反之,当所容纳的水蒸气量未达到空气中水蒸气含量最大值时,称为未饱和空气。

空气的饱和状态与温度有关,如将某一温度条件下处于饱和状态的空气的温度升高,它将会变为未饱和空气。同样,如将某一温度条件下处于未饱和状态的空气的温度降低到某一温度时,它则会变为饱和空气。

(4) 相对湿度 在同温度条件下,湿空气中所含水蒸气分压力与饱和水蒸气分压力的比值,或者说在同温度条件下,空气的含湿量与饱和状态时含湿量之比称为空气的相对湿度,用 ϕ 表示。空气的相对湿度表示空气中水蒸气含量接近饱和时的含量。

$$\phi = \frac{p_q}{p_b} \times 100\% \tag{4-3}$$

式中，p_q 为水蒸气分压力；p_b 为饱和水蒸气分压力。

在相同温度条件下，空气的相对湿度越大，则空气中水蒸气的含量也越大，环境就显得越潮湿，置于空气中的水就越不容易蒸发；反之，相对湿度越小，空气中水蒸气含量就越少，环境就越干燥，其吸收水蒸气的能力越大，相对湿度为100%的饱和湿空气时，其吸收水蒸气的能力为零。

注意 ϕ 与 d 的区别：ϕ 表示空气接近饱和的程度，空气在一定温度下的吸水能力，但并不反映空气中水蒸气的含量。d 表示空气中水蒸气的含量，却无法直接反映出空气的潮湿程度和吸水能力。

2. 焓

空气的焓表示单位质量的湿空气所含有的总热量（kcal 或 kJ），对含湿量为 dg 的湿空气，其焓等于 1kg 此干空气的焓和 dg 水蒸气的焓之总和，用 h 表示，即

$$h = 1.01t + d(2500 + 1.84t) \quad \text{kJ/kg} \tag{4-4}$$

$$h = (1.01 + 1.84d)t + 2500d \quad \text{kJ/kg} \tag{4-5}$$

式中，t 为空气温度（℃）；d 为空气中含湿量（kg/kg）；1.01 为干空气的平均定压比热 [kJ/(kg·K)]；1.84 为水蒸气的平均定压比热 [kJ/(hg·K)]；2500 为 0℃ 时水的汽化潜热（kJ/kg）。

由式（4-5）可知，空气的热焓值是由空气的温度和含湿量两部分决定的。在式（4-5）中，$1.01t + 1.84dt$ 这部分热量是随温度而变化，也就是由温度高低显示出来的热量，称为显热。而 $2500d$ 这一项是空气中水蒸气本身所具有的热量，仅随空气的含湿量的变化而变化，而与其温度无关。它反映的是在温度不变条件下，由液态变为气态所吸收的热量，称为潜热。只有在空气中的水蒸气凝结时才放出此项的热量。

焓 = 显热(随着温度变化的热量) + 潜热(0℃的 d kg 水的汽化潜热,仅仅与 d 有关)。

3. 露点温度

空气在某一温度下，其相对湿度小于 100%，但若使其温度下降至某一适当温度时，其相对湿度达到了 100%，此时，空气中的水气便凝结成水，此现象称为结露，这个降低后的温度点称为露点温度。湿度越大，露点温度与实际温度之差就越小。

在一些冷表面上会发生结露现象。能否产生结露，视冷表面的温度 t 与露点温度（t_L）的关系而决定，当 $t \geq t_L$ 时不会结露，反之就会结露。

掌握露点温度的意义在于可以利用这个原理来完成空气冷却减湿的过程，即根据空气的含湿量，便可确定露点温度。如果已知空气的含湿量 d，根据空气性质表查出饱和含湿量等于 d 时对应的温度，该温度就是这时空气的露点温度 t_L。

在空调技术中，利用结露这一现象，使被处理的空气流过低于其露点温度的表面冷却器，或用低于其露点温度的冷水去喷淋被处理空气，从而可获得使被处理空气冷却减湿的效果。

4. 机器露点温度

在空气调节技术中，当空气通过冷却器或喷淋室时，有一部分直接与管壁或冷冻水接触而达到饱和，产生冷凝水，但还有相当大部分的空气未直接接触冷源，虽然也经过热交换而降温，但他们的相对湿度处在 90% ~ 95%，这时的状态温度称为机器露点温度。

在空调实际的控制中,通常是将机器露点温度作为控制参数,而不是采用露点温度做控制参数。

5. 湿球温度

干湿球温度计由两个温度计组成,一个为普通温度计,称为干球温度计;另一个是湿球温度计,它是一个在水银球上包有湿布的普通温度计。干球温度计所测得的温度,就是湿空气的温度,湿球温度计所测得的温度则是湿布中水的温度。在未饱和湿空气中,由于湿球上水分蒸发吸热,湿球表面的空气层温度下降,因此,湿球温度一般总是低于同空气状态条件下的干球温度。干球温度与湿球温度之差称为干湿球温度差,它的大小取决于空气的相对湿度,空气越干燥,即相对湿度越小,其干湿球温度差也越大;相对湿度越大,干湿球温度差也越小;干、湿球温度值相等,说明空气已处于饱和状态,即相对湿度 $\phi = 100\%$。

干湿球温度计常用来测定相对湿度。湿空气的相对湿度越小,湿布中水分蒸发得越快,而湿球温度就越低。反之,在饱和湿空气中,湿布中的水不能蒸发,于是湿球温度和干球温度相等。

4.1.2 空气的参数调节

1. 空气温度调节

按照人类的生理特征和生活习惯,通过空调设施为生活、工作的人们提供一个比较适宜的温度环境,夏季通常将室温保持在 25~28℃,冬季保持在 16~24℃。作为工艺性空调则要根据生产工艺或科学研究和实验的具体需要,把环境温度调整到所要求的范围内。图 4-1 给出了一个定风量空调温度控制系统,图中 AHU 为空气处理机组,C 为回风与新风混合后的空气状态,L 为经过表冷器或加热器处理后的空气状态,O 为加湿或再热后送入室内的空气状态,G 为送风量。

假定由空调房间返回空气处理装置 AHU 的空气温度为 t_s,经 AHU 处理后得到的空气温度为 t_0,并以风量为 G 的送风进入室内,吸收室内热量后再返回到 AHU。这样,空调系统吸收的室内显热量为

$$Q = G c_p (t_s - t_0) \tag{4-6}$$

式中,G 为送风量 (m^3/s);c_p 为空气热熔比 [$kJ/(kg \cdot K)$];t_s 为室内温度 (℃);t_0 为送风温度 (℃)。

针对不同的处理工况,AHU 的调节过程不同。例如,当需要降温时,调节通过表冷器的冷水水量;当需要升温时调节通过加热器的热水水量;当采用室外新风降温时调节回风与新风的比例等。图 4-2 给出了控制系统框图。

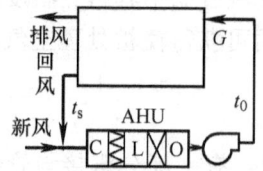

图 4-1 定风量空调温度控制系统

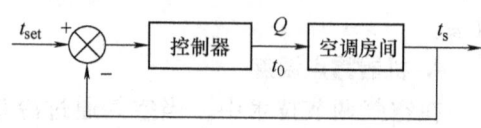

图 4-2 控制系统

由于 AHU 中对空气加热或制冷处理过程的时间常数都远小于空调房间空气温度状态的

时间常数,因此 AHU 处理空气的调节特性与房间温度的调节特性有很大不同。如果把这两个调节过程分开,就形成如图 4-3 所示的"串级调节"过程。由室温 t_s 与室温设定值 t_{set} 间的偏差,通过控制器采用适当的调节算法,输出送风温度的设定值 $t_{s,set}$,并根据 $t_{s,set}$ 与 t_0 差值调节 AHU,控制送风温度,再将其送到室内,调节室内的温度。在室温调节这个大调节回路中,相对于室温的缓慢调节过程,AHU 中对送风温度的调节非常快,送风温度调节过程的时间几乎可以忽略,其调节过程完全可以把送风温度设定值作为调节量来分析。整个的室温控制调节就由这样两个调节过程构成。进入 AHU 的回风参数和室外新风参数在调节过程中又都可以看成不变的参数。这样,采用串级调节,把调节过程分解为两个相互影响很小的调节过程,就可以更好地实现控制调节。

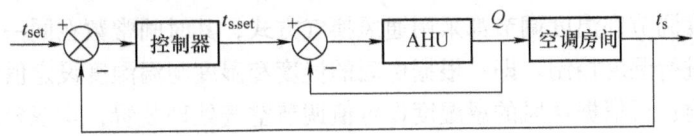

图 4-3 串级调节控制系统

2. 空气湿度调节

空气过于潮湿或过于干燥都让人感到不舒适。一般来说,冬季相对湿度在 40% ~ 50% 之间,夏季在 50% ~ 60% 之间时,人们感觉比较舒适。假如温度适宜,相对湿度即便在 40% ~ 70% 的范围内变化,人们也不会有不舒适的感觉。生产和科研实验要求的大气环境则各有不同,不同的生产工艺有不同的湿度要求,如档案工作区和档案工作室相对湿度控制范围在 35% ~ 45% 之间,印刷车间为保证印刷质量也要求相对湿度在 55% ~ 65% 之间,电子生产车间对相对湿度的要求在 45% ~ 55% 之间。

无论是人们对环境舒适的要求,还是产品对生产工艺的要求,一般都要求相对湿度在一定的范围内,所以,在很多情况下都需要对房间的湿度进行控制。与温度控制相比,湿度控制有以下特点:

1)相对湿度与温度并非相互独立的物理参数。当室内空气中的水蒸气含量不变时,温度升高导致相对湿度降低,反之,温度降低又导致相对湿度增加。真正反映空气中含水量的应该是空气的含湿量 d,当温度不变时,d 的变化就导致相对湿度的变化。如果能准确地控制空气温度 t 和含湿量 d,也就控制了空气的相对湿度。

2)如果房间相对湿度低于设定值,可以通过向空气中加入水蒸气的方法来进行调节;但如果房间的相对湿度高于设定值,这时就只有采用传统的降温去湿方法或采用吸湿材料进行去湿了。

3)房间空气的相对湿度调节的时间常数与温度调节的时间常数处于同一数量级,与空气处理装置的处理过程相比,都属于缓慢过程。

以房间相对湿度低于设定值为例,采用水蒸气加湿控制方法,将室内空气的绝对湿度的变化可以描述为

$$V\rho \frac{dC}{d\tau} = G(C_s - C) + W \tag{4-7}$$

式中,V 为房间空气的体积(m^3);ρ 为空气的密度(g/m^3);C 为空气的绝对湿度(g/m^3);W 为人体或其他房间产湿源产生的水蒸气量(g/s);C_s 为送风的绝对湿度(g/m^3);G 为

送风量（m^3/s）。

当送风量 G 不变时，送风空气的绝对湿度 C_s 可以看作是对房间湿度的调节手段。与温度控制完全一样，可以根据房间的湿度与湿度设定值之差确定送风的绝对湿度 C_s。空气处理装置能够根据这一设定值把送风湿度迅速地处理到 C_s，通过对房间的空气置换，就可以实现室内空气的湿度控制。

首先可以确定房间湿度调节时的时间常数。室内各类表面的吸湿能力一般都很小，可忽略室内湿度变化导致表面吸湿或放湿量的变化。于是湿度调节的时间常数 T_h 为 $T_h = V\rho/C$，即房间换气次数的倒数。只要知道房间的容积、湿度情况，就可以得到房间湿度调节的时间常数。

由于房间湿度调节和温度调节都采用通风换气方式，其时间常数在同一个数量级，可以通过串级调节来进行湿度控制。即：根据房间的温度和湿度与温湿度设定值的偏差，确定送风的温湿度设定值；再根据送风的温湿度设定值调节空气处理装置，实现要求的送风温湿度参数，最终实现房间的温湿度环境控制。

3. 热湿联合处理的调节方式

目前，空气调节通常采用热湿联合处理的控制方式。排热排湿都是通过空气冷却器对空气进行冷却和冷凝除湿，再将冷却干燥的空气送入室内。由于采用冷凝除湿方法排除室内余湿，冷源的温度需要低于室内空气的露点温度，以 16℃ 左右的露点温度为例，考虑传热温差与介质输送温差，需要约 7℃ 的冷源温度，这就是现有空调系统采用 5~7℃ 的冷冻水的原因。系统统一把空气温度降低，通过冷凝方式对空气进行冷却和除湿，经过冷凝除湿后的空气虽然湿度（含湿量）满足要求，但温度过低，有时还需要再热，造成了能源的浪费与损失。

4. 温湿度独立控制方式

系统由处理显热系统与处理潜热系统组成，即采用温度与湿度两套独立的空调控制系统，分别控制室内的温度与湿度。一个环节是把室外的新鲜空气除湿或加湿，使其变为湿度合适的新风，通过末端的装置送到室内，控制室内湿度、二氧化碳的浓度和异味；另外一个独立的系统是温度控制，采用水作为输送媒介，由于不承担除湿的任务，因此显热系统的冷水供水温度不再是常规冷凝除湿空调系统中的 7℃，而可以提高到 18℃ 左右，从而为天然冷源的使用提供了条件。由于供水的温度高于室内空气的露点温度，不存在结露的因素，只要水温低于 25℃ 就能够把屋子里的热量排走，大大地提高了冷源温度，有效地降低能源消耗。

5. 空气压力调节

除了常规的空气温度、湿度调节以外，在特殊的场合，空调系统还可实现空气质量、空气压力等调节。空调系统要保证一定的新风量，否则人们会感到不舒服；在室内和大楼内一般需维持较小的正压，这可避免外界空气进入。在对空间洁净度有要求的场合，如精密生产加工车间、生物医药制品间等特殊的高洁净度场合，正压的控制尤其重要，以防止不满足要求的空气进入而损害洁净间的清洁度，一般控制正压为 10Pa。保持正压的方法是：送风量＞排风量（送风量＝排风量＋气体渗漏量）。

对产生有害气体的有毒有害物品生产车间、污染物处理间或是病毒经空气传染的严重传染病隔离病房等场合，必须采用负压调节，以防止有毒、有害气体泄漏造成对周围空气的污染。

6. 换气控制

提高室内空气品质最直接的方法就是增加新风量。室内要有足够的换气量来确保室内空气的新鲜。一般来说，这就需控制送风中的新风量。确定新风量的方法一般有：

1) 送风区域内所需换气的次数×送风区域的面积 = 所需的新风量。
2) 每个人每小时所需的新风量×人数 = 所需的新风量。

如对于舒适性空调系统，新风系统所需的新风量为 $30m^3/(人·h)$。若有回风系统，则新风量一般要维持在 33% 左右。

4.1.3 湿空气焓湿图在中央空调控制过程中的应用

在一定的大气压下，将湿空气的主要状态参数之间的关系用图表示出来，称为湿空气的焓湿图，如图 4-4 所示。

焓湿图是一种既能联系空气状态参数，又能表达空气状态的各种变化过程的线算图。焓湿图以焓 (h) 值为纵坐标，以含湿量 (d) 为横坐标，因此称湿空气的焓湿图，简称 $h-d$ 图。包括了 5 种线群：等焓线 (h)、等温线 (t)、等相对湿度线 (ϕ)、水蒸气分压力线 (p_q) 和热湿比线 (ε)。

在 $h-d$ 图上的每一点不仅表示出湿空气的一种状态及确定的状态参数 t、h、d、ϕ 等，而且，每一条线能表示出湿空气的状态变化过程。通过图中右下角的热湿比线 (ε)（湿空气状态在变化前后的焓差和含湿量差的比值），可以反映出空气自一个状态到另一个状态的热湿变化趋势。

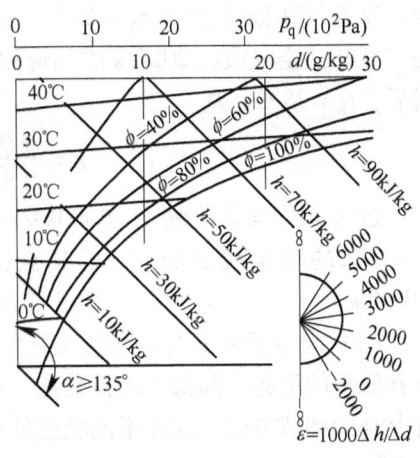

图 4-4 湿空气的焓 - 湿图

1. $h-d$ 图反映湿空气状态参数

(1) 通过焓湿图确定空气的状态参数　如果已知了空气状态参数（t、h、d、ϕ）中任意两个独立的参数，即可由湿空气焓湿图确定其他有关参数，如图 4-5 所示，假定 A 点的空气状态参数为：$t = 20℃$，$\phi = 60\%$，由 A 点沿等湿线 d_A 向下与 $\phi = 100\%$ 相交于 C 点，则交点 C 对应的温度即为 A 状态空气的露点温度，即 $t_1 = 12℃$；过点 A 引等焓线（$h = 42.5kJ/kg$）与 $\phi = 100\%$ 相交，则交点 B 对应的温度即为 A 状态空气的湿球温度 $t_s = 15.2℃$。

(2) 利用干湿球温度确定空气状态　如图 4-6 所示，设空气的干、湿球温度分别为 t 和 t_s，确定空气状态的方法为：在焓湿图上沿 t_s 线与饱和湿度线 $\phi = 100\%$ 相交于 B 点，过 B 点

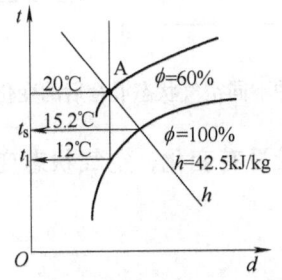

图 4-5 利用焓湿图确定空气状态参数

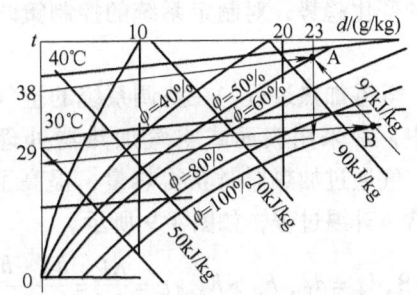

图 4-6 利用干湿球温度值确定空气状态参数

沿等焓线与干球温度线相交于 A 点，则 A 点即为干球温度 t，湿球温度 t_s 的空气状态点。假设某时刻室外干球温度 $t=38℃$，湿球温度 $t_s=29℃$，则：沿 $t_s=29℃$ 的等温线与饱和湿度线相交于 B 点，过 B 点沿等焓线与 $t=38℃$ 的等温线相交于 A 点，该点即为所求的空气状态点，由 A 点可知：$\phi\approx50\%$，$h\approx97kJ/kg$，$d\approx23g/kg$。

(3) 利用角系数确定变化后的空气状态

在房间空气调节过程中，被处理的空气常常由一个状态变为另一个状态，在其变化过程中，空气中的热和湿同时均匀地发生变化，只要在焓湿图上以 $\varepsilon=\Delta h/\Delta d$ 比值为斜率，将空气变化前后的两个状态点连成一条直线，即代表了空气状态变化过程和方向线。如图 4-7 所示，设：湿空气初始参数为 $t_A=20℃$，$\phi_A=60\%$，当该状态的空气吸收 20kJ/s 的热量和 4g/s 的湿量后，$t_B=28℃$，则

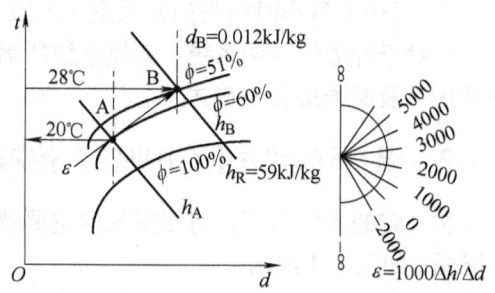

图 4-7 利用角系数确定变化后空气状态参数

$$\varepsilon=\frac{\pm Q}{\pm W}=\frac{20kJ/s}{0.004kg/s}=5000kJ/kg$$

过 A 点作与等值线 $\varepsilon=5000kJ/kg$ 的平行线，即为状态 A 变化的过程线，此线与温度 $t_B=28℃$ 的等温线的交点 B，B 点的状态参数为：$\phi_B=51\%$，$d_B=0.012kJ/kg$，$h_B=59kJ/kg$。

(4) 确定两种不同状态空气混合后的状态参数　在空调系统的运行调节过程中，为了节省能量的消耗，降低其运行费用，往往在条件允许时，采用新风与一次回风或二次回风进行混合的调节方式。这种不同状态的空气互相混合，需要确定其混合状态变化趋势及状态点参数。

两种状态的空气混合后，其混合状态点位于焓湿图上两种空气状态点的连线上，如果用数学方法求出 t_0、h_0、d_0，则可以在焓湿图上确定其状态点 O 的位置，如图 4-8 所示。

2. 焓湿图表示空气状态变化趋势

利用 $h-d$ 图不仅能确定空气的状态和状态参数，也可以表示空气的状态变化趋势，各种变化过程的方向和特征可用热湿比 ε 表示。在空气调节过程中，被控对象为空气的温度和湿度，因此了解在不同控制方式下空气中温度和湿度的变化趋势，对制定系统的控制策略非常必要。

(1) 等湿加热过程　在空调系统的空气处理过程中，常采用表面式空气加热器处理空气，当空气通过加热器时获得热量，提高了温度，但含湿量没有变化，空气状态变化是等湿、增焓、升温过程，如图 4-9 所示。

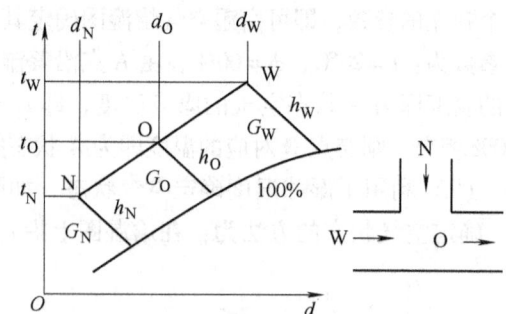

图 4-8 两种不同空气状态混合后的变化趋势

$$A\rightarrow B, d_A=d_B, h_B>h_A, \varepsilon=\frac{\Delta h}{\Delta d}=\frac{h_B-h_A}{0}=\infty。$$

(2) 等湿（干式）冷却过程 如果在空调系统中使用表面式冷却器处理空气，当且其表面温度高于空气的露点温度，但低于空气的干球温度时，则空气将在含湿量不变（$\Delta d = 0$）的情况下，被冷却而失去热量，即其焓值减少。因此，空气状态的变化为等湿、减焓、降温过程：如图 4-10 所示的过程 A→C。

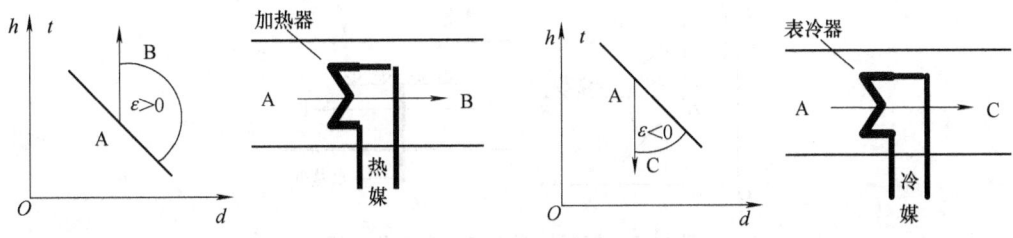

图 4-9 等湿加热空气状态变化过程　　　　图 4-10 等湿冷却空气状态变化过程

$$A \to C, d_A = d_C, h_C > h_A, \varepsilon = \frac{\Delta h}{\Delta d} = \frac{h_A - h_C}{0} \to -\infty。$$

(3) 等焓减湿过程 在空气的处理过程中使用固体吸湿剂（如硅胶）时，空气中的水蒸气将会被硅胶所吸附，空气中的含湿量将会降低，空气失去潜热，而在水蒸气凝结时所放出的汽化热又会使空气的温度有所升高，空气的焓值基本不变，空气的变化过程可以近似地看作等焓减湿升温过程，如图 4-11a 所示的过程 A→D，此时 $\varepsilon = 0$。

图 4-11b 给出了转轮除湿的工作原理，在除湿段内部由密封系统分为处理区域和再生区域，除湿转轮以 8～10r/h 的速度缓慢旋转，以保证整个除湿为一个连续的过程。高温高湿天气启用新风表冷器和转轮除湿，春秋季节湿负荷下降，仅用转轮除湿。

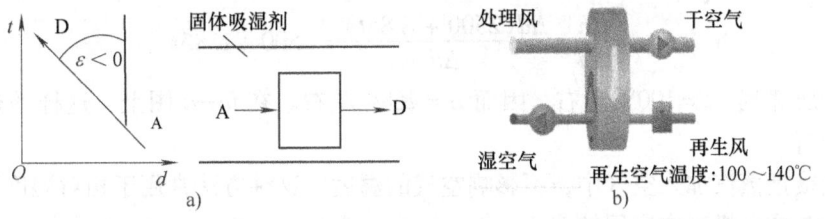

图 4-11 等焓减湿空气状态变化过程

(4) 等焓加湿过程 使用喷水室喷淋循环水处理空气时，水吸收空气中的热量而蒸发为水蒸气，空气失去显热量使温度降低，水蒸气散发到空气中，使空气含湿量增加，潜热量也增加。由于在变化过程中，尽管空气失掉显热，但又得到了潜热，空气的焓值基本不变，此过程称为等焓加湿过程。由于处理过程与外部没有热量交换，又称为绝热加湿过程，此时循环水温度将稳定在空气的湿球温度上。

注意：当加湿水和加湿空气温度不相等的时候，由于温差的存在，水和空气存在显热交换，空气的焓值会发生变化，所以，这一过程为近似等焓。如图 4-12 所示的过程 A→E，由于

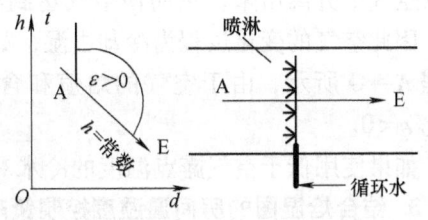

图 4-12 等焓加湿空气状态变化过程

空气状态变化前后的焓值相等，$\varepsilon=0$。

（5）等温加湿过程　如图4-13所示的过程 A→F。向空气中喷入饱和水蒸气即可实现空气的等温加湿处理过程。空气中增加水蒸气后，其焓和含湿量都将增加，焓的增加值为加入水蒸气的全热量。

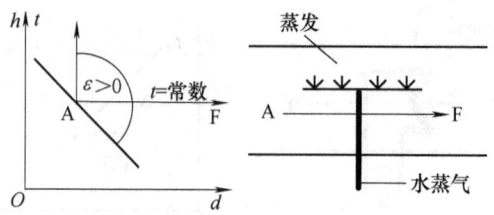

图4-13　等温加湿空气状态变化过程

干蒸汽加湿是一个近似的等温过程：

1）当加入的是与被处理空气温度相等的干蒸汽，那么整个过程是等温的，因为没有温差，只有湿差。

2）如果加入干蒸汽为100℃左右，干蒸汽被冷却，被处理空气温度会有所升高，湿度增加。由于加湿系统最多加到相对湿度100%，即两者的量比也不过是几克比一千克，所以对整个空气温度的影响不大。空气的处理过程线与等温线近似平行，可以认为是等温加湿过程。

空气增加得比焓值为

$$\Delta h = \Delta d(2500 + 1.85t)$$

其热湿比为

$$\varepsilon = \frac{\Delta h}{\Delta d} = \frac{\Delta d(2500 + 1.85t)}{\Delta d} = 2500 + 1.85t$$

对于低压蒸汽，$t=100℃$左右，因而 $\varepsilon=2684$ 左右。在 h—d 图上，这样的热湿比大致与等温线平行。

由于直接把蒸汽加入空气中，不影响空气的温度。这种方法常用于相对湿度要求不高的场合，一般在成套机组中应用较多。

（6）冷却去湿（干燥冷却）过程　使用表面式空气冷却器处理空气，当表冷器的表面温度（即表冷器内的冷水温度或制冷剂蒸发温度）低于处理空气的露点时，随着空气温度的下降，其中的水蒸气将会凝结而从空气中分离出来，从而使空气达到冷却去湿的目的。因此空气的变化过程为冷却去湿，如图4-14中的过程 A→G 所示，由于空气的焓值和含湿量都减少，因此 $\varepsilon<0$。

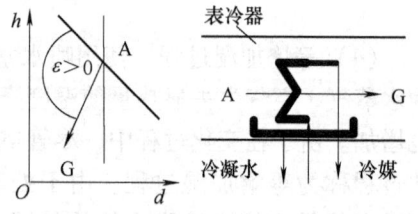

图4-14　冷却去湿空气状态变化过程

如果使用低于空气露点温度的冷水对空气喷淋时，也可以实现冷却除湿过程。

3. 结合焓湿图的房间温湿度控制策略

空气调节是对房间或公共建筑物内的空气状态参数进行控制，其主要控制对象是环境的温度和相对湿度，其控制过程实际上是空气从一个状态变化到另一个状态的过程。当被调节的空气状态（温度、相对湿度）偏离了设定值时，就需要进行调节。温度和湿度常常是在一个调节对象里同时进行调节的两个被调量，两个参数在调节过程中相互影响，如果由于某些原因房间的温度变化，将引起空气中水蒸气的饱和分压力发生变化，即使在含湿量不变的情况下，室内相对湿度也会发生变化。温度升高相对湿度就会降低，温度降低相对湿度就会增加。

（1）中央空调温湿度控制的一般方法　应用焓湿图中空气状态参数相互间的关系，通过合理的加热、加湿，冷却、去湿步骤，使空气的状态能够按照要求改变。

中央空调系统采用传统的温湿度控制方法，将新风和回风混合后统一进行降温除湿，降温除湿后的空气直接送入房间或经再热处理后送入房间进行温湿度调节。这种控制方法就是依据焓湿图，根据房间温度和相对湿度设定值在焓湿图中的位置，确定控制参数。

假设要求房间温度控制在 $t=25℃$、相对湿度 $\phi=60\%$，首先在焓湿图上确定上述参数的空气状态点，如图4-15所示，过状态点做等湿线与相对湿度饱和线相交，相交点对应的温度值15℃（露点温度）可以作为空调机组喷水室或表冷器的降温除湿温度参考控制值，处理后的空气再经过等湿升温后送入房间进行温度调节，在理想情况下，可以将房间温度控制在要求范围内。

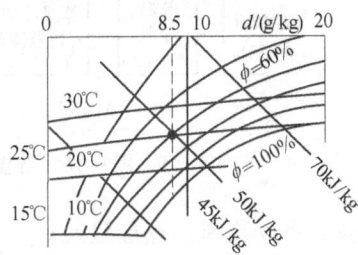

图4-15　混合状态点的控制

这种空气处理方式可以简单、可靠的将被控房间的温湿度指标控制在给定值附近，但这种空气处理方法中，降温除湿、再热环节都要消耗大量能源，特别是再热环节的冷热抵消造成了能源的浪费，另外，对回风的降温处理（回风参数应该满足指标要求），也是造成能源浪费的原因，所以，能否实现对温度和湿度的分别控制是实现空调节能的方向之一。

（2）结合焓湿图的独立控制方式的房间温湿度控制策略　从自动控制角度出发，通常可以将焓湿图独立控制方式的房间温湿度控制过程分解为表4-1，其中，ϕ 为相对湿度，ϕ_S 为相对湿度设定值，T 为房间温度，T_S 为房间温度设定值。

表4-1　焓湿图独立控制方式的房间温湿度控制过程

室内温度 \ 室内湿度	$\phi > \phi_S$	$\phi < \phi_S$	$\phi = \phi_S$
$T > T_S$	降温、除湿	降温或降温、适当加湿	降温、适当除湿
$T < T_S$	升温或升温、适当除湿	升温、加湿	升温、适当加湿
$T = T_S$	降温除湿	等温加湿	

4. 利用焓湿图对空气状态进行调节的过程

（1）独立控制方式下采用不同控制方法的空气状态的变化过程　如图4-16所示，设A点空气状态为：$t=22℃$、$\phi=35\%$；E点空气状态为：$t=18℃$、$\phi=55\%$。要求：将A点空气状态控制到E点空气状态。在不考虑散热和散湿的条件下，空气状态从状态A调节到状态E的状态变化过程，可以采用等温加湿、降温（见图4-16a）和等焓加湿、降温（见图4-16b）两种空气调节方法。根据A点和E点在焓湿图中的位置，如图4-16a所示，采用加入蒸汽进行等温加湿，当相对湿度达到A点22℃等温线与E点18℃对应的等湿线交点的相对湿度，停止加湿，再进行等湿降温到18℃，就是E的空气状态点；如果采用等焓降温方法，通过向空气中喷水，即增加了空气湿度，又降低了温度，如图4-16b所示，图中A点和E点正好在等焓线上，所以采用等焓加湿方法。

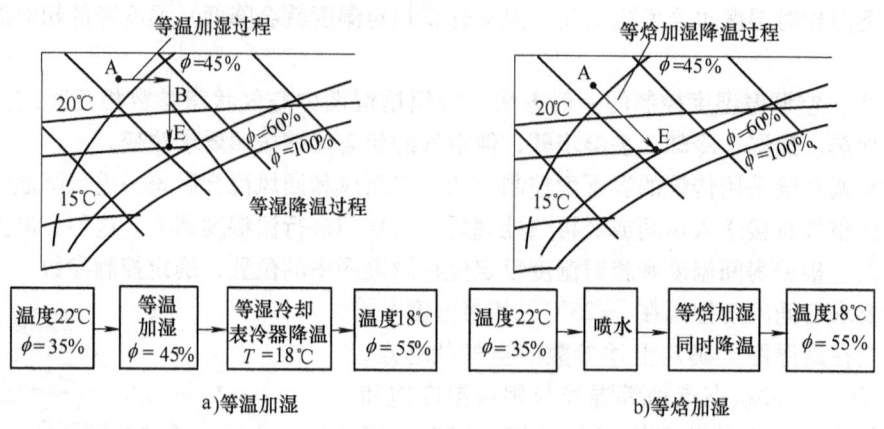

图4-16 等温加湿和等焓加湿的空气状态处理过程

（2）冬季新风加热加湿处理 冬季室外新风的气温低，如果对新风加热至室内要求的标准，这时新风中的水气总量未发生变化，即水蒸气分压 p_q 未变，因此，加热后的空气相对湿度会大大降低。为了使加热后的空气的相对湿度也能达到室内空气湿度的标准，在调节的过程中必须要进行加湿处理。图4-17所示是冬季新风加热加湿处理的一种调节方法，假设：室外温度空气状态：$t=5℃$、$\phi=60\%$，要求将空气状态处理到：$t=22℃$、$\phi=60\%$，采用等湿升温和等温加湿方法，首先将新风由图中A点等湿加热至B点22℃，然后等温加湿到C点，当相对湿度达到60%时，停止加湿操作。C点的空气状态点达到 $t=22℃$、$\phi=60\%$。

（3）夏季新风减温去湿处理 夏季新风的调节与冬季相反，新风的气温高于室内空气，需要对夏季新风进行减温去湿处理。如果对新风只进行降温至室内要求的标准，这时新风中的水气总量未发生变化，降温后的空气相对湿度会大大增加。为了使降温后的空气的相对湿度也能达到室内空气湿度的标准，在调节的过程必须要进行去湿处理。图4-18所示是夏季新风减温去湿处理的一种调节方法。

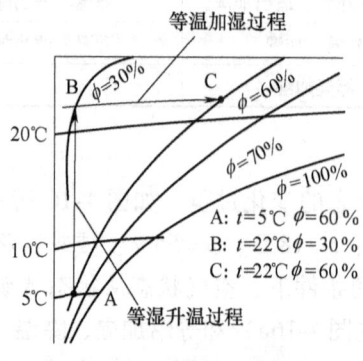

图4-17 冬季新风加热加湿处理过程

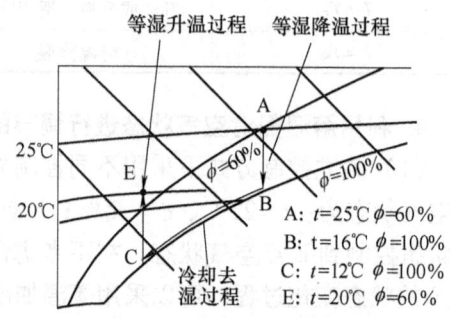

图4-18 夏季新风降温去湿处理过程

假设要将室内空气状态点：$t=25℃$、$\phi=60\%$，处理到空气状态：$t=20℃$、$\phi=60\%$。首先采用冷却去湿方式将新风空气状态由 A 点降温至 B 点 [$t=16℃$（露点温度）、$\phi=100\%$]，空气中的水分以冷凝水的方式析出，继续采用冷却去湿方式冷却降温，空气中的水分不断以冷凝水的方式析出，空气中湿度降低到 C 点 [$t=12℃$（露点温度）、$\phi=100\%$]，在 C 点采用等湿加温方式，当温度加热到 $t=20℃$ 时，这时的相对湿度即为 60%，E 点的空气状态点达到 $t=20℃$、$\phi=60\%$。

4.1.4 空调系统的组成

中央空调系统通常由冷源和热源设备、冷媒和热媒及空气输送设备、空气处理设备等组成。其中，冷热源设备包括：热泵机组、溴化锂机组等主机和各种形式的热交换器；输送设备就是驱动流体流动的运动设备，包括：水泵、风机及压缩机等；空气处理设备即空调末端设备，包括：风机盘管、空调机组、新风机组等；以及各系统的控制、检测和保护单元。中央空调系统如图 4-19 所示。

中央空调系统一般可分下列 5 个系统：

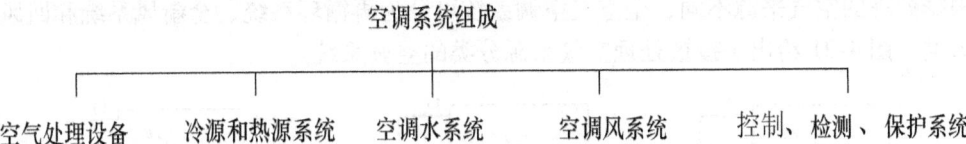

目前较常见的中央空调组成形式有：风冷热泵机组 + 空调末端形式；水冷制冷机组 + 冷却塔 + 热水锅炉（或其他热源）+ 空调末端形式；溴化锂机组 + 冷却塔 + 热源 + 空调末端形式；水源热泵机组 + 空调末端形式；风冷管道式空调系统形式；多联机空调系统形式。

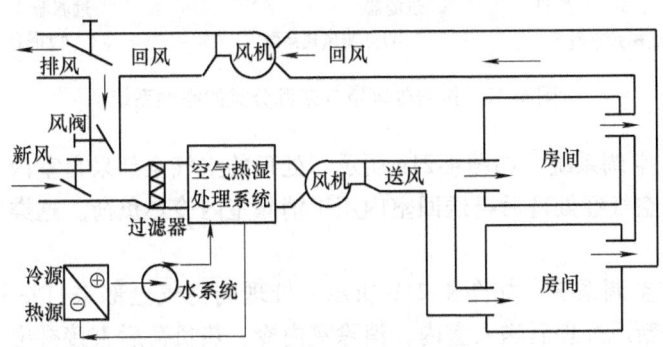

图 4-19 中央空调系统

4.1.5 空调系统的分类

根据应用对象、采用的冷热交换介质以及空气处理设备的集中程度的不同，空调系统可分为全空气集中式空调、空气-水式或全水半集中式空调系统和局部式空调、舒适性空调和工艺性空调等。图 4-20 给出了中央空调系统的主要分类。

1. 全空气集中式空调系统

全空气系统是完全由空气来负担房间内的冷负荷、热负荷或是负荷的空调系统，系统通

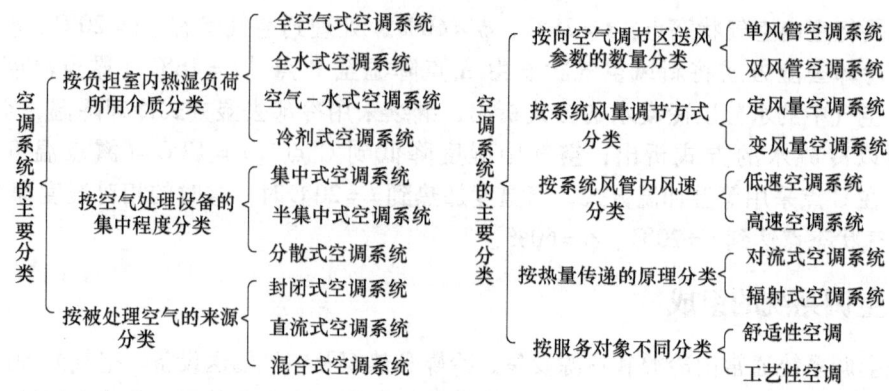

图 4-20　空调系统的主要分类

常根据房间送风参数的需求，将空气在空气处理装置中进行降温、除湿或加温、加湿等处理后，通过送风管道输送到房间中，由于空气处理设备通常设在专门的空调机房内，又称为集中式空调系统。

根据处理的空气来源不同，全空气空调系统可分为再循环系统、全新风系统和回风式系统三大类。图 4-21 给出了按被处理空气来源分类的空调系统。

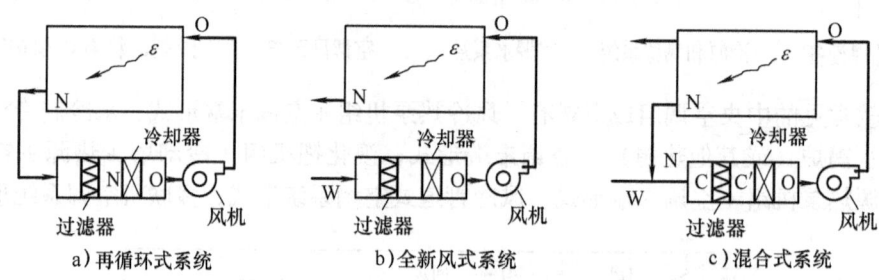

图 4-21　按被处理空气来源分类的空调系统

（1）再循环式空调系统　如图 4-21a 所示，处理的空气全部来自室内再循环的空气，不补充新风，即室内空气经处理后再送回室内用于消除室内冷热负荷。这类系统又称为封闭式空调系统。

（2）全新风式空调系统　如图 4-21b 所示，处理的空气全部来自室外新鲜的空气，将室外新鲜空气——新风处理后送入室内，消除室内冷、热负荷后直接排出室外。系统全部使用新风，室内空气得到 100% 的置换，这类系统又称为直流式空调系统。

（3）混合式空调系统　如图 4-21c 所示，对于绝大多数场合，往往需要综合这两者的利弊，部分利用回风，部分利用新风，这类系统又称为混合式空调系统。常用的有一次回风系统和一、二次回风系统。

2. 空气-水式或全水半集中式空调系统

空气调节区的室内负荷由经过处理的空气和水共同负担的空调系统称为空气-水式系统。风机盘管加新风空调系统属于半集中式空调系统，也属于空气-水式系统。系统由风机盘管机组和新风系统两部分组成，风机盘管作为空调系统的末端装置，将流过风机盘管的室内循环空气冷却或加热后再送入室内，独立新风系统向室内补充一定量的新鲜空气。加独立新风系统的空气-水式半集中式空调系统通常把一次空气处理设备和风机、冷水机组等设置在集中的空调机房内,而把二次空气处理设备设置在空气调节区内。这类系统与集中式空调系统相比,省去了回风管道,送风管道断面积也大为减小,节省建筑空间,是目前我国多层或高层民用建筑中采用最为普遍的一种空调方式。

上面提到的半集中式空调系统的三种新风供给方式中的第一种主要用于全水式半集中空

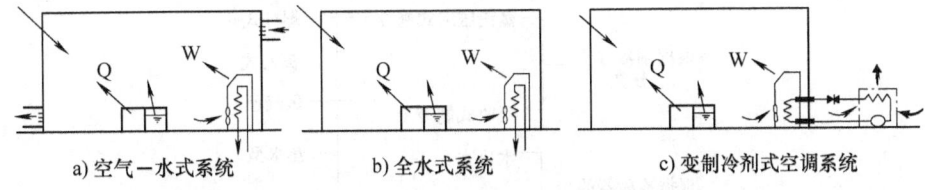

图4-22 空气-水式、全水半集中式和变制冷剂式空调系统

调系统。图4-22a和图4-22b给出了空气-水式和全水半集中式空调系统。

3. 局部式空调系统

局部式空调系统也称分散式空调系统或冷剂式空调系统。局部空调系统包括:窗式空调器、分体式空调器、柜式空调器等房间空调器以及屋顶式空调机和各种商用空调机等单元式空调机。

这类系统不需要单独的机房,使用灵活,移动方便,可满足不同的空气调节区不同的送风要求,是家用空调及车辆空调的主要形式。图4-22c是变制冷剂式空调系统的示意图。

4. 舒适性空调和工艺性空调

一般把用于工业生产和科学实验过程中的空调称为"工艺性空调",而把用于保证人体舒适度的空调称为"舒适性空调"。工艺性空调在满足特殊工艺过程特殊要求的同时,往往还要满足工作人员的舒适性要求。因此二者是密切相关的。

4.2 空调的冷热源系统监控

冷源和热源是实现空气处理过程中所必需的环节,冷源是为空气处理设备集中提供一定温度的冷媒水,而热源是为空气处理设备集中提供一定温度的热媒水,空调机组通过冷水或热水作为媒介实现温湿度的调节。工程中常见的空调采用制冷机(也称为冷水机组),而空调系统的热源通常为蒸汽或热水,可由城市集中供热或自备锅炉提供,直燃型溴化锂机组和风冷热泵机组可通过模式转换,直接转换成热源装置为空调末端设备提供热源。空调压缩式制冷系统流程如图4-23所示。

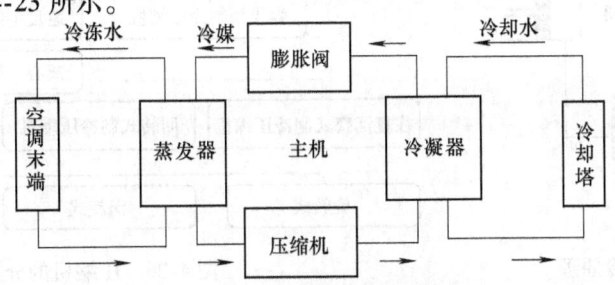

图4-23 空调压缩式制冷系统流程

目前，空调的冷源来自冷水机组。常用的有活塞式、螺杆式、离心式等压缩式冷水机组及溴化锂吸收式制冷机组。根据冷凝器的冷却介质不同，还将压缩式冷水机组分为风冷式和水冷式两种。活塞式、螺杆式和溴化锂吸收式制冷机也分为冷水机组和冷热水机组。图4-24给出了空调冷源系统的分类。

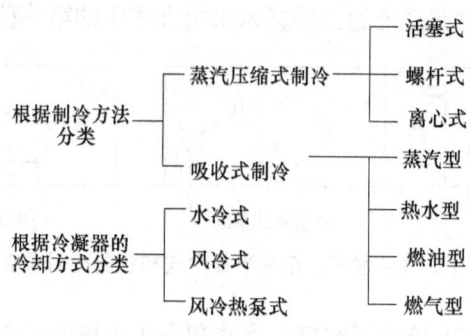

图4-24 空调冷源系统的分类

4.2.1 制冷机组的工作原理

1. 压缩式制冷机组

压缩式制冷机组由压缩机、冷凝器、蒸发器和节流部件组成，压缩式制冷原理如图4-25所示。制冷剂蒸汽在压缩机内被压缩为高压蒸汽后进入冷凝器，制冷剂和冷却水在冷凝器中进行热交换，制冷剂放热后变为高压液体，通过截流部件——热力膨胀阀后，液态制冷剂压力急剧下降，变为低压液态制冷剂后进入蒸发器。在蒸发器中，低压液态制冷剂通过与冷冻水的热交换而发生汽化，吸收冷冻水的热量而成为低压蒸汽，再经过回气管重新吸入压缩机，开始新一轮制冷循环。在此过程中，制冷量即是制冷剂在蒸发器中进行热交换时所吸收的汽化潜热。

（1）压缩机　压缩机可分为容积型和速度型两种基本类型。速度型压缩机则由旋转部件连续将角动量转换给蒸汽，再将该动量转为压力。容积型压缩机可分为活塞式和回转式两大类。回转式又可分为旋转式、涡旋式和螺杆式。速度型压缩机有离心式。图4-26给出了压缩机的分类。

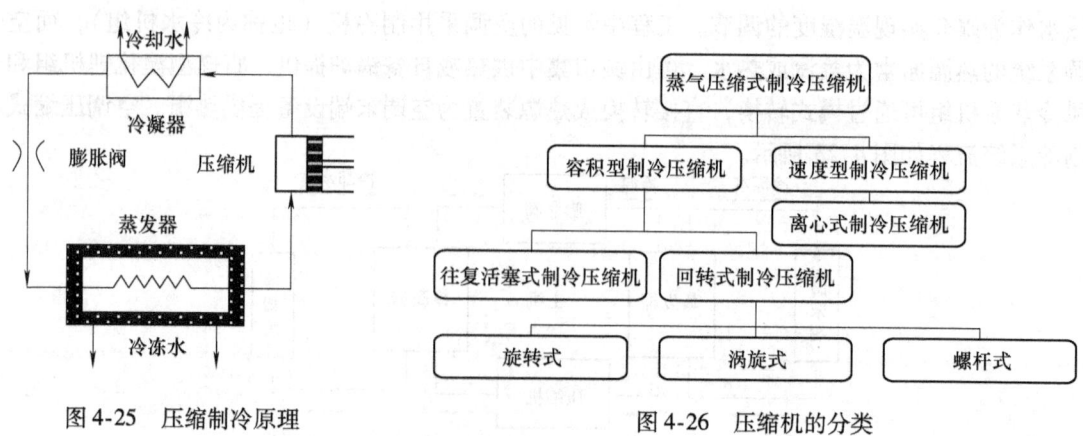

图4-25 压缩制冷原理　　　　　图4-26 压缩机的分类

目前常用的压缩机主要有活塞式、涡旋式、螺杆式以及离心式制冷压缩机。

1) 活塞式制冷压缩机多为中型（标准制冷量为 60~600kW）和小型（标准制冷量小于 60kW），但是由于其噪声大、效率低且容易发生故障，目前使用的已不多。

2) 涡旋式制冷压缩机主要用于小型制冷系统，在家用空调以及商用 VRV 等小型系统大量使用。

3) 螺杆式制冷压缩机具有结构简单、可靠性高及操作维护方便、技术成熟等特点，广泛应用于制冷、空调工艺流程中。螺杆机组通过调节滑块位置使机组的负荷在 30%~100% 范围内工作。

4) 离心式压缩机结构简单紧凑，运动件少，工作可靠，经久耐用运行费用低，并且可以实现无级调节，使机组的负荷在 30%~100% 范围内工作。

(2) 冷凝器 制冷剂在冷凝器中放出的热量由冷却介质（水或空气）带走。冷凝器按其冷却介质和冷却的方式，可以分为水冷式、空气冷却式、水和空气混合冷却式3种类型。

(3) 蒸发器 蒸发器利用液态低温制冷剂在低压下易蒸发，转变为蒸汽而吸收被冷却介质热量的特点，达到制冷目的。蒸发器按冷却介质的不同，分为液体作为载冷介质或空气等作为载冷介质两大类型。

(4) 节流部件 节流部件既是维持冷凝器中的高压和蒸发器为低压的重要部件，又是制冷剂流量的调节控制器件。节流部件按形式，可分为毛细管和节流阀，在大、中型制冷装置中应用的节流部件为节流阀，常用的节流阀有热力膨胀阀、热电膨胀阀和电子膨胀阀等。

1) 热力膨胀阀通过感受蒸发器出口制冷剂蒸汽过热度（蒸发温度和蒸发器出口温度）的大小，来调节制冷剂的流量，以维持恒定的过热度，在控制原理上属于比例调节器。图 4-27 给出了内平衡式热力膨胀阀工作原理。

由于热力膨胀阀的执行机构膜片与阀针连接的膜片变形量有限，使得阀针的运动位移较小，所以流量调节范围小。对于负荷变化较大或者采用变频压缩机的系统，热力膨胀阀便无法满足要求，而且毛细管和热力膨胀阀位置关系不能随意调节，只能现场调节弹簧的预紧力来改变过热度的设定值。

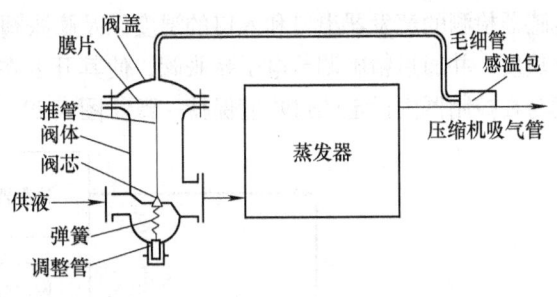

图 4-27 内平衡式热力膨胀阀工作原理

特别是在变制冷剂空调系统中，制冷剂流量的变化范围宽，也就要求膨胀阀对制冷剂流量的调节必须范围宽、调节反应快，在这种情况下，普通的热力膨胀阀已经不能满足要求。为了满足精确、快速、负荷调节范围大的需要，使制冷循环维持在最佳状态，计算机控制的电子膨胀阀需很好地适应上述要求。

2) 电子膨胀阀突破了单纯节流机构的概念，实现了制冷系统机电一体化，它是制冷系统智能化的重要环节。电子膨胀阀主要由转子、定子、阀针和阀体4部分组成。其中，转子相当于同步电动机的转子，其连接阀杆控制阀孔开度大小；定子相当于同步电动机的定子，其将电能转为磁场驱动转子转动；阀针受转子驱动，端部呈锥形，上下移动进行流量调节；阀体一般采用黄铜制造。图 4-28a 和图 4-28b 分别给出了电磁式膨胀阀和电动势膨胀阀的结构，图 4-28c 是步进电动机驱动的电动式电子膨胀阀。

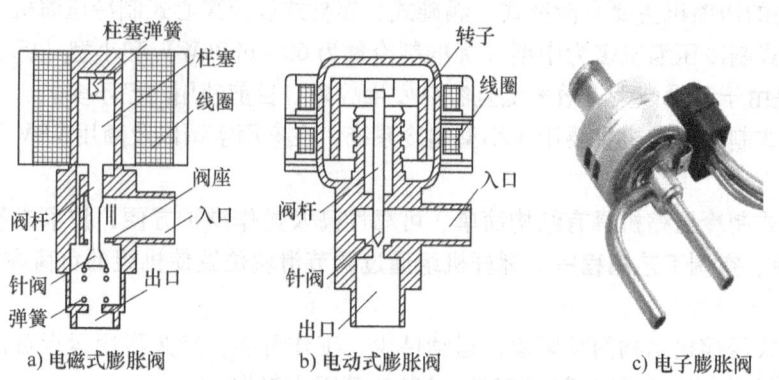

图 4-28 电磁式膨胀阀和电动势膨胀阀的结构

① 电磁式电子膨胀阀的控制形式：在电磁线圈通电前，阀针处于抬起位置，由线圈上施加的电压控制阀针位置的高低，从而调节膨胀阀的流量。电磁式膨胀阀动作响应快，但在制冷系统工作时需要一直供电。

② 电动式电子膨胀阀的控制形式：步进电动机驱动的电子膨胀阀，通过给电动机驱动施加一定逻辑关系的数字信号，使步进电动机通过螺杆驱动阀针的向前和向后运动，通过改变阀口的流通面积达到控制流量的目的。电动式膨胀阀分为直动型和减速型两种。直动型是步进电动机直接带动阀针；减速型是步进电动机通过减速齿轮推动阀针动作，通过减速齿轮组可以产生较大的推力，是一种常用的驱动方式。

3）电子膨胀阀主要应用于变频空调系统中，实现制冷剂流量的自动调节，从而使空调系统始终保持在最佳的工况下运行，达到快速制冷、温度精确控制、节省电能等目的。根据温度传感器检测的蒸发器出口和入口的温度以及膨胀阀两端的温差，在控制器内算出膨胀阀两端的过热度，并通过精确调节电子膨胀阀，使其开度在 10%~100% 的范围内改变，令实际的过热度与在控制器内设定的过热度保持一致。图 4-29 给出了电子膨胀阀控制的压缩制冷系统。

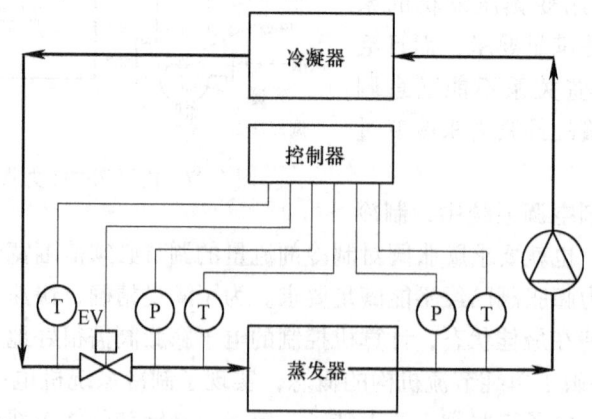

图 4-29 电子膨胀阀控制的压缩制冷系统

2. 水冷螺杆式冷水机组

螺杆冷水机组主要由压缩机、壳管式冷凝器、蒸发器等组成完整的制冷装置，用户只需接上冷却水系统和冷冻水系统就可投入使用,适用于中央空调及工艺用水等场合。

(1) 机组的一般运行参数　蒸发器出水温度7℃;蒸发压力0.46~0.49MPa;冷凝压力1.24~1.38MPa;吸气过热度0.6~1.1℃;排气过热度36℃;液体过冷度2.7~4.4℃。

(2) 机组运行参数检测与控制　表4-2给出了螺杆式冷水机组模拟信号的检测,表4-3给出了螺杆式冷水机组开关量信号的检测,表4-4给出了螺杆式冷水机组输出信号。

表4-2　机组模拟信号的检测

检测内容	检测范围	检测内容	检测范围
出水口温度	0~50℃	内压比	3.5~7.5
吸气温度	-50~100℃	吸气压力	0~1.6MPa
排气温度	0~100℃	排气压力	0~2.5MPa
油温	0~100℃	油滤前油压检测	0~2.5MPa
能量位置	40%~100%	油滤后油压检测	0~2.5MPa

表4-3　机组开关量信号的检测

检测内容	检测内容	检测内容	检测内容
油泵电动机过载	压缩机运行反馈	低压开关	油泵关
压缩机电压过载	断水保护	手/自动切换	压缩机开
油泵运行反馈	高压开关	油泵开	压缩机停

表4-4　螺杆式冷水机组输出信号

输出内容	输出内容	输出内容	输出内容
油泵起动	能量减载	油温控制阀开关	吸气压力旁通阀开
压缩机运行	内压比增	报警开关	
能量增载	内压比减	能量旁通阀开	

(3) 传感器选择

1) 压力变送器:吸气压力变送器测量范围:0~1.6MPa;排气压力变送器测量范围:0~2.5MPa;油滤前油压变送器测量范围:0~2.5MPa;油滤后油压变送器测量范围:0~2.5MPa。

2) 温度传感器:选用Pt1000热电阻三支。吸气温度传感器测量范围:-50~50℃;排气温度传感器测量范围:0~100℃;油温传感器测量范围:0~100℃。

3) 能量位置传感器:能量位置传感器,测量范围:40~100%。

(4) 系统控制

1) 机组开机控制:开机控制包括:冷冻水泵、冷却水泵起动、油泵起动及压缩机起动:

① 起动冷冻水泵、冷却水泵,同时检测水流开关的状态。冷水机组对冷却水水温有比较严格的进水水温要求,水温不能过低,一般进水温度高于20℃为好。如果不能满足要求,要采取对冷却水流量进行控制,关小冷却水出水阀门,关闭冷却塔风机等措施。起动水泵后,保证水系统内有足够的水循环,不得夹带气体。

② 起动油泵，能量减至5%以下时定位，油泵运行1min后，起动压缩机电动机。

③ 起动压缩机电动机，压缩机电动机15s完成Y－△角转换，在压缩机电动机运行1min、油温高于35℃，调节能量位置100%后，根据需要调节内压比开关。

开机后首要任务是检测水压和水温等模拟量，必须保证可靠建立压差，保证在3min之内吸、排气之间有0.206kPa的压差。由于压缩机内没有油泵，是靠吸、排气压差供油、回油、上卸载，在最短时间内建立压差对机组十分有利，如果压差3min没有建立起来，机组应发出报警，压缩机会出现低油位报警。在天气较冷时或冷却水温比较低时，开机前先不要打开冷却塔风扇，可关小冷凝器出水。开机后，在压差建立完成，排气压力升到1.3MPa时，可把冷凝器出水开大，若排气压力上升到1.4MPa时，出水阀全开，并依次打开冷却塔风扇，把排气压力控制在1.3～1.4MPa之间。

2）机组停机控制。首先将能量级减载到最低，停主机、30s后关闭油泵电动机；再停冷却泵，15min停冷冻水泵；关闭所有控制阀开关。

3）油泵起停控制：起动电加热，当油温升至30℃后，停止加热，起动冷冻水泵和冷却水泵，为冷凝器、蒸发器、油冷却器供水，上述起动完成后起动油泵电动机。

4）压缩机起停控制：油泵等正常工作后，可以起动压缩机，控制器根据输入水温设定值自动控制冷水出口的温度。即根据冷水出口温度，调节滑阀的工作位置，自动调节能量范围为40%～100%。

5）能量增减控制：系统输出开关量信号，由开关量输出信号驱动控制能量（或内容积比）的电磁阀推动滑阀移动，从而实现对压缩机输出能量的调节。对电磁阀通电时间的长短决定滑阀移动距离，而通电时间由控制器决定。

（5）安全保护　螺杆冷水机组运行过程中，要监测压力、排气温度、能量调节四通阀的相关参数。

1）高压控制器：设定值1.6MPa。

2）低压控制器：设定值0.32MPa。

3）油温控制器：油温的高低直接影响润滑油的粘度，从而影响润滑油分离的效果。因此，采用温度控制器来控制它的油温，当油温高于70℃时，油温控制器可使压缩机停止运行。

4）油压差控制器：当油压高于排气压力0.2MPa时，压缩机才能运行，而低于0.15MPa时，压缩机停止运行。油压差控制器本身具有45～60s延时机构，以保证压缩机正常起动。

5）润滑油精滤器压差控制器：润滑油精滤器进出口压差的大小是润滑油精滤器堵塞程度的一种反映，压差越大，说明润滑油精滤器的堵塞越厉害。当压差达到0.1MPa时，润滑油精滤器的堵塞程度将对系统的供油量产生危害，这时应停机，将润滑油精滤器清洗干净后，再投入使用。

6）冷水出水温度控制器：控制冷水的出口温度高于2℃，避免机组在低负荷下运行并防止蒸发器冻裂等事故。

7）安全阀：当高压控制器失灵时，系统的高压侧压力上升至1.8MPa，为防止高压压力的继续上升而导致破坏性事故，安全阀自动起跳，将排出的高压制冷剂导入低压部分。

此外，冷水机组还带有主电动机过载保护、冷水流量开关保护等。

3. 吸收式制冷机组

吸收式制冷是用热能作动力的制冷方法。与压缩式制冷一样，都是利用制冷剂汽化吸热来实现制冷。两者的区别是：压缩式制冷以电为能源，而吸收式制冷则是以热为能源。

吸收式机组分为冷水机组、冷热水机组和热泵机组。其驱动热源分为蒸汽型、直燃型和热水型。吸收式制冷机中所用的工质是由两种沸点不同的物质组成的二元混合物（溶液）。低沸点的物质是制冷剂，高沸点的物质是吸收剂。在大型民用建筑的空调制冷中，吸收式制冷机组所采用的制冷剂通常是溴化锂水溶液，其中，水为制冷剂、溴化锂溶液为吸收剂，可制取0℃以上的低温水。在一个大气压下，水的沸点为100℃，而溴化锂的沸点为1265℃，两者相差1165℃。因此，溶液沸腾时，产生的蒸汽几乎全是水的成分，无溴化锂成分。这样，在溴化锂吸收式制冷机中，无须设分离蒸汽中吸收剂的精馏装置。

（1）吸收式制冷机的工作原理　吸收式制冷机组由发生器、冷凝器、蒸发器、节流阀、泵和溶液热交换器等组成，其工作原理如图4-30所示，制冷系统中有两个循环——制冷剂循环和溶液循环。

虽然溴化锂制冷机组的蒸发温度不可能低于0℃，但是在高层民用建筑的空调系统中，由于空调冷冻水要求的温度通常为5~7℃，因此，溴化锂机组还是比较容易满足使用要求的。

溴化锂机组的自动控制系统主要由程序顺序控制系统、能量调节系统、安全保护系统3部分组成。

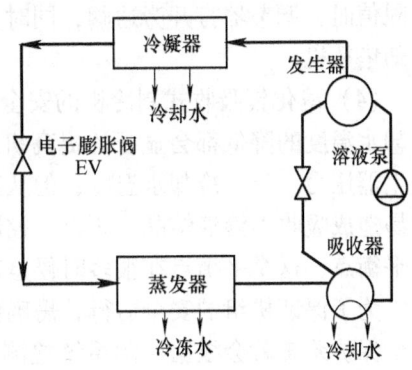

图4-30　吸收式制冷工作原理

（2）吸收式制冷机程序顺序控制系统　溴化锂吸收式制冷机组由溶液泵、冷剂泵、冷媒水泵、冷却水泵、燃烧器部件等组成。在系统运行时，要对各设备进行控制，同时，制冷系统的开机和停机时间都较长，一般大型制冷系统运行时，开机时间约需30~40min，停机时间约20min。系统在停机过程中，为了防止机组出现结晶现象，要有一段较长的稀释过程，直到机内溶液充分混合，才能停止溶液泵和冷机水泵的运转。所以，开机和停机的控制是溴化锂机组控制系统的一个重要组成部分。对于常用的机型及在额定工况下，采用程序控制完成开机和停机。

1）程控开机方式：接通主电源——起动冷媒水泵、冷却水泵、冷却塔风机；检测冷却水温度，以防温度过低发生结晶；安全保护装置工作——对系统进行自动检测；起动溶液泵，当发生器液面已处于正常位置时打开热源；当蒸发器液位达到正常高度或延迟后，起动冷剂泵。

2）程控停机方式：切断热源——溶液泵、冷剂水泵继续运转；当稀释时间达到设定时间或温度达到设定值，停溶液泵、冷剂水泵；关闭冷媒水泵、冷却水泵和冷却塔风机；切断总电源。

（3）溴化锂吸收式制冷机的能量调节　控制系统的任务就是在冷却水的流量、温度和工作蒸汽压力的变化或空调负荷的变换、室外天气等外界条件发生变化时，通过对热源、溶液循环量等参数的自动检测和调节，使机组高效稳定运行。

1）冷媒水的温度控制：冷媒水的温度控制采用温度传感器检测冷媒水出口温度，由

DDC 根据温度设定，调节高压发生器的供热量，进而调节溴化锂机组的制冷量。

例如：直燃溴化锂制冷机组，当外界负荷减小，冷媒水出口温度降低，这时，通过控制燃烧器减小燃烧量以适应外界热负荷的变化。燃烧器采用角行程蝶阀，实现热量的无级调节。

2) 溶液循环量的控制：溶液循环量的控制实际上主要是对高压发生器液位的控制。系统的制冷量的变化会引起高压发生器中液位的变动，当制冷量负荷增加时，冷媒水出口水温度升高，此时，应控制燃烧器阀门开度，增加供热量，由于热源参数的提高，将蒸发出更多的水蒸气，导致高压发生器的液位下降；反之，当负荷减小时，减小供热量，蒸汽量也减少，造成高压发生器液位上升。

3) 冷却水的系统的控制：冷却水的温度对制冷机运行工况有较大的影响，一般在冷却水低于 21℃时，机器容易发生结晶。采用在冷却泵前设置温度传感器，当冷却水温度低于下限值时，调节器打开旁通阀，同时关闭冷却塔风机。当水温升高时，调节器发出指令起动冷却塔风机。

(4) 溴化锂吸收式制冷机的安全保护系统　溴化锂制冷系统的高压发生器压力升高或冷却水温度的降低都会显著的提高机组的 COP 值，从效率的角度来讲，应提高机组的高压发生器压力，降低冷却水温度；但从系统安全的角度来讲，压力的提高和冷却水温度的降低容易造成吸收器溶液结晶。所以，控制系统的一个重要任务是需要在效率和安全之间寻找一个平衡点，这个平衡点在很多时候是动态的，需要根据系统的运行状况进行判断。

为了保证机组的安全运行，需确保一旦出现系统继续运行可能导致不良后果的情况时，安全保护系统就会根据控制系统检测到的有关参数（如温度、压力、液位等）的异常，使溴化锂制冷机组全部或部分（泵，蒸汽阀）自动停止，并发出声光报警信号。

1) 冷媒水流量保护装置：溴化锂机组在运行中其冷媒水流量调节幅度只有额定流量的 80%，故对溴冷机组设置冷媒水流量保护并使其正常工作是十分重要的。蒸发器冷媒水进、出口的压差随流量的增大而增大，反之则减小。采用压差继电器检测蒸发器的冷媒水的进、出口的压差，并将继电器的常闭接点串接在主控制回路中。根据流量与压差的关系，整定压差继电器的保护点。当系统冷媒水流量降低到额定流量的 80%时，压差继电器动作，切断主控制回路、制冷机停止运行；当流量回复到额定流量的 95%时，方可重新起动机组运行。

2) 高压发生器溶液的超温保护：高压发生器内温度对机组的性能影响很大，因此，必须对溶液的温度进行保护。使用铂电阻温度传感器检测高压发生器内溶液的温度，当溶液温度超越限定值时（>165℃），报警停机。

3) 高压发生器压力保护：当高压发生器内压力升高时，报警停机。

4) 冷媒水的低温保护：在溴冷机组运行中，如果空调系统的冷负荷很小，造成回水温度低，即使燃料供应量很小，仍然不能停止冷媒水温度下降趋势时，或当蒸发器冷媒水出口温度低于 3.5℃时，安装在冷媒水出口处的温度传感器将检测值送给调节器，调节器输出控制关闭燃料调节阀，使机组进入稀释运行状态，以防止机组发生冻结事故。当机组稀释运行 30min 后冷媒水若仍然低于 5.5℃，机组将全部停止，待水温上升到 5.5℃后再自动起动机组运行；如果当稀释运行不到 30min 冷媒水温度上升到 5.5℃，机组将立即转向正常运行状态。

5) 冷剂水液位保护：蒸发器液囊内的冷剂水液位在运行工况发生变化时波动较大。液位高了可以通过溢流解决,但当液位过低容易造成蒸发泵的气蚀。为了保证蒸发器液囊内有一定的水位,在液囊内安装液位计,当液位下降时,输出信号给液位调节器,使蒸发泵停止运行,从而达到保护的目的。

4. 热泵机组与地源热泵

(1) 热泵原理 把低位能的热能输送至高位能的热能的机械装置为热泵。热泵的供热量来自两部分,一部分是从低温热源中吸收热量,一般占总热量的70%~75%;另一部分则是有机械功转换而来,一般占总供热量的25%~30%,完成低能级热量的逆向传输。

热泵就是应用冷凝器排出的热量进行供热的制冷系统。热泵和制冷机的工作原理和过程是完全相同。通过一个电磁四通换向阀,以切换高低压制冷剂在管道中的流向,采用双节流机构(节流机构配有止回阀)、冷凝器与蒸发器匹配设计,使其既能制冷又能制热。

1) 压缩制冷循环方式:如图4-31a是热泵型空调机组制冷工况,系统包括压缩、冷凝、节流和蒸发4个热力过程。

2) 制热方式有两种:一种是电热方式,通过电热丝加热;另一种是热泵制热,即气态制冷剂冷凝放热。如果将蒸发器改作冷凝器,而将冷凝器改作蒸发器,就从制冷状态转变为制热状态,而热泵型空调器就是根据这个原理设计的,如图4-31所示,图4-31b给出了热泵型空调机组制热工况。

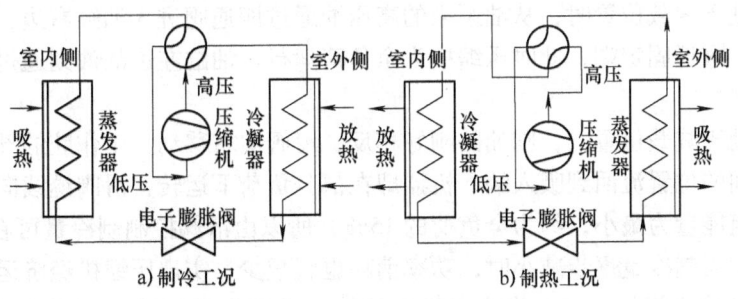

图4-31 热泵型空调机组运行原理

(2) 地源热泵系统 地源热泵是一种利用浅层地热资源的既可供热又可制冷的高效节能空调设备。地源热泵通过输入少量的高品位能源(如电能),实现由低温位热能向高温位热能的转移。地能分别在冬季作为热泵供热的热源和夏季制冷的冷源,即在冬季,把地能中的热量取出来,提高温度后,供给室内采暖;夏季,把室内的热量取出来,释放到地能中去。通常地源热泵消耗1kW·h的能量,用户可以得到4kW·h以上的热量或冷量。

5. 几种常用冷水机组的特点

(1) 活塞式冷水机组 活塞式冷水机组的特点是可以根据负荷要求自动控制压缩机台数及压力、温度、制冷量等参数。制冷量可实现25%~100%分级调节。活塞机组能量调节的几种方法如下:

1) 压缩机的间歇运行:在小型制冷机中,经常采用使压缩机间歇运行的方法来实现调节室温的目的。这种能量调节方法只用于功率10kW设备中,对于容量较大的压缩机,机器的频繁起停能量损失大,而且影响设备寿命和供电回路中电压的稳定以及其他设备的正常工作。

2) 旁通调节调节:将吸、排气腔连通,压缩机排气直接返回吸气腔,实现输气量调节。

3) 顶开吸气阀片来调节输气量：调节机构将压缩机的吸气阀片强制顶离阀座，使吸汽阀始终处于开启状态。压缩机吸气过程中，低压蒸汽从吸气阀吸入，压缩过程中因压力无法升高，排气阀始终处于关闭状态，低压蒸汽又通过吸汽阀重新回到吸气腔，因此使该气缸的输气量为零，达到输气量调节的目的。由于吸气阀片关闭时阀座密封面所在位置不同，顶开的方式也不同。

4) 变速调节：可分为有级变速调节和无级变速调节两种调节方法。有级变速通过改变电动机的级对数实现。无级变速的压缩机采用变频，其输气量的调节更适应用户的需要。

5) 起动卸载：为降低起动时电动机的负荷，采用起动卸载的方法。

(2) 螺杆式冷水机组　螺杆式冷水机组的特点是可设定冷媒水出水温度和控制精度，调节压力比和多台机组最佳匹配运行。可自动检测运行参数及显示故障种类。其制冷量在 10% ~ 100% 范围内，可实现无级的调节。

螺杆冷水机组的制冷量调节是通过滑阀控制装置来实现的。滑阀能量调节装置是由装在压缩机内的滑阀、油缸活塞、能量指示器及油管路、手动四通阀或电磁换向阀组成。电磁换向阀可用于自动调节。滑阀位置受油活塞位置控制。手动四通阀有增载、减载和定位 3 个手柄位置。

当四通阀处于增载位置时，从油泵来的高压油通过四通阀进入油缸右边，油活塞则带动滑阀向左移动，靠近固定端，此时压缩机为全负荷运行。油缸左边的油则通过四通阀流回压缩机的吸入腔。

当四通阀处于减载位置时，则油路刚好相反，滑阀向右移动，工作腔的部分气体则从滑阀与固定端之间的位置流回到吸入端，机器即在部分负荷下运转，滑阀继续向右移动直到右止点，此时机组能量为最小，约为全负荷的 15%，所以由滑阀控制制冷量可在 15% ~ 100% 之间无级调节。当制冷量逐步减小时，功率消耗也就减少，实现压缩机经济运行。

(3) 离心式冷水机组　离心式冷水机组的特点是蒸发器和冷凝器可做在一个筒体中，作为压缩机的机座，使用面积和空间小，对基础要求不高。其制冷量可在 10% ~ 100% 范围内无级调节，考虑到小制冷量下效率较低，制冷量一般在 30% ~ 100% 范围内调节。

离心机组的能量调节。离心式压缩机为适应部分负荷而采用的能量调节的方式有 3 种：进/出口节流调节、导流叶片调节以及变频调速调节。

1) 导流叶片调节是通过在压缩机叶轮入口前设置可转动导流叶片，并由专门的调节机构使各导向叶片能绕自身旋绕，从而可改变导流叶片的安装角，使进入叶轮的气流产生预旋转，以改变压缩机特性曲线（压缩机压比和效率随流量变化曲线）而实现压缩机的能量调节。

2) 变频调速调节是通过变频器调节电源的频率，改变电动机的转速进而达到能量调节的目的。当压缩机的转速改变时，其特性曲线也会相应地改变，因此可以实现压缩机的能量调节，压缩机能量压头正比于转速的平方，所以用变转速调节法可以得到相当大的调节范围。

因为不存在入口冲角，改变转速的调节方法不会引起其他附加的损失，压缩机可以保持较高的效率，所以它是一种更节能的调节方法。

4.2.2 暖通空调的热源设备

1. 暖通空调的热源设备分类

暖通空调的热源设备通常根据热源介质、能源燃料种类、热源来源和设备承压等分类，如图 4-32 所示。

（1）蒸汽锅炉供热　在采用蒸汽作为空调热源的系统中，以城市热网或工厂、小区和单位自建的蒸汽锅炉提供的高温蒸汽作为热源。作为热源的蒸汽通常是压力在 0.2MPa 以下的蒸汽。当蒸汽进入热交换器，放出潜热后冷凝成凝结水。凝结水回流到中间水箱，通过水泵送回蒸汽锅炉再加热。

（2）热水锅炉供热　在采用热水作为空调热源的系统中，通常由城市热网或工厂、小区和单位自建的热水锅炉提供高温热水。经换热

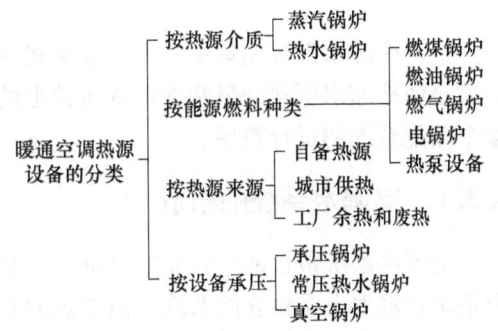

图 4-32　暖通空调的热源设备分类

器换热后，变成空调热水。使用热水比使用蒸汽安全，传热比较稳定。采用热水作为空调热源的系统得到广泛的运用。

（3）自备热源装置　锅炉按用途有动力锅炉和供热锅炉之分。锅炉类型及台数的选择，取决于锅炉的供热负荷和产热量、供热介质和当地燃料供应情况等因素。锅炉的数量一般不少于两台。

2. 热交换方法

空调系统终端热媒通常是 50～60℃ 热水，一般蒸汽锅炉所产生蒸汽是饱和蒸汽，而电厂产生的尾段蒸汽是过热蒸汽，锅炉提供的经常是高温蒸汽或是 90～95℃ 高温热水。所以，在空调系统中要进行高温蒸汽或高温热水与空调热水的转换。热源的换热方法基本分为两种：间接换热和直接换热。不同的方法，热能的利用率不同，投资也会不同。间接换热一般情况是将高品位热能通过传导变为热水；直接换热是将高品位热能与水直接混合形成热水。

（1）间接换热　用蒸汽锅炉作热源时，需要进行二次换热，将蒸汽通过热交换器加热空调循环水。供热用蒸汽锅炉供给的饱和蒸汽，其压力一般为 0.2～0.8MPa，经过汽-水换热器换热后成为凝结水，经疏水器排出。为了防止高压凝结排出时产生的二次蒸汽，一般应通过水-水换热器，将凝结水过冷，然后排至凝结水箱，再由水泵扬送回到锅炉房。空调回水先经过水-水换热器预热后，进入汽-水换热器经加热后供各空调末端用户使用。图 4-33 给出了蒸汽锅炉工艺流程。

间接换热最大的优点是蒸汽与水分为两个独立的系统，故两系统之间压力互不影响。

（2）直接换热　直接换热是将蒸汽与水直接混合，其特点是换热速度快、热效率高，可以做到基本无热量损失。直接换热对水质无要求，采暖、空调可直接加生水进行换热。直接换热还具有除氧功能，可

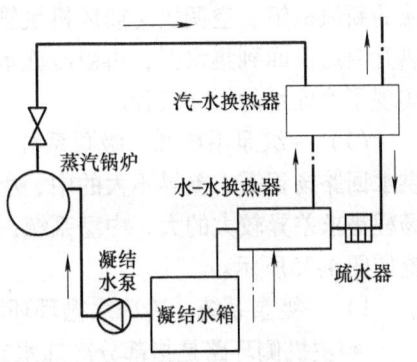

图 4-33　蒸汽锅炉工艺流程

以延长换热器及系统使用寿命。

直接换热的不足之处是汽-水为一个整体系统,当蒸汽压力波动时,会造成供热系统压力波动。

4.3 空调冷源水系统的自动控制

空调冷源水系统是集中式和半集中式空调系统的冷媒水和冷却水的输送系统,其主要目的就是使冷冻水所载冷量和冷却水所带走的热量与不断变化的空调末端负荷相匹配,并降低整个输配系统的运行费用。

4.3.1 空调水系统的组成

空调水系统包含两个独立的系统,即空调冷冻水循环系统和空调冷却水循环系统。这两个系统在水力上是独立的系统,但在热力上却是紧密相关、不可分割的整体。空调冷冻水系统把室内的热量带入制冷工质中,然后冷却水系统将其从制冷工质排入大气。图4-34给出了中央空调冷源水系统的组成。

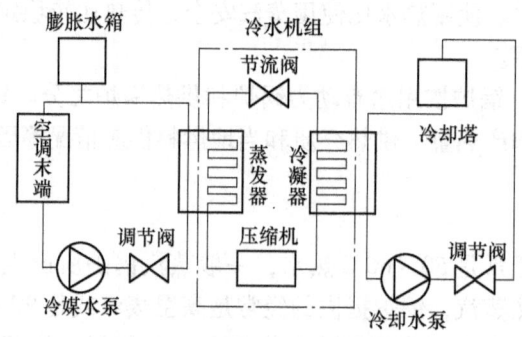

图4-34 中央空调冷源水系统的组成

1. 冷冻水系统

冷冻水系统是把冷源产生的冷量通过管网输送到空调末端的系统。中央空调冷冻水系统由冷水机组、冷冻水循环泵、分水器/集水器、压差旁路调节和空调末端等构成。冷水机组设置在空调制冷机房。多台冷水机组所制成的冷冻水进入分水器,由分水器输送给各空调末端的新风机组、空调机组或风机盘管等空调设备,冷冻水与末端设备进行水/气热交换、吸热升温后返回到集水器,再由冷冻水循环泵加压后进入冷水机组的蒸发器循环制冷,这样就实现了冷冻水的循环过程。

(1) 一级泵系统和二级泵系统 空调冷源水系统分为一级泵系统和二级泵系统。对于供水回路扬程需求差异不大的中、小型中央空调水系统,宜采用一级泵系统;对于供水回路扬程需求差异较大的大、中型系统,适合采用二级泵系统。冷冻水系统的一级泵和二级泵系统如图4-35所示。

1) 一级泵系统。冷冻水循环环路分为主机侧(冷源侧)环路和负荷侧环路。

- 主机侧环路是指部分冷冻水经过冷水机组至分水器,再由分水器经旁通管路进入集水器,由集水器返回冷水机组,该环路负责冷水的制备;

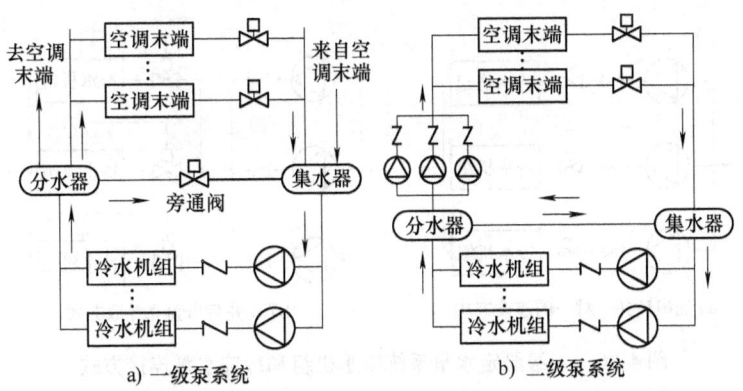

图 4-35 冷冻水系统的一级泵和二级泵系统

- 负荷侧环路是指冷冻水从分水器经空调末端能量转换后返回集水器，由集水器返回冷水机组，该环路负责为空调末端提供冷源。

一级泵水系统指主机侧和负荷侧合用一组循环水泵，循环水泵安装在主机侧。冷冻水泵通常与冷水机组一一对应，在末端负荷减小时，由旁通调节阀进行流量补偿，以保证制冷机组蒸发器水量稳定，如图 4-35a 所示。一级泵系统的特点有：

- 水泵要克服冷机侧的阻力和空调末端阻力，流量和扬程要根据主机流量和最不利环路的水阻力进行选择，配置功率比较大；
- 水泵与主机一一对应，水泵的设计流量为制冷机蒸发器的额定流量；
- 运行中，主机侧的冷冻水的水量大于或等于负荷侧的水量；
- 旁通水流单向流动，主机侧多余的水量从系统的分水器经压差控制的旁通管在集水器与系统的回水混合后再进入蒸发器；
- 空调末端的温度控制可采用两通阀（开关量或模拟量）或三通阀。

2）二级泵系统。二级泵系统在一级泵系统的基础上在负荷侧增加一组循环水泵，将冷冻水系统分为制备和输送两个部分，降低了各自管路的承压。其末端的二通阀调节和相关设备的台数控制基本与一级泵系统相同。当负荷侧水量变化时，二级泵可根据环路负荷侧的变化进行独立控制，通过变频调节水泵转速，减少了能量的消耗。在负荷侧和冷机侧之间设旁通管用以平衡一、二次冷冻水量的差异。二级泵系统如图 4-35b 所示。二级泵系统的特点有：

- 一级泵负责克服冷机侧的阻力，一级泵与冷水机组一一对应，水泵设计流量为冷水机组蒸发器额定流量，二级泵用来克服从旁通管到末端，再到旁通管的用户侧水环路阻力。二级泵可以在不同的末端环路上单独设置；
- 一级泵与主机一一对应，水泵的设计流量为制冷机蒸发器的额定流量，一级泵与相对应的冷水机组联锁起停，通过起停一级泵与相应冷水机组来调节冷水生产环路的水流量；
- 运行中，冷机侧的冷冻水的水量大于或等于负荷侧的水量；
- 旁通管水流双向流动；
- 空调末端的温度控制可采用两通阀（开关量或模拟量）或三通阀。

(2) 冷水机组和冷冻水泵的连接方式　冷冻水泵要位于冷水机组的回水管上，以保证机组内的正压和稳定的冷冻水流量。一级泵定水量系统冷水机组和冷冻水泵连接方式如图 4-36 所示。

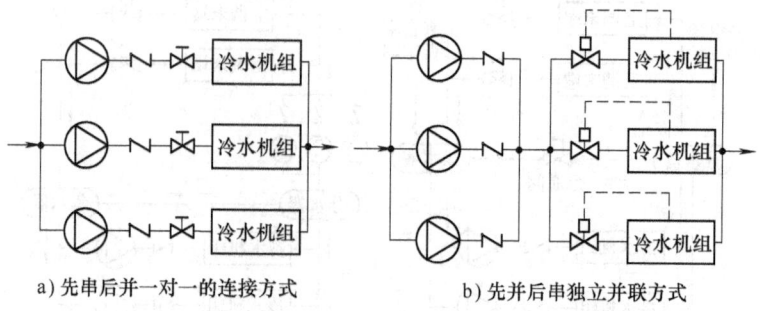

a) 先串后并一对一的连接方式   b) 先并后串独立并联方式

图 4-36 一级泵定水量系统冷水机组和冷冻水泵连接方式

1) 水泵和冷水机组先串后并一对一的连接方式。如果对机房大小没有限制，可采用如图 4-36a 所示的先串后并一对一的连接方式，由于水泵出口止回阀的作用，各制冷机组可独立运行，不用考虑冷冻水经由停止的冷水机组及水泵的回水问题。但一对一方式在起动或停止其中一台制冷机及同组水泵时，管路的冷冻水会突增或突减至一个值，冷水变化率较大，平滑性差。

2) 水泵和制冷机组先并后串的独立并联方式。图 4-36b 给出了一级泵定水量系统的先并后串独立并联方式，这种连接方式具有简洁、方便的优点，但在部分冷水机组处于未工作的状态时，如果冷水机组的管路上的阀门未关闭，则冷冻水就会出现旁通分流的现象。冷水旁通分流会影响冷水机组效能的发挥，降低冷水机组的 COP 值。解决的方法是：电动蝶阀、冷水机组、冷却水泵和冷冻水泵设计为联锁运行控制，每台制冷机出水口处装有电动蝶阀，制冷机组的起停与电动蝶阀联动，在冷水机停止工作时关断管道。

这种系统中泵的运行台数无须与制冷机运行台数一一对应，制冷机组的起停数量由末端空调总负荷决定，而冷水泵起停数量则根据末端空调水流量实际需求值来决定。该系统可以适应负荷对象的不同要求。例如，在冷负荷需要供回水温差 Δt 很大或者需要特别低温的冷冻水的情况下，水系统可采用两台水泵 + 三台制冷机运行的方案；在部分低负荷下，需要 Δt 较小，这时可采用多台水泵 + 少制冷机的运行方案。这时，每台制冷机都基本会达到满负荷运行状态，对压缩机定速的制冷机来说十分有利。

(3) 定流量系统及负荷侧空调末端的水流量调节 冷冻水的定流量系统是指冷冻水的负荷侧循环水量与空调负荷变化无关，即水系统中输配管路的流量保持不变。

定流量系统采用恒速泵控制、不需要复杂的控制设备，但是输水量是按照最大空调冷负荷来确定的，因此，循环泵通常在最大转速下运行，当空调系统处于部分负荷时会造成能源浪费。

为了能保证空调冷水系统负荷侧的定流量，同时保证每个空调末端都能满足各自的温度控制参数，空调末端配置电动三通阀，在保证主回路流量稳定的前提下，调节进入空调末端的流量，通过改变供、回水的水量来满足房间负荷的变化的需要，图 4-37 给出了电动三通阀控制的定流量系统。控制系统包括：温度传感器、温度控制器和电动调节阀等。安装在室内的温度传感器检测的室内温度信号并传送至温控器，温控器将温度检测值与设定值比较，输出控制信号，通过调节三通阀的开度控制进入末端盘管的水量，使环境温度保持在设定的温度范围内。

注意：采用电动三通阀进行流量调节的方法，只改变进入空调末端的流量，并未改变输配管路的流量。无论负荷侧的负荷如何变化，整个水系统循环泵的流量是不变的，它无助于水系统的节能。如图4-38所示是负荷侧采用三通阀的一级泵定流量系统。

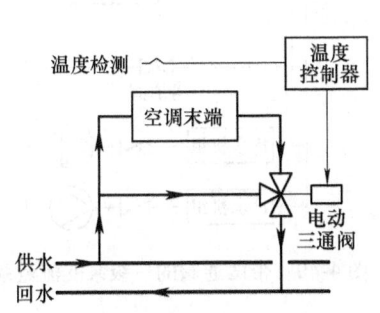

图4-37 电动三通阀控制的定流量系统

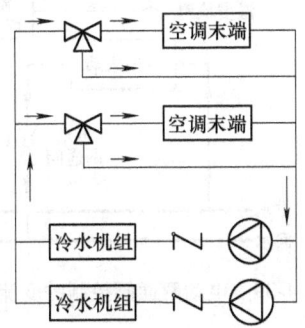

图4-38 带三通阀的一级泵定流量系统

由于空调末端采用三通阀，供水和回水的流量相等，是一种定流量水系统，这种定流量系统采用恒速泵和循环泵台数控制方法，并且省去集水器和分水器之间的旁通阀。

（4）变流量系统及负荷侧空调末端的水流量调节

1）变流量系统。变流量系统是指水系统中输配管路的流量随着空调末端流量的调节而改变。当空调负荷变化时，通过改变供水量来进行调节，系统的最大输水量按照综合最大冷负荷计算，所以水泵功率及输送能耗随着负荷的减少而降低。变流量系统适用于大面积的高层建筑空调全年运行的系统。

变流量系统是在空调末端管路上安装电动两通调节阀，并受室温控制器的控制。

如图4-39所示为电动两通阀控制的变流量系统。在夏季，当房间负荷大于设定值时，电动两通阀开大，增加向空调末端的冷冻水供应；当房间负荷低于设定值时，电动两通阀关小，减少向空调末端的供水。

目前，凡是变流量系统，总要在末端设备上安装电动两通阀。整个水系统的流量是随末端负荷变化而变化的，这就需要循环水系统要通过控制循环泵的起停或变频控制循环泵转速以适应水流量变化，从而可以达到降低输水系统动力消耗的目的。

2）负荷侧采用两通阀的定转速变流量一级泵系统。图4-40给出了带两通阀的一级泵变流量系统。该系统的空调末端采用两通阀控制，水泵与主机一一对应，水泵的设计流量为蒸发器的额定流量，在分水器和集水器之间设置管和旁通阀。当两通阀根据负荷需要调节空调末端冷冻水的流量时，就会改变冷冻水的供回水流量，当冷源侧的水量大于负荷侧的需求水量时，多余的水量就要经过旁通管与系统的回水混合再进入蒸发器；旁通水流为单向流动，从系统的供水管直接旁通到系统回水管。

3）冷冻水环路压差的自动控制。在一级泵定水量空调系统中要引入旁通阀的开度控制。控制目的就是要保证通过运行中的制冷机蒸发器的流量高于最小额定流量。为了协调空调冷冻水回路冷源侧的恒流量与用户负荷侧变流量之间的矛盾，设置压差旁通阀、采用压差旁路调节控制是最常用的方案。

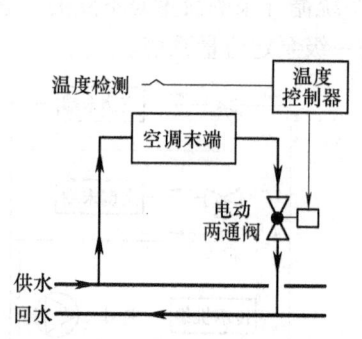 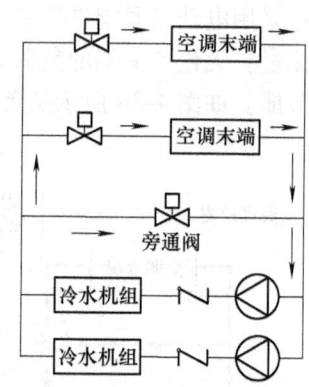

图 4-39　电动两通阀控制的变流量系统　　　图 4-40　带两通阀的一级泵变流量系统

在冷冻水的供水总管和回水总管上设置旁通管，控制旁通阀使蒸发器侧和用户侧的流量平衡。当系统满负荷运行时，用户侧的两通阀处于全开状态，供回水的水量相等，旁通阀完全关闭；而当系统的负荷变小时，用户末端的两通阀也随之关小，这时通过用户末端设备的水量将会减小，根据供回水总管路压差的增大情况，控制旁通阀逐渐打开，从而让一部分冷冻水量直接流回制冷机组。图 4-41 是单回路压差旁路调节原理。按照该运行方式，当旁通阀门全部打开使得供回水管路的压差达到设定上限值时，应控制相应的制冷机和水泵停机；相反，当通过用户末端的水量增大时，供回水管路压差的减小将会使旁通阀逐渐关小，当旁通阀完全关闭使得供回水管路压差达到下限值时，应控制相应的制冷机组和水泵起动运行。

旁通控制阀的选型一定要合理。阀门的流量必须满足单台冷水机组的最小流量，并应具有线性控制特性，即流量与阀门的开度成线性关系；阀门还必须有弹簧复位功能，当系统关闭或流量测定装置失灵时，为了确保冷水机组的安全运行，阀门自动复位到开启状态；考虑到旁通阀两端的压差较大，但对关闭严密性要求相对较低，应选择直通双座阀作为旁通阀。

2. 冷却水系统

如图 4-42 所示，制冷机的右侧是冷却水回路，冷却泵把冷却水打入冷水机组，带走制冷机从冷冻水处交换来的热量，温度升高后的冷却水被输送到冷却塔散热、冷却，降温后的冷却水再被冷却泵打入制冷机构成循环。在冷却水供回水总管之间，通常也设置一旁通管，并安装有调节阀，由温度传感器检测冷却塔的出水温度，当冷却塔的出水温度过低时，开启该旁通阀，使从制冷机出来的冷却水不经过冷却塔，而直接被冷却泵送回制冷机。

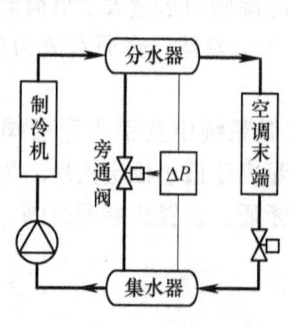 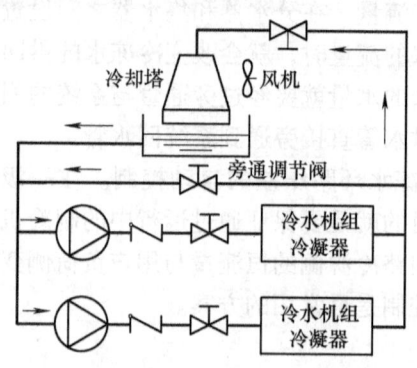

图 4-41　压差旁路调节原理　　　图 4-42　冷却水系统的工作流程图

(1) 冷却泵　冷却泵为经过制冷机的冷却水回路提供动力。通常一台制冷机工作对应一台冷却泵运行。

(2) 冷却塔　冷却水的温度降得越低，其对应的冷凝饱和压力就越低，离心压缩机工作就越有利，制冷机 COP 值就越高。

1) 湿式冷却塔和干式冷却。流过水表面的空气与水直接接触，通过接触传热和蒸发散热，把水中的热量传输给空气，用这种方式冷却的称为湿式冷却塔。湿式冷却塔的换热效率高，水被冷却的极限温度为空气的湿球温度。但冷却水因蒸发造成水量损耗，蒸发又使循环的冷却水含盐度增加，为了稳定水质，必须置换掉一部分含盐度较高的水；风吹也会造成水的飘散损失，必须有足够的新水持续补充。因此，湿式冷却塔需要有供给水的水源。

干式冷却塔中空气与水的换热是通过由金属管组成的散热器表面传热，将管内水的热量传输给散热器外流动的空气。干式冷却塔的换热效率比湿式冷却塔低，冷却的极限温度为空气的干球温度。这些装置的一次性投资大，且风机耗能很高。缺水地区，在补充水有困难的情况下，只能采用干式冷却塔。

2) 冷却塔风机和冷却水旁通阀。降低冷凝温度可提升冷机的 COP 值，改善压缩机的运行环境。但并不是冷凝温度越低对冷机工况就越有利。要控制冷凝温度/压力，确保冷凝温度/压力不低于一个安全数值。冷凝温度与冷却水温度通常有 2~3℃ 的传热温差，也就是进离心式冷机的冷却水温应尽量低，但不要低于 20℃ 左右。一般冷冻机冷却水入口温度设计为 32℃，出水口为 37℃。

如果冷却水出口水温度低于 32℃，这时，冷却水就不需要再冷却了，这时可打开冷却水旁通阀，直接将冷却水出水回送给冷却水进水口，循环使用。

3. 水系统的调节方式

空调水系统主要采用质调节和量调节的调节方法，即：通过对循环水泵的控制和对冷水机组的运行控制，实现对空调水系统的水流量和温度的控制。

(1) 空调水系统的质调节　通过调节水系统的冷冻水和冷却水的供回水温度，使空调系统各部件及整个空调系统的性能得到改善。质调节通常可分为对制冷机组蒸发器出水温度（冷冻水出水温度）的调节和对冷凝器进水温度（冷却水进水温度）的调节。质调节是一种定流量的调节方式。

(2) 空调水系统的量调节　通过调节冷冻水和冷却水的流量，使整个空调系统的性能得到改善。量调节可分为对通过制冷机组蒸发器的冷冻水流量的调节和通过冷凝器的冷却水流量的调节。量调节是一种变流量的调节方式。

(3) 间歇调节　间歇调节是量调节的特殊形式，特别用作热水采暖系统的一种控制方式。间歇调节是通过周期性定时起泵和定时停泵方式向采暖系统供热。停泵时水系统停止循环，热水逐渐放出热量并降低温度；当热水冷却到了一定程度，室内空气温度下降到允许最低温度时，重新起动泵，系统中的水又开始循环；经过锅炉加热到一定温度后，继续向系统中供热。在冬季，供热系统的保温运行适合采用间歇调节方式。

4.3.2　空调水系统运行参数检测

水系统的参数监测主要是对冷水机组、冷冻水回路、冷却水回路的关键运行参数进行监测。其中，冷水机组本身具有完善的监控系统，监测系统不参与冷水机组的参数调节，只监控机组的起停、冷水机组运行台数、故障报警和负荷情况，机组应通过串行接口输出机组的重要控制参数；对于冷冻水和冷却水回路，监控系统要监测供回水温度、流量、压力参数、旁通回路的压差监测和调节及循环泵运行台数的起停控制，实现冷冻水循环系统和冷却水循环系统的控制，以满足空调末端设备对空调冷源冷冻水的需要，同时达到节约能源的目的。图 4-43 给出了空调水系统的监控原理图。

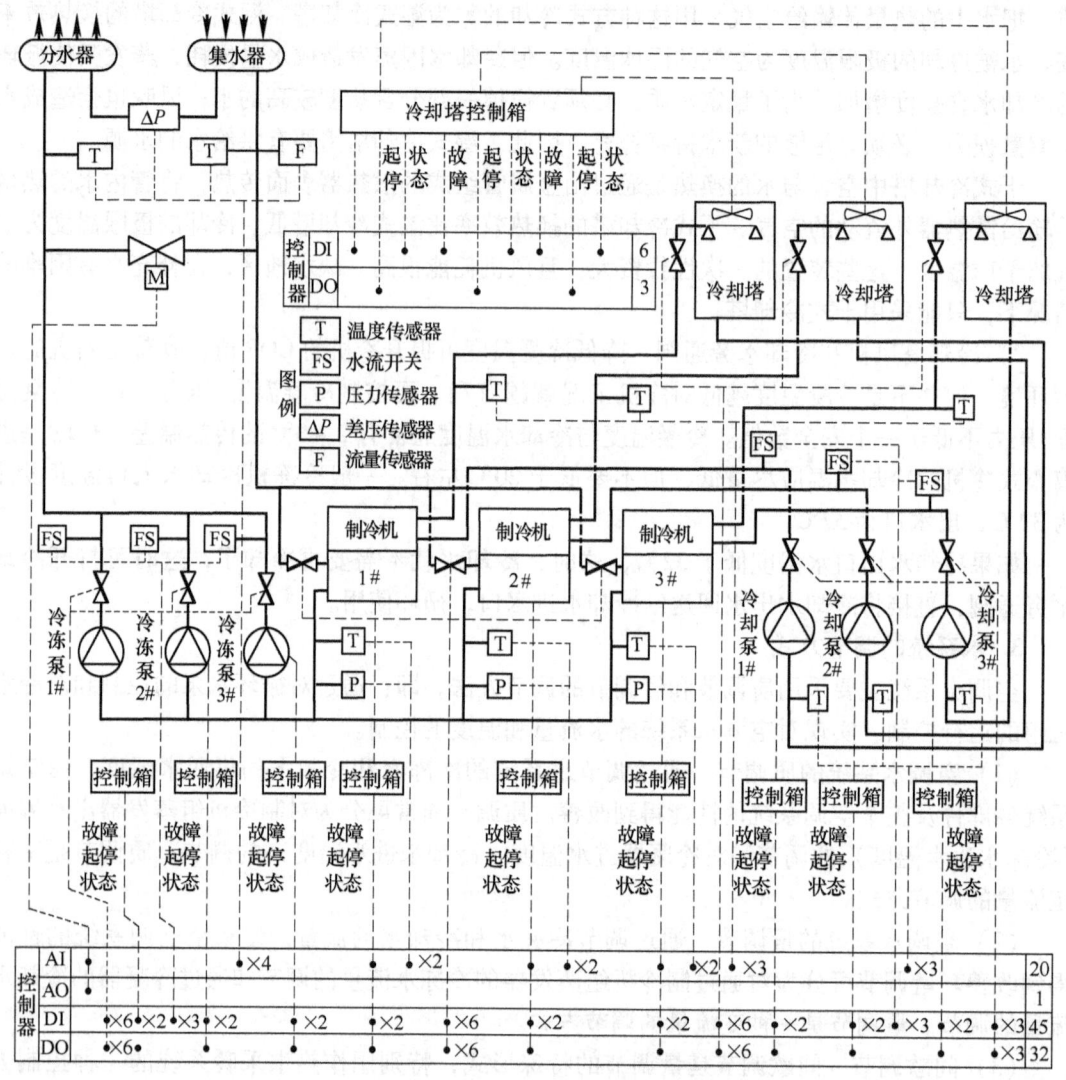

图 4-43 空调水系统监控原理图

1. 制冷系统运行参数的监测

（1）制冷主机主要状态参数监测

1）制冷机工作运行状态监测——接触器的辅助触点吸合状态。

2）故障报警状态监测——热继电器触点状态。

3）制冷主机负荷水平检测——电流互感器检测主机电流。

4）本次制冷机组运行时间、累计运行时间及起动次数记录。

(2) 制冷机组过程参数监测

1) 制冷机蒸发器、冷凝器进水和回水温度检测——Pt1000 温度传感器。
2) 制冷机蒸发器的冷冻水流量检测——采用转子流量计。
3) 制冷机蒸发器冷媒管路压力检测——采用扩散硅压力变送器。
4) 制冷机润滑系统油温和油压检测——采用温度变送器和压力变送器。

(3) 冷冻水泵、冷却水泵和冷却塔风机的监测

1) 冷冻水泵、冷却水泵和冷却塔风机运行状态监测——接触器的辅助触点吸合状态、水流指示器的工作状态。
2) 冷冻水泵、冷却水泵和冷却塔风机故障状态监测——热继电器触点的吸合状态。
3) 冷冻水泵、冷却水泵和冷却塔风机累计运行时间、运行次数检测。

(4) 水系统参数监测

1) 冷冻水供、回水总管的温度监测——Pt1000 温度传感器。
2) 冷冻水供、回水总管的压力和压差监测——压力变送器和压差变送器。

水系统独立检测制冷机组的相关参数,增加了系统可靠性和控制的灵活性。

2. 制冷系统运行运行控制

(1) 冷冻水泵、冷却水泵和冷却塔风机的起停控制

1) 泵的起停控制(直接起动):每台水泵对应一个 DO。
2) 泵的工作状态、故障状态:每台水泵有两个 DI,分别检测工作状态、故障状态。

(2) 旁通阀的监控 根据集水器和分水器之间冷冻水的压差检测(供水压力和回水压力之差),并根据压力设定值控制旁通阀的开度。

(3) 电动蝶阀的控制

1) 阀门开闭控制:每个电动蝶阀需要两个 DO 控制电动蝶阀的开关过程。
2) 阀门的工作状态、故障状态:每个电动蝶阀的到位状态检测由两个 DI 完成,并完成相应的联锁控制。

3. 对制冷机设置数据接口

整体接收制冷机组传送的运行参数。

4.3.3 冷水机组的起停联锁控制

在开起制冷机前应先保证冷冻水泵运行。如果制冷机开机后,冷冻水泵未运行,这时在制冷机蒸发器中的冷冻水会温度骤降至零点而结冰,如果这种情况发生,会造成蒸发器中的冷水冻结而损坏铜管,从而导致制冷机故障。而制冷机在压缩制冷时,要把从冷冻水吸收的热量再加上压缩机工作时消耗的动能(热量)通过冷凝器交换给冷却水散热到周围环境,冷却泵要有足够的冷却水水量,把从制冷机产生的高温冷却水送至冷却塔散热,然后把冷却后温度较低的水再次循环送入制冷机。图 4-44 给出了空调水系统的工作流程。

空调水系统的起动和停止都需要联锁控制。联锁控制包括:冷冻水循环泵、冷却水循环泵、冷却塔风机、相应的电动蝶阀及冷水机组的控制。

单台冷水机组的起动顺序控制应为:冷却水泵→(冷却塔风机)→冷冻水泵→冷水机组。

停机顺序控制应为:冷水机组→冷冻水泵→(冷却塔风机)→冷却水泵。

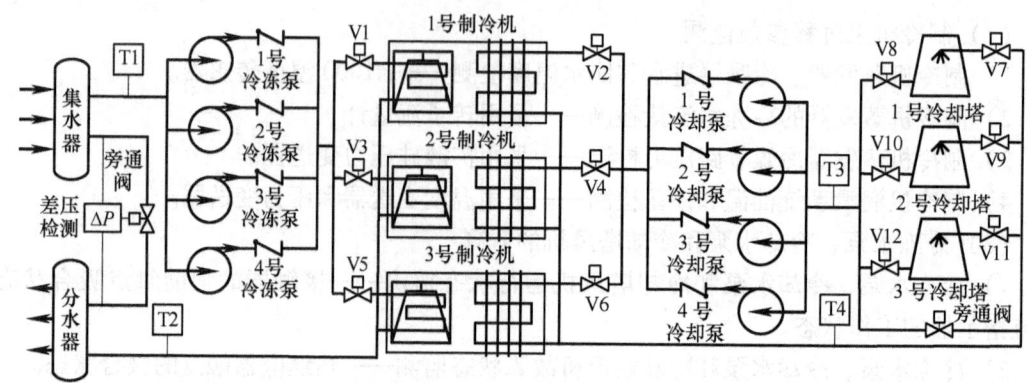

图 4-44 空调水系统的工作流程

1. 冷水机组的加/卸载过程控制

（1）加载过程

1）每台机组两次起、停间隔时间最少 5min。

2）当压缩机停机时间超过设定的最小停机时间间隔，且冷冻水出口温度高于设定值 + 温差值（通常设定值为 7℃，温差值可在 1.0~5.0℃ 之间设定）时，需要机组投入起动运行，起动时应选择运行时间最短的机组先起动。压缩机上载间隔时间可设定为 20~30min 之间（以离心式机组为例）。

3）当冷冻水出口温度在设定值 + 温差值与设定值之间时，机组停止加载运行。

（2）卸载过程

1）当冷冻水出口温度低于设定值 - 温差值时，机组将开始卸载，先卸载运行时间最长的机组；满足卸载时间间隔后，冷水出口温度仍然低于设定值 - 温差值时再继续卸载。

2）当系统出现故障或停机时，机组投入快速卸载运行，每台机组先转入 25% 能量运行 30s 后停机。

3）当压缩机本身系统出现故障时，该机组停止运行，待故障消除后，按复位键使得该机组重新自动投入运行。

2. 正常开机顺序及延时起动

下面讨论多台冷水机组的起停控制，为了便于叙述，假设如图 4-44 所示中，制冷机、冷却塔水泵累积运行时间，由短到长依次为 1#、2#、3#，则 3#制冷机作为备用，所以，以下只讨论 1#、2#制冷机的联动顺序。

（1）起动第一台设备的步骤　开 1#冷却塔→开相应冷却塔蝶阀 V7、V8、V2→30s 后起动 1#冷却水泵（根据需要起动 1#冷却塔风机）→240s 后打开冷冻水蝶阀 V1→30s 后开冷冻水泵 1#→240s 后开 1#制冷机。

（2）1#机组起动后，再起动 2#机组时的步骤　在起动另一台冷水机组之前，首先，应让正在工作的冷水机组接近满负荷运行。当所监测的蒸发器出水温度超过了设定值的允许偏差上限，或其水流量超过了该机组所允许的最大流量时，可以起动另一台制冷机组。因为，已经有一台机组在工作，再起动另一台机组时，就要考虑先起动水泵还是先开阀的问题了。根据离心式水泵操作规范要求，先起动水泵后再打开阀门，有利于减小电动机的起动电流，且有利于制冷机的工作。也有水泵和对应阀门同时开起的用法。水泵起动和阀门开起的时间间隔要根据具体情况决定。下面是第二套机组起动的顺序：

开 2#冷却塔→起动 2#冷却水泵（根据需要起动 2#冷却塔风机）→10s 后开冷却塔蝶阀 V9、V10、V4→60s 后开 2#冷冻水泵→30s 后开相应冷冻水蝶阀 V3→240s 后开 2#制冷机。

为防止 2#制冷机起动可能会造成正在运行的 1#冷水机组蒸发器流量的突然下降，需要采取以下两项保护措施：

- 为缓解由于水流量突然下降出现铜管内冷水冻结的危险，采取关小机组进口导叶阀或提高机组供水温度设定值的方法，保持 1～3min，使正在运行的冷水机组暂时降低负荷；
- 缓慢打开新起动冷水机组蒸发器的电动蝶阀，其打开速度要根据所起动冷水机组所能容忍的最大允许流量变化率而定。最大允许流量变化率越大，其电动蝶阀从全关到全开所需要的时间越短，例如：对于大允许流量变化率为每分钟 30% 的机组，其电动蝶阀从全关到全开，大约需 2min；对于最大允许流量变化率为每分钟 10% 的机组，约需 6min；而对于最大允许流量变化率为每分钟 5% 的机组，则需要 12min 左右。

3. 正常停机顺序及延时

根据机组的台数与部分负荷效率曲线设计停机策略，以避免机组的低负荷运行。另外，应根据冷水机组蒸发器结构、最小允许流量和防冻结温度设定值设计防冻结延时停机保护顺序。

4.3.4 冷冻水系统的自动控制

整个冷冻水循环回路分为冷源侧环路和负荷侧环路两部分。为保证冷水机组蒸发器的传热效率、避免蒸发器因缺水而冻裂，要求冷源侧保持定流量运行或流量稳定，以保持冷水机组工作稳定。对于负荷侧则要求能够通过控制循环水泵的起停或调节水泵的转速，向用户提供充足的冷冻水量，以适应空调末端设备的负荷变化、满足用户的需求。

1. 冷冻水系统控制的基本要求

（1）冷冻水系统的控制参数　冷冻水系统的稳定运行与水系统的关键设备和装置如：水泵、调节阀、温度传感器、压力变送器及变频器等密切相关。作为一个理想的冷冻水控制系统应该具备以下特点：

1）制冷机组的电能消耗应随着负荷的降低而下降。
2）制冷机供回水的温度应能保持恒定，不受负荷变化的影响。
3）冷冻水输送系统的电能消耗应随着空调末端负荷的降低而下降。

（2）冷冻水系统的监控任务

1）保证冷水机组的蒸发器有足够、稳定的水量以使蒸发器高效、正常工作，防止冻结现象。
2）保证用户端一定的供水压力，向用户提供充足的冷冻水量，以满足用户的需求。
3）根据空调末端负荷的变化，自动调整冷水机组的供冷量，以降低能耗。
4）在满足运行指标的范围内，尽可能地减少输水系统中循环水泵的电能消耗。

（3）冷冻水系统的运行参数设置

1）空调主机冷冻水供水温度设置的典型值为 7℃，不宜降低，温度可以升高到 9℃ 或 10℃，不会明显影响中央空调系统的舒适度，并可以降低机组能源消耗；但冷冻水温度的提高对空调末端设备对房间的湿度控制有一定影响。

2)供回水温差设置的典型值为5℃,可以在4~6℃之间选择,提倡大温差小流量运行,切忌在小温差大流量状态下运行。

从输送能量的角度,空调冷冻水供回水温差越大,需要的水流量就可以减小,水泵的电能消耗就减少;但冷冻水流量减少,会引起制冷机蒸发器由于流速降低而使换热系数降低,造成机组效率降低;同时,如果蒸发器的水流量过低,会产生冻结而造成蒸发器损坏。

实际工程中有很多空调系统的供回水温差只有2~3℃,如果能将制冷机组的供回水温差提高到5℃,就可以适当降低水泵转速,如果在保证水力平衡的基础上,水流量减少50%,水泵耗电量将减少87.5%,节能效果非常明显。

如果水系统中各个支路阻力不平衡,当流量减少时,阻力大的支路会出现水流量减小到不能满足控制要求的情况,在夏季表现为房间室温降不下来,这时不得不提高流量、降低温差来运行。如果加大流量,阻力小的支路就会超过需要的水流量,那些阻力大的支路的水流量则刚好满足要求,不会出现夏季室温降不下来的情况。这种空调系统的运行是以增大流量和耗电量为代价的。

下面就制冷机组冷源侧和负荷侧环路冷冻水的一级泵系统和二级泵系统的定流量和变流量控制方式,进行具体的分析和学习。

2. 一级泵定流量系统控制

一级泵定流量系统中每台制冷机组配有一台水泵,水泵保持定流量运行,水泵与机组联动,每当加载一台冷水机组时,其对应的水泵先起动;当减载一台机组时,关闭机组,然后关闭水泵。

(1) 一级泵系统的工作原理 一级泵系统在冷源侧和负荷侧合用一组循环泵,如图4-45所示。制冷机组蒸发器到分水器,由分水器通过旁通管到集水器再回到蒸发器为冷源侧;有分水器到空调末端,再回到集水器为负荷侧。冷源侧采用定流量工作方式,负荷侧采用变流量工作方式。在集水器和分水器之间设旁通管,在旁通管上设旁通阀。当用户侧负荷发生变化时,用户侧的冷水流量、供回水温差、阀门开度和供回水管道之间的压差都会发生改变。控制系统根据监测参数的变化控制制冷机组和水泵的起停和旁通阀的开度,维持负荷侧的变流量、冷源侧的定流量运行,并保证系统所需要的扬程和流量。

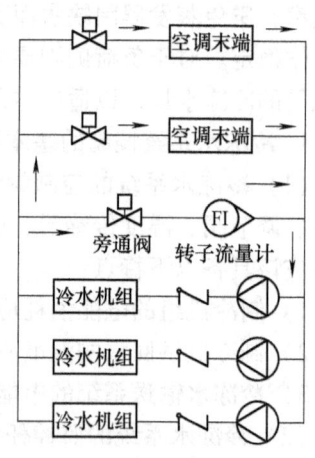

图4-45 三台水泵和机组的一级泵组

(2) 一级泵定流量系统的设计要求

1) 在空调末端(风机盘管)的回水管上安装电动两通阀或电动调节阀。对房间温度控制要求不高的场合使用电动两通阀,对房间温度控制要求较高的时采用电动调节阀。

2) 在总供回水管之间设旁通管,并安装由压差控制的旁通电动调节阀,按一台制冷机组的冷冻水流量来确定旁通管管径和调节阀的参数。

3) 制冷机组和冷冻水循环泵进行连接时要做到一一对应。可以采用共用集管连接,但必须做到在每台冷水机组的入口或出口水管道上设置电动隔断阀,并应与对应的冷水机组和水泵联锁起停。

4）系统能够根据空调负荷的变化，自动控制冷水机组及循环水泵的运行台数，根据压差控制旁通阀的开度。

（3）一级泵定流量系统控制策略　图4-45是三台型号相同的水泵与机组对应连接的冷冻水一级泵系统。对于一级泵定流量系统的运行控制，可采用基于回水温度、回水流量和旁通阀开度的控制方法，通过控制旁通阀的开度和冷水机组的增减，满足末端用户的使用要求，具体控制策略如下：

1）压差旁通控制：为保证制冷机组蒸发器的定流量运行，当空调末端流量发生变化时，供回水回路的压力和压差都会发生变化，根据检测的压力或压差的变化，调节旁通阀的开度，稳定共回水压力，保证了蒸发器的定流量。

2）回水温度控制：根据冷冻水系统中回水温度的大小决定冷水机组的运行台数，当供水温度高于设定温度（$t>5°C$）运行一段时间（通常为10～15min）时，表明制冷量不够，应再起动一台制冷机组；反之，当供水温度低于设定值一段时间时，停一台机组。

3）回水流量控制：在旁通管安装流量计，根据对旁通管流量的检测控制机组和水泵的运行。设单台水泵的最大流量为Q_{max}，旁通管测得实际流量为Q，则控制策略为：当$Q<10\% Q_{max}$时，起动一台机组和水泵；当$10\% Q_{max}<Q<90\% Q_{max}$时，系统维持现状；当$Q<110\%～120\% Q_{max}$时，停掉一台机组和水泵。

4）旁通阀开度控制：由于负荷侧水量不可能大于冷源侧水量，所以，也可根据旁通阀开度及旁通阀限位开关的状态实现机组起停控制。例如，以旁通阀的开度为控制依据，则控制策略为：当旁通阀开度>90%时，关闭一台机组及相应水泵；当旁通阀开度<10%时，开启一台机组及相应水泵。

旁通阀的开度能反映用户侧的实际水量需求，所以这种控制实质上也是流量控制的一种方式。

5）温度、流量和阀门开度综合控制：为了避免当流量在控制范围附近频繁波动时造成水泵的频繁起停，同时为了保证系统控制的可靠性。在实际控制系统中应根据温度、流量和阀门开度等参数的变化并依据时间参数综合进行控制，控制策略为：当$Q<10\% Q_{max}$或旁通阀开度<10%且$t>5°C$（制冷量不够）时，起动一台机组和水泵；当$10\% Q_{max}<Q<90\% Q_{max}$，旁通阀开度<90%时，系统维持现状；当$Q<110\%～120\% Q_{max}$或旁通阀开度>90%时，停掉一台机组和水泵。

注意：在冷水机组和水泵起停控制过程中，应将冷冻水回水温度作为重要的参照量，并且要在充分的时间延时后，确认系统的运行工况稳定时再进行控制。

负荷侧变流量的一级泵系统，根据空调系统设计工况选择水泵流量，形式简单，通过末端用户设置的两通阀自动控制各末端的冷水量需求，系统的运行水量处于实时变化之中，在一般情况下均能较好地满足要求，是目前应用最广泛、最成熟的系统形式之一。

空调系统是按照满负荷设计的，但实际运行中，空调设备绝大部分时间内在远低于额定负荷的情况下运转。在部分负荷下，虽然冷水机组可以根据实际负荷调节相应的冷量输出，但一级泵定流量系统在制冷机组蒸发器的流量配置是固定的，系统的冷冻水流量并没有跟随实际的负荷变化而变化，冷冻水泵能耗也没有跟随实际负荷减少而降低。

当系统作用半径较大、水流阻力较高，且各环路负荷特性相差较大，或压力损失相当悬殊时，如果采用一级泵方式，水泵流量和扬程要根据主机流量和最不利环路的水阻力进行选择。循环水泵的装机容量较大，部分负荷运行时，由于水泵为定流量运行，水泵要满负荷配合运行，管路上多余流量与压头只能通过加大旁通阀门分流，会出现冷水机组的进出水温差随着负荷的降低而减少，从而产生大流量小温差的问题，不利于在运行过程中水泵的运行节能。因此，一级泵系统一般适用于最大环路总长度在 500m 之内的中小型工程。

3. 二级泵变流量系统控制

二级泵变流量系统使水泵能够跟随负荷侧空调末端负荷变化降低水泵的电能消耗。二级泵变流量系统分为两级泵，一级泵负责克服冷机侧的阻力，水泵设计流量为制冷机组蒸发器额定流量，通过合理的计算选型，使一级泵运行在最佳效率工况点。在冷冻水负荷侧供水管路上增加二级泵用来克服空调末端的阻力，可以在不同的末端环路上单独设置二级泵，实现冷源侧的定流量和负荷侧的变流量运行。

二级泵可以根据该环路负荷变化进行独立控制、变频调节。当系统的空调末端负荷大、设备数量多、设备分布分散、冷冻水管路长、管路阻力大的场合，冷冻水回路有必要采用二级泵来满足空调末端对冷冻水的供水压力的要求。

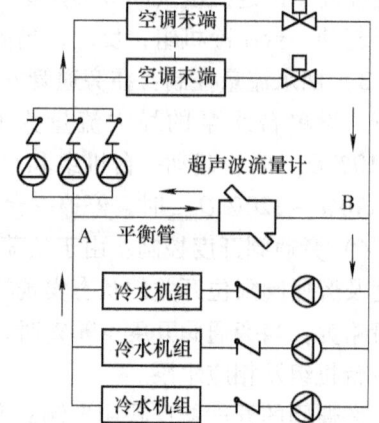

图 4-46 二级泵变流量系统

（1）二级泵系统的组成 二级泵变流量系统如图 4-46 所示，一级泵克服旁通管 AB 以下的水路水流阻力（即：制冷机组、一级泵及管路和阀门的阻力），二级泵克服 AB 旁通管以上的环路阻力（包括用户侧水阻力）。通过旁通管 AB 将整个水系统分为循环冷冻水制备和循环水输送两部分，同时将系统的阻力和能耗也分成两部分。

- 空调水系统在冷源侧设置一级泵，定流量运行，保证冷水机组蒸发器流量恒定；
- 在负荷侧设置二级泵，分别满足各供冷环路不同需求；
- 在末端冷冻水盘管上安装两通调节阀使二次系统变流量，通过变频器调节二级泵改变系统水流量；
- 旁通平衡管实现了一次侧定流量与二次侧变流量，旁通平衡管上不安装任何阀门或者增加水阻力的部件，可安装超声波流量传感器和温度传感器。

二级泵系统适用于系统较大、阻力较高且各环路负荷特性或阻力相差悬殊的场合，节能效果显著。由于二级泵系统中的一级泵只承担冷源侧冷冻水的循环，水泵功率可以比一级泵定流量系统的功率有所减小，有利于降低水泵功耗；二级泵承担负荷侧的冷冻水输送，在末端部分负荷时，二级泵可以根据负荷的变化进行流量调节，提供相适应的冷冻水流量。与一级泵定流量系统相比有一定的节能效果。

二级泵系统可以分为两个相对独立的控制系统。

- 冷源侧一级泵的定流量控制以及制冷机组增减载控制；
- 负荷侧的二次变频调速控制。

（2）二级泵变流量系统冷源侧的定流量控制及机组加减控制 二级泵系统以旁通平衡管取代旁通阀，一级泵采用定速控制，保持冷冻水制备回路定流量要求。平衡管 AB 对运行过程中所起的作用是平衡一级泵侧和二级泵侧的水量差值。当一级泵的供水量大于二级泵的需水量时，AB 管内有一部分未被利用的冷冻水从 A 点流向 B 点，与回水混合后流回蒸发器；反之，当一级泵的供水量小于二级泵的需水量时，有一部分回水从 B 点流向 A 点与供水混合。

如果经过旁通平衡管回流的冷源侧的冷冻水多，将导致冷水机组工作效率的下降，并表明负荷侧对冷冻水的需求减少，应关停相应的机组和水泵；反之，如果回流的负荷侧冷冻水多，供水温度升高，会引起空调末端装置工作效率的降低，表明现有工作的制冷机组不能够满足负荷侧对冷冻水的需求，应开起新的机组和水泵。图 4-47 给出了二级泵变流量系统的监控原理。

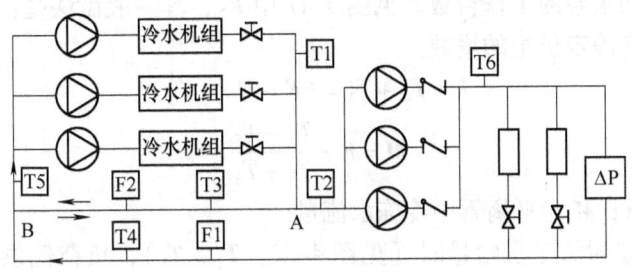

图 4-47 二级泵变流量监控原理

1) 二级泵变流量系统的参数监测：二级泵变流量系统的参数监测内容见表 4-5。

表 4-5 二级泵变流量系统的参数监测内容

序 号	监 测 内 容	要 求	备 注
1	冷冻水温度检测		
1.1	制冷机组出口冷冻水温度 T_1		冷源侧平衡管前温度
1.2	负荷侧冷冻水供水温度 T_2		平衡管后二级泵前温度
1.3	平衡管内冷冻水温度 T_3		平衡管内混水温度
1.4	负荷侧冷冻水回水温度 T_4		负荷侧回水温度
1.5	制冷机组冷冻水回水温度 T_5		冷源侧回水温度
1.6	二级泵冷冻水供水温度 T_6		
2	流量检测		
2.1	负荷侧冷冻水回水流量检测 F_1	利用 F_1、T_3、T_4、T_5 计算平衡管内流量	设在回水管，单向回水流量检测。
2.2	平衡管冷冻水流量检测 F_2	直接检测平衡管内流量，控制机组启停	设在平衡管，双向回水流量检测。
3	压力检测		
3.1	空调末端供回水压差检测	利用压差检测控制二级泵转速。	

2) 二级泵变流量系统一级泵环路采用加减机组和水泵的定流量控制方法：加/减机组的主要依据如下：

- 根据旁通管中旁通水流方向及流量；

- 根据回水流量及平衡管水温、负荷侧和冷源侧回水温度；
- 根据供水温度和机组的额定工作电流。

① 流量控制法之一：以检测平衡管流量的盈亏来决定冷水机组和水泵的工作台数。见图 4-47 中的 F_2，其一般做法是：
- 当旁通管内水量（一次水量大于二次水量）大于单台机组额定流量的 110% 时，则关闭一台冷水机组及相应一级泵；
- 当旁通内水量（一次水量小于二次水量）达到单台机组额定流量的 20%～30% 时，则开起一台冷水机组及相应一级泵。

② 流量控制法之二：以检测回水管流量 F_1 并结合 T_5、T_4、T_3 间接计算出平衡管的流量，决定冷水机组和水泵的工作台数。见图 4-47 中 F_2，其一般做法是：系统增减载可以由回水流量和供水温度确定机组的增减。

系统热平衡公式：
$$F \cdot T_4 + T_3 = (F + M) \cdot T_5 \tag{4-8}$$

$$M = F \cdot \frac{T_4 - T_5}{T_5 - T_3}$$

式中，F 为回水流量；M 为平衡管中冷冻水流量。

- 当冷冻水需求量大于供给量时（见图 4-52：$T_2 > T_1$），负荷侧供水温度高于冷源侧供水温度，表明负荷侧回水经平衡管返回供水侧，供冷量不够，应再投入一台冷机组；
- 冷负荷减少，旁通平衡管水流量 $M > 110\%$ 单台冷机蒸发器流量，关停一台制冷机组及相应的一级泵。

③ 温度法和流量法的结合：
- 当冷冻水需求量大于供给量时，供水管的冷源侧温度大于和负荷侧的温度（$T_2 > T_1$），投入一台制冷机组；
- 当冷负荷用量减少时，旁通平衡管中水流量 $M > 110\%$ 单台冷机蒸发器流量，关停一台冷机。

3) 负荷侧环路的变流量控制：

① 二级冷冻水泵工频运行的台数控制。在没有安装变频设备的次级泵回路中，为了适应系统流量的变化，水泵组采用台数控制，台数控制策略应用广泛，方法简单。有很多控制方法供不同特点的系统选择使用。
- 流量控制法：其控制策略可参见一级泵定流量控制中的流量控制法的相关内容；
- 压差控制法：用供回水管压差控制法控制二级泵台数。当用户负荷减少时，压差控制器检测到的压差大于设定值时，关掉一台二级泵，减小压差；当用户负荷增大时，压差控制器检测到的压差小于设定值时，开启一台二级泵，增大压差。根据压差直接控制二级泵起停的控制方法，会造成供水压力波动过大，不能满足控制要求，二级泵的变频调速控制是主要的使用方法。

② 二级泵变频调速控制。在采用转速控制的系统中，首先要确保水泵提供的扬程满足系统的要求。当水泵转速降低时，其功率减小，同时流量和扬程也减小。冷冻水输配系统的输送水泵存在一个最低转速，在该转速下，其产生的扬程是系统运行所需的最低扬程，称这个最低转速是该系统水泵的下限转速。图 4-48 给出了二级泵变频调速控制系统原理。

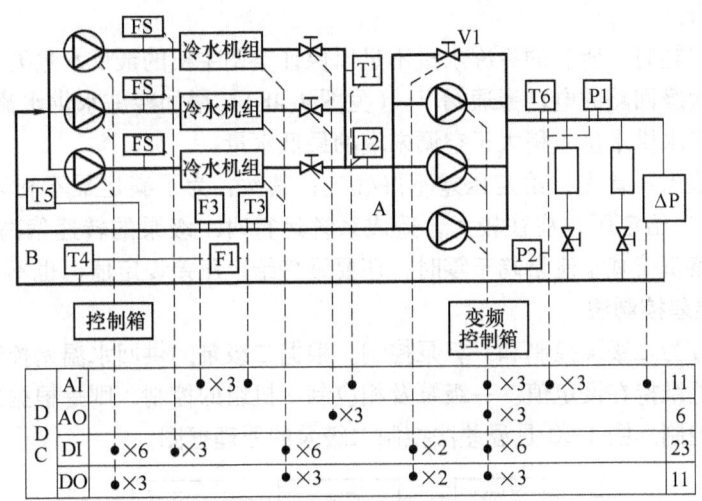

图 4-48 二级泵变频调速控制系统原理

系统增加了变频调速控制装置，供水、回水的温度传感器 T_1、T_3，供水、回水的流量计 F_1、F_2，每台水泵配有一台变频器，作为变频调速的电源，一级泵与二级泵串联运行。系统运行时，用户负荷的冷冻水是由二级泵直接供给，通过检测供回水总管的冷冻水温度 T_1、T_2、T_3、T_4、T_5（$\Delta t = T_1 - T_2$），供回水总管的冷冻水流量 F_1、F_2，供回水总管的冷冻水压力或压差 p_1、p_2、Δp 及变频调速控制装置确定需要运行二级泵的台数和运行频率。

I．二次侧差压控制法

通过调整二级泵组的转速来恒定供回水压差控制法称为压差控制法。具体方法是：根据系统环路特性设定给定压差值 Δp，控制器采集到通过压差变送器实测得到的瞬时压差 Δp 与给定压差比较，若大于给定压差，则变频控制器降低输出频率，进而降低二级泵组的转速；反之，增大二级泵的转速。图 4-49 供回水压差控制法的原理框图。

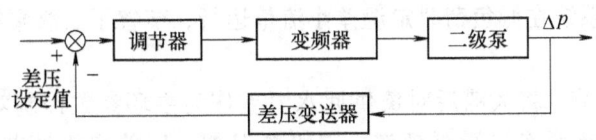

图 4-49 供回水压差控制法原理框图

当用户负荷减少时，冷冻水供回水总管的压差 Δp 将出现增高的趋势，实测的压差值与设定值比较，变频调速控制装置经过计算，使变频器工作频率降低，减少冷冻水供水流量，使供回水压差又返回设定值，系统又处于新的平衡状态。同样，当用户负荷增加时，平衡状态又被打破，冷冻水供回水总管的压差出现下降的趋势，变频调速控制装置经过计算，使变频器工作频率升高，增加冷冻水供水流量，使供回水压差再次回到设定值，系统再次建立新的平衡状态。

二级泵运行时，其运转频率也是受到限制的，最低频率设置在 22～25Hz 为宜，以防止水泵堵转。二级泵运行的最高频率可为 50Hz，但是，为了运行安全性考虑，当运转频率超过 45Hz 时，就应增加一台水泵并联运转。二级泵投入同时运行的台数不管多少，它们都应在相同频率下运行。

当用户负荷很轻时,所需的冷冻水量不足以保证空调主机的最低水量要求时,变频调速控制装置将开起次级回路的电动旁通阀 V1(见图 4-48),增加冷冻水供水流量,旁通阀 V1 的开度决定于冷冻水供水量应稍大于空调末端的最低水量。

压差控制的缺点:首先,给定压差不好确定;其次,为了满足最不利环路负荷(最远端房间的冷负荷),给定压差往往较大,造成系统运行时二级泵的转速偏高,不利于节能;另外,当整个环路负荷减小流量趋于零时,还要维持给定压差设定值,也不利于节能。

Ⅱ. 二次侧温差控制法

温差控制法分为二级泵控制和一级泵控制。根据二级泵的供回水温差控制二级泵组的转速,使供回水温差维持在设定值。一级泵及相应制冷机组的控制,则是根据二级泵的运行频率和温差来进行控制。图 4-50 是温差法控制二级泵的原理框图。

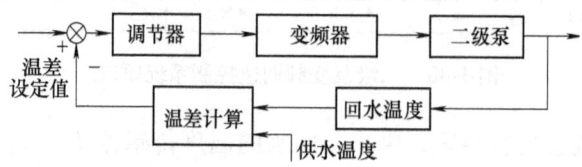

图 4-50 温差法控制二级泵原理

- 二级泵控制:T_2 为检测到的冷冻水供水温度,T_4 为回水温度,则温差 $\Delta t = T_2 - T_4$。当冷负荷增加,空调末端中需要的冷量随之增加,Δt 则会变大,反之变小。变流量空调系统要把供回水温差控制在一个值或一段范围之内(4~7℃)。一般来说,调节二级泵的频率可以使 Δt 恒定。

- 一级泵控制:当二级泵频率 $f = f_{\min}$,一段时间仍存在 $\Delta t < 4.5℃$,关掉一台一级泵及其关联的制冷机组;当二级泵频率 $f = f_{\max}$,一段时间仍存在 $\Delta t > 6.5℃$,起动一台一级泵及其关联的冷水机组。

这种方法可以使系统在低负荷时定温差小流量运行,节省了二级泵组的输送动力,达到节能的目的。

- 二级泵串级调节:将大滞后对象供回水温差作为主环参数控制对象,供回水管路压差作为副环参数来调节冷冻二级泵频率。二级泵温差、压差串级调节原理框图如图 4-51 所示。

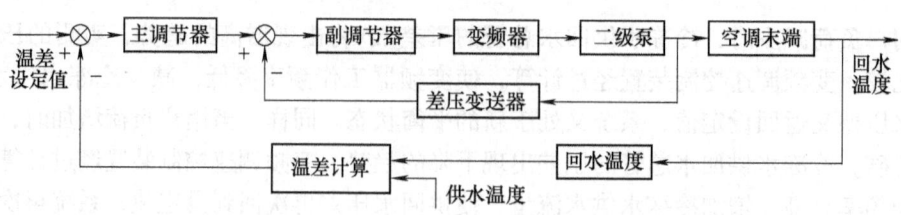

图 4-51 二级泵温差、压差串级调节原理

当冷负荷降低,冷冻水流量减小,这时供回水路压差会增大,副调节器根据主调节器给定的压差与实际压差的偏差快速调节降低二级泵频率。由于频率变化时,引起流量变化的时

间很短，经过副回路及时调整一般不影响供回水温差；如果扰动幅值较大，虽然经过副回路的及时校正，仍会影响冷冻水供回水温差，此时再由主回路进一步调节，从而完全克服上述扰动，使供回水温差调整到给定值上来。

• 水泵台数与转速联合控制：单纯的台数控制不能满足流量的连续变化，单纯的转速控制虽然在较大的流量段能实现连续调节，但在流量很低时，由于系统对扬程的要求，水泵还是需要在下限转速以上运行，另外，变频器和电动机低频率运行时效率会降低，这导致部分电能的浪费。

为了解决单纯的台数控制和转速控制的缺点，出现了两者结合的控制方法，即台数与转速联合控制。当两台水泵定速运行不能满足系统流量要求，而三台水泵定速运行流量大于系统流量要求时，可以采用控制第三台水泵的转速，以达到系统流量要求。当系统流量减小至两台水泵定速运行流量以下时，停掉一台水泵，控制两台水泵的转速，以满足系统流量。当系统流量增加至两台水泵定速运行流量以上时，增开一台水泵，控制三台水泵的转速。

水泵的台数与转速联合控制方式克服了单纯的台数控制方式和转速控制方式的缺点。目前，实际工程中的水输配系统的节能运行都是采用这种控制方式。

4. 一级泵变频调速系统控制

将一级泵变流量系统中的冷冻水循环泵改为变频调速，制冷机组蒸发器的冷冻水由定流量改为变流量，这就是一级泵变频调速变流量系统。图 4-52 给出了一级泵变频调速控制系统原理。

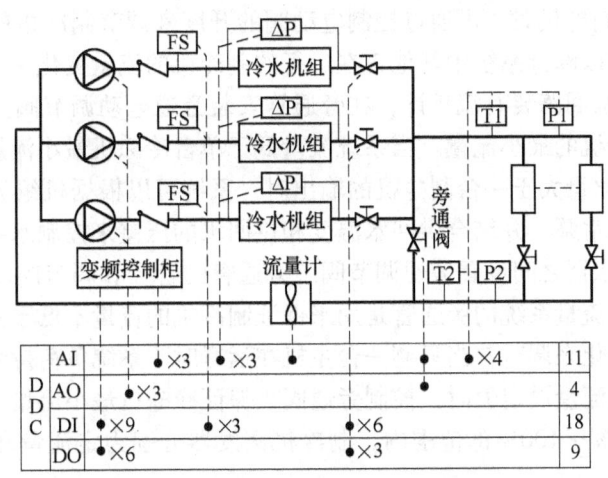

图 4-52 一级泵变频调速控制系统原理

• 制冷机组和水泵采用先串后并的连接方式，3 台变频器分别控制 3 台水泵，可对各冷冻水循环泵分别实现变频控制。在供回水环路干管或末端设置压差检测，各制冷机供水管路安装水流开关等。

• 在回水管安装流量计，检测最小流量值。空调末端仍然安装两通调节阀并检测末端供回水的压差，旁通管上旁通阀变为辅助性调节回水流量，正常情况下调节阀处于关闭状态。通过检测最不利的冷冻水供回水环路的压差值，并根据主管道回水流量控制冷冻水泵的转速，保证系统满足负荷的需求。

● 检测各制冷机组蒸发器两端供回水压差。根据压差值确定正在运行的单台主机的流量能否满足其蒸发器的最低流量要求。

● 水泵的转速由系统最远端供回水的压差来控制。当系统回水流量降低到各台制冷机组的最小允许流量时，控制旁通阀分流一部分水量，使冷水机组维持基本的定流量运行。

● 检测供水温度和回水温度，为变流量控制提供依据。

一级泵变频调速系统可以根据负荷的变化，利用水泵变频调节冷冻水供水流量来达到节能的目的。相对于一级泵定流量和二级泵变流量系统来讲，一级泵变流量系统具有节约初投资、降低运行能耗、减少水泵在功率峰值的运行时间和减小机房面积的优点。

一级泵变频调速系统可以应用于现有空调系统的节能改造。目前，国内的一些空调水系统采用的是一级泵定流量系统，将现有系统改造为一级泵变流量系统，所需要的投资和改造的规模都比较小。而且，一级泵变流量系统比二级泵变流量系统更具节能优势。

(1) 一级泵变流量系统的控制特点

1) 系统采用变频调节，不设置定速泵。为了降低系统能耗，应根据空调末端总负荷水平来控制冷冻机和相应水泵的运行，并尽可能使这些设备在各自效率最高的区域运转。

2) 每台制冷机出口设有电动调节阀。冷冻水泵出口管道与制冷机可以采用一对一方式，也可以采用集中式配置，集中式配置冷冻机与水泵的台数不必一一对应，它们的起停可分别独立控制。冷冻水泵只是用来输送冷冻水，不必与冷冻机联动，只需根据末端负荷的变化来调节水量。

3) 在起动一台制冷机时，可通过控制电动阀的开度来调节制冷机的流量，使其从零变化到最小值。这样可以降低系统中其他正在运行的制冷机的流量变化率。

4) 在冷冻水回水回路装有流量计，在旁通管安装旁通电动调节阀。流量计与旁通阀联锁，以保证单台制冷机的最小流量。当系统流量低于单台冷冻机最小流量时，打开旁通阀。

5) 在冷负荷变化量大于一台制冷机的输出时，系统可以根据机组的供水温度，起动一台制冷机组和相应的水泵，并结合供回水温度和供回水的压差来控制水泵转速调节流量。

6) 集水器和分水器之间设置旁通调节阀。旁通管的管径和调节阀门按单台机组的最小流量计算。一级泵变流量系统的旁通管是用来保证制冷机的流量不低于其最小值。系统的水量根据末端负荷的变化来调节，当只剩一台主机在运行时，系统负荷持续下降，冷冻水流量低于冷机允许的最小流量设定值时，控制旁通阀，保证冷冻机最小流量。

7) 在负荷为50%~100%的范围内，制冷机蒸发器分别为定流量和变流量冷水机组的效率几乎是相同的。

(2) 制冷机组必须能够在一定范围内的变流量运行 冷水机组应能适应水泵变流量运行的要求。由于受传热效率等因素的影响，为了安全运行和防止蒸发器结冰，制冷机组的流量范围必须控制在一定范围内。传统的冷水机组运行时，都要求蒸发器的流量必须保持恒定，其中最重要的原因是对蒸发器的保护。如果蒸发器流量下降太快，超过机组安全范围及反应能力时，就会导致非正常停机，甚至导致蒸发器结冰，管道损坏，同时，在额定流量下运行冷冻机的COP值也下降。

目前，中央空调系统的制冷机组具有制冷量的自动调节功能，制冷量能够根据冷负荷的变化进行调整。压缩式制冷机组是在不改变制冷工况的前提下，通过改变压缩机的输气量，达到改变供液量以调节蒸发器产冷量的目的。吸收式制冷机组则是通过改变供热量，达到改变供液量以调节蒸发器产冷量的目的。制冷机蒸发器和冷凝器内流量都已经允许在一定范围内变化，一般允许流量不低于设计流量的30%～50%，这就为水系统的变频节能提供了保证。表4-6给出了压缩式制冷和吸收式制冷机组不同调节方法所允许的流量调节范围。

表4-6 不同调节方法的制冷机组的流量调节范围

制冷机组类型	调 节 方 法	调 节 范 围
活塞式	气缸卸载能量调节	30%，66%，100%
螺杆式	卸载滑阀调节	40%～120%（无级）
离心式	入口导流叶片开启度调	30%～130%（无级）
吸收式	蒸汽量阀门开度调节	无级

从表4-6可以看出，无论冷水机组采用何种制冷方式，其单机冷量都能在很大范围内进行调节，适用于变流量的情况。再配以冷冻水流量控制，完全可以满足负荷的变化要求，达到节能目的。

从安全角度来讲，适应冷水流量快速变化的冷水机组能承受每分钟30%～50%的流量变化率，从对供水温度影响的角度来讲，机组允许的每分钟流量变化率不低于10%（具体产品之间有一定区别）；流量变化会影响机组供水温度，因此机组还应有相应的控制功能。此处所提到的额定流量指的是供回水温差为5℃时蒸发器的流量。

（3）一级泵变流量系统控制策略 一级泵变流量系统的控制包括：变频控制、旁通阀控制和加减制冷机组控制及相关参数监测等。

1）控制系统应设置冷冻水泵的最低频率和最高频率。最低频率受水泵堵转频率和空调主机最小流量的限制，一般设置在25～30Hz之间，最高频率就是水泵电动机的工作频率（50Hz），通常设置在45Hz左右。当超过45Hz时，就增加一台水泵并联运行。当多台水泵并联运行时，控制系统最好使全部水泵在相同频率下运行。

2）采用压差控制法。一级泵变频控制方法与二级泵变频调速控制方法基本相同，详细内容见前面相关章节。

多台制冷机组群控中既有冷水机的台数控制又有水泵的变频控制，必须采用台数与调速联合控制。

① 全部三台水泵都采用变频调速。以图4-52的三台机组和三台水泵为例，当两台水泵定速运行不能满足冷冻水供水流量要求，而三台水泵定速运行流量大于流量要求时，可以采用控制三台水泵的转速，以达到流量要求。当冷冻水供水流量减小至两台水泵定速运行流量以下时，停掉一台水泵，控制另外两台水泵的转速，以满足系统流量要求。当系统流量增加至两台水泵定速运行流量以上时，增开一台水泵，控制三台水泵的转速。

② 采用一台变速泵/两台定速泵的控制方法。只用一台水泵配备变送器，另外两台水泵为定速运行（两台定速泵允许直接起动）。

如果供回水环路压差降低，则提高变频泵的转速。当变频器输出频率达到50Hz时（实际中为45Hz以上），则投入一台定速泵。反之，如果回路的压差升高，则降低变频泵的转速。当变频泵的流量为零时（实际中30Hz左右），则停掉一台定速泵，同时将变频器的输出频率提高到45Hz以上调速运行。

一台变速泵/两台定速泵的控制方法其优点是任何时候只有一台水泵作调速运行，因而水泵整体效率较高，同时可以节省变频器投资。缺点是需要考虑变频调速泵与定速泵之间的切换问题，在实际应用过程中，还要考虑到故障备份、设备维修和轮换运行等设备管理问题。

3) 采用调节阀开度作为控制参数。空调水系统可以抽象为一个由许多管道、热交换器、调节阀以及各种管路附件组成的分布参数系统，每一个调节阀或截止阀的变化都会造成整个管路系统阻力分布的变化，在总流量变化的同时造成流量分配关系的变化；而供、回水干管间的压差只能反映总流量的变化，而不能反映流量分配关系的变化。

考虑到在控制系统正常工作的前提下，空调水系统中各调节阀的开度基本上能够反映负荷的大小，因此，可直接采用各调节阀的开度作为流量调节的参数。其控制策略是当整个系统中所有用户都采用调节阀控制流量时，应控制变频器频率输出，保证系统中所有调节阀的开度应大于60%、小于90%，即设定调节阀的开度在60%~90%的某一个范围，具体控制过程如下：

● 如果系统中至少有一个调节阀的开度大于90%（表明流量供应不足），则变频器输出频率升高一个级差（一般取0.1~0.2Hz）；

● 如果系统中至少有一个调节阀的开度小于60%（表明流量供应偏多），则变频器输出频率降低一个级差；如果系统中所有调节阀的开度都在规定范围内，则保持当前变频器的输出频率不变。

这种控制策略实际上是将原先根据压差或压力控制的恒压供水改为变压供水。由于能够尽可能地保持调节阀处于较大的开度，降低了阀门压降，从而降低了水泵扬程；同时，又尽可能地根据末端的负荷情况控制供水量，以降低水泵电动机的转速，因此，变压供水能够比恒压供水节约更多的能量。

这种控制策略能够有效实施的前提是：整个空调水系统的管路和阀门经过了合理的选配，并正确地调整了水力平衡。

4) 冷水机组的流量范围。在一级泵变频器控制系统中，机组蒸发器的冷冻水流量受到最小流量的限制。蒸发器设计中水流量有一定变化范围，低于最小流量时，冷水机组将因其安全保护装置而停机，因此，在控制系统中应设置最小流量。当冷冻水流量过小时，控制系统开起电动旁通阀，加大空调主机的冷冻水回水流量。旁通阀开度取决于控制系统检测和计算的数值，这样就能保证空调主机的正常运行，又能保证节约电能。

因此需要选择最小流量尽可能低的冷水机组。目前离心机的最小流量一般都能达到设计流量的30%左右。

随着制冷机技术与自控技术的发展，冷水机组变流量运行的安全性已可以得到保障，突破制冷机组定流量的设计理念成为可能。一级泵变流量系统利用变频装置，根据末端负荷调节系统水流量，能够最大限度地降低水泵的能耗，与传统的一级泵定流量系统和二级泵系统相比具有明显的节能优势，对空调系统节能具有很大意义。

4.3.5 冷却水系统控制

空调冷却水系统工作流程如图4-53所示。冷却塔进水管上设置有电动阀，用于当冷却塔停止运行时切断水路，以防水路短路，同时可适当调整进入各冷却塔的水量，以保证各冷却塔都能达到最大的排热能力。各制冷机冷凝器入口处设置电动阀，在制冷机组停机时关闭，以防止冷却水的水路短路，减少正在运行的冷凝器的冷却水量。

1. 冷却水系统的参数设定和调节方法

（1）冷却水系统的质调节和量调节

1) 冷却水系统质调节是调节冷却水的供回水温度，同时，保持冷却水流量不变。由于空调系统大部分时间是在低于设计负荷的工况下运行的，其产生的热量往往小于满负荷状态运行时的热量，因此，在稳定冷却水泵功耗的情况下，通过控制冷却水的温度来提高制冷机组的 COP，降低机组运行费用。

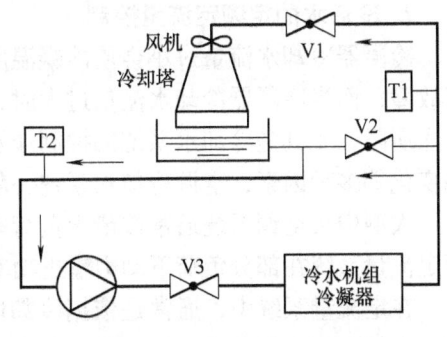

图 4-53 冷却水系统工作流程

2) 冷却水系统的量调节是在保持冷却水温度不变的前提下，通过调节冷却水流量来降低冷却水系统的功耗。冷却水系统的量调节重点是解决空调系统在部分负荷工况下运行时，改变冷却水系统水流量对制冷机组的性能、冷却水泵的功耗以及冷却塔的冷却能力等的影响。通常采用稳定冷却水回水温度的控制方式，通过调节冷却水流量、冷却塔开起的数量、冷却塔风机的起停或改变风机转速等方法保证冷却系统的运行。

（2）冷却水系统的参数设定　无论是吸收式还是压缩式冷水机组，机组在运行期间吸收器和冷凝器都将产生大量的热量，这部分热量必须由冷却水及时带走。如果冷却效果差，则对机组的制冷效果影响很大。冷水机组对冷却水进水温度设置的典型值为 32℃，不宜升高。一般情况下，压缩式冷水机宜在 25~30℃ 之间选择，吸收式冷温水机宜在 28~32℃ 之间选择。由于不同机组有一定的差异，可以通过实际运行测试选取合适的冷却水进水温度，以保证空调主机维持较高的 COP 值。

适当降低冷却水的温度可增加过冷度，随着冷却水进水温度的降低，制冷机组的制冷量与制冷性能系数 COP 有所提高。当冷却水进水温度由 32℃ 降低到 26℃ 时，制冷量与 COP 均提高约 20%。但冷却水温度过低会导致高低压差减小，导致：

- 螺杆机回油压力低造成机组无法起动，导致油压差保护；
- 吸收式制冷机组会产生结晶，存在冷剂水被污染的危险；
- 压缩式制冷机组管路压力下降，膨胀阀前后的压力差变小，制冷装置工作失调，制冷量大大降低。

冷却水温度受到环境温度的限制。冷却水的回水温度还取决于空气的湿球温度。如果空气的湿球温度就是 25℃，则冷却水回水温度不可能低于 25℃。

冷却水系统和冷冻水系统在负荷一定时，存在制冷机组功耗和水泵功耗的综合功耗最小值。

- 冷却水系统中冷却水流速越大，冷却水侧的换热系数增大，换热效果越大，会使制冷机效率提高、功耗下降；
- 冷却水系统中冷却水流速越大，水泵的功率消耗越大。

因此，必须控制机组冷却水的进口温度。冷却水的温度定在 25~35℃ 之间，这样可以直接利用室外的自然冷量来冷却冷凝器中所携带的热量，从而降低运行费用。

所以，设定机组冷凝器的冷却水的出水温度是 37℃，冷却水的回水温度是 32℃，冷却水进出口水的温差典型值为5℃。

2. 冷却水的定频定流量控制

冷凝器冷却水流量过小会使冷凝温度和冷凝压力过高，造成制冷效率下降或制冷机报警等故障；而当冷凝器冷却水流量过大时，又会造成循环过程的能源浪费。受技术和传统设计观念所限，尤其是冷却水系统的控制涉及制冷机组负荷、外界环境的温湿度和制冷机自身能耗变化等多种因素，空调冷却水系统一般是定流量系统。

大型中央空调系统通常按最大负荷来设计，但是系统大部分时间是在部分负荷下工作。而定流量系统在部分负荷下动力输送功率不变，使制冷系统综合能效比大大下降。

在定流量系统中，通常是依据冷却塔出水温度进行调节。图4-54给出了冷却水系统控制原理。

1）在保证冷凝器回水流量的前提下，根据冷却水总供水管路上的出水温度 T_1 和回水温度 T_2 信号，控制冷却塔运行的台数，以避免冷却水回水温度过低。

2）在冷却塔进水管上安装两通电动蝶阀V1，进行适当的流量控制。

3）用冷却塔出水温度 T_2 控制冷却塔风机的起停。当一台冷却塔有多台风机或双速风机时，就可进行台数或高、低转速的控制。这不仅可以降低风机功耗和漂水损失，而且能减小风机噪声对环境的影响。

4）旁通部分水量。根据冷却水总供水管上的水温信号，控制冷却水总供、回水管之间

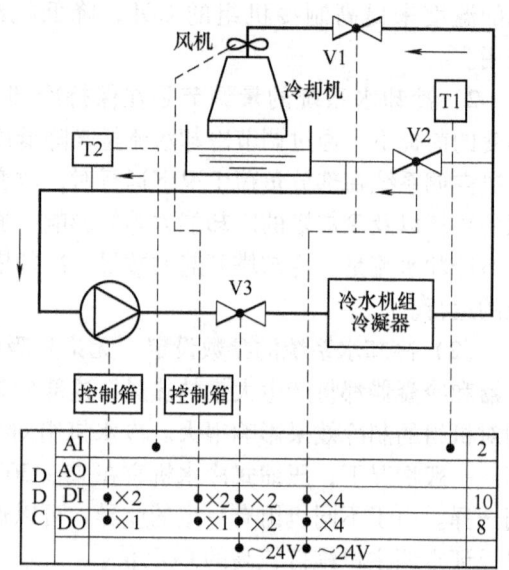

图4-54 冷却水系统控制原理

的电动旁通阀门V2，让冷凝器较高温度的出水与冷却塔较低温度的回水混合后供给机组，保证供制冷机的冷却水回水温度。V3是电动蝶阀。

定流量系统在工频状态下全速运行时，不能随制冷机负荷变化和外界环境条件变化相应调整运行工况和流量，经常会出现大流量、小温差、低水温的不利工况，既增大了冷却水泵和冷却塔风扇的能耗，也不利于冷水机组安全、正常运行。尤其是过渡季节，空调末端负荷一般较小，外界环境温度、湿度较低，冷却水温度也比较低，为了保障冷水机组正常的运行工况，有时不得不采用的关阀节流或旁通回流的办法，人为减小局部流量或提高冷却水温度，这将不可避免地出现较大的节流损失等现象，能源的浪费是显而易见的，所以，冷却水定流量系统的节能潜力很大。

3. 冷却水循环水泵的变流量控制

对于空调冷却水系统，采用定流量方式将会造成水泵电能的浪费。由于冷却水供水量比冷冻水供水量大，管路也较为简单，所以对冷却水系统采用变频控制时节能效果相对明显、操作相对简单。

由于水泵的能耗以转速的三次方的关系进行递减，所以，对冷却水系统变流量控制时，在满足系统负荷要求并保证流量的变化不会引起机组COP值的大幅降低的前提下，调控冷

却水流量越小越好。

通常空调冷却水变流量系统采用定温差控制方法,使冷凝器内的冷却水进出水温差保持不变,从而保证流量能够随着负荷的变化而相应成等比例变化。同时需注意设定水泵运行的最低频率,确保整个水系统有足够的供水压力和流量,以保证其能够正常顺利地运行。

冷却水变频调速系统的配置与冷冻水循环系统的配置基本相同,通常采用一台冷水机组配置一台冷却水泵和一台变频器。每套中央空调系统增加一台冷却水泵作为备用,备用泵与工作泵之间可用手动切换,也可用自动切换。若多台冷却水泵同时运行时,所有水泵都保持相同频率运行,可以达到最佳的效果。

系统也可采用机组和水泵先并后串的连接方式。由于循环泵是并联运行,可每台水泵配置变频器,也可以采用一台变速泵+多台定速泵的控制方法。图4-55 给出了冷却水变频调速控制系统的原理,系统通过监测出水温度 T_1 和进水温度 T_2,调整冷却水泵和冷却塔风机的运转频率。常常采取保持进水温度 T_2 为定值,再用出水温度 T_1 与进水温度的温差 $\Delta t = T_1 - T_2$ 作为控制值。当温差 Δt 高于设定值时,提高冷却水泵的转速,使温差 Δt 返回到设定值;当温差 Δt 低于设定值,降低冷却水泵的转速,同样使温差回到设定值,建立新的平衡状态。

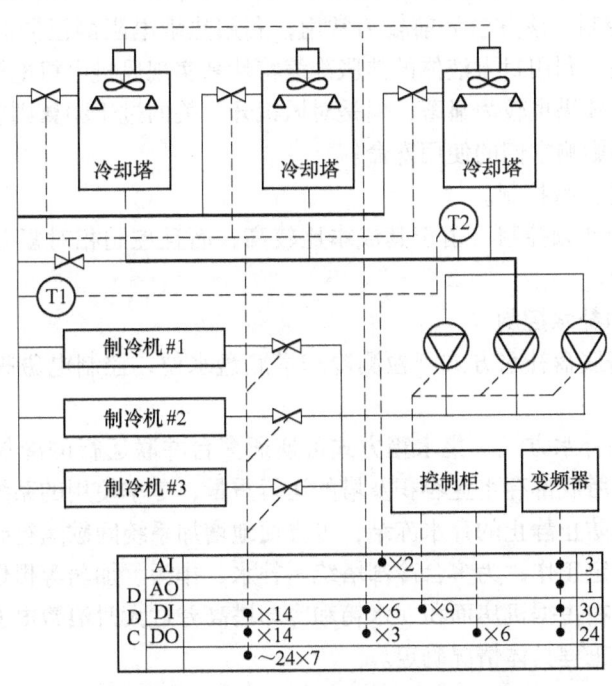

图 4-55 冷却水变频调速控制系统的原理

当拖动冷却水泵和冷却塔风机的变频器输出都在 45Hz 以上,但出水温度 T_1 和进水温度 T_2 都仍高于设定值时,就应该增加冷却塔风机运行的台数或运行备用冷却塔。

冷却水不允许断流,也就是说冷却水泵运转频率的下限受到限制。冷却水泵最低运转频率应高于该水泵的堵转频率,与冷冻水泵类似,其变频器运转频率下限宜选择在 30Hz 左右。

4. 冷却塔控制

冷却塔风机、循环泵、相应的控制阀门与冷水机组通常是电气联锁的,但并非要求冷却塔风机必须随冷水机组同时运行。一旦冷却回水温度不能保证时(温度高于设定值),则自动起动冷却塔风机,因此,可以利用冷却回水温度来控制相应的冷却塔风机,风机以台数控制或变速控制构成一个独立控制回路。根据制冷机对冷却水温的要求,确定冷却塔的开起台数。当冷却塔出水温度高于设定温度,则增开一台冷却塔,低于设定温度可停开一台冷却塔。有的冷却塔风机还采用双速电动机,通过转速的变化调节冷却水温度,因此,还应配合高/低速的转换来确定冷却塔的运行台数。

在室外温度比较低的情况下,通过冷却水回路的自然冷却就可满足制冷机对冷却水的温度要求,这时可关掉所有冷却塔的风机,单靠冷却水循环过程的自然冷却实现冷却水的降温,对于冷却泵,应以最少的冷却泵运行台数满足制冷系统对冷却水流量和温度的要求。合理地调整冷却塔风机和冷却水泵的运行台数可以达到降低能耗的目的。

当冷却水回水温度较低时,还应考虑冷却水温度过低反而不利于制冷机工作等问题,在冷却塔供、回水管间设置旁通阀,可通过控制旁通阀开度,让部分冷却水可以不经过冷却塔直接返回机组,以保证冷却水温度不会过低。下面是几种冷却塔风机的控制方法:

(1)采用温感控制 该方法目前较为常用,利用热敏电阻测温同时连接调温计,在调温计内装上微型开关,利用封入液体的热胀冷缩特性来实现风机电机电源的开关。温感控制方法简单易行,节能效果也较为显著,但是对风机开、关的过于频繁则容易导致开关与风机电动机的过热,进而影响它们的使用寿命。

(2)采用风机的台数控制。

(3)采用电机的变频控制 由于其成本比较高,而且控制相对复杂,目前在实际工程上的应用还相对较少。

5. 冷却水系统的补水控制

(1)采用冷却塔底盘补水方式 检测冷却塔底盘水位,控制电磁阀或补水泵工作,保证水盘的水位稳定。

(2)采用集水箱补水方式 集水箱方式可连通多台并联运行的冷却塔,使各冷却塔水位平衡;可减少冷却塔底部存水盘容积及塔的运行重量;冬季使用的系统停止运行时,冷却塔底部无存水,可以防止静止的存水冻结;可方便地增加系统间歇运行时所需存水容积,使冷却水循环泵能够稳定工作;为多台冷却塔统一补水、排污、加药等提供了方便操作的条件等。但设置水箱也存在占据机房面积、水箱和冷却塔高差过大时浪费电能等缺点。因此,是否设置集水箱应根据工程具体情况确定。

4.3.6 设备相互备用切换与均衡运行控制

冷冻水系统的各种设备基本上都是多台(套)配备,各设备之间协同运行,同类设备之间互为备用。假设制冷系统有3台冷水机组、3台冷却塔风机、4组冷冻水循环泵、4组冷却水循环泵,通过控制冷水机组、循环水泵及风机的工作台数满足系统末端负荷的变化。所以,在系统运行过程中不可避免地会出现冷水机组和风机、水泵工作时间平衡的情况。以水泵为例,频繁起停的水泵会加剧泵体内各部件的机械磨损,缩短水泵的有效使用寿命,而工作时间少的水泵,由于长期的水中浸泡增加了电动机定子绕组和内部构件受潮、阀门生锈的机会,从而增大了水泵发生故障的概率。

为了保证机组的安全运行,延长设备使用寿命,并使设备和系统处在高效率的工作状态,通常要求设备累计运行时间尽可能相同,即同类设备均衡运行。单纯采用继电器电路很难保证设备的均衡运行控制,通常设备均衡运行由 DDC 完成。一般采用两种方法来实现设备的均衡运行,即设备轮换法和工作时间累积法。

(1) 设备轮换法　相关设备定时轮换工作,在多泵系统中,可以根据设备的起停规律,改变设备的起停顺序,例如一个三台水泵的系统,在 1#泵起动运行到完成工作停机后,当需要再次起动时,可以安排 2#泵工作,再控制 3#泵起动,通过这种控制方式保证各设备工作时间的基本均衡。由于轮换法以固定设备的工作顺序为目标,在设备工作关系复杂的系统中,其控制程序比较复杂,所以在设备较多、相互关系复杂的水系统控制中较少采用。

(2) 工作时间累积法　是指分别统计相同的几台设备的累积运行时间,优先起动累积运行时间最短的设备,优先关闭累积运行时间最长的设备。

首先要累计各台设备的工作时间,以小时或以分钟为单位,每当满足起动设备的条件时,起动累计运转时间最小的设备;每当满足停止一台设备的条件时,停止累计运转时间最长的设备。

与轮换法相比较,累积法的逻辑关系相对简单,更适合于计算机控制。正常工作时控制系统记录每一台设备的工作时间,在需要起停设备时,只需要检查各设备的累积工作时间,起动累积工作时间最少的设备,停止工作时间最长的设备。

4.3.7　制冷系统监控技术的发展

空调负荷已占到夏季高峰民用电力负荷的 30%,某些地区甚至已经达到 40%。对大型公共建筑而言,其工作的重点是降低运行能耗,应从环保、节能、智能化 3 方面着手,注重新技术的开发和应用。

随着计算机技术、信息技术和自控技术的高速发展,以及它们在暖通空调领域的广泛应用,利用自动化控制系统代替传统的仪器、仪表能够更有效地对空调系统进行科学、精确控制。在保证舒适性的同时提高空调系统的运行性能,节省运行能耗,以及降低运行管理费用、减轻管理者的劳动强度等都是监控技术的发展方向。通过加强运行管理,可节能 5% ~ 10%;通过提高水泵、风机等设备的运行效率及应用变频调速技术,可节能 10% ~ 20%;通过改善设备季节过渡运行方式来避免冷热不均以及增加自动控制系统等措施,还可节能 10% ~ 20%。

1. 以高效节能为目标的空调水系统控制

(1) 将定流量控制系统改为变流量控制系统　从传统的空调主机供水定流量控制的方法,改变成满足空调主机运用工况的变流量控制,这样就有可能使冷温水系统跟踪末端负荷的变化,末端需要多少冷热量就供给多少冷热量,达到最佳的节能效果。同时,冷却水系统和冷却塔风机系统也实现变流量运行,节约大量的电能。

(2) 实时控制冷却水系统,优化空调主机的运行工况　冷却水系统按照设置的进水温度和出水温度,采用变流量运行方式,使冷却水系统实时跟踪空调主机发热量的变化,按照需要散发热量,提高空调主机的热交换效率。

(3) 活塞式压缩机和离心式压缩机的变频控制　压缩机的变频控制导致了制冷机组制

冷剂流量的变化,从而导致制冷量的变化,在这个控制过程中,常规的节流元件——热力膨胀阀已不能满足时刻变化的制冷剂流量的调节需要,取而代之的节流元件是电子膨胀阀。对压缩机的变频控制必须与膨胀阀的开度相匹配,这样才能最大限度地发挥压缩机的功率,提高系统的能效比。

从理论上讲,压缩机功耗与转速的三次方成比例,当转速下降时,功耗将急剧下降。表4-7给出了离心式压缩机转速与功耗之间的关系。

表4-7 离心式压缩机转速与功耗之间的关系

压缩机转速($n/n_0\%$)	100	90	80	70
压缩机功耗[$(n/n_0)^3\%$]	100	72.9	51.2	34.3
节能[$1-(n/n_0)^3\%$]	0	27.1	48.8	63.7

(4) 控制压缩机的起动负载 为防止螺杆式、离心式压缩机在机组初始起动的短时间内,负载上升过快,通过控制压缩机起动时的负载的上升速度,使冷水温度缓慢的达到控制温度。这样既可以延长压缩机的使用寿命,又可以减少机组运行过程中的电力消耗。

2. 在变频空调节能上的应用

变频空调所指的是在普通空调基础之上运用了变频专用的压缩机,并增加了变频控制系统,其他结构及制冷原理与普通空调是一样的。变频空调主机为自动无级变速,能够根据房间情况自动提供所需冷热量。如果室内的温度达到了一定期望值,空调的主机就能够保持这一温度恒定运转,并实现不停机的运转,以保证室内环境温度稳定。变频空调的变频器能够对压缩机的供电频率进行改变,从而调节压缩机的转速,通过压缩机转速大小来控制室内的温度。当室温变化较小时,压缩机的电能消耗相对较低,大大提高了舒适度。变频空调依据环境温度来切换自动制冷、制热及除湿运转方式,能够让室内的温度在短时间之内达到所需温度,且在低能耗及低转速的状态下实现较小温差波动,从而达到了节能、快速及舒适控温的效果。当蒸发温度上升1℃或者冷凝温度下降1℃时,可逆制冷机制冷系数就会增加2%~2.5%,由于电动机效率、功率及热力完善程度等情况,空调能效仅会增加1%~1.5%之间,这就使得变频技术制冷空调比普通制冷空调在理论上要节省能量约10%~15%。

3. 冰蓄冷技术

在电能资源紧张的现状下,降低空调自身的能耗是摆在人们面前的重要课题。经过不懈努力,专家成功研制出冰蓄冷技术,有效降低了空调能耗。采用这种技术制成的新型空调,可以利用非峰值的电能,来保持制冷物质的最佳能量节约状态,并维持系统的良好运行。冰蓄冷技术将空调自身运转所需要的潜在能量和显在能量全部释放出来,提供给空调系统以便实现正常工作,也就是通过融冰冷量的放出,来使空调内部的冷负荷达到既定要求。这时,蓄冷装置就变为了储存冰块的容器。这种冰蓄冷技术的空调,可以实现填谷移峰的功能,它提高了装置运行的稳定程度,提升了经济效益,并有效地削减了空调的能量损耗。

4. 太阳能制冷技术

太阳能是一种清洁的新型资源,它没有限量,并且可以再生,因此越来越受到人们的重视。

(1) 太阳能驱动的制冷系统 目前,有3种方法可以用太阳能制冷:

1) 利用太阳辐射散发热能来驱动溴化锂或氨水溶液的吸收来完成制冷;

2)经过太阳能加热后通过集热器内的低沸点工质,经过汽化再进入汽轮机驱动制冷机来实现制冷;

3)太阳能经过集热器产生压力后的蒸汽最终喷射达到制冷效果。

随着制冷技术的不断推进与发展,太阳能吸收式制冷技术渐渐走向成熟,最有代表性的是单级溴化锂吸收式制冷系统。主要由太阳集热器、以溴化锂—水为循环工质对的制冷机、自动化控制系统等组成。影响太阳能空调的一个重要的因素是热源的可利用温差,提高太阳能空调系统效率的关键在于如何提高热源的可利用温差,使太阳能吸收式空调系统能高效工作于较低的热源温度下。由于吸收式制冷系统庞大、运行较复杂,不符合建筑一体化的要求,如何提高系统经济性和实现系统小型化是研究的重点。

(2)利用太阳能半导体的制冷技术　太阳能半导体制冷系统,又称为热电制冷或温差电制冷。主要运用了半导体的热电制冷原理,由太阳能电池直接提供直流电,从而实现制冷制热。太阳能半导体制冷系统的组成部分有太阳能光电转换器、数控匹配器、储能设备和半导体制冷装置等。太阳能光电转换器输出直流电有两个去处:一是直接将直流电一部分转给半导体制冷装置完成制冷;二是经储能设备控制完成储存工作,保证没有太阳的时候也能正常使用,使系统能全天候正常运行。当前,随着太阳能电池和热电材料价格的逐年下降,发电效率的快速提高,太阳能半导体制冷系统的成本也大幅度下降,在一定的程度上推动了太阳能半导体制冷系统的广泛应用。

5. 高效节能设备的开发

制冷压缩机是空调制冷系统的心脏,没有节能减排制冷压缩机的使用,空调的制冷系统就做不到高效的节能。压缩机电动机在很大程度上影响着制冷空调能量的消耗程度。在制冷空调中,压缩机电动机的能量消耗是很大的,它的额定功率能够占到空调总功率的90%,电动机效率仅和电动机功率大小有密切关系,而电流热损失并不会随着电动机功率成比例上升,因此,大功率电动机要比小功率电动机的效率高些,而同等功率单相交流要比三相交流电动机的效率低些。对于制冷式空调的压缩机形式可以有多种,例如离心式压缩机,它具有不同的制冷剂叶轮,可以在诱导流场控制气动方面以及稳定度的提高方面进行研究。对于漩涡式的压缩机制冷设备,可以在中间补气方面进行研究。

6. 加强空调系统的远程监控

冷水机组本身就是一个复杂的系统,现在的冷水机组均配有功能强大的控制系统,以实现冷水机组本身起停控制、故障检测报警、运行参数监测、能量调节与安全保护等。冷水机组本身的控制系统都配有标准通信接口,新的冷水机组绝大部分支持 BACnet 或 LonWorks 等在智能建筑领域影响比较大的通信协议。如果能通过通信接口和共同支持的通信协议,实现楼宇自动化系统与制冷机组的无缝连接,楼宇自动化系统就可能实现对制冷机组运行更为深入、全面的监控,使楼宇自动化系统对冷水机组和制冷系统运行参数监控、节能控制和安全保护等提高到新的水平。

由于通风空调系统是由冷热源、水系统、风系统、末端设备、控制系统等组成,其结构较为复杂,每个系统的运行环境、条件等各不相同,因此作为一般的设备使用单位难以满足项目个体管理的需求和较为烦琐的维护、运行和保养。监控系统应具备的功能有:

1)监控中心通过网络可随时对设备工作情况以及现场设备运行状况在图形界面上进行动态实时监控。

2）可根据设备类型不同，显示出多种风格的、有针对性的监控界面。

3）通过动态运行曲线对设备运行状况进行预先分析判断，包括：设备运行的合理性、机组的能耗情况和能效比情况。

4）具备专家诊断系统，及时发现故障，可对隐患各类故障迅速作出判断，并对维修人员排除故障做出提示，使维修人员排除故障之前就已知道需维修的项目，减少了维修服务的成本和时间。

4.4 空调热源系统及集中供热系统自动控制

集中供热系统是指以热水或蒸汽作为热媒，集中向一个具有多种热用户（如供暖、通风、热水供应及生产工艺等设备）的较大区域供应热能的系统。其中生活用水热水及生产工艺用热属于常年热负荷，它们的变化与气候条件关系不大，在全年中的变化较小。而供暖通风及空调系统的热负荷属于季节性热负荷，它与室外温度、湿度、风向、风速和太阳辐射强度等气候条件密切相关，其中起决定作用的是室外温度。这类热负荷在全年中变化较大，所以，集中供热系统的自动控制主要是对集中采暖系统的自动控制。

随着现代化城市及工业的发展，集中供热系统趋于大型化，对供热的效果要求更加严格，对系统运行的经济性、安全性和可靠性的要求也更高，这就要求集中供热系统配置自动化设备，根据设定参数进行自动调节和系统的自动控制，以满足热用户及热设备对热能供应和节约能源的要求。

4.4.1 换热站的供热形式

城市供暖通常是多个小区共用一个供暖换热站，每个小区都有一个独立的供暖回路。尽管每个小区供暖的范围和规模不同，但其供暖系统的管网配置都是一样的。每个换热站分别包括一次管网供暖回路和二次管网供暖回路，两者之间通过换热器实现热交换。供暖热源为经过热力主管循环的一次管网高温热水，经过换热器对二次管网回水或冷水加热后，作为供给小区的二次管网热水，经小区家庭取暖装置循环后变成二次管网回水。因此，换热站是集中供热系统供热网络与热用户的连接场所，是热源与热用户之间的一个中间环节，其供热品质的好坏对改善热网热力工况，提高供热质量起着重要作用。

热用户的采暖方式有散热器采暖，空调热风采暖，地板辐射采暖等形式。散热器采暖通常需要较高的二次管网设计供水温度（一般应在85℃以上，供、回水设计温差为20～25℃）；空调热风采暖，二次管网供、回水设计温度为60/50℃；地板辐射采暖，二次管网供、回水温度以45～50℃/35～40℃为宜。

无论是热网提供的热水或蒸汽，还是自备锅炉提供的蒸汽或热水，其温度都高于以上几种采暖方式的设计温度，不能满足工艺要求。因此，在供热系统中热水（蒸汽）网路和供暖用户需要进行高温热水或高温蒸汽到采暖热水的转换。

1. 间接连接的供热形式

以热交换器或换热器实现的换热方式称为间接连接的换热方式。在采暖系统热用户入口处设置换热器，用户系统和热水网路被换热器隔离，用户与管网水力工况不发生联系，形成两个独立的系统。换热器工作原理如图4-56所示。换热系统包括一次管网，二次管网及补水系统3部分。

供热厂提供的高温高压热水由一次管网送各换热站，各分站将一次管网的高温高压热水经换热器将热能传递给二次循环水，形成二次管网供暖热水，再由二次管网送至热用户，冷却后的回水返回二次管网回水管中。二次管网中的循环水由热力站的循环水泵驱动循环流动，如果二次回水不足，可由补水泵通过水箱向回水管网补水。

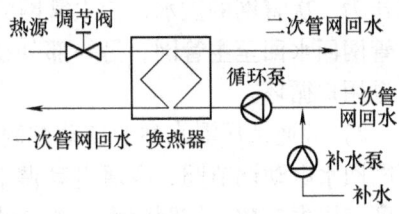

图4-56 换热器工作原理

(1) 汽-水换热站 汽-水换热站（300℃以下蒸汽水，供、回水设计温差为70~95℃）是由热电厂生产的蒸汽经管网输送到换热站，在换热器与冷媒低温水进行充分的热交换，蒸汽形成的凝结水经疏水器聚集到凝结水箱中并返回热源处；在换热器中与蒸汽进行热交换后的冷媒低温水经分水器进入到采暖管网中，从采暖管网中返回集水器，经除污器进入到循环泵进行下一轮的循环，补水泵及时补充因管网跑冒滴漏等所遗失的水量，以便保持一定的压力，形成经济稳定的运行状态，控制台通过压力变送器和温度传感器对设备的运行情况进行实时监测和控制。

(2) 水-水换热站 热水锅炉产生的130℃一次管网高温水与二次管网回水主管道输送来的水进行热交换，一次管网高温水降温到70℃并返回热源处，二次管网加热到90℃后经供水主管道循环至各热用户，经过换热器将二次管网循环水加热后，温度降到70℃返回换热站。水-水换热站的控制过程与汽-水换热站相同，也需要补水泵及时补充因管网跑冒滴漏等所遗失的水量，以便保持一定的压力，形成经济稳定的运行状态。控制台通过压力变送器和温度传感器对设备的运行情况进行实时监测和控制。

2. 混水供热的基本形式

混水连接方式实现换热是直接连接的一种换热方式。近年来，由于节能、节电的需求以及变频调速水泵的广泛应用，混水泵的连接方式呈现出明显优势。特别是针对热用户的不同采暖形式，采用分布式混水泵系统，只要改变不同的混合比（二次管网混水量与一次管网供水量之比），就能很方便地实现上述各种不同采暖形式的参数要求。

混水供热技术并不是新技术，混水供热与间接供热相比，省去了换热器和换热站内的补水系统，具有占地面积小、工程造价低、热损失小的优点；与直供系统相比，可以降低一次管网的管径，减少循环水量，节省投资和节省水泵的能耗。但混水供热技术对于调节控制水平的要求比较高，一次高温水与二次混入水的配比难于控制、各个混水站之间的容易出现水力失衡，随着供热技术、供热调控设备的发展和进步，混水供热系统的使用也得到了较快的发展。

根据循环泵的设置位置混水供热的形式主要有以下3种：

(1) 旁通管上设置循环泵——旁通加压混水站 对于一次管网供、回水压力正常的混水站，混水站具有足够的资用压头（用户入口供回水压差）时，只需要在供回水管道之间，增加一条旁通管道作为混水管道，混水管道上增加混水泵和调节阀，并在一次管网供、回水的管道上增加调节阀，就可以实现混水运行。混水泵的流量要满足设计混入水量的要求，扬程要满足二次管网回水与二次管网供水压差的同时，还要克服混水管道的阻力。图4-57给出了旁通管上安装混水泵的供热形式，混水站大多采用此种形式。

1) 旁通加压混水站工艺流程。一次管网进来的高温供水与循环泵打出的低温回水混合后作为二次管网的供水，二次管网的供水经用户循散热后变为二次管网回水，一部分进入一次管网回水回至主管网，另一部分经循环泵打至一次管网供水与其混合后作为二次管网的供水进用户循环。

2) 旁通加压混水站的自动控制。4个控制点分别是：一次管网供水电动调节阀、一次管网回水电动调节阀、旁通电动调节阀和旁通混水泵。DDC检测一、二次管网供、回水的温度和压力参数，控制混水泵和电动调节阀。

① 一次管网供水电动调节阀的控制：根据二次管网供水的设定温度和二次管网供水温度的检测值。

② 一次管网回水电动调节阀的控制：根据二次管网回水的设定压力和二次管网回水压力的检测值。

③ 旁通电动调节阀的控制：旁通电动调节阀为全开状态。

④ 旁通混水泵控制：根据二次管网供水设定压力和二次管网供水压力的检测值。

(2) 二次管网供水管网设置循环泵供热形式——供水加压混水站　对于二次管网供水压力不足的混水站，需要将混水泵安装在二次管网供水管道上，用于提高二次管网供水压力，并在一次管网供、回水管道和一次管网供、回水管道之间的混水管道上同时安装调节阀。混水泵的流量应满足二次管网用户的流量要求，扬程应满足二次管网管道、用户及混水管道的阻力要求。图4-58给出了二次管网供水管网安装混水泵的供热形式，这种形式多用于整个混水供热系统的末端混水站。

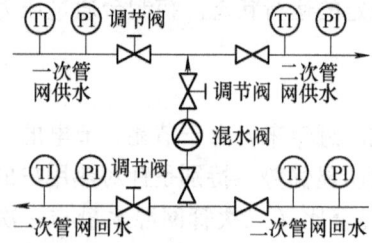

图4-57　旁通管上安装混水泵

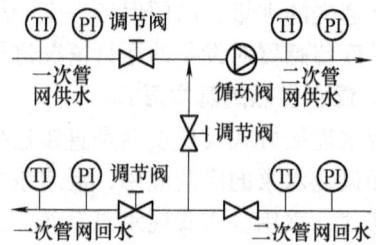

图4-58　二次管网供水管网安装混水泵

1) 供水加压混水站工艺流程。一次管网供水的高温水与旁通阀输出的二次管网低温回水混合后经二次管网供水循环泵输出，二次管网供水经用户循环散热后变为二次管网回水后，一部分进入一次管网回水主管网，另一部分通过旁通阀进入一次管网供水与其混合后作为二次管网的供水进用户循环。

2) 供水加压混水站的自动控制。4个控制点分别是：一次管网供水电动调节阀、一次管网回水电动调节阀、旁通电动调节阀和供水循环泵。DDC检测一、二次管网供、回水的温度和压力参数，控制循环泵和电动调节阀。

① 一次管网供回水电动调节阀的控制：同旁通加压站控制。

② 旁通电动调节阀的控制：根据二次管网供水的设定温度和二次管网供水温度的检测值。

③ 循环泵控制：根据二次管网供水设定压力和二次管网供水压力的检测值。

(3) 回水管网设置循环泵供热形式——回水加压混水站对于二次管网回水压力不足的，

需要将混水泵安装在二次管网回水管道上，用于提高二次管网回水压力，并在一次管网供水管道和一次管网供、回水管道之间的混水管道上同时安装调节阀。混水泵的流量应满足二次管网系统的流量要求，扬程应能克服二次管网供、回水管道、二次管网用户及混水管道的阻力。图 4-59 给出了回水管网安装混水泵的供热形式，这种形式多用于整个混水供热系统的末端混水站。

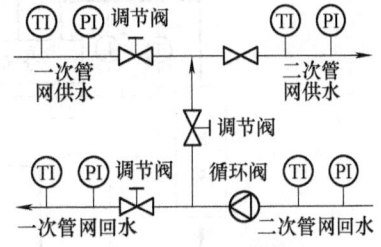

图 4-59　回水管网安装混水泵

1) 回水加压混水站工艺流程。一次管网供水的高温水与循环泵供出的低温回水混合后作为二次管网供水，二次管网供水经用户循环散热后变为二次管网回水经循环泵加压后一部分进入一次回水主管网，另一部分通过旁通阀进入一次管网供水与其混合后作为二次管网的供水进用户循环。

2) 回水加压混水站的自动控制。4 个控制点分别是：一次管网供水电动调节阀、一次管网回水电动调节阀、旁通电动调节阀和旁通混水泵。DDC 检测一、二次管网供、回水的温度和压力参数，控制循环泵和电动调节阀。

DDC 根据二次管网供水的设定温度，控制一次管网供水电动调节阀开度；控制一次管网回水电动调节阀的开度；根据二次管网供水的设定压力，控制旁通电动调节阀的开度；根据二次管网回水设定压力控制循环泵的自动运行。

① 一次管网供回水电动调节阀的控制：同旁通加压站控制。

② 旁通电动调节阀的控制：根据二次管网供水的设定温度和二次管网供水温度的检测值。

③ 循环泵控制：根据二次管网回水设定压力和二次管网回水压力的检测值。

循环水泵即可以设置在二次管网的供水管上，也可以设置在二次管网回水管上。其功能一兼三职：既是热用户的循环泵，也是热用户的热网循环泵，还是一、二次管网的混水泵。该泵的流量为热用户二次管网的设计流量，扬程为该热用户与系统热源组成的环路的总压降。

这种形式具有系统结构简单的特点，但装机电功率大，不是节能方案。

4.4.2　集中供热的自动化系统

集中供热系统的自动检测与控制，根据热源、热交换站及热力入口装置采用不同的自动化系统。

1. 集中热交换站的自动化系统

在锅炉房内设置蒸汽锅炉或热水锅炉作为热源，向一个较大的区域供应热能的系统，称为区域锅炉房集中供热系统。在区域供热中，大多以蒸汽作为热媒，经过集中热交换站产生热水，供应采暖等用热设备的所需热量。在蒸汽锅炉房内设置集中热交换站的自动化系统如图 4-60 所示。

集中热交换站的自动化系统可对锅炉蒸汽等的压力及流量、采暖热水的供水及回水的压力，温度和流量进行自动检测，在仪表室集中显示，并调节进入加热器的蒸汽对热水的供水温度进行自动控制，满足采暖及通风用热的要求，同时对蒸汽、热水的用量进行计量，以实

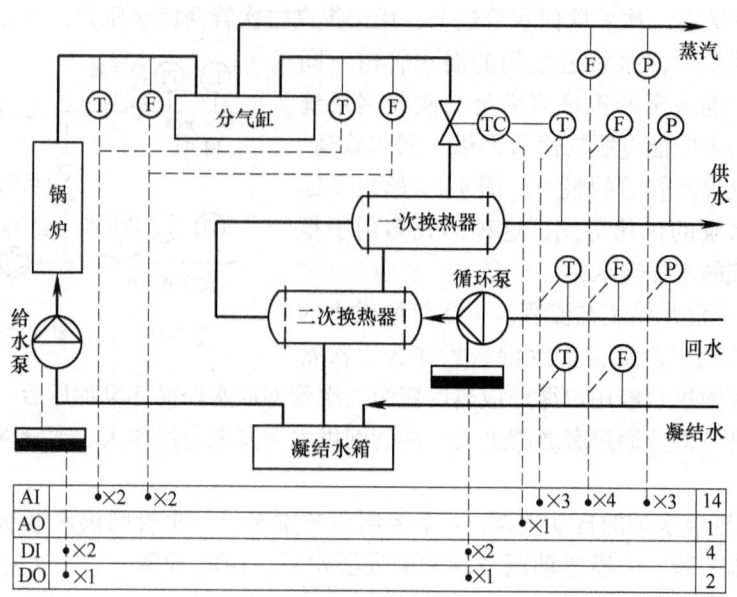

图 4-60 蒸汽锅炉房内设置集中热交换站的自动化系统

现科学化管理。

2. 集中供热的热力站自动化系统

集中供热系统的热力站是城市供热网路向热用户供热的连接场所,它具有调节送往热用户的热媒参数以及实现能量转换和计量的作用。根据热力站的位置可分为局部热力点、集中热力站和区域性热力站,因此也就相应地有局部热力点自动化系统、集中热力站自动化系统和区域性热力站自动化系统。

(1) 局部热力点自动化系统　局部热力点自动化系统又叫用户引入口。设置在单幢民用建筑及公共建筑的地沟入口或该用户的地下室或底层处,通过它向该用户或相邻几个用户分配热能。在用户供、回水总管上均应设置阀门、压力表和温度计。

如图 4-61 所示的局部热力点自动化系统中设置了供回水压力与温度的检测和供回水流量检测装置,DDC 可以根据监测的流量及供回水温度实现采暖系统的热量计量,另外还设置了根据室外温度调节采暖系统循环水流量的量调节方案,从而能够控制采暖供热量,维持室内温度恒定。

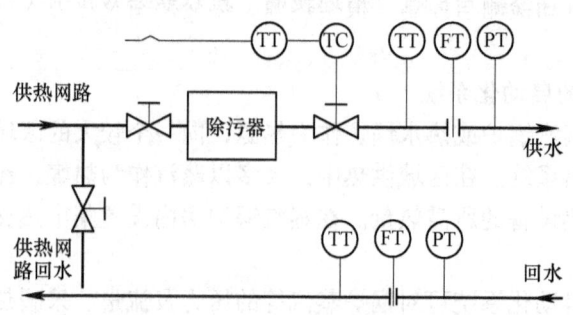

图 4-61 局部热力点自动化系统

1）间接连接式入口装置自动化系统。如图 4-62 所示，该自动化系统包括热网供水和回水的压力、温度的检测及供热量的检测与记录，采暖系统的供水与回水的温度、压力的检测和采暖系统供水温度的自动控制。当供水温度高于设定值时，调节器通过调节阀将流经加热器的介质流量减小；同样，当供水温度较低时，就开大流经加热器的介质流量，从而实现供水温度的自动控制。

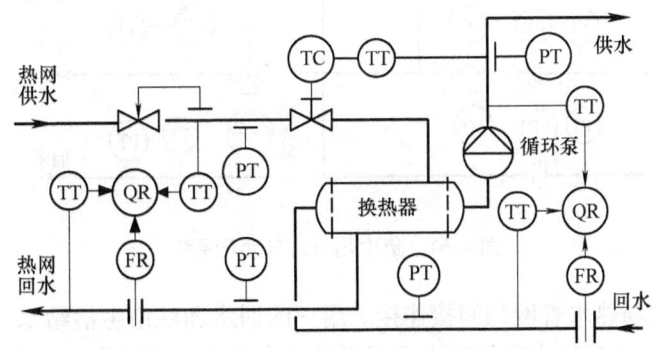

图 4-62　间接连接式入口装置自动化系统

2）在供水管上装二级水泵进行混水的直接连接入口装置自动化系统。如图 4-63 所示，图中给出了这种直接连接的入口装置形式，一般用于当入口供水管内压力不够的情况。由于装有减压阀和流量控制阀，可使采暖系统免受外网压力的影响，从而保持较低的压力，又可使温度调节阀前后的压差保持稳定，改善其控制性能。溢流阀用于安全目的，防止在减压阀失效的情况下，用户系统压力增高并超过其允许的界限。采暖系统通过安装在回水管上的调节阀进行流量调节，实现对供水温度的控制。

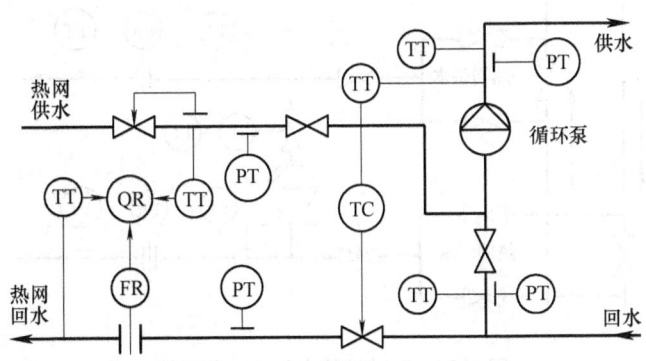

图 4-63　二级泵进行混水的直接连接入口装置自动化系统

（2）集中热力站自动化系统　集中热力站自动化系统通常也称为小区热力站，多设在单独的建筑物内，是供热网路向多栋房屋或建筑小区分配热能、调节与计量热能的场所。集中热力站比用户引入口装置更完善，设备更复杂，功能更齐全。

集中热力站自动化系统设置有必要的参数检测、自动调节与计量装置。在外网的供水管及回水管路上安装了压力、温度的测量系统和流量检测与记录系统，可检测供水量、回水量，并能进行热计量。供暖热用户与热水管网可采用间接连接或直接连接方式，如图 4-64 所示。

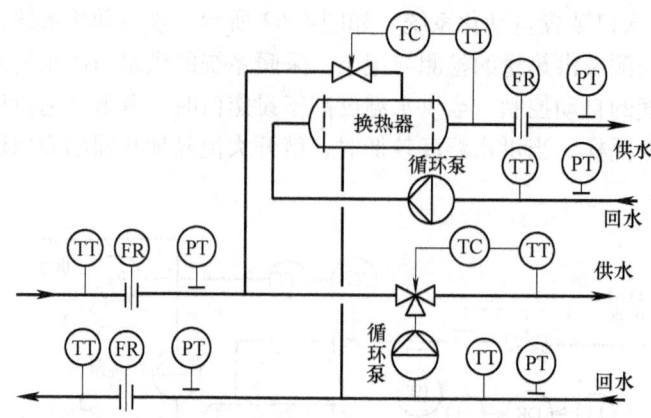

图 4-64 集中热力站自动化系统

1) 供暖热用户与热水管网的间接连接。用户的回水和城市生活给水一起进入水-水加热器被外网水加热，用户供水靠循环水泵提供动力在用户循环管路中流动。热网与热水供应用户的水力工况完全隔开。温度调节器依据用户的供水温度调节进入水-水加热器的网络循环水量，在供水输出端设置流量计，计量热水供应用户的用水量。

2) 供暖热用户与热水管网的直接连接。该系统热网供水温度高于供暖用户的设计水温，在热力站旁通管设置混水泵，抽引供暖系统的回水，与热网供水混合后直接送入用户。

（3）区域性热力站自动化系统 区域性热力站是指在城市大型的供热网路干线与分支干线连接点处的热力装置。区域性热力站自动化系统如图 4-65 所示。

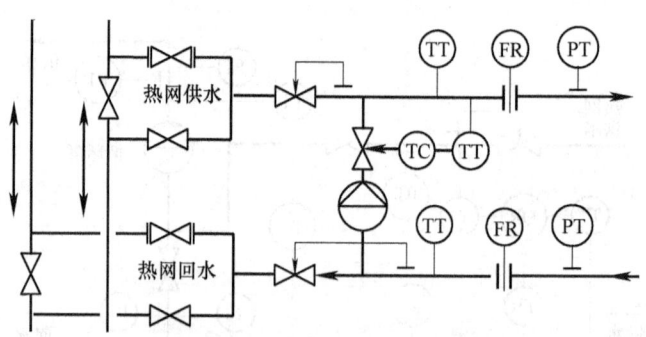

图 4-65 区域性热力站自动化系统

图中供热干线由双热源从不同方向进行供热，在正常运行时，关闭分段阀门及分支干线同一侧的截断阀门，可进行供热。而当一侧的热源或主干线出现事故时，可切换成由另一侧的热源供热。区域性热力站内的混合水泵抽引分支干线中的回水，可以较大幅度地调节分支干线的供水温度，而不受热源规定水温调节曲线的制约。温度调节器根据分支干线的供水温度控制混合水泵的抽引水量，从而实现供水温度的自动控制。

在热力站的管路上还应设置分支供水温度压力和流量的检测仪表，在分支回水管上也应设置压力、温度和流量的检测仪表，进行自动检测和计量。

4.4.3 间接连接供热的换热站监控系统设计

1. 换热站控制系统组成

1) 换热站工艺设备包括水-水换热器、循环泵、补水泵。

2) 传感器及变送器用于对换热站的运行参数及室内外温度进行检测,包括:一、二次管网供水温度、室内外温度测量传感器,二次管网供水流量、一、二次管网供水压力等测量变送器。

3) 执行机构用于对换热站运行的各调节机构进行调节控制,主要由电动调节阀、变频器和水泵电动机等组成。

4) DDC 或 PLC 用于对换热站的自动控制,并对运行参数进行监测控制、记录、统计、报警、报表打印等。

热交换系统监控原理如图 4-66 所示。

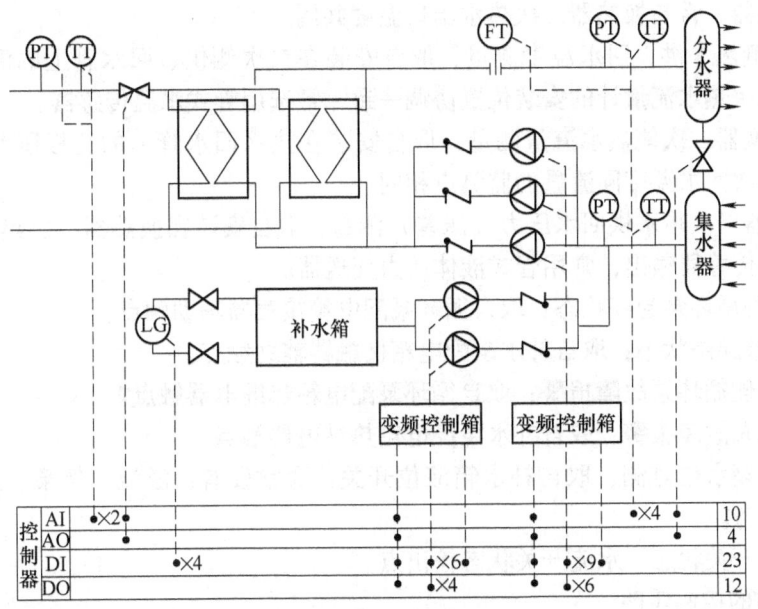

图 4-66 热交换系统监控原理

2. 控制要求

为了实现供热的高效运行,对换热站的控制有如下要求:

1) 二次管网流量应跟随热用户的所需流量。二次管网流量过大会造成能源浪费,二次管网流量过小又不能满足热用户的用热需求。

2) 二次管网供水温度在一定的室外温度下应保持稳定。供水温度稳定是满足热用户的需热量重要指标。

3) 二次管网回水温度在一定的室外温度下应保持稳定。它是保证供热系统二次管网的高效运行的必要条件。换热器的传热量与供、回水温差成正比,为了避免供热系统运行在"大流量小温差"的状态,必须提高换热器的传热效率。

4) 二次管网恒压点压力应保持稳定。管网正常运行对水压的基本要求是:保证热用户有足够的资用压头，保证水压不损坏散热设备，保证供热系统充满水不倒空，保证系统不汽化，保持恒压点压力的稳定，控制管网热水压力的波动，保证供、回水温度的稳定。

5）管网失水状况下的补水控制。在二次管网供水出现跑冒滴漏造成回水量减少时，能自动向二次管网回水管道补水。

3. 换热站运行参数与工作状态检测及常用传感器和变送器

1）热交换器一次侧热水供回水温度测量：取自安装在热水供水管和回水干管上的温度传感器，采用管式水温度传感器。

2）热交换器一次侧热水供回水压力测量：取自安装在热水供水管和回水干管（蒸汽供汽管与冷凝水回水干管）上的压力变送器，采用管式压力变送器。

3）热交换器一次侧热水回水（或冷凝水回水）流量测量：取自安装在热水回水干管上的流量传感器，常选用孔板压差流量计。

4）空调热水供水温度测量：取自安装在空调热水供水管上的水温传感器输出，常选用管式水温传感器，常与换热器二次热水出口温度共用。

5）二次侧热水供、回水温度测量：取自安装在二次侧供、回水管上的温传感器输出，安装位置与二次热水流量计的安装位置协调一致，常选用管式水温传感器。

6）热交换器二次侧热水流量测量：取自安装在热水回水管上的孔板压差流量变送器，安装位置与二次回水温度同流量的监测点相同。

7）换热器二次热水供回水压力（压差）测量：取自安装在换热器二次热水供回水干管上的液体压力传感器输出，常用管式液体压力变送器。

8）二次侧循环泵起停状态：取自循环泵配电箱接触器辅助触点。

9）补水泵起停状态：取自补水泵配电箱接触器辅助触点。

10）二次侧循环泵故障报警：取自循环泵配电箱热继电器触点。

11）补水泵故障报警：取自补水泵配电箱热继电器触点。

12）补水箱水位监测：取自补水箱液位开关，通常设有：溢流、停泵、起泵和低限报警4个液位状态。

13）水流开关状态：水流开关状态输出点。

4. 换热站的控制策略

从控制的角度，换热站包括两个控制回路：恒温控制回路和恒压控制回路。

由于换热站循环泵的额定流量和电动机功率是按照该换热小区最大供热面积配备的，而实际上大多数换热站的供热面积并非一开始就达到设计能力，而是逐步发展用户，增加供热面积；另一方面，也很难选到恰好符合该管网特性流量和扬程的水泵，这就应调节水泵的流量，以满足不同情况的需要。

由于热用户室内采暖系统采用的都是上供下回式单管供热方式，所以单管供热最佳调节方式应为温度和流量的综合调节。随着室外温度的变化，不但要及时地调整二次供水温度，还应相应地调整循环水的流量，避免产生上部室温严重偏高，下部室温严重偏低的"垂直失调"现象。

由于实际热负荷小于设计热负荷且热负荷随气温变化较大，因此需要及时调节供热量。根据供热的实际情况和用户的要求，系统采用质调节和量调节的双调控制方式，即同时控制换热站的二次供水设定温度、循环泵的流量，其中量调节的节能效果最为显著。另外，系统运行过程中，管网失水是不可避免的，因此需要控制补水泵的补水量以保证系统的稳定运行。

(1) 换热器二次侧出水温度自动控制　供热系统在运行时，二次回路供出的热水温度应始终保持设定值。系统采用电动调节阀调节换热器一次侧高温热水的注入流量，间接改变二次侧循环热水的温度，温度单回路控制框图如图4-67所示。图中，$T_{set}(t)$表示温度设定值，$T_0(t)$表示流出换热器的热水实际温度值，$e(t)$表示偏差。

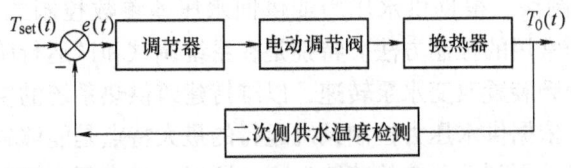

图4-67　温度单回路控制框图

当一次热媒为热水时，电动阀调节性能应采用等百分比型流量特性。控制器将温度传感器测量的热交换器二次水出口温度与给定值比较，根据比较偏差由控制器按照设定的调节规律，输出控制信号，调节一次侧热水电动阀的开度，使二次热水出口温度接近并保持在设定值。

当一次热媒为蒸汽时，系统构成和控制原理与一次热媒为热水时相同，只是电动阀门应采用直线调节阀。

(2) 循环水的流量控制　循环水的流量控制通常有两种：热水回水温度法（或热量控制法）和供回水压差控制法。

1) 热水回水温度法。二次供水的水温与一次供水的温度和流量有关，与二次回水流量有关，还与环境温度有关。在维持热交换器二次侧输出的热水温度稳定的基础上，热水经过终端负载进行能量交换后回水温度下降。通常设定二次侧供水温为65~70℃，回水温度为50℃左右，通过回水管道回到热交换器进行换热，温度提高后再次被送入用户家中的暖气片进行热交换。

供热系统的最终目标是保持热用户室内温度的稳定，但热用户没有室温调节器，且对众多热用户的室温不可能形成闭环控制，为做到经济运行又保证供热质量，最有效的方法是控制换热站的二次供水温度。回水温度的高低，基本上能够反映系统的热负荷情况。

回水温度高，说明系统热负荷小；回水温度低，说明系统热负荷大，因此，可以用回水温度来调节热交换器的运行台数、热水循环泵运行台数以及循环泵的转速，使控制系统稳定运行并达到节约能源的目的。具体的二次供水温度自动化系统控制的控制策略是：

- 如果二次侧的回水温度低（以50~55℃为设定值），增加水泵运行台数或提高水泵转速，增加循环水泵的流量；
- 如果二次侧供水的回水温度高（以50~55℃为设定值），减少水泵运行台数或降低水泵转速，减少循环水泵的流量。

这里没有考虑到环境温度变化的影响。如果室外温度改变，要使室内的温度基本恒定，一种控制策略是用二次供水与回水的温差来控制循环泵变频器的转速，设定二次侧供水与回水的温差为15℃。当二次侧供水与回水的温差大于15℃时，循环泵变频器加速，循环水的流量增加；当二次供水与回水的温差小于12℃时，循环泵变频器减速，循环水的流量减少。

注意：采用回水温度法要考虑，当用户热负荷需求量减小时，循环水的流量会随之减小，循环泵的转速较低，会造成循环水的供水压力降低，不能满足高层热用户的需求。因此，在温度、温差控制的基础上，温差的目标值可以在一定范围内根据热用户所处高度要求的最低扬程来进行适当的调节。

同样，根据分水器、集水器的供、回水温度及回水干管的流量测量值，实时计算空调末端设备所需热负荷，按实际热负荷自动调整热交换器及热水给水泵的台数。

2）供回水压差控制法。根据供水压力或供回水压差参数控制二次侧供热水系统的运行，是一种较为简单和常用的控制方法。特别是在系统调试和试运行阶段，通过检测供回水压力，控制供热水泵变频装置改变水泵转速，以维持建筑供热系统的供水压力或保证供回水压差在设定值范围内。依据供水压力控制系统运行的最大特点是能够较容易地保证供热系统满足供热指标，其缺点是不利于系统的节能运行。所以，供水压力控制法在系统调试阶段可以采用，但在系统正常运行后应改为供回水压差控制或回水温度法控制，图4-68给出了换热器二次侧供水回路定压自动控制原理框图。

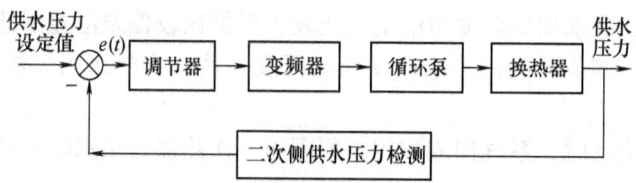

图4-68 换热器二次侧供水回路定压自动控制原理框图

下面是压差控制的两种方法：

① 将压差控制值设定为恒定值。为保证系统最大负荷时的安全运行，应将此时运行所需的供回水压差作为压差控制值，此设定方法虽然简单，但当系统在部分负荷运行时，会导致较多的能量浪费，因此不推荐采用。

② 根据环境温度来确定供回水压差控制值。此法适用于建筑热负荷主要取决室外空气温度的情况，即围护结构热负荷占建筑热负荷的主导地位的建筑。建筑供热系统根据室外空气温度设定压差控制值，当室外温度较低对热负荷需求较大时，应适当提高压差设定值；反之，当室外温度较高对热负荷需求减少时，应减小压差设定值。这种变压差的控制方式是一种可行且易于操作的方法。但对于内热源较大的建筑（如体育馆、实验室、数据中心等），用这种方法控制水泵的转速是不经济的。

（3）二次管网变频恒压补水控制　热水供热系统在运行中，管网失水是不可避免的，如果不及时补水，不仅会造成管网压力降低，还会使管网及汽-水换热器内的水汽化，造成整个供热系统不能正常运行甚至停止运行。补水泵定压就是通过补水泵间断或不间断地向系统补水，保证供热系统在规定的压力下运行。图4-69给出了利用变频调速技术的换热器补水回路自动控制原理框图。通过安装在回水管道上的压力传感器检测压力信号与设定的回水压力信号相比较，将比较的结果作为调节参量送给变频器以调节变频器输出电压的频率，变频器再将频率输出信号传给补水泵，进而改变补水泵转速调节补水量，以维持回水压力的恒定。

通常的设计方案有两种：

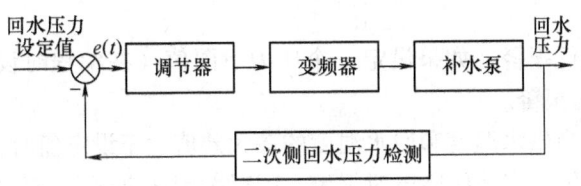

图 4-69 换热器补水回路自动控制原理框图

1) 采用间断性补水。这种系统在管网回水管上安装电接点压力表，利用电接点压力表的微动触点开关，根据管网压力的上下限整定值来自动控制补水泵的起动和停止。这是一种两位式控制方法，由于补水泵功率比较小，水泵的起停对管网和电网有冲击，但影响有限，这种补水方式采用补水泵断续工作，即能满足系统补水的需要，又能降低电能消耗。

2) 采用变频调速技术，利用恒压供水的原理控制补水泵。检测回水压力与给定压力值相比较，当低于设定值时加大补水流量，反之，则减少流量，保证系统压力恒定。压力传感器安装在回水主管直线段最为理想，即：将压力变送器安装在回水主管上，假设回水压力为 0.4MPa，变频器的给定值设置为 0.4MPa。当供热系统的压力低于 0.4MPa 时，变频器的输出频率上升，开始补水；达到 0.4MPa 时，反馈信号与给定信号基本相等，变频器输出频率下降。

换热站配备两台补水泵，正常运行时一台补水泵变频运行。当系统出现不正常的严重失水，一台补水泵达到工频转速依然达到回水压力时，起动另一台补水泵并工频运行。

通过调节二次侧供水温度或调节二次侧循环水供回水压差都可以实现对房间温度的控制。如果一次侧和二次侧的产权归属不同，例如换热站一次侧归热力部门，换热站二次侧归小区或住户，在温度的调节方式上，建议采用通过控制变频器调节二次侧循环水流量的方式控制房间温度。例如：换热器二次侧水系统由一台变频器和 3 台循环水泵组成。采用一台变频器控制一台循环泵运行，另外两台循环泵可工频运行，以保证循环水系统的供水压力，当一台变频循环泵达到最高转速时仍达不到设定压力，逐台投入循环泵工频运行，直至达到设定的压力值。反之依然。

从节能角度看，如果变频器输出频率稳定在额定频率的 70%~80% 时，能够满足控制要求，那么这时的节能效果比较好。但如果变频器的输出频率长时间运行在工频状态，变频器就失去了存在的价值，这时可以考虑通过调节一次侧流量提高二次侧供水温度方法来满足控制指标。具体采用哪种控制方案，要根据控制对象的具体要求和条件决定。

5. 换热站的设备控制与系统的保护

(1) 设备的顺序控制

1) 热交换系统起动顺序控制：起动二次热水循环泵→开起一次侧热水/蒸汽阀门。

2) 热交换系统停止顺序控制：关闭一次侧热水/蒸汽阀门→停止二次热水循环泵。

(2) 系统定时运行与设备的远程控制 控制系统能够对设备进行远程开关控制，按照预设的运行时间表自动定时起停，并根据设备的运行时间均衡控制设备的起停。

(3) 报警与保护功能

1) 补水失灵报警：在补水过程中设定一个时间延迟程序，如果在实际中补水泵在这个时间内仍未工作，即循环水泵的转速和出水压力都未发生变化时，系统要报警，同时，使系统自动停机。

2）循环水压力过低报警：如果设定一个压力下限值（在编程时设定），采集的循环水压力低于该值时，发出报警。

3）超负荷报警：当供水温度和回水温度的最大差值大于设定值时，系统超载报警。

4）停电和来电报警：当系统断电时报警，同时关闭电动阀。在停电后再来电时能够延时自动起动，换热站重新起动前一段时间内延时警报，用以提醒可能在现场维护的工作人员。

5）其他保护功能：包括常规的过电压保护、欠电压保护、缺项保护、漏电保护、过电流保护等。

4.5 空调末端自动化

空气调节就是要通过对空气的温度、湿度、洁净度和风速这4个主要环境参数控制，以满足人们正常的生活、工作环境或一些行业的工艺环境的要求。现代建筑的特征是空调系统随空调负荷特性而分内区和外区；全封闭固定窗构造，要求全年空调运行并保证足够的新风量；要求房间分割灵活，能控制区域温度和个别起停。空调末端设备是承担这种空气调节的装置。对空气调节设备的自动控制不但是系统正常工作和保证空调环境参数满足要求的需要，而且由于空调设备长期运行、设备相对分散，对其进行实时的自动监控，也是整个系统优化管理、节约人力、降低能量的需要。空气调节的任务，就是在任何自然情况下，能维持某一特定的空间或房间具有一定的温度、湿度、空气的流动速度和洁净度等技术指标。图4-70给出了空调末端的设备类型和空调系统的控制内容。

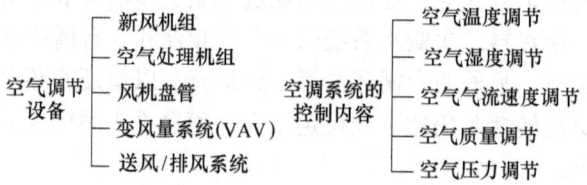

图4-70　空调末端设备类型及空调系统控制内容

现代建筑常用空调方式：

- 风机盘管加新风系统：我国建筑空气调节的主要方式；
- 全空气定风量系统：部分建筑空调采用这种方式；
- 全空气变风量系统：少数现代化智能型建筑采用这种方式；
- 变制冷剂多联机组加新风系统：办公楼或住宅建筑所采用的空调方式。

4.5.1 新风机组自动控制

随着人们对建筑物室内舒适性要求的提高和对建筑物室内空气品质（IAQ）的重视，一个健康、良好的室内空气环境成为大家共同追求的目标。室内装修和家具涂料中可能含有有毒、有害的挥发性有机污染物（VOC）；室内人员产生CO_2、异味等污染物。而随着现代建筑物密闭性的提高，需要通过向室内引入足够的新风，以稀释室内污染物。如果室内新风量不足，室内污染物积聚、浓度增加，将使室内人员感到不适，工作效率降低。因此，保证室内新风量是空调系统设计时应该重视的问题。

1. 新风机组的定义

新风机组是为室内提供新鲜空气的一种空气调节设备。功能上按使用环境的要求，可以实现恒温、恒湿或者单纯提供新鲜空气。单纯的新风系统是一种直流式空调系统。在空气处理过程中新风机组所承担的空气处理任务和空调机组所承担的任务不同。为了避免室外空气对室内温度、湿度状态的干扰，要求新风系统的送风至少不增加室内的空调负荷，为此，室外空气在送入房间之前需要对其进行除尘、除湿或加湿、降温或升温等处理后，通过风机送到室内以替换室内原有的空气。

选取合适的新风量标准保证室内新风量。根据国内的设计规范，一般取 $30 m^3/h \cdot 人$。

目前，新风机组大多是与空调末端设备风机盘管系统共同出现。这类风机盘管加新风的系统形式主要应用于人员密度不大、有较多房间的写字楼和高档住宅中。由于风机盘管对于空气中相对湿度的处理能力有限，因此不适用于人体湿负荷占主要地位的建筑中，比如大型的购物场所，大型餐饮场所或者人流量很大的交通枢纽等。在这类系统中，新风机组控制的重点是如何进行新风的处理。

2. 新风机组的组成

新风机组控制系统由风机、过滤网压差检测的压差开关 PD_1、风门执行器 PV_1、温度传感器 TE_1、湿度传感器 HE_1、防冻开关 TS_1、电动调节阀 TV_1 和 MV_1、DDC 等组成。图 4-71 给出了新风机组的控制原理。

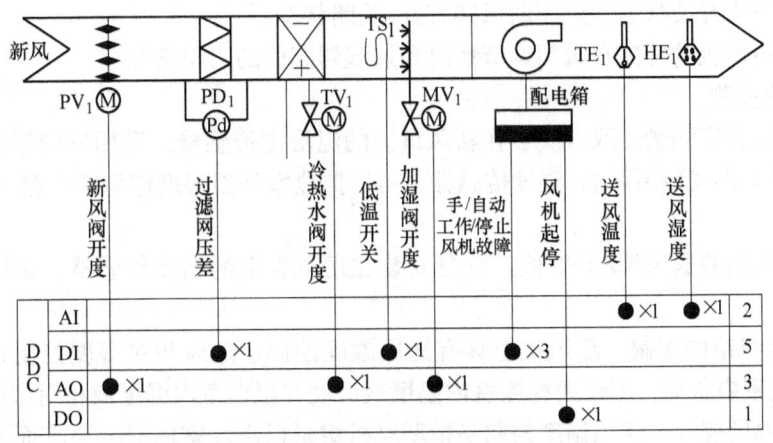

图 4-71 新风机组的控制原理

电动调节阀与风机联锁控制，以保证切断风机电源时风阀亦同时关闭。新风机组的送风温度控制系统由控制器和安装在送风管内的温度传感器和电动调节阀组成。置于送风风道的温度传感器所检测到的送风温度传送至控制器与设定温度进行比较，控制电动调节阀调节冷水或热水的流量，从而使送风温度保持在设定的范围内。在需要制冷时，控制器置于制冷模式，控制表冷器的电动阀，当传感器测量的温度达到或低于设定温度时，电动阀阀门关闭或阀门关小；如果测量温度没达到设定温度，控制器给电动阀一个开阀信号，电动阀阀门打开。在需要制热时，控制器置于制热模式，当传感器测量的温度达到或高于设定温度时，控制器给出关阀信号，电动阀阀门关闭；如果测量温度没达到设定温度，控制器给电动阀一个开阀信号，电动阀阀门打开。

电动阀的工作方式有两位式或连续控制方式。如果采用连续控制方式调节的电动阀，控制器应有 AO 和 AI 端口；如果采用两位式调节的电动阀，控制器应有 DO 和 DI 端口。

对于控制指标要求高的控制对象，如：表冷器或加热器的温度控制应采用连续调节的电动阀；而加湿控制就可以采用两位式控制方式（很多资料介绍中多采用连续调节方式）。这样可以在保证使用的前提下，降低系统的成本，提高系统的可靠性。

当过滤网堵塞时或当其超过规定值时，压差开关给出开关信号。

当盘管温度过低时，低温防冻开关给出开关信号，风机停止运行，防止盘管冻裂。

3. 新风机组的监控

新风机组控制包括：送风温度控制、送风相对湿度控制、防冻控制、CO_2 浓度控制以及各种联锁控制。如果新风机组要考虑承担室内负荷，则还要控制室内温度（或室内相对湿度）。

（1）状态监测

1）监测送风机的运行状态，故障报警，手自动转换状态。风机送风状态由风压差开关监测。

2）监测过滤器滤网压差，当过滤网堵塞、滤网两侧的压差达到设定值时，压差开关给出开关信号，表明此时该过滤器需要及时清洗。根据新风机组功率不同可以选用：20～200Pa、30～300Pa、100～1000Pa 的空气压差开关。

3）监测防冻开关状态、监测新风阀打开/关闭状态。

4）监测新风机的冷冻水阀门调节情况和加湿器阀门的工作情况。

（2）参数监测

1）新风温湿度测量。取自安装在新风口上的温湿度传感器，采用风管湿度传感器。不是所有新风口上都安装新风温/湿度传感器，可以监测室外温湿度作为新风温/湿度参数供新风机共用。

2）监测机组的送风温/湿度值。取自安装在送风管上的温度传感器，采用风管空气温度传感器。

（3）新风机组的控制　新风机组具有送风温度控制、送风相对湿度控制功能，如果新风机组要承担室内负荷，则还要检测室内温度或湿度并根据室内温度或相对湿度进行调节。

1）送风温度控制。送风温度控制是指新风机组是以满足室内卫生要求而不是负担室内负荷来使用的，即新风不承担室内负荷，只对新风机组的送风温度进行控制。温度传感器一般设于该机组所在机房内的送风管上，要求在整个控制过程中保持送风温度值恒定。新风机组在处理室外新风时将其处理到室内状态的等焓线上，即送入室内的经过处理后的新风不会与室内的经过风机盘管处理的空气产生热量的搬运。

由于冬、夏季对室内要求不同，冬、夏季送风温度也应有不同的要求。全年有两个控制值——冬季控制值和夏季控制值，通常是夏季控制冷盘管水量，冬季控制热盘管水量或蒸汽盘管的蒸汽流量。必须考虑控制器冬、夏工况的转换问题。为了管理方便，温度传感器一般设于该机组所在机房内的送风管上。

确定送风状态点时，首先要确定室内状态点。在确定室内状态点的温湿度参数后，可以很容易地确定出基于这一组参数的室内空气状态的焓值,沿该焓值所在等焓线与90%相对湿度线相交后得到的湿球温度点就是新风机组的新风温度控制点,即新风机组的送风状态点。新风机组送风状态点的确定与室内空气状态参数相关,与室外空气状态参数无关。图4-72给出了新风机组不承担室内热负荷的焓湿图,假设室内温度 $t=25$℃,$\phi=90\%$,$h=50$kJ/kg,等焓线与机器露点的交点为送风温度点 $t=20$℃。

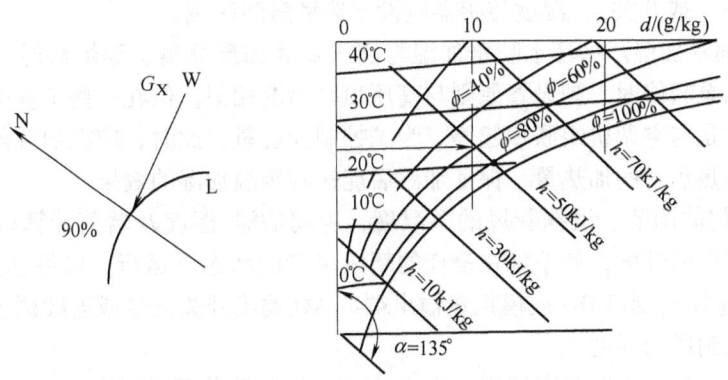

图4-72 新风不承担室内热负荷的焓湿图

2) 室内温度控制。对于一些直流式系统,新风不仅要满足环境卫生标准,而且还要承担全部室内负荷。由于室内负荷不断随时间变化,单纯采用控制送风温度的方式无法满足室内温度指标要求(可能出现过热或过冷现象),应把温度传感器设于被控房间的典型区域,对检测点的温度进行实时控制。由于直流系统通常设有排风系统,也可以将温度传感器设于排风管道并考虑一定的修正。

新风机组通常是与风机盘管一起使用的。在一些工程中,由于考虑到风机盘管的除湿能力限制等因素,新风机组必须承担部分室内负荷。新风机组通过控制冷、热盘管上水阀的开度来调节机组送风的温度和湿度。图4-73给出了新风机组承担部分湿负荷和部分显热负荷的焓湿图。根据焓湿图上对于该类型系统工作状态的描述可以得出,这一类型系统新风机组的送风温湿度应该处理到机器露点,或者是考虑一定温升(管道或风机)后的机器露点。

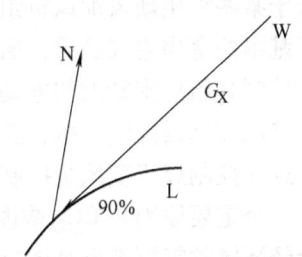

图4-73 新风承担湿负荷和部分显热负荷的焓湿图

当室外气候变化而使得室内达到热平衡时(如过渡季的某些时间),如果继续控制送风温度,必然造成房间过冷(供冷水工况时)或过热(供热水工况时),这时应采用室内温度控制。从全年运行而言,应根据不同工况采用送风温度与室内温度的联合控制方式。

3) 室内相对湿度控制。新风机组相对湿度控制的关键点是选择湿度传感器的设置位置和控制参数,这与采用的加湿源和控制方式有关。

① 蒸汽加湿。对于环境参数要求比较高的场所,应根据被控湿度的要求,自动调整蒸汽加湿量。这一方式要求蒸汽加湿器使用电动调节阀,采用PI控制器连续调节加湿量。由于这种方式的稳定性较好,湿度传感器可设于房间内送风管道上。

对于一般要求的高层民用建筑物,也可以采用位式控制方式。采用位式加湿器和位式调节器有利于降低投资。采用双位控制时,由于位式加湿器只有全开全关的功能,湿度传感器就不能设在送风管道上了,湿度传感器应设于典型房间(区域)或相对湿度变化较为平缓的位置,以增大湿容量,防止加湿器阀开关动作过于频繁而损坏。

② 高压喷雾、超声波加湿及电加湿。这三种都属于位式加湿方式,因此,其控制手段和传感器的设置情况应与采用位式方式控制蒸汽加湿的情况相类似。即:控制器采用位式,控制加湿器起停(或开关),湿度传感器应设于典型房间区域。

③ 循环水喷水加湿。循环水喷水加湿与高压喷雾加湿都属于等焓加湿。如果采用位式控制器控制喷水泵起停时,则设置原则与高压喷雾情况相似。但在一些工程中,喷水泵本身并不做控制而只是与空调机组联锁起停。为了控制加湿量,此时,应在加湿器前设置预热盘管,通过控制预热盘管的加热量,保证加湿后能达到等温加湿的效果。

4)新风风门的调节。根据新风的温湿度、房间的温/湿度及焓值计算以及空气质量的要求,控制新风门的开度,使系统在最佳的新风风量的状态下运行,以便达到节能的目的。采用 DDC 数字量输出端口 DO 或模拟量输出端口 AO 输出开关信号或连续调节信号到新风口风门驱动器。控制风门开度。

一般情况下,冬夏季节开度控制在 20% 左右,春秋季节可以开度 100%。也可根据空气质量控制风门开度。

5)冷热水阀两通阀和加湿阀的控制。可采用 DDC 输出开关量(DO)控制两通阀阀门驱动器来控阀门的开闭。

6)二氧化碳(CO_2)浓度控制。通常新风机组的最大风量是按满足卫生要求而设计的(考虑承担室内负荷的直流式机组除外),这时房间人数按满员考虑。在实际使用过程中,房间人数并非总是满员的,当人员数量不多时,可以减少新风量以节省能源,这种方法特别适合于某些采用新风加风机组盘管系统的办公建筑物中间隙使用的小型会议室等场所。为了保证基本的室内空气品质,通常采用测量室内 CO_2 浓度的方法。各房间均设 CO_2 浓度控制器,控制其新风支管上的电动风阀的开度,同时,为了防止系统内静压过高,在总送风管上设置静压控制器控制风机转速。这样做不但新风冷负荷减少,而且风机能耗也将下降。很显然,这一控制属于变风量控制(关于变风量控制见后文)。这种控制方式目前应用并不很多,一个重要原因是 CO_2 浓度控制器产品并不普及,同时,这种控制方式的投资较大,其综合经济效益需要进行具体分析。

(4)联锁控制及保护

1)新风机组联锁控制:

① 新风机组起动顺序控制:新风风门开起→送风机起动→冷热水调节阀开起→加湿阀开起。

② 新风机组停机顺序控制:关加湿阀→关冷热水阀→送风机停机→新风阀门全关。

2)防冻及联锁控制。在冬季室外设计气温低于 0℃ 的地区,应考虑盘管的防冻问题。除空调系统设计中本身应采用的预防措施外,从机组电气及控制方面,也应采取一定的手段。

① 限制热盘管电动阀的最小开度。在盘管选择符合一定要求的情况下,才能限制热盘管电动阀的最小开度。尤其是对两管制系统中的冷、热两用盘管更是如此,最小开度设置后应能保证盘管内水不结冰的最小水量。

② 设置防冻开关。通常可在热水盘管出水口（或盘管回水连箱上）设置一温度传感器测量回水温度。当冬季热水温度降低或热水停供、盘管温度过低时，低温防冻开关给出开关信号，停止风机运行并关闭新风阀门，防止盘管冻裂，以保护空气-水换热器。

可选用1~7.5℃防冻开关，动作参数设在5℃。当其所测值低到5℃左右时，防冻控制器动作，停止空调机组运行，同时开大热水阀。

③ 联锁新风阀。为防止冷风过量渗透引起盘管冻裂，应在停止机组运行时，联锁关闭新风阀。当机组起动时，则打开新风阀（通常先打开风阀、后开风机、防止风阀压差过大无法开起）。

除风阀外，电动水阀、加湿器和喷水泵等与风机都应进行电气联锁。在冬季运行时，热水阀应优先于所有机组内的设备的起动而开起。

④ 电动水阀、加湿器和喷水泵等与风机的电气联锁控制。风机的起动/停止与电动调节阀的开/关联动，当风机起动时电动阀同时上电工作，反之，当风机切断电源时关闭电动调节阀。在冬季运行时，热水阀应优先于所有机组内的设备的起动而开起。

3）过滤器堵塞保护。采用微压差开关监视新风过滤器两侧压差，当过滤器阻力增大时，表明过滤网两侧压差过大，过滤网积灰积尘、堵塞严重，需要清理、清洗。微压差开关吸合，输出开关量信号。

微压差开关吸合时，所对应的压差可以根据过滤器阻力的情况预先设定。这种两位式压差开关的成本远低于可以直接测出压差的微压差传感器，而且比微压差传感器可靠耐用。因此，在新风过滤器两侧的压差检测一般不选择可连续输出的微压差传感器。根据新风机组功率不同可以选用：20~200Pa、30~300Pa、100~1000Pa的空气压差开关。

4）送风机状态监测。通过送风机接触器辅助触点的闭合情况间接检测风机的工作状态；也可用空气压差开关监测风机前后的压差检测风机的工作状态。

5）送风机故障监测。送风机热继电器辅助触点检测风机过载情况。

6）空气质量检测。在空调区域安装空气质量传感器，常选用二氧化碳（CO_2）传感器。

7）送风风速检测。采用风管式风速传感器检测送风管上风速。

(5) 集中管理功能 各新风机组附近的DDC控制装置通过现场总线与相应的中央管理机相连，显示各机组工作状态、送风温/湿度、各阀门状态值；发出任一机组的起/停控制信号，修改送风参数设定值；任一新风机组工作出现异常时，发出报警信号。

4. 新风机组的执行机构及常用传感器和变送器

1）风阀执行器。用于三位浮点和调节控制的电子式电动机驱动的执行器，角行程，工作电压为AC 24V/AC 230V；标称扭矩为15N·m，0~90°之间的机械可调节范围，预接0.9m长接线电缆。

根据辅助功能不同，风阀执行器可选辅助功能包括：阀位指示器、反馈电位计、旋转角度范围等定位信号的偏移量与范围可调以及可调辅助开关。使用模拟量调节（DC 0~10V）或者三位式控制。

2）球阀执行器。三位控制或模拟量调节的电动执行器，工作电压为AC 24V/AC 230V，带0.9m长电线。适用于DN15至DN50的两通螺纹球阀。使用模拟量调节（DC 0~10V）或三位控制。

3）风管式温度传感器。风管传感器分为有源和无源温度传感器，如果单纯检测风管内送风或排风的空气温度，可采用无源温度传感器；如果同时检测温湿度参数，应采用有源温湿度传感器。

有源风管传感器工作电压为 AC 24V 或 DC 13.5~35V，信号输出为 DC 0~10V 或 4~20mA。

4) 风管式湿度传感器。相对湿度的检测与温度相关，所以风管湿度传感器输出相对湿度和温度参数。风管式湿度传感器通常安装在新风口处，用于新风湿度测量。相对湿度的测量精度：±3%~±5%（舒适范围内）。

5) 压差探测器。压差探测器用来监控通风空调系统中的压差、低压或过压。

4.5.2 定风量空调机组自动控制

定风量空调系统由送风系统和水系统两部分组成，通过水系统调节送风状态，再通过风系统去改善室内的空气环境，将房间的温度、湿度控制在允许的范围之内，而不像新风机组那样只控制送风的参数。由于控制目标的改变，控制系统的组成形式发生了变化，采用的调节方法与新风控制相比有很大的不同。

- 空气处理机组要同时承担若干个房间的空气调节任务，各房间的热湿特性、负荷大小，甚至要求的室内状态都不相同，空气处理机组应采取有效措施去适应这些不同的要求。
- 要处理好新风和回风的关系，通过调节新回风量的比例，使其既能保证室内环境指标和室内卫生条件的要求，又能保证经过处理的空气参数满足舒适性要求，还要考虑节约能源的问题。
- 处理好室外和室内空气状态参数变化对调节系统的干扰。空调机组除了有室外空气参数变化的干扰外，还存在室内人员、设备散热、散湿量变化引起的干扰。调节系统必须同时考虑这两种干扰的影响，满足室内温湿度的要求，同时要降低运行能耗。

1. 定风量空调机组的控制原理

定风量空调系统的特点是改变送风温度来满足室内冷热负荷变化的。以夏季为例：向室内送入冷风，送入室内的冷量为

$$Q = c\rho G(t_n t_s) \tag{4-9}$$

式中，c 为空气的比热容（kJ/kg·℃）；ρ 为空气密度（kg/m³）；G 为送风量（m³/s）；t_n 为室内温度（℃）；t_s 为送风温度（℃）；Q 为吸收（或送入）室内的热流量（kW）。

由式（4-9）可知，为了吸收室内相同的热流量，可设 G 为一常数，改变送风温度 t_s，t_s 越小，吸收室内热流量越大。因此，改变送风温度就可适应室内负荷变化，维持室温不变，这就是定风量空调系统的工作原理。

定风量空调系统有一次回风式系统和二次回风式系统两种类型，如图 4-74 所示。空调房间的回风在喷水室或空气冷却器前与新风进行混合称为第一次回风，具有第一次回风的空调系统简称为一次回风式系统。空调房间的回风与经过喷水室或表冷器处理之后的空气再进行混合称为第二次回风，具有第一次和第二次回风的空调系统称为一、二次回风系统，简称二次回风式系统。

2. 定风量空调系统的组成

典型的定风量空调机组的工作原理如图 4-75 所示。定风量空调系统包括以下几个单元：

（1）进风单元　进风单元根据空气新鲜度要求空调系统必须提供必要的新风。进风口

连同引入通道和阻止外来异物的过滤装置等组成了进风单元。

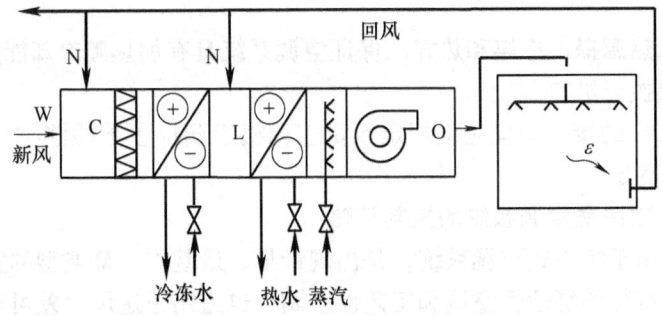

图 4-74 一、二次回风系统

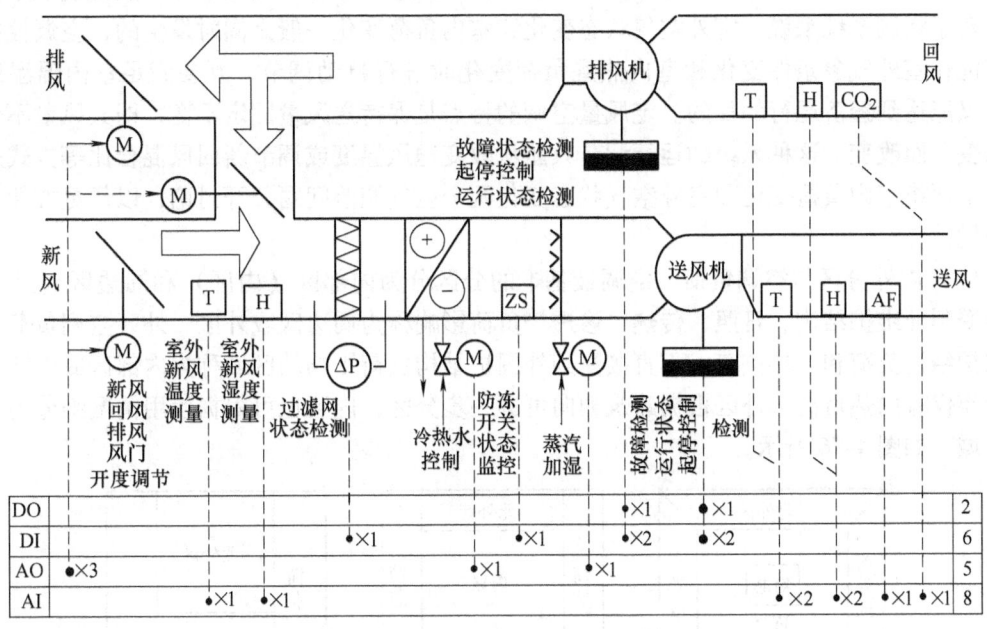

图 4-75 定风量空调机组工作原理图

（2）空气过滤单元 由进风部分取入的新风，必须经过一次预过滤，以除去颗粒较大的尘埃。一般空调系统都装有预过滤器和主过滤器两级过滤装置。根据过滤的效率不同可以分为初效过滤器、中效过滤器和高效过滤器。

（3）空气热湿处理单元 将空气加热、冷却、加湿和减湿等不同的处理过程组合在一起统称为空调系统的热湿处理单元。热湿处理设备主要有两大类型：直接接触式和表面式。

对于直接接触式热湿处理设备，与空气进行热湿交换的介质直接和被处理的空气接触，通常是将其喷淋到被处理的空气中。喷水室、蒸汽加湿器、局部补充加湿装置以及使用固体吸湿剂的设备均属于这一类。

对于表面式热湿处理设备，与空气进行热湿交换的介质不与空气直接接触，热湿交换是通过处理设备的表面进行的。表面式换热器即人们简称的表冷器就属于这一类。

（4）空气输送和分配单元 将调节好的空气均匀地输入和分配到空调房间内，以保证其合适的温度场和速度场。这是空调系统空气输送和分配部分的任务，它由风机和不同类型的管道组成。

（5）由冷源和热源提供冷媒和热媒　保证空调系统具有加热和冷却能力。

（6）传感器及执行机构

（7）DDC　DDC的接口配置应根据定风量空调机组测控参数检测类型、各类检测参数点数和输出点数来确定。

3. 一次回风式定风量空调系统的控制策略

一次回风系统属于集中式空调系统，是出现最早、最基本、最典型的空调系统，适用于夏季以降温为主要特征的舒适性空调和工艺性空调，也适用于送风温差可取较大值时或室内散湿量较大时的工艺环境。一次回风系统具有设备相对简单、室内温度和相对湿度可控、通风换气充分、室内卫生条件好等的优点。但一次回风系统存在再热环节和冷热抵消现象。

对于空调系统来说，室外空气状态变化和室内负荷变化一般是同时发生的，空调控制系统应能在室外气象条件变化和室内热湿负荷变化时进行自动调节，既要满足室内温湿度要求，又能达到经济运行的目的。定风量空调的特点是保持送风量固定不变，即其风量不会随负荷变化而改变。这种系统的运行调节只能从改变送风温度或调节新回风混合比等方式来实现。下面将室内负荷变化和室外空气状态变化两个空气调节问题分开讨论，以便更方便地分析问题。

（1）内外分区与空调负荷　空调最基本的分区分为内部区（内区）和周边区（外区）。直接受到外维护结构、日照、传热、渗透等负荷影响称为周边区或外区，外区空调负荷包括外围护结构负荷和内热负荷；不直接受到外围护结构负荷影响的区域称为内部区或内区，内区全年仅有内热负荷。外区根据建筑朝向可进一步分区，内区也可根据使用情况细分为不同的区域，如图4-76所示。

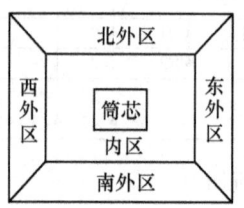
a) 大型建筑4个外区+内区

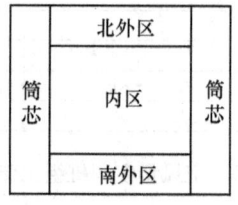
b) 大型建筑2个外区+内区

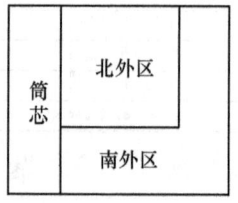
c) 小型建筑不设内区

图4-76　不同建筑的分区情况

内区和外区的划分直接影响新风供给、气流组织及空调末端的控制策略。

（2）空调系统的送风状态点　空调房间内所要求的空气状态点应位于室内空气温度允许波动范围和相对湿度允许波动范围组成的近似于四边形的区域内，送风状态点应为焓湿图中热湿比线与送风温差等温线的交点，如图4-77所示。

1）空调房间位于建筑物外区时定风量空调系统全年运行的送风状态点。对于一般空调房间，室内的热湿比线的方向随室内散热量、散湿量和室外空气状态的变化而变化。因此，在空调系统全年的各个运行时段内，空调房间内的热湿比值也是变化的。这就决定了空调系统的送风状态点是变化的。对于一般定风量空调系统，系统夏季的送风量由室内的散热量、

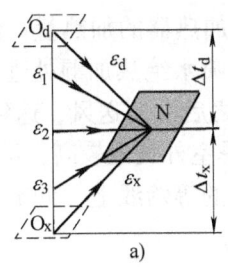 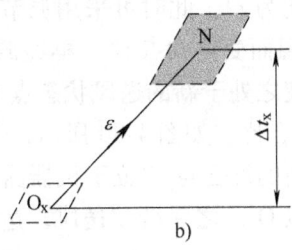

图 4-77 空调系统的送风状态与室内空气状态点的相对位置关系

散湿量和送风温差决定，而冬季的送风温差则由送风量决定，同时，由于室内的散湿量在冬夏季变化很小，所以冬季室内的热湿比一般均小于夏季。因此，对于定风量空调系统，在全年的运行调节中，送风状态点将位于空调房间内的冬夏季热湿比线与空调系统的冬夏季送风温差所确定的区域内（见图 4-77a）。图中 O_x 为夏季送风空气状态点，O_d 为冬季送风空气状态点，ε_1、ε_2、ε_3 是室内的热湿比线随室内散热量、散湿量和室外空气状态的变化而产生的方向变化。

2）空调房间位于建筑物内区时定风量空调系统全年运行的送风状态点。由于位于建筑物内区的空调房间其围护结构的散热量一般相对稳定，且基本不受外部条件的影响，同时，当室内散热量、散湿量基本稳定后，室内的热湿比值也将基本稳定在一个数值上，因此，内区空调系统在全年的运行过程中，热湿比线的斜率一般不会发生变化。所以，根据空调系统所要求的送风温差和空调房间内的热湿比即可确定空调系统的送风状态点。由此可以认为，位于建筑物内区的空调房间的空调系统，在全年的运行中，送风状态点不发生变化（见图 4-77b）。

(3) 室内热湿负荷的运行调节策略　空调房间一般允许室内空气参数有一定的波动范围，如图 4-78 所示，图中的阴影面积称为"室内温湿度允许波动区"，只要室内空气参数落在这一阴影面积范围内就满足要求，允许波动区域的大小根据空调工程的性质和季节变化而不同（工艺空调、舒适空调以及冬、夏季节等因素）。

当空调房间内余热量和余湿量发生变化时，则室内的热湿比 ε 将随之发生变化（除非余热量和余湿量成比例的变化）。根据两者的变化程度不同，则有可能使变化后的热湿比 ε' 变大或变小。图 4-78 中，变化后的热湿比 ε' 变小，在维持露点 L 不变的情况下，新的状态点 N′偏离了原来的状态 N。当室内热湿负荷变化较小，空调精度要求不严格，且 N′仍在允许范围内（图中斜线框内）时，不必重新调节。但若新的状态点超出了允许范围就要进行调节。过 L 点做等湿加温，提高空气温度到状态点 O，之后沿 ε' 送风，达到 N″点。这时新的状态点 N″在指标允许范围内。

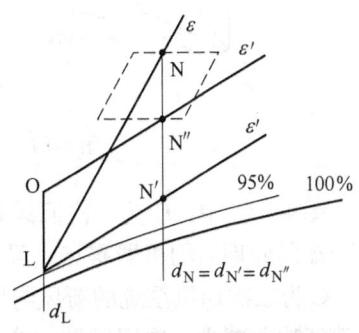

图 4-78 热湿比变化的焓湿图

为了使空调房间内空气温湿度保持在设定的范围内，一般可采用以下几种方法来进行运行调节。

1) 调节一次加热器再热量。如图 4-79 所示，当空调房间内的热湿负荷发生变化后，设其变化后的室内热湿比为 ε'，此时可采用调节一次加热器的加热量，使一次加热后的空气状态点由 C' 点等湿升温而变化到点 C''，再经循环水喷水绝热加湿处理至新的机器露点，调节二次加热器加热量使之处于新的送风状态点 O'，之后沿 ε' 送风，达到 N。

2) 调节新回风混合比。如图 4-80 所示，若冬季室外气温较高，不需要预热，可通过改变新回风混合比，使新的混合点 C' 位于机器露点 L' 的等焓线上，调节二次加热器加热量使之处于新的送风状态点 O'，之后沿 ε' 送风，达到 N。

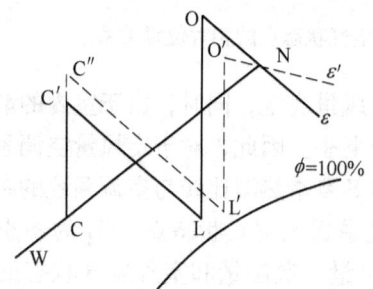
图 4-79 调节一次加热器再热量

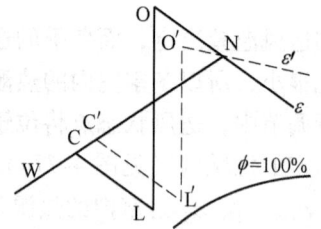
图 4-80 调节新回风混合比

3) 调节一、二次回风混合比。对于具有一、二次回风空调系统，可以采用调节一、二次回风比的方法，充分利用二次回风的热量，这样可节省再热器的加热量，在满足室内空气温、湿度要求的前提下达到节能的目的。图 4-81 给出了一次回风、二次回风混合比调节的焓湿图。图 4-81a 是一次回风系统的焓湿图，图 4-81b 是二次回风系统焓湿图，图 4-81c 是一次回风系统与二次回风系统的调节过程焓湿图的比较。

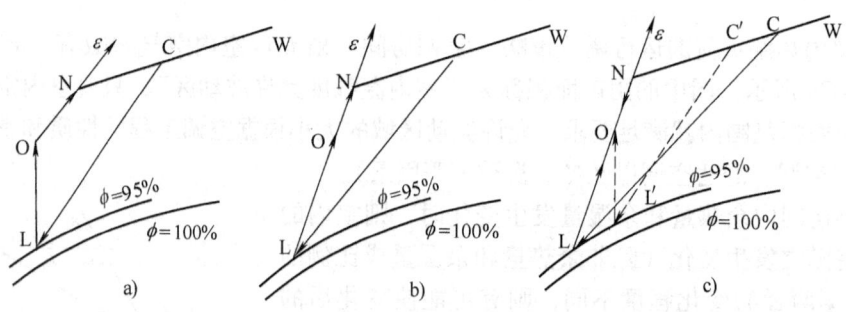
图 4-81 一次回风、二次回风混合比调节的焓湿图

图 4-81c 中，C' 为一次回风系统新风与回风混合的空气状态点，L' 是混合空气经喷水室或冷却器处理后的机器露点，经再热后达到送风温差与 ε 线的交点 O，O 点就是送风状态点。C 为二次回风系统的新风与回风混合空气状态点，在总回风量为定值时，增加二次回风量就意味着减少一次回风量，使新风与一次回风混合后的状态点 C 移向 W，降温除湿至空调系统的机器露点 L 不是 L'，L 点再与二次回风混合，以达到室内热湿比变化后所需的送风状态点 O。

4) 调节空调箱旁通风门。在工程实践中，还有一种设有旁通风门的空调箱，如图 4-82 所示。这种空调箱与二次回风空调箱不同的地方是室内回风经与新风混合后，除部分空气经过喷水室或表冷器处理以外，另一部分空气可通过旁通风门，然后再与处理后的空气混合送入室内。旁通风门与处理封门是联动的，开大旁通风门则处理风门关小，通过改变旁通风量与处理风量的混合比来改变送风状态。图4-82a是调节空调箱旁通风门的原理，图4-82b是调节过程空气状态变化的焓湿图。

（4）全年运行的送风状态点的调节策略　系统的送风状态点必须位于送风温差与热湿比的交线上。对于一般空调房间，室内的热湿比线的方向随室内散热量、散湿量和室外空气状态的变化而变化。因此，在空调系统全年的各个运行时段内，空调房间内的热湿比值也是变化的。这就决定了空调系统的送风状态点是变化的。对于一般定风量空调系统，系统夏季的送风量由室内的散热量、散湿量和送风温差决定，而冬季的送风温差则由送风量决定，同时由于室内的散湿量在冬夏季变化很小，所以冬季室内的热湿比一般均小于夏季。因此，对于定风量空调系统，在全年的运行调节中，根据室外空气的状态变化情况，将湿空气的焓湿图分成几个空调工况区，对应每一个工况区采用不同的运行调节方案，保证送风状态点位于空调房间内的冬夏季热湿比线与空调系统的冬夏季送风温差所确定的区域内。这样可以减少空调系统的运行能耗，达到节能的目的。

目前，无论是工艺性集中式空调系统，还是舒适性集中式空调系统，一般都采用分区多工况的运行调节方式。合理、正确地确定集中式空调系统运行调节的工况分区十分重要，分区过多、过细，则调节环节较多，调节机构也较多，从而使一次投资费用增高；分区过少，则满足不了全年运行中维持空调房间室内空气状态参数的需要。

按照室外空气状态全年的变化情况，通常将全年室外空气状态所处的位置划分为Ⅰ、Ⅱ、Ⅲ、Ⅳ四个区域，即四个空调工况区，如图4-83所示。根据定风量空调系统所采取的技术方案不同，可分为全年三工况区的运行调节（见图4-83a）和全年四工况区的运行调节（见图4-83b），相邻的空调工况自动转换。

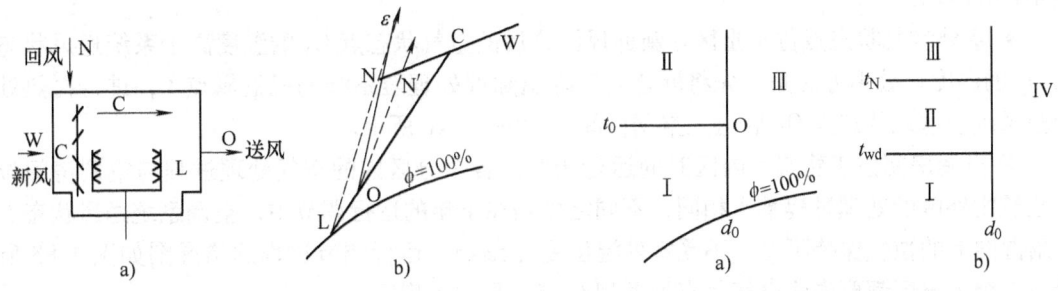

图4-82　调节空调箱旁通风门　　　　图4-83　室外空气状态的区域划分

每个空调工况区的调节过程根据空调房间所在建筑的位置，又分为空调房间位于建筑物外区时的调节和空调房间位于建筑物内区时的运行调节。

1）全年分三工况区的运行调节。三工况分区的调节一般采用固定新回风比的空气处理方式，且系统中的新风阀、一次回风阀为两位阀，阀位开度均为定值。

① 空调房间位于建筑物外区时的调节方法。工况分区如图4-83a所示，图中t_0线为过送风状态点O的等温线，也是冬季与过渡季的分界线；d_0线为过系统送风状态点O的等湿线，等温线和等湿线将湿空气的焓湿图分为Ⅰ、Ⅱ、Ⅲ三个工况区，空调房间内的空气状态点为N。各个工况区的运行调节条件及调节内容见表4-8，运行调节过程的焓湿图如图4-84所示。

表4-8　Ⅰ、Ⅱ、Ⅲ三个工况区各个工况区的运行调节条件及调节内容

工况区	分区条件	室内湿度控制	室内温度控制
Ⅰ	$t_{w1} < t_0$　$d_{w1} < d_0$	蒸汽加湿	二次加热
Ⅱ	$t_{w2} > t_0$　$d_{w2} < d_0$	蒸汽加湿	冷冻水调节
Ⅲ	$t_{w3} > t_0$　$d_{w3} > d_0$	冷冻水调节	二次加热

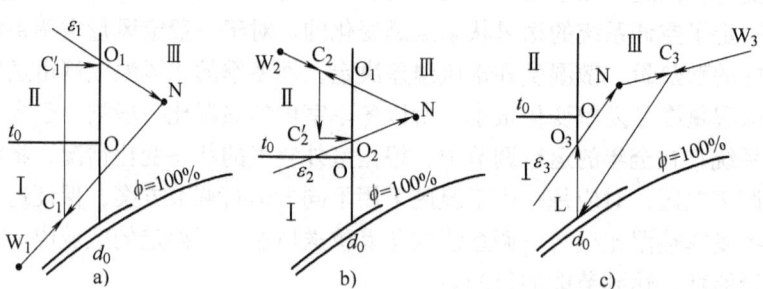

图4-84　三工况分区的空调房间位于建筑物外区时的运行调节过程

- 室外空气状态点位于Ⅰ区。系统处于冬季运行状态，新回风混合后的状态点 C_1 的温度低于系统送风状态点 O_1 的温度，必须等湿加热到 C'，再加湿至系统送风状态点 O_1 后送入室内，如图4-84a所示。

- 室外空气状态点位于Ⅱ区。新回风混合后的空气状态点 C_2 的温度高于系统送风状态点 O_2 的温度，必须对混合后的空气进行等湿降温处理，且使降温后的空气温度等于系统送风温度，然后再对空气进行等温加湿处理，处理至系统送风状态点 O_2 后送入空调房间，如图4-84b所示。

- 室外空气状态点位于Ⅲ区。新回风混合后的空气状态点 C_3 的温度高于系统送风状态点 O_3 的温度，处理方法是，先将混合空气降温除湿处理至系统的机器露点 L，进行再热处理至系统的送风状态点 O_3 后送入空调房间，如图4-84c所示。

② 空调房间位于建筑物内区时的运行调节。各个分区内的空气处理过程与空调房间位于建筑物外区的处理过程基本相同，不同之处是在全年的运行调节中，空调系统送风状态点在焓湿图上的位置保持不变，不受室外温度变化影响。运行调节过程的焓湿图如图4-85所示，三个工况区都要先将空气状态处理到 O 点，再送入房间。

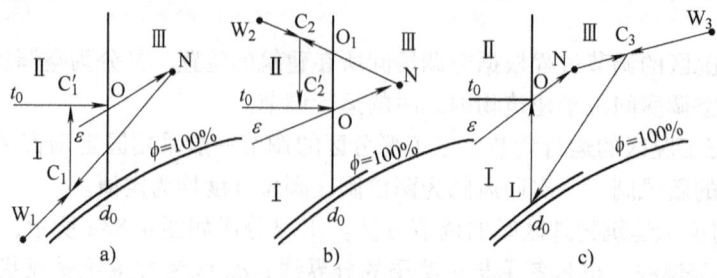

图4-85　三工况分区的空调房间位于建筑物内区时的运行调节过程

2）全年分四工况区的运行调节。四工况区的运行调节系统除采用加热调节阀、加湿调

节阀和冷水调节阀外，还应配置可调新风阀、一次回风阀和排风阀三个调节机构。运行调节的工况分区如图 4-82b 所示，图中 t_N 线为过空调系统室内状态点 N 的等温线，t_{wd} 等温线为过渡季与冬季的分界线。

在 I 工况区，随着室外新风状态的改变，只需要调节一次加热器的加热量就能保证达到要求的空气状态点。当室外空气温度在 t_0 线附近时，可关闭一次加热器，第一阶段调节结束，将进入第二阶段的调节。

随着室外空气温度升高，II 工况区室外空气状态达到过渡季，即春季或秋季，此时，如果仍按最小新风比混合新风，则混合点的焓值必然增大，如果要维持混合点的焓值的稳定，需要起动制冷设备，用一定温度的低温水降低空气的焓值，再用喷循环水的方法，过早起动制冷设备显然是不经济的。

当室外空气状态点分别位于图 4-82b 中的 I、III、IV 区时，空调系统的空气处理方式对应与图 4-84 中三工况系统的 I、II、III 区的调节方法相同。II 工况区的控制策略有别于上述工况区的控制，下面将重点学习 II 工况区空调房间位于建筑物外区和内区时的调节方法。图 4-86a 给出了 II 工况区在空调房间位于建筑物外区的调节过程。

① II 工况区空调房间位于建筑物外区时的调节方法。首先调节系统的新回风比，使 W_1 和 N 混合后的空气状态点 C 位于过送风状态点 O 的等湿线上，将混合后的空气进行等湿加热处理，混合空气等湿升温至与室内热湿比线交点 O 点之后送入房间（见图 4-86a）。

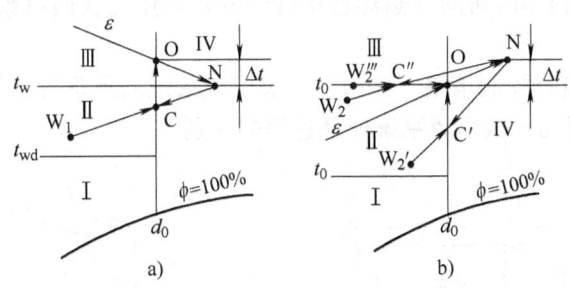

图 4-86　II 工况区在空调房间位为建筑物外区的调节过程

② II 工况区空调房间位于建筑物内区时的调节方法。空调系统送风状态点 O 位于送风温差的等温线与热湿比线的交点上，室外空气状态点位于由 t_{wd}、t_0 等温线与 d_0 等湿线组成的区域内。系统在全年的运行调节中，送风状态点在焓湿图上的位置基本不变，如图 4-86b 所示。

● 室外空气状态点 W_2' 位于 I 工况区和由热湿比线、d_0 等湿线组成的区间内，其空气处理方式为：调节新回风比使混合风状态点位于 d_0 等湿线上 C′ 点，之后将混合风等湿加热处理至系统送风状态点 O。

● 室外空气状态点 W_2'' 位于热湿比线与 t_0 等温线组成的区域内，其空气处理方式为：调节新回风比使混合后的空气状态点 C″ 位于 t_0 等温线上，将混合后的空气等温加湿处理至系统送风状态点 O。

● 室外空气状态点 W_2''' 位于 II 和 III 区分界线上，此时可直接将新风加湿处理至系统的送风状态点 O。在此种空气处理方式中，系统必须设置排风阀，以实现全新风、全排风的运行模式。

4. 二次回风式定风量空调系统的控制策略

二次回风系统是指全空气、定风量、低风速、单风道的集中式二次回风空调系统，是指经过表冷器处理后的加热段功能由二次回风来代替的系统。当室内散湿量较小时，若采用一次回风式系统，用再热器来解决送风温差受限的问题，就存在"一冷一热"、冷热抵消的问题，这无疑是一种能量浪费，不符合节能原则。由此引出采用在喷水室或空气冷却器后与回风再混合一次的二次回风式系统来代替再热器以节约热量和冷量。对于恒温恒湿空调系统，采用下送风方式的空调风系统以及洁净室的空调风系统，其允许送风温差都较小，风量较大，特别是室内散湿量较小（热湿比 ε 大）时，为了避免再热量的损失，应采用二次回风式系统。图4-87给出了二次回风系统的工作原理。

（1）二次回风式定风量空调系统的特点

1）二次回风系统节省去了再热器的加热量。二次回风系统比一次回风系统能耗要低（即再热负荷等于再热器的加热量）。

2）二次回风系统的机器露点 L 要比一次回风系统的机器露点 L′ 低一些，而第一次混合点 C 要比 C′ 更远离回风状态。机器露点低，说明要求喷水室冷却器的冷水温度要低，这样可能影响到天然冷源的使用。若用人工冷源，则制冷机的蒸发温度降低，制冷系统效率相对降低。

3）当室内散湿量大时，热湿比 ε 小，二次回风式的机器露点 L 会更低，可能出现 ε 线与饱和湿度线 $\phi=100\%$ 无交点的现象。此时，仍应采用一次回风系统（夏季采用再热就不可避免了）。对散湿量很小的房间（热湿比接近于∞）采用二次回风系统，其优点发挥得更加充分。

（2）二次回风的夏季控制策略　典型的二次回风系统的夏季过程如图4-88所示。图中给出了在相同新风比时与一次回风系统处理过程的区别。

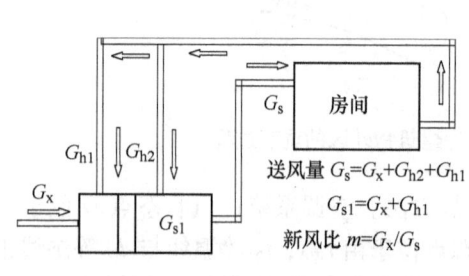

图4-87　二次回风系统工作原理

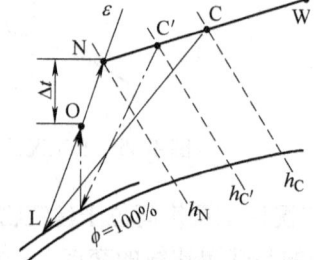

图4-88　二次回风夏季外区处理过程

其处理过程为

$$W \atop N \xrightarrow{\text{一次混合}} C \xrightarrow{\text{冷却减湿}} L \xrightarrow{\text{二次混合}} O \xrightarrow{\varepsilon} N$$

O 点是由 N 与 L 状态的空气混合而得到的，故这三点必在一条直线上，因此，第二次混合的风量比例很容易确定，然而第一次混合点 C 必须先确定表冷器处理风量 G 后才能确定：

$$G_L = \frac{\overline{ON}}{\overline{NL}} G = \frac{h_L - h_O}{h_N - h_L} G = \frac{Q}{h_N - h_L}$$

一次回风量为

$$Q = G_L(h_C - h_L)$$

从 C 点到 L 点的连线便是空气经过表冷器的冷却减湿过程，它所消耗的冷量为

$$h_C = \frac{G_1 h_N + G_W h_W}{G_1 + G_W}$$

如果分析二次回风系统的冷量，可以证明它同样是由室内冷负荷和新风冷负荷构成的，在相同的条件下，二次回风系统比一次回风系统节省了"再热负荷"，但所需机器露点温度较低，制冷机效率有所下降。

(3) 冬季处理方案

1) 等焓加湿的处理过程。假定室内参数和风量及余湿量与夏季相同，第二次回风比的混合比冬、夏季也相同，机器露点的位置也与夏季相同。

由以上假定可知，冬季送风状态点与夏季送风状态点的含湿量相同，但冬季送风状态点 O 点变为 O′，而 O 点就是夏季的二次混合点。为了将空气处理到 L 点，仍然采用预热、混合、绝热加湿等方法，如图 4-89 所示。

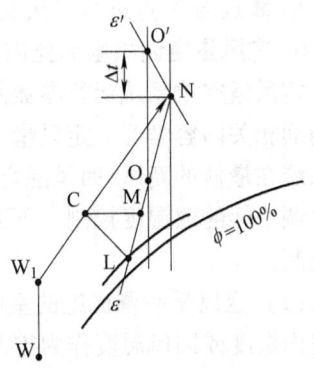

图 4-89 二次回风夏季外区等焓加湿和等温加湿处理过程

```
W' 预热  W₁  一次混合       绝热加湿
      ─────→    ─────→ C ─────→ L  二次混合    加热
              N                           ─────→ O ─────→ O′ ─ε′→ N
```

要判断室外新风是否需要预热，除可以根据一次混合点焓值 h_C 是否低于 h_L 来确定外，也可像一次回风系统那样推定出一个满足要求的室外空气焓值，然后与实际的冬季室外设计焓值相比较后确定。

由焓湿图上的一次混合过程，设所求的 h_W 值能满足最小新风比而混合点 C 正好在线上，则从第二次混合的过程可知

$$\frac{h_N - h_L}{h_N - h_{W1}} = \frac{G_W}{G_1 + G_W}$$

$$(G_1 + G_W)(h_N - h_L) = G(h_N - h_O)$$

$$h_{W1} = h_N - \frac{G(h_N - h_O)}{G_W} = h_N - \frac{h_N - h_O}{m\%}$$

$h_W < h_{W1}$ 时需要预热，预热量为

$$Q = G_W(h_{W1} - h_{W'})$$

2) 蒸汽加湿的处理过程。如果仅将等焓加湿改为喷蒸汽加湿，而其他过程不变时，其处理过程如下

```
W' 预热  W₁  一次混合       等温加湿
      ─────→    ─────→ C ─────→ M  二次混合   等温
              N                           ─────→ O 加热 O′ ─ε′→ N
```

在室内产湿量不变和送风量不变的情况下，冬季的送风含湿量差 Δd_0 与夏季相同，即

送风点为 d_0 线与 ε 的交点 O′，二次混合点 O 也应该在 d_0 线上。此外，当二次混合比不变时，可以确定加湿后空气的状态点 M：
- 用与夏季相同的一次回风混合比确定冬季一次混合点 C；
- 过混合点 C 作等温线与 NL 连线相交于 M 点，则 M 点就是冬季经喷蒸汽加湿后空气的状态点。

由 M 点与 N 点进行二次混合的焦点 O，由 O 点等湿加热到 O′，O′就是送风温度。

5. 定风量空调机组的监控

定风量空调系统运行参数的检测和机组的保护及报警功能与新风机组基本相同，可以参考前面相关内容学习。定风量空调系统通过对新风阀、回风阀及排风阀开度的比例控制，保证系统在最佳的新风/回风混合状态下运行，经空气处理机组处理的混风送入被控房间，实现空调房间的温湿度控制。下面重点学习定风量空调如何实现房间的空气温度控制和相对湿度控制。

（1）定风量空调机组的室内温度控制　室温控制是空调系统中的一个重要控制环节。以室内温度或回风温度作为被调参数，将温度传感器检测的温度参数送入控制器并与给定温度值比较，用二者的偏差值来控制相应的调节机构，如：按 PID 规律调节表冷器回水调节阀开度，以达到控制冷冻水量，以改变送风温度改方式调节室温。

1) 定风量空调系统调节送风温度的几种方式：

① 夏季制冷：
- 采用喷水室喷冷水调节空气的温度；
- 采用水冷式冷却器调节空气的温度；
- 通过控制风量调节阀的开度调节新、回风混合比或一、二次回风比，调节空气温度。

② 冬季加热：
- 采用热水加热器调节加热量；
- 采用蒸汽加热器调节加热量；
- 采用电加热器调节加热量。

调节冷热媒的空气表冷器或加热器的冷量或热量来控制室温，主要用于一般工艺性空调系统。而对温度精度要求高的系统，则需使用电加热器对室温进行微调。室温控制方式可以有两位、三位、比例及比例积分微分等几种控制方式。应根据室内参数的精度要求以及房间围护结构和扰动量的情况，选用合理的室温控制方式。

调节一次加热器加热量的方法有两种，图 4-90 给出了加热器加热量和表冷器水量的调节方法。其中，图 4-90a 是调节进入一次加热器的热媒流量，这可以通过调节一次加热器管道上的供回水阀门来实现；图 4-90b 是控制一次加热器处的旁通联动风阀，以调节通过一次加热器处的风量和不通过一次加热器风量的比例来进行调节。上述两种方法，前者常用于热媒为热水的加热器，此方法温度波动大，稳定性差；后者多用于热媒为蒸汽的加热器，其调节特点是温度波动小，稳定性好。当调节质量要求高时，可将两种方法结合起来使用。

2) 表冷器和加热器的水量调节。为了使表冷器或加热器后的空气温度恒定，就要不断调节进出口的阀门，改变冷媒或热媒的流量，或者调节冷热媒的温度。图 4-90c 和图 4-90d 是采用两通阀和三通阀的表冷器水量调节原理。采用两通阀调节水流量时，供水干管的总流量也将发生变化，流量的变化又导致供水干管的静压发生变化，对整个系统的压力分布和流

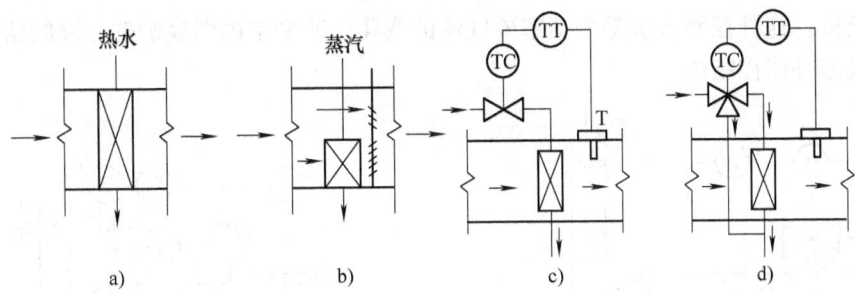

图 4-90 加热器加热量和表冷器水量的调节方法

量分布产生影响；当使用三通阀来调节时，使一部分热水通过加热器，另一部分热水通过旁通管，从而不改变供水干管的总流量，这种方法能够保证供水干管的静压稳定，但水泵的流量不变，水泵耗电量大，不利于节能。

3）电加热器的调节。电加热器一般用在恒温恒湿机组内或用于集中式空调系统的末端再热控制。电热器可采用两位式控制或连续控制方式。加热器水温调节如图 4-91 所示。其中，图 4-91a 是双位调节，将室内温度传感器 T 的温度值与设定值比较，控制继电器 QJ 输出开关信号，控制加热器工作；图 4-91b 是连续调节，控制器 TC 将检测的室内温度传感器 T 温度参数与设定值比较后的差值，进行 PID 运算并输出控制加热器连续工作。

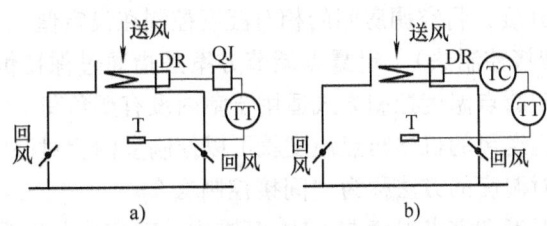

图 4-91 加热器的水温调节

4）室外温度补偿控制。室外温度补偿控制原理如图 4-92 所示。由于冬、夏季补偿要求不同，调节器分为冬、夏两个调节器，通过转换开关进行季节切换。在定风量空调控制系统中，由于新风温度随天气变化，这对室内温度的调节是一个扰动量，使得回风温度调节总是滞后于新风温度的变化。为了提高系统的调节品质，可采用前馈补偿的方式消除新风温度变化对输出的影响，把温度传感器测量的新风温度作为前馈信号加入回风温度调节系统。例如：在夏季中午新风温度升高，假设此时回水阀开度正好满足室内冷负荷的要求，系统处于平衡状态，新风温度传感器测量值增大，这个温度增量经控制器运算后输出一个相应的控制电平，使回水阀开度增大，增大供冷量，提前补偿了新风温度升高对室温的影响。

5）送风温度补偿控制。为了提高室温控制精度，克服因室外气温、新风量的变化以及冷、热水温度波动对送风参数产生的影响，在送风管上可增加一个送风温度敏感元件。根据室内温度敏感元件 T_1 和送风温度敏感元件 T_2 的共同作用，通过调节器对室温进行调节，组成室温复合控制环节，亦称送风温度补偿控制。图 4-93 给出了送风温度补偿控制原理。

在一些工业与民用建筑中，空调房间不要求全年固定室温，因此，可以采用室外空气温度补偿控制和送风温度补偿控制。它与全年固定室温的情况比较起来，不仅能使人体适应室内外气温的差别，感到更为舒适，而且可大大减少空调全年运行费用，夏季可节省冷量，冬季可节省热量。这种控制方法是根据室外气温的变化，改变室内温度敏感元件的给定值，故称为室外气温补偿控制法。

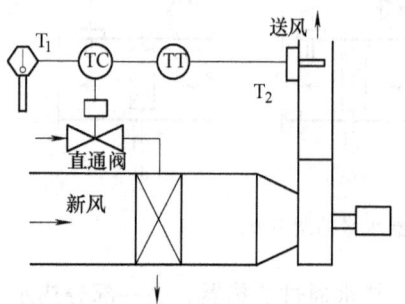

图 4-92 外温度补偿控制原理

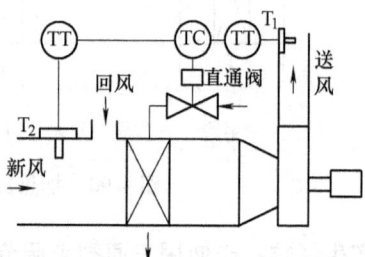

图 4-93 送风温度补偿控制原理

在过渡季节或特别的天气，室外温度在空调温度设定值允许的范围内时，空调机组可采用全新风工作方式。关闭回风风门，新风风门和排风风门开到最大，向空调区域提供大量新鲜空气，同时停止对空气温度的调节以节约能源。

(2) 空调机组室内相对湿度的控制　空调机组回风湿度调节与回风温度的调节过程基本相同，把回风湿度传感器测量的回风湿度送入控制器与给定值比较，产生偏差，控制器按 PI 规律调节加湿电动阀开度，将空调房间的相对湿度控制在设定值。

1) 定露点控制（间接控制法）。定露点调节方案是指通过保持恒定的送风露点温度来控制房间的温湿度。固定露点温度控制方式适用于室内没有湿负荷，湿负荷很小或湿负荷相对稳定的场合，只要控制送风的机器露点温度就可以控制室内相对湿度。这种通过控制机器露点温度来控制室内相对湿度的方法称为"间接控制法"。

如果能够控制室内温度和露点温度在 ±1℃ 范围内，对室内相对湿度的控制效果通常在 40%～60% 之间，如果室内湿度条件稳定，能够实现 ±5% 的相对湿度控制。

① 机器露点温度的控制依据。露点温度的控制是和喷水室的工艺过程紧密相关的。在喷水室水气比一定的条件下，喷水室处理空气的热平衡关系为

$$G(i_c - i_l) = W_e C(t_{w2} - t_l) \tag{4-10}$$

式中，G 为通过喷水室的空气量 (kg/s)；i_c 为混合点空气的焓 (kJ/kg)；i_l 为被处理空气露点状态的焓 (kJ/kg)；W_e 为冷冻水量 (kg/s)；t_{w2} 为喷淋后水温度 (℃)；t_l 为冷冻水温度 (℃)；C 为水的比热 (kJ/kg℃)。

对于定风量定露点空调系统，G 和 i_l 都是定值。另外，冷冻水温度 t_l 在设计时也常视为定值，喷淋后的水温 t_{w2} 在露点状态一定的条件下也是基本不变的。这样，当室外空气状态发生变化时，只有混合点 C 的焓 i_c 和相对应的冷冻水量 W_e 发生变化，而其余量可视不为常量。为了表示这些关系，用增量参数表示式 (4-17) 的动态特征，即

$$G\Delta i_c = W_e C(t_{w2} - t_l)$$

$$\frac{W_e}{\Delta i_c} = \frac{G}{C(t_{w2} - t_l)} \tag{4-11}$$

由式 (4-11) 可知，对于定露点喷水室空调系统，当一次回风的混合点状态变化时，冷冻水量的改变只要跟随混合点焓的变化成比例调节，就能够保证露点状态稳定。

② 利用改变喷水温度控制送风露点。由于负荷的变化会引起送风露点变化时，调节器按一定的调节方案输出控制信号，控制电动调节阀，调节循环水阀的开度，利用改变冷（热）水和循环水的混合比，将露点温度控制在给定的范围内。

图 4-94 给出了我国早期在大型恒温恒湿空调工程中采用得比较多的一种空气处理方式——固定露点温湿度控制方式。以夏季为例，取室内控制目标参数的计算露点温度（根据标准大气压下的焓湿图，如 20℃ 和 50% 相对湿度下机器的露点温度是 10℃），以 10℃ 作为喷水室后机器露点温度设定值来实施恒定露点温度式的控制，并在喷水室挡水板后，设置温度传感器，根据露点温度测量值和设定值进行比较，控制喷水室冷媒水，保证喷水室挡水板后空气温度的稳定。

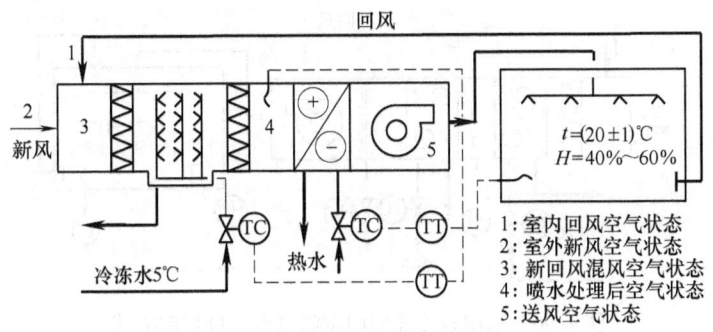

图 4-94 固定露点温湿度控制方式

图 4-95 给出了其相应的夏季工况空气处理过程的焓湿图。运行时为了达到室内所要求的温度和相对湿度，新风（点 2）和回风（点 1）的混合空气（点 3）经喷水室喷淋降温去湿处理到恒定的露点温度（点 4）后，还需再加热至必要的送风状态（点 5）。从控制过程看，若仅就室内相对湿度而言，所用的是一个开环式控制，因为它没有直接来自室内的湿度反馈信号。

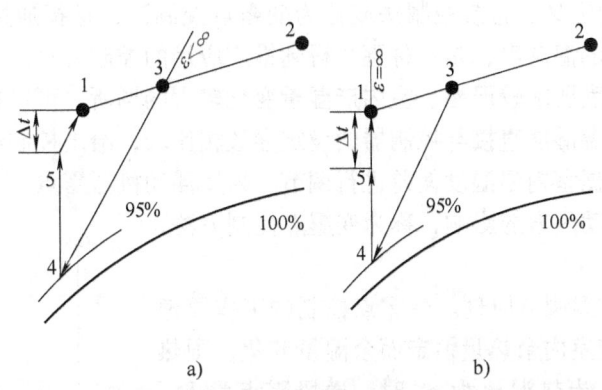

图 4-95 夏季工况空气状态焓湿图

从严格的意义上说，由于室内或多或少总有些湿负荷产生，其热湿比 ε 尽管很大，但总不会是无穷大。图 4-95a 即表示这一情况，由机器露点温度再热到点 5，以热湿比 ε 逼近点 1 的室内空气状态点。然而在很多实际工程中凡是要求室内保持恒定相对湿度或是有相对湿度上限控制要求的,除了少量的工作人员外,基本上都不会有明显散湿的工艺生产设备。这样,可将室内热湿比近似地视作等 d 的垂直线($\varepsilon = \infty$),于是图 4-95a 可简化为图 4-95b,图中的 Δt 表示设计计算工况下的送风温差。

③ 采用水冷表冷器和定露点温度控制方式。图 4-96 给出了采用水冷表冷器和固定露点温湿度控制方式。其空气处理过程与上述喷水室相类似,主要的不同在于水冷表冷器是通过传热面的间接冷却,在相同的供冷温度条件下所能处理达到的机器露点温度显然高于喷水室。所以,在采用这种空气冷却设备时,需注意室内要求保持的基准温度和基准相对湿度所确定的露点温度不能太低。否则,即使制冷冷水机组供送 5℃ 的冷水,也可能满足不了要求。

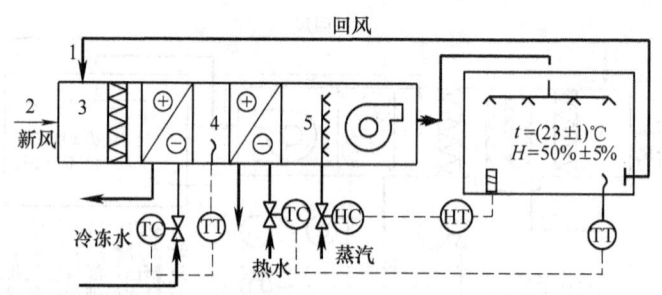

图 4-96 采用表冷器的固定露点温湿度控制方式

④ 利用改变新回风的混合比、喷淋循环水的露点控制方法。当采用调节新回风比,并在喷水室内采用喷淋循环水进行露点控制时,随着室外空气参数的变化,需保持机器露点温度一定。在喷水室挡水板后,设置温度传感器,根据露点温度测量值和风门调节器的设定值进行比较。调节器按一定的规律输出控制信号,由电动风阀调节新回风比,使新回风混合点在某一时期内稳定在某一等焓线上,利用喷淋循环水等焓加湿的方法稳定机器露点。

2)直接控制法(变露点控制):

① 直接控制法的定义。直接控制法或称为变露点控制法,是指通过控制器保持变化的送风露点来控制室内的温湿度,是一种逐步得到推广应用的控制方法。

对于室内相对湿度要求较严格、室内产湿量变化较大的场所,可以在室内直接设置温湿度传感器,利用室内温湿度直接与控制器的设定参数相比较,给出控制信号,控制相应的调节机构。这种直接根据室内温湿度偏差进行调节,采用浮动机器露点、并辅以送风量调节的方法,来平衡房间扰动因素的影响,称为变露点控制方法,或称为直接控制法。

② 变露点调节方案调节原理。变露点控制的工作原理如图 4-97 所示。假定室内余热量恒定而余湿量变化,则热湿比 ε 将发生变化。当热湿比为 ε_0 时,送风露点为 L_0;如果余湿减少,热湿比增加为 ε_1,则送风应增加含湿量,相应的送风露点应升至 L_1;如果余湿增加,热湿比减少为 ε_2,则送风应减少含湿量,相应的送风露点应降至 L_2。这时可以采用改变送风量,或二次回风比的方法控制房间温湿度。可以看出,当余湿变化时,只要改变送风状态露点

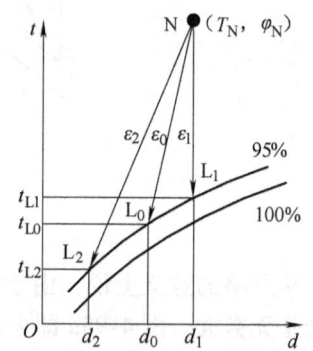

图 4-97 变露点控制的工作原理

温度就能满足被调对象相对湿度不变的要求,这就是变露点控制方法的调节原理。

3) 采用水冷表冷器和无露点温湿度控制方式。图4-98给出了采用表冷器的无露点温湿度控制方式,这是一种恒温恒湿空调工程的空气处理方式。为了有效地将室内的温度和相对湿度控制在所要求的控制精度范围内,室内装有温度传感器和电容式相对湿度传感器,由于加热器和加湿器的功能单一,可分别单独进行温度控制和湿度控制。但是由于表冷器具备降温和去湿两种功能,其运行既关系到室内的温度,又影响到室内的相对湿度,所以,需同时由两者信号控制。通过选择器经过比较,从温度和湿度两者信号中选取其中之大者,作为有效信号来控制表冷器的运行,使的温度和相对湿度两者的控制要求都得到满足。

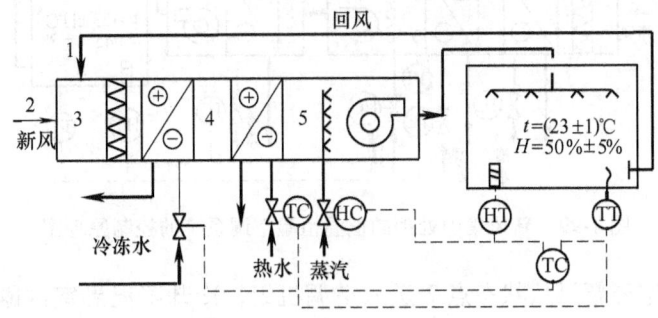

图4-98 采用表冷器的无露点温湿度控制方式

① 当房间湿度参数满足条件,但温度参数不满足条件时,可单独控制表冷器或加热器,对房间温度进行控制,但要注意相对湿度的变化。

② 当房间温度参数满足要求,湿度参数偏低时,可控制加湿器工作,调节房间湿度参数。

③ 当房间温度参数满足要求,湿度参数偏高时,需要控制表冷器降温除湿。

④ 当房间温度和湿度参数都不满足要求时,需要控制表冷器降温除湿。

可以看出当温度和湿度参数中特别是湿度参数得不到满足时,应对表冷器进行符合其要求的控制。

显然,这种控制方式与前述的几种控制方式相比更具先进性,其控制的精度、可靠性也高得多。在相对湿度控制方面由于采用的是无露点控制,不必一律把送风空气处理到露点温度,因此所需的再热量和冷热抵消量在某些情况下可能会比前述各种方式小些,但却不可能完全避免。在上述控制原理图中,选择器在绝大多数情况下应该选择湿度控制信号,因为送风空气通过表冷器处理进入房间后,室内温度总不会过高,除非室内显热负荷较大。所以,在实际应用中采用这种控制方式,冷热抵消现象在多数情况下不会比定露点温度控制方式好多少。

4) 对新风集中处理的恒温恒湿空调系统的温湿度控制方式。前面学习的定露点(或变露点)空调系统温湿度控制方式,需要将新风和房间回风混合空气从状态点3,冷却降温到室内露点温度状态点4。如果把这种低温的空气送入房间,室内局部温度必然会低于设定温度,同时,室内的相对湿度会升高,保持不了50%。这时必须进行再热(特别是对于工艺性空调),使送风温度达到与室内热湿比相对应的温度,如点5的空气状态再送入房间,在这个过程中产生冷热抵消造成能源浪费。

① 对新风进行降温除湿的控制系统组成。当恒温恒湿房间内产湿量较少，影响和干扰室内相对湿度的主要因素是室外新风系统时，可只对新风进行集中专门处理，除去新风空气中所可能带入室内的多余湿量后，再与室内回风混合。这样的空气处理方式可有效地防止室内相对湿度受到室外空气湿度波动的影响，只要能解决好干扰室内相对湿度稳定的因素，就能将室内相对湿度控制在要求范围内，将房间回风用于降温除湿后空气的再热，消除冷热抵消现象。图 4-99 给出了新风集中处理的恒温恒湿空调系统的控制原理。

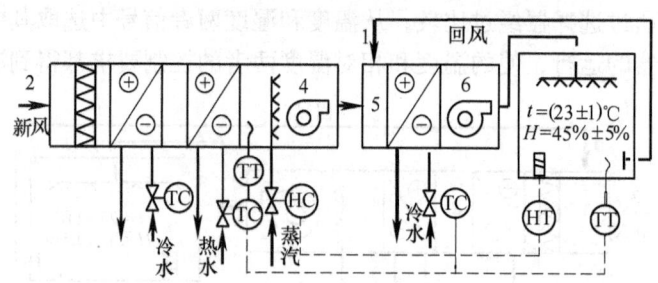

图 4-99　新风集中处理的恒温恒湿空调系统的控制原理图

由图中可知，室外新风从状态点 2 送入空调机组，冷却降温到室内露点温度状态点 4，降温除湿后的空气与房间回风空气状态点 1 混合再热至空气状态点 5，再根据室内热湿比情况，经表冷器降温后的空气状态点 6 送入房间，使送风温度达到与室内热湿比相对应的温度。

图 4-100 是空气处理过程中的各点状态变化的焓湿图。图 4-100a 为其理论上的空气处理过程，图 4-100b 为基于工程实践的简化图。

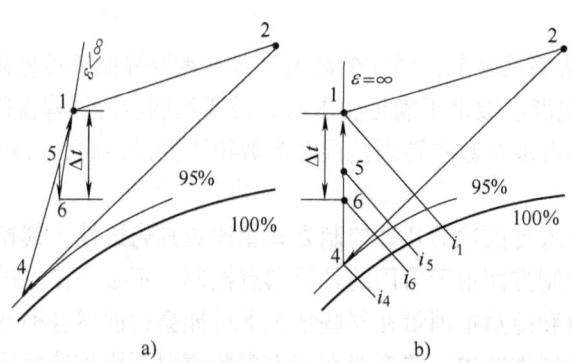

图 4-100　空气处理过程中的各点状态变化的焓湿图

② 单独新风集中处理的恒温恒湿空调系统的限制性条件。恒温恒湿类以及对相对湿度有一定控制要求的空调工程采用单独新风处理方式可省去再热，从而能够节省能源。但是由于该空气处理方式只对新风进行降温除湿处理，对系统应用有一定限制。

- 要求空调对象房间内没有显著的湿负荷产生（没有产湿设备或产湿负荷），即室内负荷的热湿比近于无穷大，适合采用单独新风处理方式；反之，当空调对象房间内有显著的湿负荷产生时，采用单独新风处理方式不能满足室内相对湿度要求。
- 直流系统或空调对象房间内排风量大到一定程度，导致经新风机组处理后的低温空气与回风混合后的空气状态低于要求的送风温度，则会导致室内的温湿度控制失调。

③ 针对限制性条件的对策：

● 单独新风集中处理方式，由于不对房间回风进行降温除湿处理，当空调对象房间内有显著的湿负荷产生时，混合后的空气状态中相对湿度会上升，通过检测室内相对湿度参数，当相对湿度上升时，适当降低新风露点温度（减少新风的含湿量），使混合后的空气状态中相对湿度降低。由于新风量占总回风量的比重较小，这种处理方法也不能保证相对湿度稳定。

● 对排风量大或室内产湿量大的空调系统，只能采用传统的新风、回风混风的露点温度控制法再加上再热过程的控制方式。

(3) 新风风门、回风风门及排风风门调节　充足的新风量是保证室内良好空气质量的前提条件，但在夏季或冬季，过多地引入新风又会影响室内原有空气状态，造成能源浪费，所以，新风风门、回风风门及排风风门调节的主要目的是根据空调房间需求保证新风的合理供给，使系统在最佳的新风/回风比状态下运行，保证空气质量的同时节约能源。

定风量系统由于送风量保持不变，只要新风、回风及排风风门位置确定，就能够得到稳定的空气供给。以夏季制冷为例，当室外空气焓值小于室内空气焓值时，系统采用最大新风比控制；当室外空气焓值大于室内空气焓值时，系统采用最小新风比控制，最小新风量的可以根据室内 CO_2 浓度等参数确定。

1) 新风量的确定原则。卫生要求：保证 CO_2 的浓度低于规定值；补充局部排风量；保持空调房间的正压要求：5~10Pa；最低送风量：10%。

2) 具体实现的方法。根据室内室外的温湿度差来调节回风量及新风量，以满足室内空调要求。根据装设在新风管、回风管的温、湿度传感器所检测的温、湿度参数进行回风及新风焓值计算，按新风和回风的焓值比例输出相应的电压信号控制新风阀和回风阀的比例开度，排风阀的开度控制应该和新风阀开度相对应，在最小新风量控制时，如果新风占送风量的30%，而排风量应等于新风量，因此，排风电动阀开度也就确定了。

在冬季和夏季采用最小新风比，在过渡季采用全新风，这样可以提高室内空气质量并节省运行能耗。

6. 变新风比空调机组自动控制

变新风比系统是在一次回风系统的基础上，为节能而发展起来的。在冬季和夏季状态时，其控制与一次回风系统相同，而在过渡季存在较大的差别。变新风比系统采用送风机和回风机、新风阀门、回风阀门和排风阀门联动的形式，即：这些阀门的调节应该协调一致。动作方式为

当新风电动阀开大时→排风电动阀也开大→而回风电动阀关小；

当新风电动阀关小时→排风电动阀也关小→而回风电动阀开大。

冬季由回风温度控制热水电动阀，冬季过渡季由回风温度控制新风回风混合比，调节新风阀、回风阀及排风阀的开度。夏季及夏季过渡季，由回风温度控制冷水电动阀。夏季过渡季由室内及室外的焓值比较来控制新风阀、回风阀及排风阀的开度。夏季和冬季都采取最小新风比运行。

监测参数与一次风系统相同，只是在控制策略上有所变化。

4.5.3 变风量空调系统

1. 变风量空调系统的概念和工作原理

（1）变风量空调系统的概念　当送风量一定时，通过改变送风温度来适应各空调房间的负荷变化，这种系统称为定风量空调系统，从调节角度来说称为"质调节"。若送风温度一定，为适应负荷需要而改变送入各房间的风量，这种系统称为变风量空调系统，又称为"量调节"系统，VAV是变风量（Variable Air Volume）系统的简称。

这种通过改变送风量来调节室内温湿度的空调系统属于全空气送风方式，系统的特点是送风温度不变，通过改变送风量来满足房间对冷热负荷的需要，用改变送风机的转速来改变送风量。通常采用变频调速来调节送风机电动机转速的方式实现送风量的控制。

（2）变风量空调系统的工作原理　普通集中式定风量空调系统的送风量是按空调房间最大负荷设计。在实际使用中，当热负荷减少时就要提高送风温度，当湿负荷减少时就要提高送风的含湿量，以满足室内温、湿度的要求。

还可以根据室内状况通过改变房间送风量来实现温湿度调节。

$$Q = Gc_p(t_s - t_r) \tag{4-12}$$

式中，Q 为送入房间的热量；c_p 为空气比热容；G 为送风的质量流量；室温为 t_r；送风温度为 t_s。

从式（4-12）中可以看出，送风量 G 的改变可同样改变送入房间的热量，从而实现对温度的控制。变风量空调系统将传统的定风量空调系统改为变风量空调系统，同时，保持送风温度恒定，使送入房间的热量 Q 和送风温度与房间温度的差成正比。如果送风参数不变，室温随风量变化，室内相对湿度和绝对湿度也随风量同步变化，此时可以反过来通过对送风参数调节来实现室内的湿度控制。对于除湿过程，如果是冷凝除湿，在不采用再热器时，送风温度接近于露点。这时调节送风温度与调节送风的绝对湿度是同一过程。因此，可以通过对送风状态的调节实现房间湿度的控制。如果是冬季的加湿处理，加湿方法的不同，湿度的控制对送风温度的影响也不同。图4-101给出了这种方式下的室内温湿度调节过程。

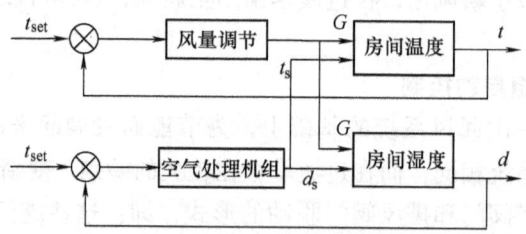

图4-101　变风量室内温湿度控制系统

1）变风量空调系统对房间温度的控制。送风温度恒定且一般保持较低，而送风量随着热负荷的变化而被调节，如果房间温度在室温设定值附近时，室温的变化（±0.5℃）与送风温差（一般在5~10℃）相比小一个数量级，可以认为送风量与送入室内的热量成正比。这样，采用DDC通过对风量的调节来实现对室温的控制。

2）变风量空调系统对房间湿度的控制。由于送风温度被恒定在较低的水平（一般低于露点温度）且不随空调区域负荷的不同而变化，因此变风量系统具有较好的除湿能力。但是,为达到节能和提高室内舒适度的目的,不少变风量空调系统在部分负荷时会采用一些优化控制策略,如提高送风温度和供水温度的设定值等,实施这些优化控制策略会对空调机组的除湿能力产生影响,继而可能会对室内的湿度控制产生影响。

(3) 变风量空调系统的特点

1) 节能。由于空调系统在全年大部分时间里是在部分负荷下运行,而变风量空调系统是通过改变送风量来调节室温的,因此可大幅度减少送风风量的动力能耗。所以能够节约风机运行能耗和减少风机装机容量。室内无过热过冷现象,由此可减少 15%~30% 的空调负荷。VAV 系统与定风量空调系统相比大约可以节能 30%~70%。

2) 舒适性高。能实现各局部区域的灵活控制,可以根据负荷的变化或个人的要求自行设置环境温度。与一般定风量空调系统相比,能更有效地调节局部区域的温度,实现温度的独立控制,避免在局部区域产生过冷或过热现象,并由此可以减少制冷或供热负荷。

3) 新风做冷源。变风量(VAV)空调系统属于全空气型空调系统,空气品质好,没有风机盘管凝水等问题。在过渡季节,可以充分利用自然界冷源做新风直至全新风,其节能效益较高。

4) 系统的灵活性较好。易于改、扩建,尤其适用于格局多变的建筑,例如出租写字楼等。当室内参数改变或重新隔断时,可能只需要更换支管和末端装置,移动风口位置,甚至仅仅重新设定一下室内温控器。

5) 能够满足基本的湿度要求。和定风量再热系统相比,变风量空调系统固定送风温度方式能够保证对室内相对湿度的控制,但对于室内湿负荷变化较大的场合,如果采用室温控制而又没有末端再热装置,往往很难保证室内湿度要求。

6) 对控制系统有更高要求:

① 由于系统是变风量,会出现新风供给不稳定,导致室内人员感到憋闷;房间内正压或负压过大导致房门的开起困难。

② 从系统的运行管理方面看,由于系统涉及多个控制环节,系统运行相对复杂;系统的初投资比较大。

(4) 变风量空调系统的使用场合 一般来说,变风量空调系统适用于负荷变化较大的建筑物(如办公大楼)、多区域控制的建筑物以及有公用回风通道的建筑物。

1) 负荷变化较大的建筑物。由于变风量可以减少送风机和加热的能量,故负荷变化大的建筑物可以采用变风量空调系统。例如办公大楼,一旦建筑物内有人员聚集和灯光开启,负荷就迅速增大;人员离开和灯光关闭时负荷就会减小,因此负荷变化大;图书馆或公共建筑具有较大面积的玻璃窗和变化较大的负荷,也适合采用变风量空调系统,因为它的部分负荷的时间比较长。若建筑物内区或室外气候对室内影响较小,则不适用变风量空调系统,因为部分负荷时节约的能源较少。

2) 多区域控制的建筑物。多区域控制的建筑物适合采用变风量空调系统。因为变风量空调系统在设备安装上比较灵活,用于多区域时,比一般传统的系统更为经济。

3) 有公用回风通道的建筑物。具有公用回风通道的建筑物可以成功地采用变风量空调系统。一般办公大楼和学校均可采用公用回风通道,公用回风通道可以获得满意的静压效果。也有一些建筑物不适合应用公用回风通道,因为采用公用回风通道会造成空气的交叉感染,如医院中的隔离病房、实验室和厨房等。

2. 变风量空调系统的组成

变风量（VAV）空调系统由空气处理设备（Air-Handling Units，AHU）、送风系统（主风管、支风管）、末端装置（Terminal Units）和送风散流器以及必要的自动控制控装置 5 部分组成，其中末端装置是变风量空调系统的关键设备，它可以接受室温调节器的指令，根据室温的高低，自动调节送风量，以满足室内负荷的需求。图 4-102 给出了变风量空调控制系统结构原理。

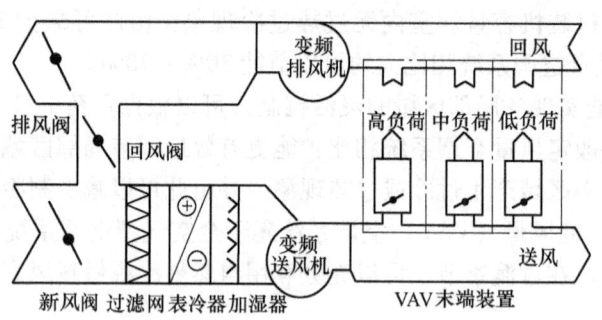

图 4-102　变风量空调控制系统结构原理

（1）空气处理设备（即空调机组）　主要用来处理新风或者新风与回风的混合空气。空调机组内的送风机、回风机应是变频调速风机，通过控制变频电源的输出频率，改变风机的转速，达到调节风量、节约电能的目的。

（2）送（回）风系统　变风量空调系统从空调机组内的送风机到各末端装置的送风系统，要求在运行过程中始终保持送风的静压稳定或能够根据末端装置风量需求调节送风静压，保证送风风管内具有一定的静压，以有利于变风量箱有效而稳定地工作。

（3）末端装置（变风量箱）　末端装置是变风量系统的关键设备，通过末端装置来调节送风量，以适应室内负荷的变化，维持室内的温湿度稳定。根据是否对送风压力进行补偿，可分为压力有关型末端和压力无关型末端。

1）压力无关型 VAV 末端装置。主要由室内温度传感器、电动风阀、风速传感器、集成控制模块等部件构成如图 4-103 所示。

2）压力有关型 VAV 末端装置。由室内温度传感器、电动风阀、集成控制模块等部件构成，如图 4-104 所示。

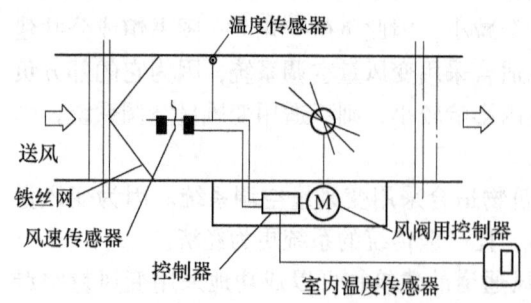

图 4-103　压力无关型 VAV 末端装置

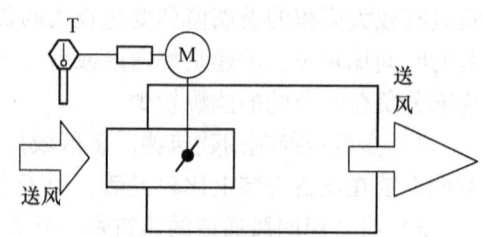

图 4-104　压力有关型 VAV 末端装置

末端装置根据室内负荷需求控制末端的送风量，同时应能够向系统控制器传送各末端风量或阀位信息，控制器根据信息汇总、分析计算后控制风机变频器输出，这样就可以根据实际的风量需要实时改变风机转速，节约送风动力。

（4）自动控制仪表　在变风量空调系统中，控制系统要根据室内温湿度参数进行变风量调节、末端装置调节、风门调节，同时要考虑室内空气压力平衡、空气质量的保证等多个控制参数和分散的控制点，控制方法有定静压控制、变静压控制等直接数字式控制等。具体的 VAV 系统的控制策略和控制方法将在下面的章节中介绍。

3. 变风量空调控制系统

在变风量空调系统中，除了送回风机、末端装置、阀门及风道组成的风回路外，还有 5 个自动控制回路，分别是：室温控制、送风静压控制、送回风量匹配控制、新排风量控制及送风温度控制。图 4-105 给出了一个典型的单风道变风量空调系统简图。

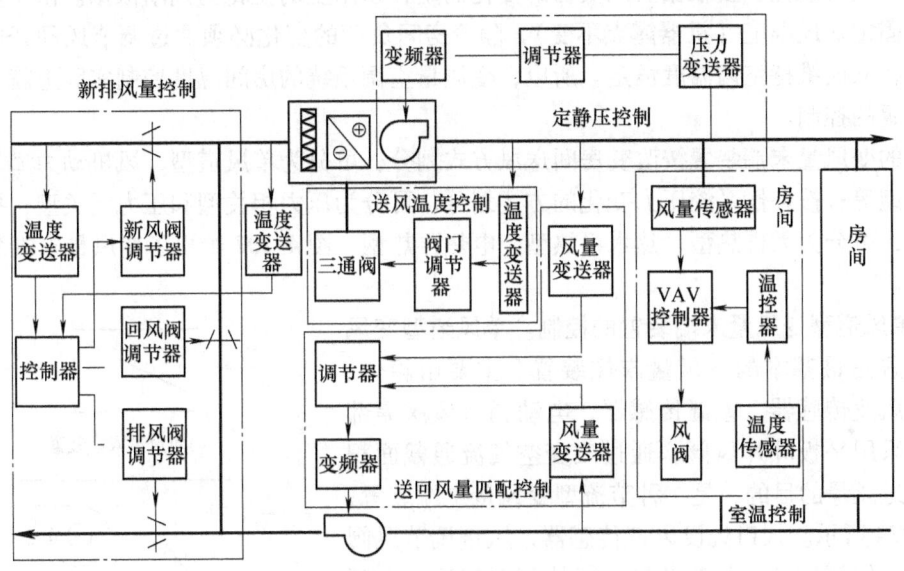

图 4-105　典型单风道变风量空调系统简图

变风量控制器和房间温控器一起构成室内串级控制，采用室内温度为主控制量，空气流量为辅助控制量。变风量控制器按房间温度传感器检测到的实际温度，与设定温度比较差值，以此输出所需风量的调整信号，调节变风量末端的风阀，改变送风量，使室内温度保持在设定范围。同时，风道压力传感器检测风道内的压力变化，采用 PI 或者 PID 调节，通过变频器控制变风量空调机送风机的转速，消除压力波动的影响，维持送风量。

图 4-106 给出了 5 个控制环节的控制关系框图。这 5 个控制系统中如果有一个系统的参数发生变化，其他几个系统的控制参数也要随之改变。以夏季供冷为例，当某个房间的温度低于设定值时，来分析各系统的变化情况。

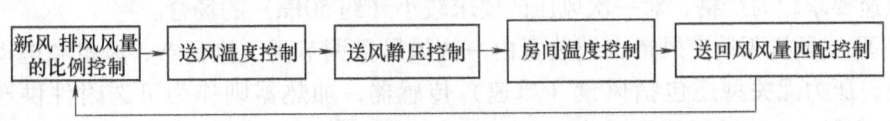

图 4-106　变风量空调的 5 个反馈控制环节的控制关系

- 室温低于设定值时,温控器就会调节变风量末端装置中的风阀开度,减少送入该房间的风量,使房间温度升高;
- 风阀开度减小送风系统阻力增加,会造成送风静压升高,当静压超过设定值时,控制器通过控制变频器降低送风机转速,减少系统的总送风量,保持系统静压稳定;
- 送风量的减少会导致送回风量差值的变化,送回风量匹配控制器会同时减少回风量以维持送回风量差值设定值;
- 风道压力的变化(混风箱内负压变化)将导致新排风量的变化,控制器将要调节新风量,以保证室内空气的质量。

4. 变风量空调控制系统的自动控制

(1)房间温度控制 变风量空调系统通过控制送入空调房间的风量来维持室内温湿度的恒定,风量的改变主要根据房间负荷的变化而定,以温度的变化为判断依据。由于变风量空调系统固定送风温度(机器露点不变),随着房间负荷的变化必须通过调节风阀开度来控制送风量,从而维持室内温度恒定。所以,变风量空调系统的房间温度控制实际上就是对空调末端装置的控制。

常见的变风量末端装置按改变房间送风方式划分,可分为单风道型、风机动力型、旁通型、诱导型等;按补偿系统压力变化的方式划分,可分为压力相关型和压力无关型;按再热方式划分,可分为无再热型、热水再热型、电热再热型。图4-107给出了变风量末端装置的几种形式。

1)单风道型变风量末端装置的控制。单风道型变风量末端装置是最基本的变风量末端装置。主要由箱体、控制器、风速传感器、室温传感器、电动调节风阀等部件组成,采用平板叶片风阀,通过改变空气流通截面积达到调节送风量的目的,是一种节流型变风量末端装置,如图4-107a所示。入口处设风速传感器,风量调节风阀的轴伸到箱体侧壁外,与传动机构或执行器相连。电源电路、控制器和执行机构等设置在箱体外侧的控制箱内。变风量末端装置其他类型,如风机动力型、双风道型等都是在节流型的基础上变化、发展起来的,其中风机驱动式有并联式和串联式两种形式。

① 串联式风机驱动式变风量末端装置由一次空气风阀、执行器、风机和电动机、控制器组成,压力无关型还包括风量(风速)传感器,加热器则作为可选附件供选择,如图4-107b所示。一次空气风阀调节一次风量和二次热空气(回风)预先混合,再通过装置内的送风机送出,风机送风量不变。当房间负荷减少时,为维持室内设定的温度,一次风相应减少,二次热空气增加,但总送风量仍然不变。主要用于夏季送冷风,风速恒定,对风速要求较为严格、对一次风压的要求较小(约50Pa)的场合。

② 并联式风机驱动变风量末端装置由一次风风量调节阀、执行器、风机和电动机、控制器组成,压力无关型还包括风量(风速)传感器,加热器则作为可选附件供选择,如图4-107c所示。一次冷风阀调节一次风量,当房间负荷减少时,为维持室内设定的温度,

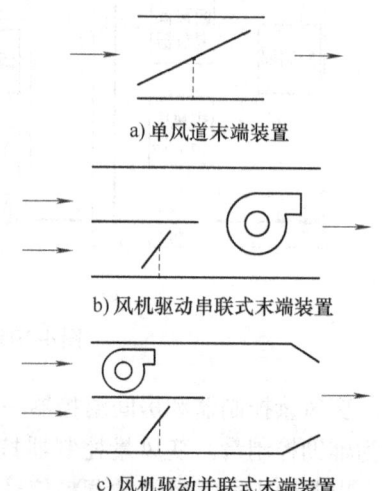

a) 单风道末端装置

b) 风机驱动串联式末端装置

c) 风机驱动并联式末端装置

图4-107 变风量末端装置的几种形式

一次风相应减少，当一次空气的风量低于某一最小值时，与一次风并联的风机投入运行，从开阀中将二次热空气（回风）抽入末端装置与一次风混合，然后再送入室内。房间温度进一步下降，辅助加热器投入运行。主要用于冬季供暖和夜间低负荷运行的末端，必须确保一次风的静压大于风机静压（防止回流），对一次风压要求较大（约200~250Pa）。

并联式风机驱动式末端装置的特点是：一次空气处理装置（中央空调机组）是变风量，而送入空调房间的空气也是变风量。

2）压力相关型和压力无关型末端装置的控制。通过末端装置控制室内温度，末端风量受风阀开度和送风静压双重影响，所以末端装置分为压力无关型和压力有关型两种形式。采用不同形式的末端装置，其控制原理和控制效果不同，图4-108a和图4-108b分别给出了压力有关与压力无关型末端装置的控制原理。

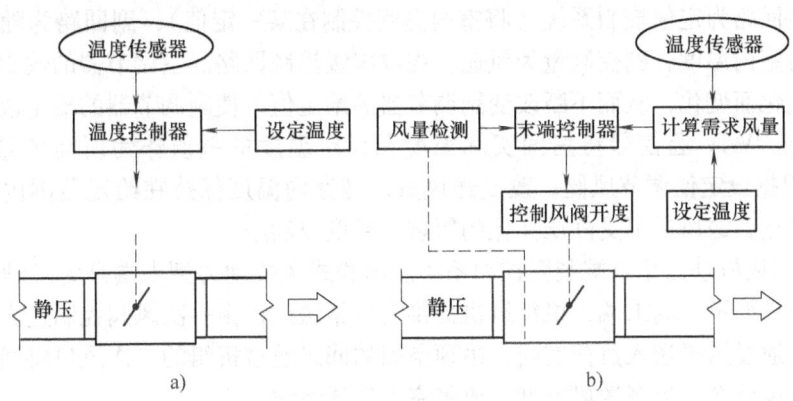

图4-108 压力有关与压力无关型末端装置控制原理

① 压力有关型末端装置组成的温度控制系统。变风量末端温度控制器收到温度传感器温度信号后驱动阀门，使阀门开度发生变化，通过调节末端装置风阀的开度，控制送入房间的风量来控制房间温度。由于阀门开度的变化会影响到风管的静压，静压的变化又会使风速变化，也就是说VAV的实际送风量受风管静压的影响。但当送风压力发生变化时，即使阀门开度不变，风量也会改变。如图4-109所示，在送风温度不变的情况下，控制器根据温度传感器的温度信号来确定所需的风量值，并依此来控制风阀的开度。由于入口静压值的不确定性会使实际送风量与要求的不完全一致，所以风阀处于被动调整状态，房间温度控制滞后于温度变化趋势，温度波动较大。

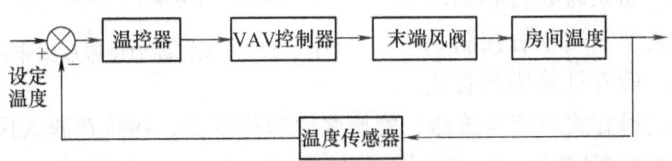

图4-109 压力有关型末端装置的室温控制原理

② 压力无关型末端装置组成的温度控制系统。在压力相关型末端装置上加装风管压差传感器或风速传感器，当风管压力或风速变化后，控制器根据检测信号对阀门开度进行修正，风阀根据所需的风量来调节开度，而不受风管内静压变化的影响。

压力无关型末端装置组成温度控制系统是一个串级调节回路，在定送风温度的情况下，控制器根据温度传感器的温度信号来确定所需的风量值，风阀开度由风量值和检测的风速参数确定，如图4-110所示。

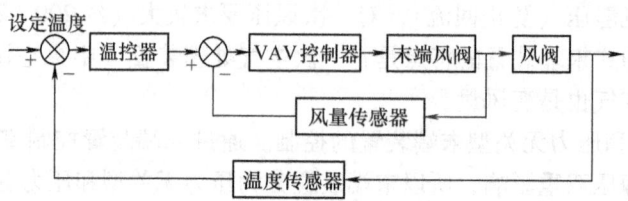

图4-110 压力无关型末端装置的室温控制原理

该控制主回路为定值控制系统（将室内温度控制在某一定值），副回路为随动系统，其中主控制量为室内温度，副控制量为风速，构成串级控制回路。主调节器的输出能按负荷和操作条件的变化而变化，从而不断改变副调节器的给定值，使副调节器的给定值适应负荷并随条件而变化。VAV温控器将房间实际温度和设定温度的差值作为所需风量的设定值，VAV控制器根据设定值调节风阀，改变送风量，使室内温度保持在给定范围内。由于有风量传感器的修正，送风量不受静压变化的影响，温度波动小。

3）串联式风机动力型末端装置控制系统。串联式风机动力型末端是为了满足更为舒适的冷热负荷需求而设计的末端，机组风机提供定风量送风，由一次风阀控制进入末端机组的一次冷风量，通过风机送入负荷空间，吊顶空间的回风通过机组的二次风口将回风诱导入机组内与一次冷风混合，提高送风温度，改善室内气流组织。

风机动力型串联式末端装置控制系统由DDC、风机动力型末端、风速传感器、室内温度传感器和温度设定组成，如图4-111所示。房间的温度测量值和房间温度设定值送入DDC，DDC主调节器模块计算出相应的风量值，作为串级模块的给定值，串级模块实时检测风量参数，并与给定值比较，调节动力型末端装置风阀开度，与吊顶回风混合由定速风机送入房间。如果需要再热则起动再热器。压力无关型末端装置控制系统要有风速传感器，最常见是毕托管式

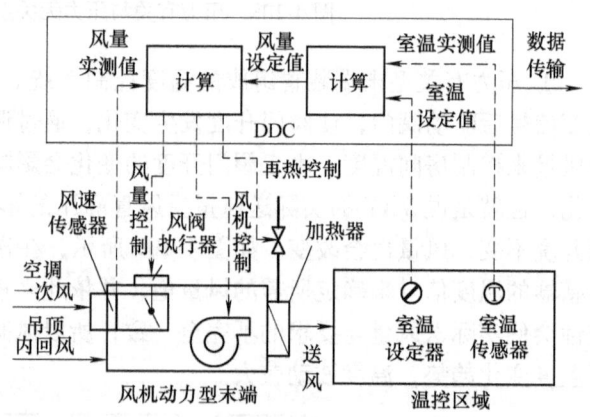

图4-111 风机动力型串联式末端控制系统

风速传感器、超声波涡旋式风速传感器、螺旋桨风速传感器、热线热膜式风速传感器等。

4）变风量箱的选型原则：

① 变风量箱的选用上，取设计风量为该型号最大风量的70%~85%，最小风量为设计风量的20%左右为宜。

② 风机动力型变风量箱用于某些有特殊要求的或级别较高的情况，比如需要保证室内换气次数的场所。

③风机动力型变风量箱并联与串联的选用原则是：当冬季送风量大于夏季送风量时，采

用并联式，否则两者形式都有考虑的可能。

④ 当系统需要较大的出风压力或到变风量箱入口端压力值不足时，需要考虑串联式。

⑤ 串联式系统适合于低温送风系统，室内的二次回风与一次送风混合，降低送风温差，减少风口结露的可能性，增大舒适性。

(2) 送风温度控制

1) 控制原理。由于变风量空调系统采用固定送风温度而改变送风量方式，系统既要控制送风温度的稳定又要合理地设定送风温度。对送风温度的控制可以通过检测空调处理机组的实际送风温度与设定送风温度的差值，来调节表冷器或加热器水阀的供冷（热）水量来实现。图 4-112 给出了变风量空调系统送风温度控制框图。

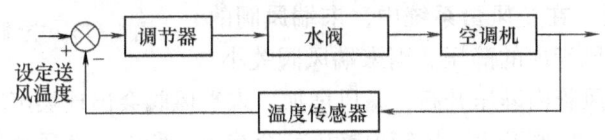

图 4-112 变风量空调系统送风温度控制

2) 送风温度设定值的确定。对于一个空调系统，各房间的负荷通常不会同步变化。在同一时刻可能有的房间需要降低送风温度，而有的房间需要提高送风温度；对于内区和外区建筑会出现有的房间要求冷气，有的房间要求暖气；重视换气次数的空调系统，要求尽量提高送风温度以增加换气次数；而重视低温送风的空调系统，则要求尽量降低送风温度以减小送风量。

由于变风量系统采用固定送风温度方式，送风温度要考虑被控房间温度和相对湿度的需求，还要兼顾降低能耗指标。所以，如何确定送风温度是变风量空调系统能否保证控制指标、降低能源消耗的关键。

① 根据送风温差来确定送风温度。送风温差的大小，取决于所选用的房间设计温度和表面冷却器表面有效温度，或作为空气处理后的机器露点温度的大小。对绝大多数民用建筑来说，舒适性空调的室内设计状态，应使干球温度维持在 24~28℃ 的范围内。无论是冷水式系统，还是直接蒸发式系统，实际运行时机器露点处在 10~14℃ 的范围内是比较合理的。也就是说，空调系统的送风温差一般设为露点温度以上 1℃。这样既保证了温度调节的快速性和相对湿度的要求，又不会出现冷凝水。

送风温度的控制存在一个优化的问题，例如房间负荷较小时，在节省冷量的同时也可能带来风机能耗的增大；送风温度过低，如低于露点温度，就会产生冷凝水；提高送风温度会影响舒适性（相对湿度增加）。所以必须在总体节能的前提下，综合考虑实行调节送风温度的方案。

【例】要求房间温度控制在 22℃，相对湿度控制在 50%，试根据温差法设定最低送风温度。

【解】根据图 4-113 给出的焓湿图，确定 $t = 22℃$、$\varphi = 50\%$ 的空气状态点。过该点做等湿线，在 $\varphi = 100\%$ 时所对应的温度 $t = 11℃$。在这一温度基础上增加 1℃，可以作为送风温度值。

② 试错法送风温度控制。该方法只能以某一恒定的变化率沿着某一方向（增大或减小）

改变送风温度，当某个参照变量达到临界值时，试错法送风温度控制方才改变方向。

③ 投票法送风温度控制。其原理是对于某一空调显热负荷，若该末端存在送风量允许范围，则势必相应的存在送风温度允许范围。若系统中各末端的允许送风温度范围存在共同区间，则该区间内的任意一个送风温度均可使各末端满足负荷要求。若不存在共同区间，则可在最高得票温度范围内选择送风温度以满足多数末端的负荷要求，或折中选择送风温度以使系统中各个末端平摊损失。

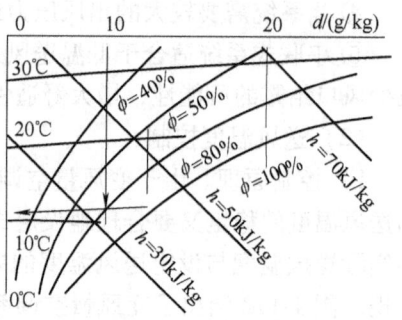

图 4-113　空调状态确定送风温度

（3）送风量控制　在变风量系统中，末端风阀的开闭位置，直接影响风管内的静压。当末端风阀关小，系统总送风量减少，风管内静压升高，漏风增加，末端风阀会出现噪声增大，同时也造成风机的能量浪费；反之，风阀开大，风管内静压就会减小。所以，送风量的控制通常采用静压控制法和总风量控制法，其中静压控制法又分为定静压控制法和变静压控制法。通常根据静压传感器或风阀开度值的信号来检测系统风量的变化，或直接获得总风量和各末端风量参数，并通过控制器调节风机送风量。采用简单的反馈控制回路来控制管道静压，或采用前馈方式实现变风量空调系统的送风量控制。图 4-114 给出了变风量空调系统送风量控制框图。

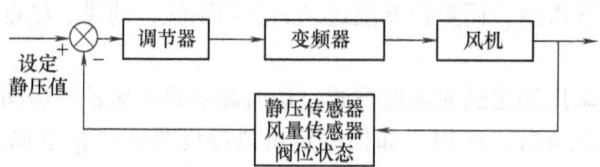

图 4-114　变风量空调系统送风量控制框图

1）定静压法。定静压法是变风量空调系统最早使用的控制方法，在欧美设计市场比较流行。由于该方法已有多年的运行经验，因此，国内普遍使用的仍是这种方法。所谓定静压控制是在送风系统管网的适当位置设置静压传感器，在保持该点静压一定值的前提下，通过调节风机转速来改变空调系统的送风量。图 4-115 给出了定静压变风量系统的控制原理框图，压力控制回路的意义在于保持风管中最佳的静压，控制回路测定静压并将之与设定值点相比较，调节器将输出信号发送给变频器，控制风机速度及风管中的静压。

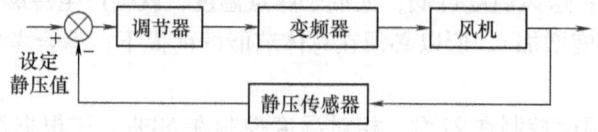

图 4-115　定静压变风量系统送控制原理框图

在变风量空调管网较复杂（如双风管系统或不对称风管系统等）时，静压传感器的设置位置及数量很难确定；当节流式变风量空调系统处于低负荷时，若系统送风量由某点静压值来控制，不可避免地会使得风机转速过高，达不到最佳节能效果；同时，在一定的系统静压下室内的需求风量只能由 VAV 所带风阀调节，当阀门开度较小时，气流通过噪声加大，影响室内环境。

在 VAV 系统设计中，合理选择静压值将直接影响系统的性能。如果设定的静压值太低，某些 VAV 箱就不能获得足够的空气以保证舒适度，如果设定得过高，风机的能源就被浪费掉了，系统的噪声会增大，VAV 箱的控制就会不稳定。

静压值得选择实际上表现为正确选择静压监测点的位置，静压控制点的选取方法如下：

静压控制点的选择应在风管系统的压力曲线上优化选择，通常以送风机出口端为参考点，安装在送风机出口风管到系统末端的 2/3～3/4 之间。经验证明：静压传感器设定点离风机越近越安全，节能越差，反之则相反。

如果送风干管不只一条，每个主风管均需要单独设置传感器，则需设置多个静压传感器，通过比较，用静压要求最低的传感器控制风机。风管静压的设定值（主送风管道末端最后一个支管前的静压）一般取 250～375Pa 之间。图 4-116 给出了定静压 VAV 控制系统原理图。

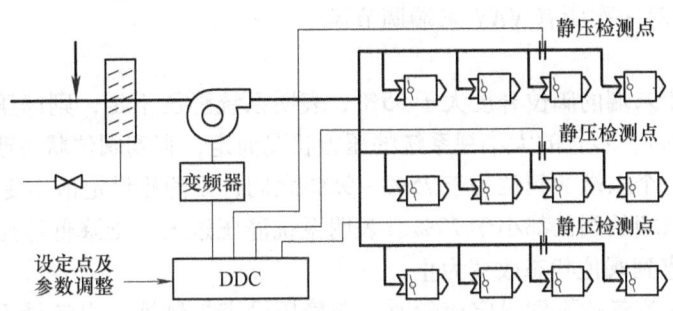

图 4-116　定静压 VAV 控制系统原理图

除了安装静压控制器以外，在风机出口应安装静压保护装置，以避免出口静压过高而损坏风管。进风控制系统应与送风机开停控制联锁，当风机停止运行时，风机进风阀应关闭或回到最小开度位置。这样就可以避免风机在起动或运行在通风模式时出现风机过载，损坏风管的现象。

定静压控制方式原理简单，但其自身存在缺点，突出表现在系统的静压力测量点在工程实际中很难选择，通常只能选用折中点而非最佳点，如果该设置点没有代表性，会使变风量（VAV）空调系统调试困难，而且系统达不到最佳节能效果。

控制管道静压的好处是有利于系统稳定运行并排除各末端装置在调节过程中的相互影响。但很显然，保持系统静压维持在设定值不变，是以消耗风机动力为代价的。控制管道静压的变风量系统与定风量系统相比是节能的，但它的风机动力消耗仍很可观。

2）变静压控制法。当节流式变风量空调系统处于低负荷时（风阀关小），若采用定送风静压方式，消耗在末端装置上的静压就会增加，这显然对节能是不利的。于是，在保证系统风量要求的同时尽量降低送风静压的变静压法就随之而生，它也称为最小阻力变静压控制法，其原理如图 4-117 所示。

所谓变静压控制，就是当管路的总流量发生变化时，通过对风机（泵）的变转速控制，在保证各空调 VAV 末端风量要求的前提下，始终保持全管路系统中至少有一个，或一个以上的 VAV 末端的风阀处于全开状态，以此来达到管路系统的阻力损失始终最小的风机（泵）转速控制目的的控制方法。

① 实现变静压控制的基本条件：
• 末端装置必须能够独立调节流量而不受压力影响，即只能使用压力无关型的末端装置；
• 末端装置必须具有通信和信息传输功能。各末端装置应能向静压设定控制器实时发出阀位信号、压力应升高还是降低或不变的信号。

② 变静压设定值控制重设静压的控制策略。当末端阀位长时间内处于全开状态时，就基本上可以认为目前的送风量偏少、压力设定值偏低了，从而发出警报信号，通知控制器提高风机的送风量，可采用下面给出的控制策略：

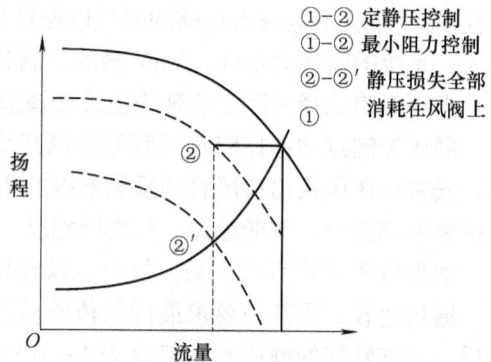

图 4-117 最小阻力变静压控制原理

• 每 5min 核对一次所有 VAV 末端调节风阀的位置；
• 如果有多个末端的阀位开度大于 95%，表明系统静压不足，则静压设定值增加一个步长（如增加 50Pa），步长的大小视系统的压力状况而定，直到阀位状态改变；
• 当至少有一个末端的阀位处于 75%~95% 之间，则静压设定值不变；
• 如果所有末端的阀位都小于 75%，表明系统静压过大，则降低静压设定值一个步长（如减少 50Pa），直到阀位状态改变为止；
• 每个末端在流量达不到设定流量时，向静压设定控制器发出流量不足信号，当有足够的末端数（一般取 2，3 个）处于流量不足状态时，将静压设定值按预定步长增加静压输出；同样的，当处于流量不足状态的末端数小于或等于某个数（一般是 1，0）时，将静压设定值按预定步长值减少静压输出；
• 在送风机出口处增加压力检测，不参与变风量系统控制，只监控送风管道压力值。

变风机转速的变静压 + 阀位控制如图 4-118 所示，DDC 检测各个末端 VAV 箱风阀的开起位置，根据各风阀阀位调节风机送风量。

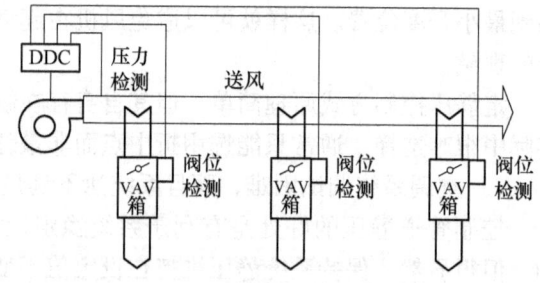

图 4-118 变风机转速的变静压 + 阀位控制

3) 总风量控制。总风量控制方法是基于压力无关型的变风量末端开发的一种新的变风量空调系统控制方法。总风量控制的变风量空调控制系统，不同于静压控制法，它是根据系统各末端风量之和与系统当前总风量相匹配的原则设计的。用变频调速风机代替风阀作为末端风量调节装置，不采用静压调节，用室内温度检测值与温度设定值计算得出末端设备所需风量信息，作为末端风机转速的设定值，通过变频控制器控制风机的转速，同时将设定值作为各末端风量参数上传送风机 DDC，将各末端的实际送风量之和作为空气处理机组总送风机的控制参数，对风机转速进行调节。图 4-119 给出了变风量空调系统总风量控制原理。

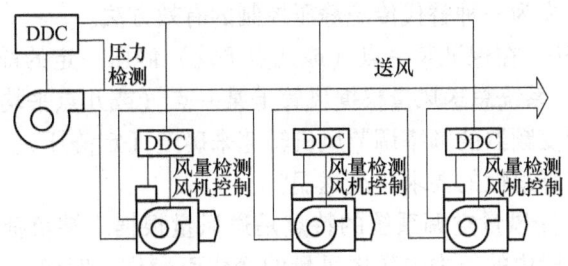

图 4-119 变风量空调系统总风量控制原理

总风量控制方式避免了压力控制环节，也不需要变静压时的末端阀位信号，对风机实行某种前馈控制，而不使用反馈控制量进行风机转速调节，能很好地降低控制系统调试难度，提高控制系统稳定性。但系统还应保留静压检测环节，以保证控制器能够实时监控送风系统的工作状况。

① 控制策略。所谓总风量控制就是根据各末端设定的风量之和调节送风机转速，以满足各房间所要求的风量。

$$\frac{G_1}{G_2} = \lambda \frac{N_1}{N_2} \tag{4-13}$$

式中，N_1，N_2 为改变前、后的风机转速（r/min）；G_1，G_2 为风机转速改变前、后的不同送风量（m³/h）；λ 为比例系数。

根据这一正比关系，设想在设计工况下有一个设计送风量和设计风机转速，在运行过程中有需求的运行风量，自然对应要求的风机转速。其表达式为

$$\frac{G_{运行}}{N_{运行}} = \frac{G_{设计}}{N_{设计}} \tag{4-14}$$

考虑到各末端风量要求的不均衡性，适当地增加一个安全因数就可简单地实现风机的变频控制。

② 特点：
- 总风量控制方法能及时跟踪房间实际负荷的需要而快速的调节总风量和风机的转速，是一种"按需调节"的控制方法；
- 总风量控制方式在控制系统形式上具有比静压控制更加简单的结构。它可以避免使用压力测量装置，减少了一个风机的闭环控制回路，也不需要变静压控制时的末端阀位信号。这种控制系统形式上的简化，同时也带来了控制系统可靠性的提高；
- 总风量控制方式在控制特点上直接根据设定风量计算出要求的风机转速，具有某种程度上的前馈控制含义，而不同于静压控制中典型的反馈控制。但设定风量并不是一个在房间负荷变化后立刻设定到位以满足该负荷的风量（即稳定风量），而是一个由房间温度偏差积分出的逐渐稳定下来的中间控制量。因此，总风量控制方式下风机转速也不是在房间负荷变化后立刻调节到稳定转速，而是一种间接根据房间温度偏差由 PID 控制器来控制转速的风机控制方法，这才是总风量控制方法的实质；
- 总风量控制在风机节能上介于变静压控制和定静压控制之间，并更接近于变静压控制。由于变静压控制算法较为复杂，而且容易引起系统振荡，所以总风量控制法从控制和节

能角度上综合考虑，不失为一种替代传统静压控制的有效方法。

4）定静压变温度法。在保证某一点（或几点平均）静压一定的前提下，室内要求风量由 VAV 所带风阀调节；系统总送风量根据风管上某一点（或几点平均）静压与该点所设定静压的偏差，通过控制变频器的频率调节风机转速来确定（定静压）。同时，还可以改变送风温度来满足室内环境舒适性的要求（变送温）。

(4) 新风量控制　变风量空调系统的特点是送风量根据末端负荷情况不断变化，这就使得新风和回风的混风段内的压力也随送风量的变化而变化。例如：当 VAV 空调系统的送风量下降时，回风量也会相应下降，造成混合段的压力升高，导致新风入口到混合段的压差减小，从而影响新风输入量。所以，VAV 的新风系统控制不同于定风量空调系统，定风量空调系统只要固定新回风阀门的位置也就固定了新风量。而变风量空调系统的新风量的控制就要复杂得多。

对于新风的控制原则是在能够保证室内空气质量的前提下，尽量采用最小新风量的控制方法。现行的变风量空调控制系统的新风量控制方法很多，归纳起来有：固定新风比、固定新风量、变新风量和变新风比控制 4 种基本控制方法。下面具体学习几种新风控制方法，并分析其特点和不足。

1) 设定最小新风阀位。设定最小新风阀位可近似认为是固定新风比的控制方法，是沿用定风量空调系统的新风控制方法。根据不同季节和室内外焓值变化情况，对新风阀设定一个最小阀位，以此来提供合理的新风量。然而，VAV 空调系统在保持最小新风阀位恒定的情况下，随着变风量系统送风量的下降，新风入口到混合段的压差减小，新风量也会相应下降。如果引起送风量下降的负荷减少不是因为人员数量变化，且室内要求新风量不变，这种情况会造成新风不足。所以，这种设定最小新风阀位的新风控制方式，不能够很好地满足变风量系统对新风的要求。

2) 根据送风量变化调节新风阀开度。这种控制方法相当于固定新风量的控制方法，是针对上面提到的固定阀位存在的不足而提出的。这种方式在 VAV 空调系统的送风量发生变化时对新风阀的开度进行调节，从而使送入室内的新风量不随送风量的变化而发生变化。这种方法在理论上十分简单，但在实际中也不一定能够保证新风量恒定。其一，是当 VAV 空调系统的送风量变化时，新风入口到混合段的压差也发生变化，这种压差与风阀开度的关系不是一个线性关系；其二，风阀从结构上讲也不适合于频繁动作。但是，根据送风量变化调节新风阀开度可以改善新风的供给质量。

3) 风机跟踪法控制新风量。风机跟踪法也称为送风机、回风机风量测量控制法。这种方法同时测量送风机和回风机风量，送、回风的差值即为新风量，这一差值经过运算转换，用得出的风量差去控制回风机，保持这个风量差即新风量不变。

送风机送出风量 - 回风机吸入风量 = 新风量 = 常量

为保证新风量不变，风机跟踪控制不管系统风量如何变化，总送风管风量与总回风管风量之差即新风量保持不变，要保持新风量不变必须精确测量送回风管的动压，但是，反映风速动压是全压和静压的差值，由于动压值相对较小，而全压和静压误差相对较大，所以其差值的误差就更大了。例如：采用压差变送器检测送回风的动压，为了能够保证误差，对压差变送器的检测精度有较高的要求。

这种方法在理论上是合理的，但实际上由于其测量原理是基于小量等于大量之差的原理，因此其必然结果是大量的一个较小的相对误差所带来的小量的绝对误差就会很大。

4）利用回风阀开度调节新风量。这种调节方法是指利用 VAV 空调系统的设计新风量与采用 CO_2 浓度法实测得到的新风量进行比较，并将其差值作为控制信号来调节回风阀，形成一个负反馈控制系统。当新风量实测值小于系统设计值时，则说明当前新风不足，应该相应关小回风阀，造成混合段的负压升高，新风入口到混合段的压差增大，新风量相应增大；反之，如果新风实测值大于系统设计值而系统又处于最小新风运行工况时，调节过程相反。如图 4-120 所示，这种方法利用回风阀来调节空调箱混合段的负压，最终保证新风量的恒定，避免了对新风阀的调节。

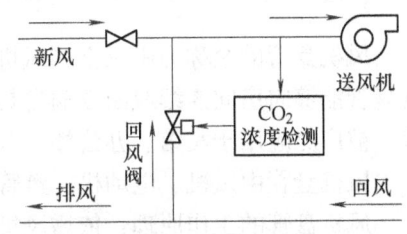

图 4-120　调节回风阀控制新风量

5）CO_2 浓度监测控制法。CO_2 浓度监测控制方法是利用室内 CO_2 浓度作为衡量新风量是否达到要求的参数，在一定 CO_2 浓度范围内对新风实行比例控制。CO_2 浓度测量法如图 4-121 所示。

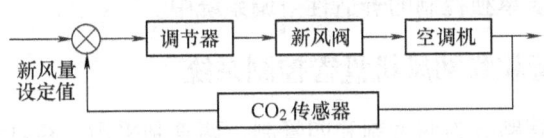

图 4-121　CO_2 浓度测量法

例如 CO_2 浓度的上下限分别设为 600×10^{-6} 和 800×10^{-6}，当回风 CO_2 浓度位于这个区间内时，新风阀在最小新风阀位和全开之间进行调节；如果回风 CO_2 浓度大于上限，则维持新风阀全开，如果回风 CO_2 浓度小于下限值，则维持最小新风阀位（一般设为 30% 的开度）。这种控制方法适用于人员密度较大的餐厅等，对于人员密度较低的场合则不宜采用，因为当人员负荷较低时，如果根据 CO_2 浓度减小新风量，会造成对建筑部分的污染物稀释不足。

6）定风量风机控制法。这种控制方法是指对新风管路加设一台定风量风机，使得新风量在送风量变化时不会受到影响，始终维持恒定。这种方法有的是将整个大楼的新风用统一的空调箱处理后送到各层面，有的是在每层新风管路加设定风量风机以维持新风量恒定。但使用这种方法一方面会造成系统能耗增加；另一方面系统在过渡季时无法大量利用新风冷量，不利于系统的节能。

（5）送回风风量匹配控制　涉及房间的正压控制还是负压控制的问题，由于变风量空调系统的新排风量和房间的送回风量都是变化的，所以房间的正压也是波动的，不像定风量空调系统那么稳定。如果处理不好，会发生房门开启困难、门窗渗风严重等问题。只有保证送风量随负荷变化，回风量也随之变化，才能保证房间的正常压力。由于房间向外渗风和厕所排风，回风量要比送风量小。常用的风量匹配控制方法如下：

1）使用相同型号的送、回风机，控制方法是送风机和回风机都由一个送风静压控制器来调节。当负荷减少时，送回风量按同一比例减少。

2）回风机由放在新回风混合箱里或房间内的静压控制器控制。但新回风混合箱里气流太乱,不易测量;而房间正压一般很小,容易受干扰。

4.6 风机盘管控制系统

风机盘管的全称为中央空调风机盘管机组,是中央空调系统使用最广泛的末端设备。风机盘管能够向房间连续或断续输送具有一定温差的空气,保持房间的热湿平衡和温、湿度要求,被广泛应用于宾馆、办公楼、医院、商住、科研机构等场所。

风机盘管由风机、电动机、盘管换热器、空气过滤器、温度控制器等组成。

风机盘管的工作原理:依靠风机的强制作用,使空气通过盘管,机组内不断的再循环所在房间的空气,使空气通过冷水(热水)盘管后被冷却(加热),以保持房间温度的恒定。同时,由新风空调机房集中处理后的新风,通过专门的新风管道分别送入各空调房间,以满足空调房间的卫生要求。

风机盘管与集中式中央空调系统相比,没有大风道,只有水管和较小的新风管,具有布置和安装方便、占用建筑空间小、单独调节好等优点,广泛用于温、湿度精度要求不高、房间数多、房间较小、需要单独控制的舒适性空调系统中。

4.6.1 独立风机盘管和联网风机盘管控制系统

风机盘管按冷热媒管路分为两管制和四管制,两管制采用一路供水和一路回水、冷热合用,在夏季制冷时冷冻水在系统中循环,冬季制热时热水在系统中循环。四管制系统采用两供水回路和两回水回路,冷、热媒管路分开供应。

风机盘管的调节形式分为风量调节和水量调节。

风机盘管结构形式可分为立式、卧式、嵌入和卡式3种。立式的可以沿墙设置在地面上或放在窗台下,卧式的可以悬挂在天花板下或者安装在天棚里。图4-122是风机盘管的工作原理图。风机将室内空气(或与新风混合)通过表冷器进行冷却或加热后送入室内,使室内气温降低或升高,以满足人们的舒适性要求。盘管内的冷(热)媒水由机房集中供给。

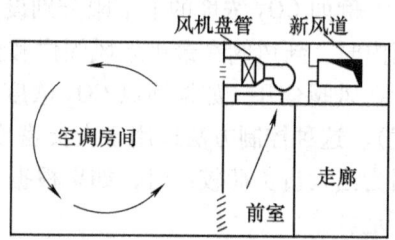

图4-122 风机盘管的工作原理

1. 风机盘管的性能特点

(1) 风机盘管的优点
- 独立控制性能好,调节或关闭风机不影响其他房间;
- 输配系统能耗小;
- 只有新风送风机,没有回风机能耗,总风量小得多;
- 管道占建筑空间少;
- 布置安装方便,改建时末端增减灵活;
- 建筑分区处理容易,处理周边负荷方便。

(2) 风机盘管的缺点
- 过渡季和冬季利用新风降温不利,冷源开启时间长;
- 湿度控制不好,部分负荷时,除湿能力会下降;

- 盘管在室内湿工况运行时，送风可能把凝水吹入室内，排凝水不利时风口可能会滴水。在室内环境品质要求高的地方必须严格控制冷水温度。

2. 独立风机盘管控制系统

（1）系统组成　风机盘管系统由温控器、风机盘管和电动阀等组成。根据水系统定流量或变流量的不同要求，电动阀采用三通阀或两通阀，根据不同的控制原理，也可采用两线阀（电磁阀）和三线阀（电动阀）。图4-123 是三速开关、电磁阀的接线图，图4-124 是三速开关、电动阀的接线图。

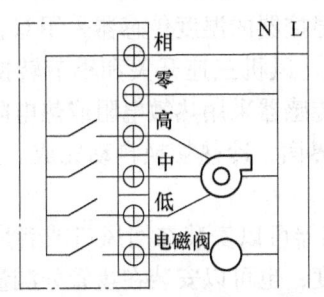
图4-123　三速开关、电磁阀接线图

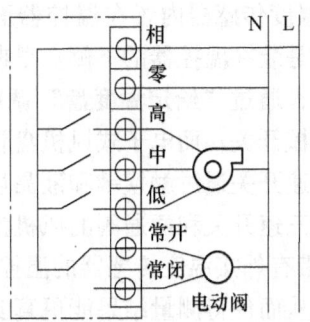
图4-124　三速开关、电动阀接线图

风机盘管温控器上一般有7个接线端子，分别为220V相线、零线、电动机的高、中、低三档线和电磁阀或电动阀的接线端。

（2）系统工作原理　独立风机盘管的控制分简单控制和温度控制两种，由带三速开关的室内温控器完成。

- 简单控制：盘管机上不安装电动调节阀，冷热媒水直接进入盘管循环，使用三速开关直接手动控制风机的转换与起停。早期产品是机械式的三速开关温控器，可以现场设定高、中、低风速，进行初步的温度控制。不对盘管中冷热媒水流量进行控制，会造成整机在没有热交换时的结露现象。
- 温度控制：温控器根据设定温度与实际检测温度的比较、运算，自动控制电动两/三通阀的开闭，根据风机三速转换位置控制风机转速或根据设定值控制风机的三速转换与起停。

温控器的设定温度一般在5~30℃范围内可调，风机盘管温控器如图4-125所示，其中，图4-125a是拨盘温控器，图4-125b是数字式温控器。

温控器安装在空调房间内，通过控制盘管冷热媒水流量和送风量达到控制房间温度的目的。如图4-125a所示，温控器带有通（ON）/断（OFF）两个工作位置，开关拨到"ON"的工作位置，当室温高于设定温度时（以夏天为例），温

a)

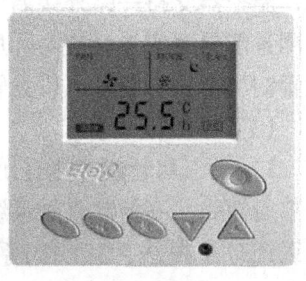
b)

图4-125　风机盘管温控器

控器继电器触点闭合、电磁阀吸合，为房间提供空气处理的冷媒水；当室内温度达到设定温

度时,温控器继电器动作,切断电磁阀电源,阀门关闭。

拨动三速开关到"高、中、低"任意位置,风机盘管的风机按选择的风速向室内送风,使室内温度保持在设定的范围内。

空调系统工作在夏季模式时,空调水管供应冷冻水,温控器选择开关应拨在"COOL(冷)"档;工作在冬季模式时,空调水管供应热水,温控器选择开关应拨在"HEAT(热)"档;当温控器选择开关拨在"FAN"档时,风机盘管只开起风机(电动阀门不打开),使室内空气循环。

1)温度传感器内置在温控器面板的控制系统中。温度传感器安装在房间的控制面板里,大多是装在温控器的下侧。早期的电气式风机盘管温控器的温度传感器采用双金属片或气动温包,通过"给定温度盘"调整预紧力来设定温度,风机三速开关和季节转换开关为拨档式机械开关;而电子式风机盘管温控器的内置温度传感器采用热敏电阻或热电阻,温度设定和风速开关通过触摸键和液晶显示屏实现人机交互界面,冷热切换自动完成。图4-126给出了带三速开关和两通阀的风机盘管控制原理。

2)带有外接温度传感器的温控器控制系统。该传感器可以安装在回风口或者房间的其他位置,从而使得测量结果能更真实地反应实际房间温度;也可以安装在盘管处测量盘管的温度,从而实现制冷和供热的自动切换。图4-127给出了带有外接温度传感器的两管制冷热合用型风机盘管控制系统。

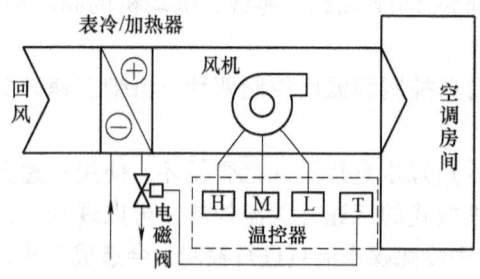

图4-126 带三速开关和两通阀的风机盘管控制原理

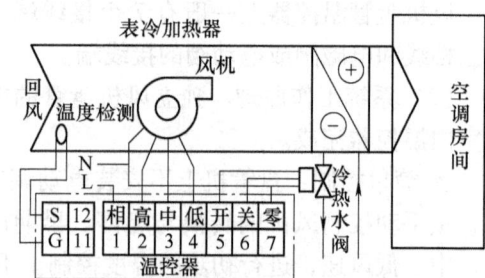

图4-127 带有外接温度传感器的两管制冷热合用型风机盘管控制系统

3)一控多风机盘管系统。 系统由分体温控器、驱动模块、风机盘管、电动阀等组成,温控器支持一路外接温度传感器,该传感器可以安装在回风口或者房间的典型位置,使得测量能更真实地反应实际房间温度。一控多风机盘管系统主要应用在大空间里有多个风机盘管的场合。一控多风机盘管系统如图4-128所示。

(3)系统配线要求

1)对于两管制冷热合用型风机盘管系统(见图4-127),强电线缆建议使用BV1.0以上单股铜线,不控制水阀系统,只控制电动机转速时,布5根线;如果加上阀门控制,两线阀系统布6根线,三线阀系统布7根线。两管制冷热合用型风机盘管温控器接线说明见表4-9。

2)对于四管制风机盘管系统,强电线缆建议使用BV1.0单股铜线,不控制水阀系统(只控制电动机转速)布5根线;如果加上阀门控制,两线阀系统布7根线。

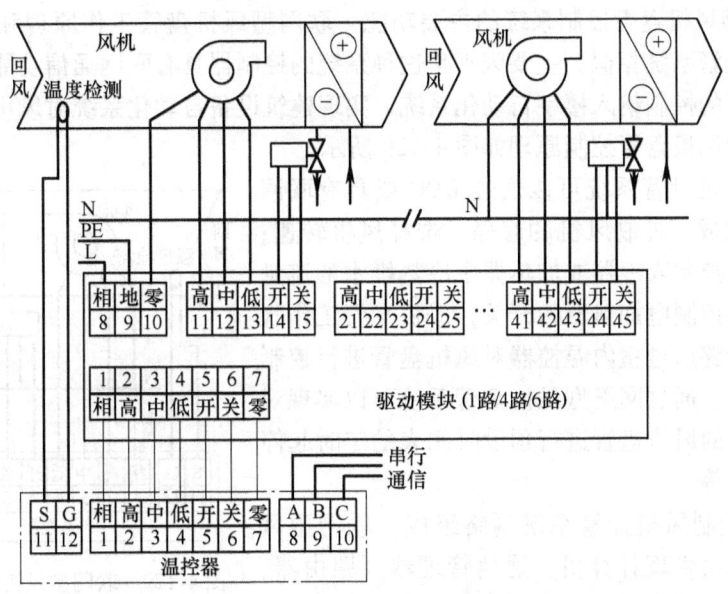

图 4-128 一控多风机盘管控制系统

表 4-9 两管制冷热合用型风机盘管温控器接线说明

端子标识	端子说明	备注
相	接交流 220V 相线	强电
低	接风机低速相线端	
中	接风机中速相线端	
高	接风机高速相线端	
开	接电动阀开阀线	
关	接电动阀关阀线	
零线	接交流 220V 零线	
G	传感器地	弱电
S	传感器输入信号线	弱电

3) 对于一控多风机盘管系统，驱动模块电源线建议采用 BV2.5 单股铜线。驱动模块到风机盘管电缆建议采用 BV1.0 单股铜线，不控制水阀时布 3 根，两管制两线阀时布 4 根，其他情况布 5 根线。温控器和驱动模块之间的连接线缆建议采用 RVV0.5 规格的软线，不控水阀时布 5 根线，两管制两线阀时布 6 根线，其他情况布 7 根线。线缆的最大允许长度 10m。

3. 风机盘管联网控制系统

随着数字式温控器逐步得到应用，以及用户对控制精度和节能要求的提高，出现了数字式联网型温控器。这种带有可联网的风机盘管控制器，可以将原先独立于楼宇自动化系统之外的风机盘管控制纳入 BAS 进行控制与管理，通过联网实现风机盘管的集中控制，提高了楼宇自控系统的管理水平，适用于对舒适性和节能效率要求较高的大空间或区域联网的场合。

(1) 联网型风机盘管控制系统的主要功能 联网型风机盘管工作原理和运行方式与独立运行的风机盘管系统相似，主要区别是这种系统的控制器具有联网通信功能，可通过通信接口将风机盘管的控制纳入楼宇自动化系统，实现建筑设备自动化系统对风机盘管系统的统一管理。联网型风机盘管控制原理如图4-129所示。

联网控制风机盘管系统可以通过 DDC 或具有联网功能的温控器完成：控制风机的起停、选择风机转速；监测温度参数；控制表冷器或加热器中冷热媒水的流量和阀门的开闭；控制电加热器的开关；风机盘管工作状态检测。除了能够通过室内温控器对风机盘管进行控制和参数设定之外，通过网络型风机盘管系统可以实现对分布在各个房间的风机盘管进行预设时间表的定时起停控制和远程控制等。

(2) 联网控制风机盘管系统网络组成 联网型风机盘管控制系统由管理计算机、通信管理器（路由器、网关）、联网型温控器、驱动模块、电动阀门等组成。联网型风机盘管控制系统原理如图4-130所示。

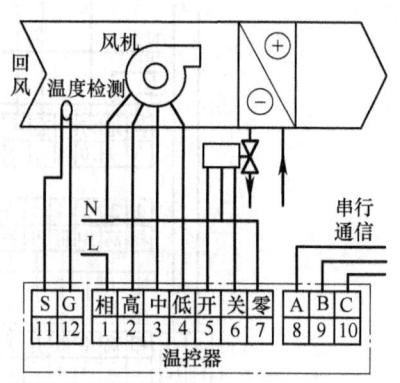

图 4-129 联网型风机盘管控制原理

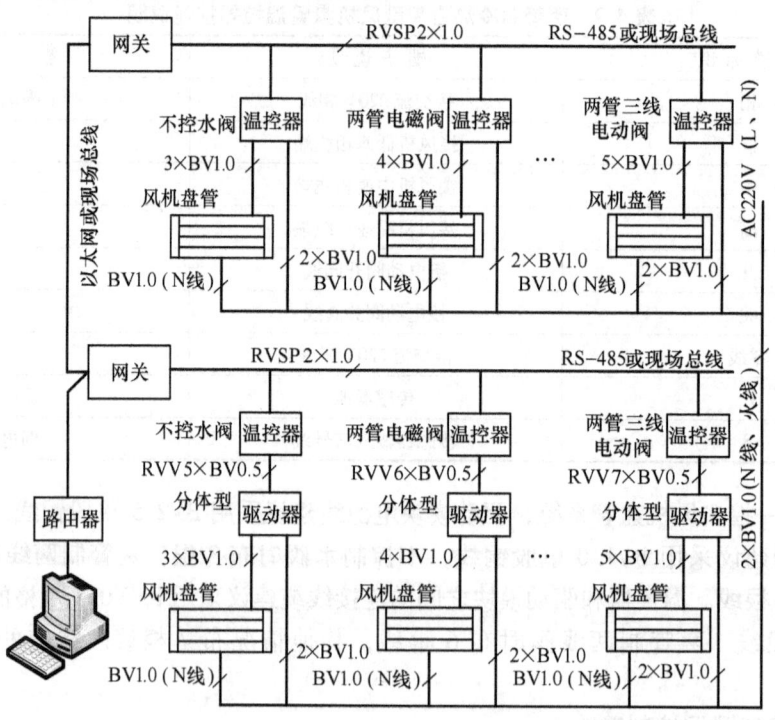

图 4-130 联网型风机盘管控制系统原理

1) 系统采用分散控制、集中管理的结构，各风机盘管独立完成房间的温度控制任务，同时上传监控参数，上位管理机完成相应管理任务。

2) 网络系统由主干网和分支网络构成，主干网络采用以太网或现场总线组网，可以直接挂接温控器网关（集中器），每个网关配套规定数量温控器，网关采用 RS-484 通信协议或现场总线，温控器通过总线连接在温控器网关上。

(3) 实现功能

1) 风机盘管系统的自动控制。通过在末端装置的温度传感器和设置的红外热释电传感器，检测房间温度及室内人员情况，根据室内设定温度，自动控制风机盘管工作。能够解决无人空调和空调设置过冷或过热情况。

2) 计量功能。实时计量各房间风机盘管的运行时间和工作状态，掌握各房间风机盘管的使用情况，将主机系统能耗按照末端系统的时间当量或电能当量分摊到每个房间实现分户计量，量化各科室用能指标，提高节能意识，有利于提高管理水平降低能耗。

3) 实时监控温度控制器和风机盘管。对盘管温控器进行实时监测，远程监测设定温度、风速等参数，获取房间温度信息，进行负荷预测、优化调控，实现系统节能。

4) 远程控制。通过网络对风机盘管进行远程控制，设置温度、定时等模式，如：下班后可以关闭房间还在工作的风机盘管；上班后可以监测房间的温度和设定温度，如果不符合空调节能标准，可远程对其进行干预。

5) 盘管温控器的远程托管。风机盘管不受本地控制，由管理计算机控制温控器。

作为一种局部空调设备，风机盘管对温度控制的精度要求不高，温度控制器也比较简单，最简单的可以通过双金属片温度控制器直接控制电动截止阀的开闭，从而控制房间的温度。在要求较高的场合，可采用热电阻测温，控制器采用 P 或 PI 调节方式控制电动调节阀的开度和风机转速，通过改变冷、热水流量和送风量达到控制温度的目的。当电动调节阀和风机转速同时受温控器控制时，应保证送风量不低于最小循环风量，以满足室内气流组织的最低要求。

无论采用哪种控制方式，风机盘管的电动截止阀和三通阀都应该与风机开关联锁，当风机停转时关闭盘管的电动阀门。

4.6.2 风机盘管空调系统的运行调节

风机盘管加新风系统是目前应用广泛的一种空调形式，旅馆客房、办公楼、医院病房等大都采用这种系统。不同功能的房间，其空调负荷特性是不同的，即所要求的室内热湿处理过程是不同的。大多数厂家的样本通常仅有标准工况，例如：

- 风机盘管进口空气干球温度 $t = 27℃$；
- 进口空气湿球温度 $t = 19.5℃$；
- 进出口水温 $t = 7℃$；
- 进出口温差 $t = 5℃$。

通常只根据负荷大小来选取风机盘管，根据推荐的新风处理终状态来对新风进行处理，而并未顾及是否真正满足室内空气处理过程的要求。虽然关于风机盘管加新风系统的各种处理过程有很多的分析，但均较少考虑到风机盘管的热湿处理能力。

1. 风机盘管与新风的组合形式

(1) A 类系统——空气-水系统 风机盘管+新风，由独立的新风系统供给室内新风，冬季可利用新风加湿。风机盘管加新风系统如图 4-131 所示。

(2) B 类系统——全水系统 靠门窗渗入室外空气补给新风或墙洞引入新风直接进入

风机盘管。

2. 风机盘管的新风处理

（1）新风处理空气状态点　新风处理至室内空气状态分别为：等温线、等焓线和等含湿量线与 $\phi=95\%$ 等相对湿度线的交点 L_1、L_2、L_3，以及按新风承担处理室内湿负荷 L_4 确定，如图 4-132 所示。

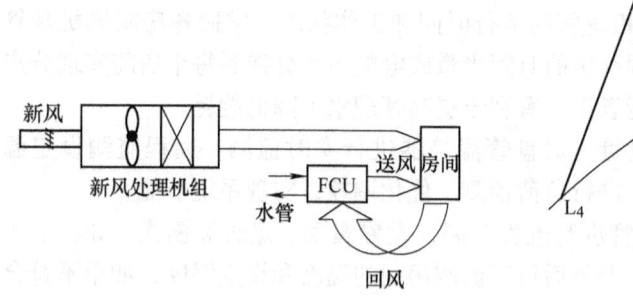
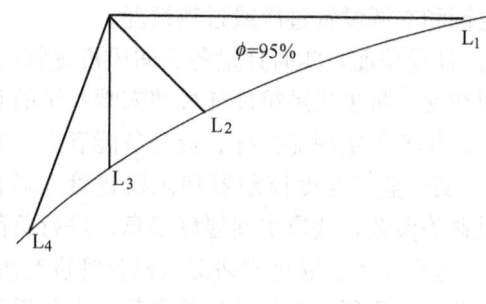

图 4-131　风机盘管加新风系统　　图 4-132　根据承担负荷情况新风处理的几个状态点

1）当分散设置新风系统、控制点多时，新风宜处理至 L_1，室内温度的等温线上。

2）当集中设置新风系统、控制点少时，新风宜处理至 L_2，室内温度的等焓线上。

3）根据新风机组冷水温度与风机盘管冷水温度一致，当关闭风机盘管只送新风时，室内温湿度变化不大的原则，合理的新风终状态可以是 L_3，室内空气状态的等湿线上。

4）选择新风承担室内湿负荷，风机盘管可作干工况运行，避免了凝结水盘长期潮湿引起的卫生问题，盘管肋片不易积尘从而减少了清洗工作量。设计手册也认为 L_4 点最合理，风机盘管为干工况，承担负荷小，可选小型号产品。

（2）参数变化对性能造成的影响

1）风机盘管风量一定，供水温度一定，供水量变化时，制冷量随供水量的变化而变化。根据部分风机盘管产品性能统计，当供水温度为 7℃，供水量减少到 80% 时，制冷量为原来的 92% 左右，说明当供水量变化时对制冷量的影响较为缓慢。

2）风机盘管供、回水温差一定，供水温度升高时，制冷量随之减少。据统计，供水温度升高 1℃ 时，制冷量减少 10% 左右，供水温度越高，减幅越大，除湿能力下降。

3）供水条件一定，风机盘管风量改变时，制冷量和空气处理焓差随着变化，一般是制冷量减少，焓差增大，单位制冷量风机耗电变化不大。

4）风机盘管进、出水温差增大时，水量减少，换热盘管的传热系数随着减小。另外，传热温差也发生了变化，因此，风机盘管的制冷量随供回水温差的增大而减少。据统计，当供水温度为 7℃，供、回水温差从 5℃ 提高到 7℃ 时，制冷量可减少 17% 左右。

3. 风机盘管加新风空调系统的空气处理过程

房间的显热冷负荷和湿负荷（包括新风负荷）是由风机盘管与新风共同来承担的，若新风处理至室内空气的焓值，则新风带入的湿负荷大致占到房间湿负荷的一半，而且是一恒定的数值（见图 4-132 中新风状态点 L_2）；将新风处理到低于室内的含湿量，承担室内湿负荷，盘管在干工况下运行，可以完全保证室内相对湿度达到要求（见图 4-132 中新风状态点 L_4）；将新风处理至室内空气的含湿量，消除新风带入的湿负荷，可明显改善对室内相对湿度的控制（见图 4-132 中新风状态点 L_3），在供水温度 7℃时，新风机组一般都有将新风处理至室内空气含湿量状态的能力。

(1) 新风处理到室内干球温度　新风处理到室内干球温度的焓湿图如图 4-133 所示。图中室外空气状态从 W 降温到 L_2，新风机组承担了新风冷负荷和部分新风湿负荷，新风系统消耗的功率相对较小。风机盘管承担室内冷负荷、室内湿负荷和部分新风湿负荷。其控制特点如下：

1) 室内干球温度作为新风送风温度的设定温度值，控制新风机组两通阀或三通阀，调节新风送温度，新风处理焓差小。

2) 风机盘管负荷大、机型大、湿工况运行。风机盘管湿工况运行，易发生霉菌，卫生条件差，积湿垢，不易清洗。

(2) 新风处理到室内空气焓值，不承担室内负荷　新风处理到室内湿球温度的焓湿图如图 4-134 所示。图中室外空气状态从 W 降温到 L_2，风机盘管承担部分冷负荷、室内湿负荷和部分新风湿负荷；新风机组承担部分室内冷负荷及新风冷负荷和部分新风湿负荷。其控制特点是：新风送风焓值可根据室内空气焓值控制；风机盘管负荷较大、机型较大、湿工况运行。

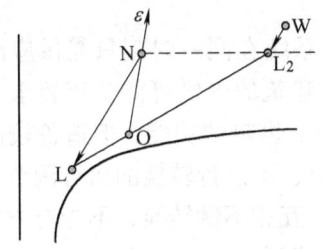 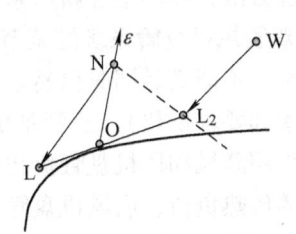

图 4-133　新风处理到室内干球温度的焓湿图　　图 4-134　新风处理到室内湿球温度的焓湿图

(3) 新风处理到室内空气含湿量　新风处理到室内露点温度的焓湿图如图 4-135 所示。风机盘管承担部分室内冷负荷和部分室内湿负荷；新风机组承担新风冷负荷，新风湿负荷及部分室内冷负荷。其控制特点是：风机盘管和新风机组可用同一种冷媒水（7~10℃），风机盘管负荷较小，机型较小，控制操作简单；风机盘管湿工况运行。该方法目前是用得最多控制方法。

(4) 新风处理到低于室内空气露点（温湿度独立控制）　新风处理到室内低于露点温度的焓湿图如图 4-136 所示，新风机组承担新风冷、湿负荷和室内湿负荷；风机盘管承担室内人体照明和日照的瞬变负荷。

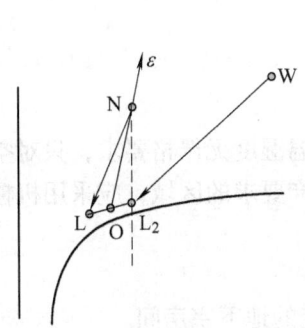 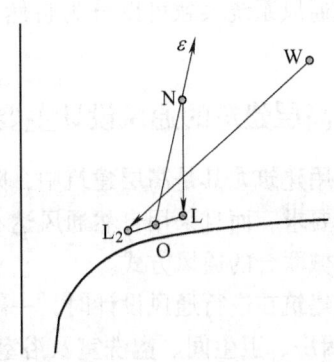

图 4-135　新风处理到室内露点温度的焓湿图　　图 4-136　新风处理到室内低于露点温度的焓湿图

该控制方式由新风系统承担室内的潜热负荷，风机盘管处于干工况运行状态（风机盘管不产生冷凝水）。避免了湿工况存在的盘管表面积有湿垢、产生霉菌的问题，从面改善空调房间的空气品质。

4. 风机盘管负担室内渐变负荷时的调节方法

（1）负荷性质和调节方法　室内负荷分为瞬变负荷和渐变负荷两部分。

瞬变负荷是指室内照明、设备、人体散热和太阳辐射热产生的负荷。这部分负荷具有随机性大的特点，房间不同差异很大，可由风机盘管来承担。

渐变负荷是通过围护结构的室内外温差传热。和瞬变负荷相比较，渐变负荷比较稳定，且大多数房间差异不大。这部分负荷可通过集中调节新风温度来适应，即由新风负担室内的渐变负荷。

在室外气温逐渐降低的过程中，一定存在这样一个时刻，室内向室外传递热量，即渐变冷负荷为负，新风需加热处理。但瞬变冷负荷仍可能为正（例如室内人员众多，有大功率的发热设备等），风机盘管还要送冷风，很明显这是不经济的。在这种情况下，通常采用另外一种处理方法，即用室外新风来吸收室内的冷负荷。

（2）双管风机盘管系统的调节方法　双管风机盘管系统在同一时刻只能供应冷水或只能供应热水，不能满足同时供冷、供热的需要（如大型建筑的内区可能全年要求供冷，而外区在冬季却要求供热）。三管系统和四管具有同时供冷、供热的功能，但造价较高，使用较少。可采用新风和风机盘管负担的负荷做较严格的区分，不进行转换的运行调节，即新风负担渐变的传热负荷，而风机盘管负担瞬变的室内负荷，互相不做转换，不为对方分担。这种系统的投资较少，管理方便。但存在的问题是当冬季特别冷时，温差传热占最主要的地位，如果不做转换，则新风负担室内全部热负荷，将造成新风管道尺寸过大，集中加热设备的容量过大。

4.7　通风系统自动控制

建筑通风系统的作用主要体现在以下方面：第一，及时将室内的污浊空气排出室外，并补给新鲜空气；第二，确保室内热舒适水平；第三，要尽可能地对建筑物的防排烟进行综合考虑，以防火方式为基本依据对通风系统进行区分，将通风系统和防排烟系统合理组合，平时通风采用均匀排风，火灾时兼作排烟风管及排烟口。

建筑通风系统大致可以分为自然通风和机械通风两类，本节重点学习机械通风系统的控制。

4.7.1　高层建筑的通风设计主要考虑的内容

在民用建筑尤其是高层建筑中，防排烟系统和一些对温湿度无严格要求，只对空气质量有相应的要求，而且采用自然通风达不到安全、卫生及生产要求的区域，应采用机械通风或自然与机械联合的通风方式。

高层建筑在进行通风设计时，一般主要考虑以下内容：

1）厨房、卫生间、盥洗室及浴室等；没有设空调系统的地下室房间。
2）散发余热、余湿、粉尘、抽烟、有毒气体、腐蚀性气体及易燃易爆气体等有害物的房间。

3) 地下车库、冷冻机房、锅炉机房、变配电房、电梯机房、仓库等。

通常只有电梯机房、卫生间以及开水房等房间是设置于地上的,在进行通风系统设计的过程中,为了达到高效管理及有效节能的效果,需要进行准确区分。

4.7.2 高层建筑各功能区通风及防排烟设计

1. 地下车库

在设置有直通室外的汽车道和采光天井且面积达到自然通风要求的面积(超过 $2000m^2$)的住宅地下室汽车库,仍然应该设置机械排烟系统,汽车道和采光天井可用于平时通风及火灾时的补风,无直通室外的补风口时,应设置相应的机械补风系统,补风量不小于排烟量的 50%。

2. 变配电室

变配电室无人员频繁停留,可不设置防排烟系统,但是由于变配电设备发热量大,且变配电室的排风温度宜小于等于 40℃,因此,最好独立设置机械通风系统,补风不小于排风量的 80%。

变配电房应设置气体灭火系统。由于气体灭火后房间有毒废气需及时排出室外,因此对应需设置气体灭火后排废气系统,一般与机械通风系统合用。气体灭火时需要房间完全封闭,所以在进出各独立气体灭火房间的风管上应设置能电动关闭的防火阀。

3. 水泵房

水泵房无人员频繁停留,且无大的发热量,因此仅设置平时机械通风系统,排风量按换气次数 6 次/h 计算,补风不小于排风量的 80%。通风系统宜独立设置。

4. 柴油发电机房及储油间

柴油发电机房可采用自然或者机械通风,通风系统宜独立设置。当柴油发电机组不起动时,平时机房仍内应保持良好的通风,通常将柴油发电机房的平时通风及事故排风系统合用。柴油发电机房内的储油间应设机械通风,柴油发电机及储油间进、排风机均为防爆风机。

4.7.3 排风排烟机及送风机设置

在通风和空调工程中,常用的风机有离心式和轴流式两种类型。图 4-137 给出了轴流风机和离心风机的结构。其中,图 4-137a 是离心式风机的结构,图 4-137b 是轴流风机的结构。

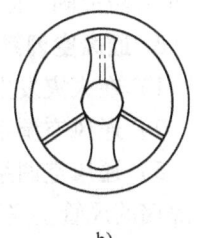

图 4-137 离心风机和轴流风机结构

1. 离心风机和轴流风机的特性

1) 轴流风机不改变风管内介质的流向,流体沿着扇叶的轴向流过,比如电风扇和排气扇,通常安装在风管当中或风管出口前端。离心风机改变风管内介质的流向,是将流体从风扇的轴向吸入后利用离心力将流体从圆周方向甩出去,比如送风机等。

2) 离心风机靠叶轮高速旋转时,叶轮产生的惯性力提高流体的压力能。产生大压头、小风量，通常使用在流量相对较小、压力能相对较大的场合。

3）轴流风机靠叶轮高速旋转时，叶轮产生的升力提高流体的压力能。产生大风量、小压头，通常使用在流量相对较大、压力能相对较小的场合，如：轴流风机多用在消防通风方面。

4）离心风机相对轴流风机体积大，在相同风量，相同风压的情况下，离心风机的耗电量要比轴流风机大很多，但是噪声会相对小，所以，平时使用的风机多选用离心风机。在酒店类的高档建筑中，很多要求优先使用离心风机。

2. 风机选型

排风排烟风机可选离心风机或者高温轴流风机。普通离心风机即可满足排风排烟要求，但大风量离心风机只能安装在地面，占地较大，需要占用较大机房空间。高温轴流风机作为消防专用风机，也能满足在280℃烟温下运行30min的要求，而高温轴流风机体积小，一般可吊装，若机房面积也小，实际工程设计中，往往会采用高温轴流风机排烟。

1）平时和火灾时均使用高温轴流风机。可选两台型号相同、风量相同的高温轴流风机。平时开起一台作机械排风用，火灾时另一台同时起动进行排烟。当烟温达280℃时，通过风机入口280℃防火阀关闭，两台联动风机停止。由于平时仅开起一台，另一台风机停止，因此应在每台风机管路上设止回阀以免短路，同时也可防止上、下层气流（烟气）进入，两台风机应设计为平时可手动控制，互为备用。

2）平时开起低噪离心风机。火灾时仅开起高温轴流风机，离心风机仅为平时排风用，火灾时停止。该方式适用于平时要求噪声小的场合，由于平时开起低噪风机，故该方式平时运行时噪声较小，但排烟用的高温风机功率容量较大，外形体积也大，必要时，可选两台高温轴流风机供火灾排烟用。

以上两种方式中的止回阀也可使用排烟阀及防烟阀等来达到要求，但这些阀门均要火灾信号控制并与风机联动，其动作可靠性直接影响到排烟系统的可靠性，并且防、排烟阀价格均较高。因此，使用止回阀会更合理、可靠。

3）排风排烟风机选择双速高温轴流风机，平时为低速运行、火灾时高速运行。风机体积进一步缩小，但低速时功率及风速偏大，电气方面应做相应转换控制，噪声也较大。

4）地下室机械进风系统的送风机可选一般低噪轴流风机，在轴流风机与竖井连接应设置70℃防火阀，以防止层与层之间火、烟串通，进风机风量为排烟风量的一半。

3. 通风空调系统的防排烟措施

1）在火灾发生时及时停止风机运行。

2）通风空调系统横向应按每个防火分区设置，竖向不宜超过5层。

3）通风空调系统的风管不宜穿过防火分区或变形缝。如必须穿越时，应在穿越防火分区隔墙的风管上安装70℃防火阀。

对一般的通、排风区域，可由中央监控系统按照每天预先编好的时间、节假日程序起停及监控通/排风机的运行。对设在地下室的锅炉房，可根据锅炉的起停台数确定通风机的运行台数；对地下车库这些需要排放有害气体的区域，可通过检测CO、CO_2浓度的空气质量传感器对空气质量进行监测，并及时起停风机，以保证空气质量和环境安全。

当送、排风机同时兼作发生火灾时的补风机和排烟机时，在电气联动控制和监控程序等方面要进行系统、全面的规划设计。这类风机有的选用双速风机，通风、排风时低速运行，送风、排烟时高速运行。通过排风机的监控原理如图4-138a、b所示。

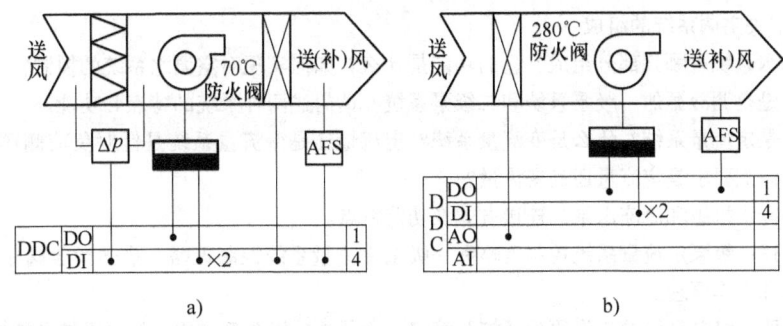

图 4-138 通风机监控原理

下面讨论防排烟系统防火阀的设置问题。防烟防火阀主要应用于通风和空调系统,防烟防火阀一般安装在通风系统和空调系统机房的防火分隔处,是 70℃ 防火阀,平时常开,当风管中烟气温度达到 70℃ 时自动关闭,控制方式为自动。排烟防火阀主要应用于机械排烟系统中,是 280℃ 防火阀,平时为常闭,火灾发生时受火灾自动报警联动信号自动开起,同时具备手动执行机构,可手动开起,也可在消防控制中心远程开起(即联动控制、手动控制、自动控制三种方式),一般安装于排烟口、风管穿越防火、防烟分区分隔处和排烟机房风管穿墙处,当风管中烟气温度达到 280℃ 时关闭。在工程设计过程中经常有以下两个问题:

(1) 管道穿越防火分隔处未设防火阀 对于排烟管、送风管、补风管穿越防火分隔处时是否需要设置防火阀以及如何设置的问题,《高层建筑防火规范》(下文简称《高规》)中并未作明确规定,而对此,设计人员对穿越防火分隔处设置防火阀的理解也不尽相同。有的设计人员在排烟管、送风管、补风管穿越防火墙处时未设置任何的防火阀;有的则全部设置了动作温度为 70℃ 的防火阀或设置了动作温度为 280℃ 的排烟防火阀;而有的则在排烟管上设置了动作温度为 280℃ 的排烟防火阀,加压送风管和补风管上则设置动作温度为 70℃ 的防火阀。作者根据一些工程经验和实际的案例,认为在些管道穿越防火分隔处都应设防火阀,来保证防火分隔物的分离效果。

(2) 排烟风机入口未设置排烟防火阀 《高规》中对于防火阀有如下规定:"排烟风机可采用离心风机或采用排烟轴流风机,并在机房入口处设有当烟气温度超过 280℃ 时能自动关闭的排烟防火阀"。

思考题与习题

4-1 简述空气调节主要内容。如何调节房间的温度和湿度?

4-2 什么是热湿联合处理的调节方式?什么是温湿度独立控制方式?请分析比较两者的特点和主要区别。

4-3 请叙述如何根据焓湿图确定干球温度、湿球温度、含湿量、相对湿度、露点温度及焓值。

4-4 热湿比线 ε 的物理意义是什么?请举例说明热湿比线在控制调节中的具体应用。

4-5 请说明等湿升温、等湿降温、等温加湿、等焓加湿及冷却去湿空气处理过程的实现方法。

4-6 简述压缩式制冷机组系统组成和工作原理。简述吸收式制冷机组系统组成和工作原理。

4-7 请说明电子膨胀阀的控制原理,分析电子膨胀阀在制冷机组中的作用。

4-8 请描述螺杆式冷水机组能量控制的基本原理并说明能量控制的作用。

4-9 简述中央空调系统的组成。

4-10 空调水系统有哪几部分组成？它的功能是什么？如何实现对空调水系统的控制？

4-11 什么是空调冷源的一级泵系统和二级泵系统？请简述两种系统的特点和功能。

4-12 什么是定流量系统？什么是变流量系统？定流量还是变流量系统是针对负荷侧还是冷源侧？通常冷源侧要求是定流量还是变流量？

4-13 简述冷水机组和冷冻水泵的连接方式及功能特点。

4-14 请简述一级泵定流量系统控制策略和一级泵变流量系统控制策略，描述旁通阀在两种系统中的作用和工作原理。

4-15 请说明二级泵系统的工作原理及控制策略。为什么二级泵系统比一级泵系统节能？

4-16 请分别列出冷冻水和冷却水供回水的温度控制参数。请根据控制参数说明该参数的设置依据。

4-17 什么是空调水系统的质调节和量调节？请根据换热站供热系统说明供热系统的控制策略（供回水压力、温度控制）及补水泵控制（补水泵的控制依据和方法）。

4-18 什么是设备均衡运行控制？请说明设备轮换法和时间累积法原理和特点。哪种方法适合更适合自动控制？为什么？

4-19 根据循环泵的设置位置有几种混水供热形式？请说明每种供热形式特点和控制原理。

4-20 新风机组应控制内容有哪些？请说明新风机组与哪些空调末端配合使用？如何确定新风机组的送风温度？

4-21 简述定风量空调系统的监控原理。请画出一次回风系统和二次回风系统焓湿图。

4-22 请说明单独新风集中处理的恒温恒湿空调系统的组成和工作原理，画出焓湿图并分析该系统的限制性条件。

4-23 什么是变风量空调系统？变风量空调系统由几个控制系统组成？

4-24 变风量系统中如何确定送风温度？

4-25 什么是送风系统的定静压控制法？定静压控制法中如何选择静压监测点的位置？

4-26 什么是变静压控制法和总风量控制法？请说明变静压的控制策略。

4-27 什么是压力有关型和压力无关型末端装置？

4-28 试叙述风机盘管控制原理。

4-29 结合一个工程实例，做出各个 DDC 的监控一览表。

第5章 供配电系统、智能照明系统及电梯系统监控

除常规的建筑设备外，智能建筑还配置有众多的智能化系统，因此其对供配电系统的要求较一般建筑物高许多。智能建筑不仅对供电的可靠性要求很高，而且对电能质量的要求也大大提高。此外，如何做到最大限度地节电以及充分利用可再生能源，使智能建筑成为节能环保的绿色建筑等，也是当今智能建筑的供配电系统应该完成的重要任务，而构建符合上述要求的智能化供配电系统是最好的解决办法。

5.1 供配电系统监控

5.1.1 供配电系统的检测与控制

供配电系统是智能楼宇中最重要的能源供给系统，负责对由城市电网供给的电能进行变换处理、分配，并向建筑物内的各种用电设备提供电能。具有高可靠性并能连续性地供电是智能楼宇得以正常运转的前提，因此供配电监控系统是楼宇自动化系统中的一个重要组成部分。

供配电监控系统采用现场总线技术实现数据采集和处理，对供配电设备的运行状况进行监控，达到对变配电系统的遥测、遥调、遥控和遥信，实现配电所无人值守。

1. 供配电监控系统的监控原理

根据供配电系统的供电电压，通常把系统分成高压段和低压段两部分，以建筑物的主变压器为划分界限，变压器的一次侧 6~10kV 高压线路为高压段，变压器的二次侧（380/220V）为低压段。由于现代建筑的高低压配电系统通常有独立的测控软件系统，通过网关协议转换，将高低压配电系统与楼控系统之间直接进行数据通信，把各种电通信存储到楼控软件数据库中，直接供程序调用。

在我国的民用建筑中，通常只对供配电系统运行参数进行必要的检测而不进行控制。下面以低压配电监控系统和自备应急电源为例，说明其监控原理。

（1）低压配电监控系统的监控原理　低压配电系统监控原理图如图5-1所示。

低压供配电监控系统由现场监控设备即电流变送器、电压变压器、功率因数变送器、有功功率变送器等各类传感器及 DDC 组成。DDC 通过温度传感器/变送器、电压变送器、电流变送器及功率因数变送器自动检测变压器线圈温度、电压、电流和功率因数等参数，经由模拟量输入通道或数字量输入通道送入计算机，与设定值比较，发现故障时报警，显示相应的电压、电流数值和故障位置。经由数字量输入通道还可以自动监视各个断路器、负荷开关和隔离开关等的当前分、合状态。图5-2给出了交流电压、电流的检测原理图。

DDC 根据检测到的电压、电流和功率因数计算有功功率、无功功率，累计用电量，为

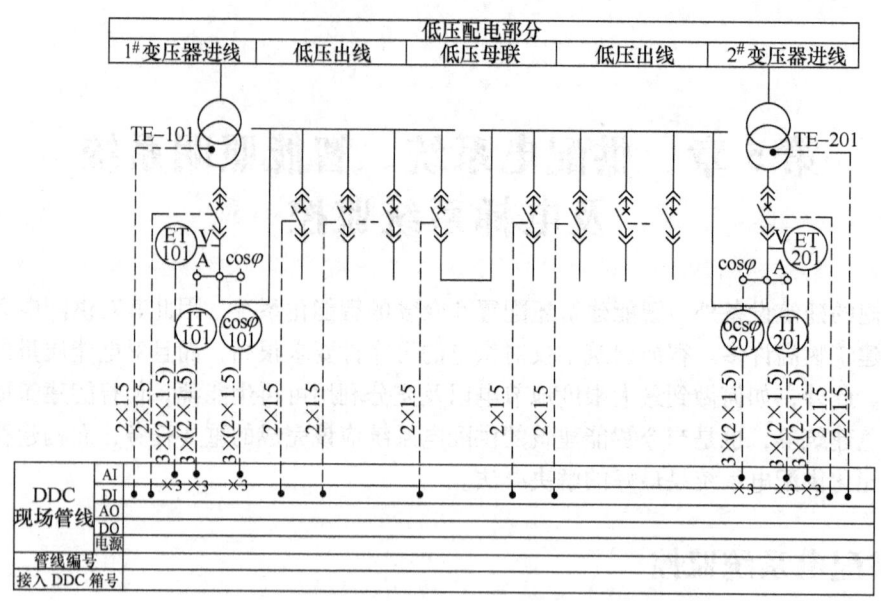

图 5-1 低压配电系统监控原理图

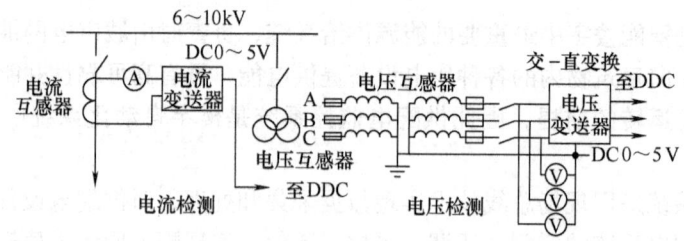

图 5-2 交流电压、电流的检测原理图

绘制负荷曲线、无功补偿及电费计算提供依据。低压配电监控系统监控点见表 5-1。

表 5-1 低压配电监控系统监控点表

设备名称	监控内容	点类型				接口位置
		DI	AI	DO	AO	设备名称
变压器	变压器温度报警	√				靠贴式温度传感器
低压进线	进线开关状态	√				低压进线柜断路器辅助触点
	母联开关状态	√				低压联络柜断路器辅助触点
	低压进线电压		√			三相电压变送器
	低压进线电流		√			三相电流变送器
	低压进线功率		√			功率变送器
	功率因数		√			功率因数变送器
	电能测量		√			电量变送器

基于前面所列的监控内容以及图 5-1 供配电系统监控原理对应的基本检测、控制点类型

见表5-1。由于具体的供配电系统有所不同,对监控的要求也有差别,因此,在实际工程的设计与事实过程中,应依据具体工程的情况重新确认,统计监控点的数量以及DDC的选配。

(2) 应急柴油发电机与蓄电池组的监控 为了保证负荷中特别重要的负荷用电,或中断供电将会造成重大损失时,应设置自备应急柴油发电机组。但由于起动时间的限制,仍然不能满足更加终于好的用电负荷的供电要求,这就要增加转换时间短的蓄电池组。

应急柴油发电机组本身一般都自带检测与控制装置,并且有独立的控制箱,在供配电监控管理系统的工程设计中,尽量从这个控制箱的接线向上获取集中监控信号。应急柴油发电机组监测内容包括:

1) 应急电源的开关状态、供电电流、电压及频率等参数。
2) 应急发电机组的机组运行状态、电压、电流、频率、故障报警等。
3) 蓄电池电压、日用油箱油位、室外储油罐油位等。柴油发电机组设有日用油箱、配电箱、电池,以上这些机件都应在智能监控的范围内。应急柴油发电机组的监控原理如图5-3所示,其监控点表见表5-2。

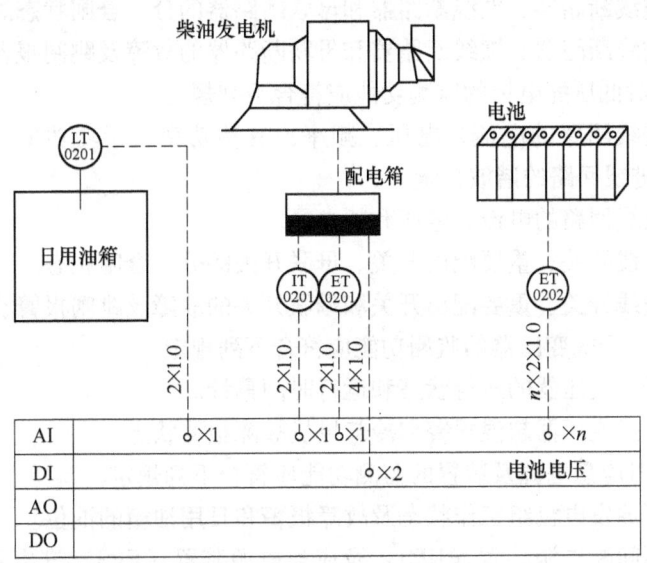

图5-3 应急柴油发电机组监控原理

表5-2 柴油发电机组监控点表

设备名称	监控内容	点类型				接口位置
		DI	AI	DO	AO	设备名称
柴油发电机	发电机输出电压		√			电压变送器
	发电机输出电流		√			电流变送器
	发电机输出有功功率		√			有功功率变送器
	发电机输出无功功率		√			无功功率变送器
	发电机输出功率因数		√			功率因数变送器
	发电机运行状态	√				交流接触器辅助触点

(续)

设备名称	监控内容	点类型				接口位置
		DI	AI	DO	AO	设备名称
	发电机故障	√				热继电器辅助触点
日用油箱	日用油箱高/低油位	√				液位传感器
电池	电池电压		√			电压变送器

2. 供配电监控系统的主要功能

建设部 2014 年颁布的 JGJ/T 334—2014《建筑设备监控系统工程技术规范规范》对供配电监控系统的监控功能做了规定。

（1）监控系统对高压配电柜的监测功能应符合下列规定

1）应能监测进线回路的电流、电压、频率、有功功率、无功功率、功率因数和耗电量。

2）应能监测馈线回路的电流、电压和耗电量。

3）应能检测进线断路器、馈线断路器和母联断路器的分、合闸状态。

4）应能监测进线断路器、馈线断路器和母联断路器的故障及跳闸报警状态。

（2）监控系统对低压配电柜的监测功能应符合下列规定

1）应能监测进线回路的电流、电压、频率，有功功率、无功功率、功率因数和耗电量，并最好能监测进线回路的谐波含量。

2）应能监测出线回路的电流、电压和耗电量。

3）应能监测进线开关、重要配出开关、母联开关的分、合闸状态。

4）应能监测进线开关、重要配出开关和母联开关的故障及跳闸报警状态。

（3）监控系统对干式变压器的监测功能应符合下列规定

1）应能监测干式变压器的运行状态和运行时间累计。

2）应能监测干式变压器超温报警和冷却风机故障报警状态。

（4）监控系统对应急电源及装置的监控功能应符合下列规定

1）应能监测柴油发电机组工作状态及故障报警和日用油箱的油位。

2）应能监测不间断电源装置（UPS）及应急电源装置（EPS）进出开关的分、合闸状态和蓄电池组电压。

3）应能监测应急电源供电电流、电压及频率。

在许多工程中，实际的需求往往已经超过了上述规定。对于某个具体的系统而言，究竟需要哪些功能要根据用户的具体要求来定，可以增加也可以减少。下面列出供配电监控系统常见的一些监测功能。

（5）供配电监控系统常见的监测功能

1）运行参数检测。对供配电系统的主要运行参数进行检测，包括高、低压进线电压、电流、频率、有功功率、无功功率、功率因数等参数的检测；高、低压出线回路的电流、电压和耗电量等参数的监测；变压器温度检测；直流输出电压、电流等参数的检测；柴油发电机等应急电源各参数的检测。并为正常运行时的计量管理、事故发生时的故障原因分析提供数据。

2) 电气设备运行状态监测。包括高、低压进线断路器及母线联络断路器、变压器断路器、直流操作柜断路器、柴油发电机等应急电源的断路器,以及各种类型的开关状态监测,并提供电气主接线图开关状态画面。

3) 故障报警事件的检测。配电系统运行过程中一旦发生故障,如断路器出现脱扣短路或过载脱扣、进线掉电、变压器超温或运行参数超限、直流操作柜故障、发电机故障等,供配电设备监控系统应立即发出声、光报警,并显示故障位置及相关电压、电流数值等。根据显示的故障状态图标和故障原因的文字提示,值班人员可以方便及时地处理故障。

4) 用电量远程自动计量。对建筑物内每个用户和所有用电设备的用电量进行统计及电费计算与管理,(包括空调、电梯、给排水、消防喷淋等动力用电和照明用电) 并绘制用电负荷曲线 (如日负荷、年负荷曲线),实现自动抄表、输出用户电费单据等。

5) 对各种电气设备的检修、保养维护进行管理,如建立设备档案,包括设备配置、参数档案以及设备运行、事故、检修档案,生成定期维修操作单并存档,避免维修操作时引起误报警等。

6) 断路器的通断控制。供配电监控系统断路器的通断控制有 4 种方式:手动操作、电动操作、远程操作和全自动操作。多种断路器的通断控制方式,使智能化供配电系统较常规的配电系统有更高的运行可靠性。根据我国的实际情况,10kV 中压配电系统的设备通常采用就地人工控制操作,较少进行远程/自动操作,也就是"只监不控",但是若用户需要,可以开通该功能。

7) 备用电源控制。在主要电源供电中断时,自动起动柴油发电机组或者不间断电源装置 (UPS) 及应急电源装置 (EPS);在恢复供电时停止备用电源,并进行倒闸操作。

3. 供配电监控系统的节能措施

供配电监控系统除了对供配电系统安全运行、正常供配电进行监视外,还采取了多种以节约电能为目标,对系统中的电力设备及参数进行控制与调度的节能措施。这些节能措施主要有:

(1) 合理设置变电所位置　变压器尽可能靠近负荷中心,这样可以缩短低压 (220/380V) 配电线路长度,降低线路损耗。在送电功率 P 不变条件下,线路电流 I 与电压 U 成反比,即

$$P = \sqrt{3} IU\cos\varphi \tag{5-1}$$

低压 380V 的线路电流为中压 10kV 的 26.3 倍,而线路的电功率损耗又与电流的二次方成正比,即

$$\Delta P = 3I^2 R \tag{5-2}$$

则用 380V 送电的功率损耗为 10kV 的 690 倍。因此,智能化供配电系统若使 10kV 线路深入、靠近负荷中心 (如制冷机、泵等),对大型建筑可降低年损耗约几万千瓦时。

(2) 无功功率的自动补偿　智能楼宇中用电设备的功率因数较低,如:冷冻机、水泵、送排风机等,功率因数约为 0.5~0.65,功率因数偏低将使线路电流加大,从而大大增加线路损耗;同时,电流加大,将增加变压器损耗,降低变压器利用率。智能化供配电系统根据检测到的无功功率或功率因数自动进行补偿电容的投切,从而保证系统中的无功功率或功率因数始终在设定的范围内。

(3) 变压器选用与节能　一座大中型建筑,变压器容量可达 5000~10000kV·A,年用

电总量达几百万至千多万千瓦时，变压器年损耗达几万至十几万千瓦时。智能化供配电系统通过采用新型节能变压器；合理确定变压器的容量，使变压器负载率在 0.5~0.7；提高变压器的功率因数，降低谐波含量等这些措施，从而可以降低变压器 20%~30% 的年损耗。

（4）合理调度负荷　当两个或多个大容量电动机负荷同时起动时，智能化供配电系统会自动将它们的起动时间错开，从而达到消减峰值负荷减少电费的目的。夜间轻载时，智能化供配电系统将根据监测到的负荷情况自动或通过提示由人工改变配电系统的运行方式，切除部分负荷的变压器，由其他变压器为这些负荷供电，从而降低了变压器的空载损耗，改善了供电质量。

（5）谐波治理与节能　谐波主要来自电视机、计算机、UPS、整流器、变频调速、放电灯的电子镇流器等。谐波的危害很多，主要有波形的畸变，造成对电网的污染，对微电子设备的干扰；降低线路的功率因数；增加线路电流，加大变压器及线路的损耗。智能化供配电系统治理谐波的措施有两个，一个是尽可能选择低谐波的设备、器材（如电子镇流器）；另外就是设置滤波装置，自动控制无源滤波器滤波电感和电容的投切，对谐波污染进行有效控制或补偿，保证母线电压/电流的谐波含量在规定的允许值以下。

5.1.2　供配电监控系统的构成

供配电监控系统和其他建筑物自动化系统一样采用分布式系统和多层次的网络结构，其结构由 3 层组成：现场 I/O 设备、控制层、管理层。现场 I/O 用于现场设备状态信号和运行参数的采集，对现场设备进行操作进行控制；控制层是整个系统的控制中心，检测和控制供电系统的运行；管理层用于人机对话、数据处理和存储管理，以及与建筑设备管理系统通信。供配电监控系统的结构如图 5-4 所示。

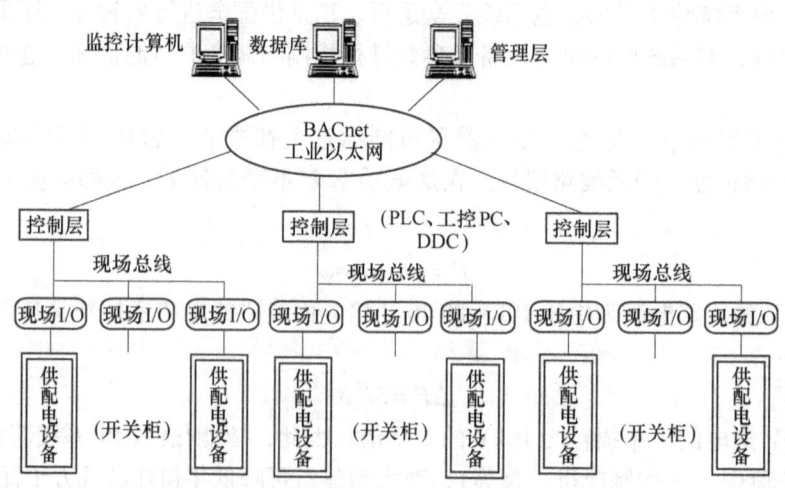

图 5-4　供配电监控系统的结构

对中小型系统，可以忽略控制层，将其功能分散到管理层，此时的控制层设备就是通信控制器或者网关一类的设备。

1. 现场 I/O 设备

智能化供配电监控系统的现场 I/O 设备包括综合保护装置、网络电力仪表、电能质量检测装置、远程数据采集模块等。所有现场I/O设备相对独立,按一次设备对应分布式配置,完成供配电系统的保护、控制、检测和通信等功能,同时可以动态实时显示开关设备工作状态、运行参数、故障信息。

现场I/O设备的配置方式一般有两种:集中式配置和分散式配置。分散式配置方式是将各种现场I/O设备分别安装在各配电柜中,与配电柜融为一体,构成智能化配电柜,经RS-485通信接口接入现场总线,这种配置方式优点是柜间连线少,通常只有通信电缆和监控管理系统电源线。缺点主要是增加了配电柜制造和安装调试时的协调工作量,另外系统只能在现场进行调试,周期较长。

集中式配置方式是将各种现场I/O设备集中配置在监控柜中。优点是监控管理系统和配电柜分别制造和安装,相互间通过二次信号线相连,协调配合比较简单;另外监控管理系统的硬件和软件都可以实现标准化、产品化,从而进一步提高了系统的可靠性。缺点主要是配电柜与监控柜间的连线加大了安装布线的工作量。

(1) 综合保护装置 综合保护装置用于检测和保护3~10kV电力设备和线路,比如变电站进出线保护、母线及馈线保护、变压器保护、电动机保护和发电机保护等,综合保护装置和控制单元安装在开关柜上就构成了中压开关柜微机保护监控系统。微机综合保护装置,集保护、网络诊断、开关设备诊断、遥测、遥控、遥信、通信等于一体,一般提供网络通信接口,如RS-232、RS-485可以接入BAS,实现远程监控。

(2) 网络电力仪表 网络电力仪表广泛应用于中、低压变配电自动化系统,工业自动化系统、智能型开关柜、建筑设备自动化系统、能源管理系统等,集电压、电流、功率因数等电力参数测量及电能计量功能为一体并提供通信接口与计算机监控系统连接,作为远端监控系统的前端,可联网使用,也可单独使用。

网络电力仪表采用异步半双工RS-485的通信接口和MODBUS-RTU通信协议,在一条线路上可以同时连接多达几十个网络电力仪表,每个网络电力仪表均可设定其通信地址。

(3) 电能质量检测装置 电能质量检测装置是高性能的数字化仪表,具有数据采集与控制功能,可以通过以太网和嵌入式网络服务提供许多测量功能,并为集成提供方便。电能质量检测装置主要用于供电质量及可靠性要求很高的场合,通常用在高压或低压的主进线和带有敏感设备的主回路上,为用户提供控制成本、提高电能质量、减少设备故障所需的信息。不同档次、不同品牌的电能质量检测环视功能和测量精度各不相同。

(4) 远程数据采集模块 远程数据采集模块是用于检测变配电设备状态、故障报警、相关参数采集和控制信号输出的一种智能仪表。它通过现场总线与可编程序逻辑控制器或监控计算机相连,并受可编程序逻辑控制器或监控计算机的监控。常用的远程数据采集有开关量输入(遥信)模块、脉冲量输入(遥脉)模块、开关量输出(遥控)模块和模拟量输入(遥测)模块。所有的RTU都具备带光隔的RS-485通信接口,支持MODBUS-RTU等现场总线;具有一定的防护等级,如IP40等;一般都能在较恶劣的环境中工作;既有卡装在标准导轨上的,也有面板安装的。

2. 控制层

控制层对现场发生的过程量做数字采集和存储,并通过控制网络向上传送,同时本身也完成局部的闭环控制或顺序控制,是整个系统的控制核心。控制层应由通信总线和控制器组成。通信总线的通信协议宜采用TCP/IP、BACnet、LonTalk、Meter Bus和ModBus等国际标准。控制层的控制器（分站）宜采用直接数字控制器（DDC）、可编程序逻辑控制器（PLC）或兼有 DDC、PLC 特性的混合型控制器（HybridController，HC）。在民用建筑中，除有特殊要求外，应选用 DDC。

3. 管理层

管理层应具有下列功能：监控系统的运行参数；检测可控的子系统对控制命令的响应情况；显示和记录各种测量数据、运行状态、故障报警等信息；数据报表和打印。管理层是供配电监控系统的监控中心，由监控软件、服务器、监控计算机、大屏幕监视器、打印机、动态模拟显示屏、通信机柜、UPS 及其他附属设备。其中服务器和监控计算机是整个系统管理层的核心设备，主要作用是人机对话的界面；数据和信息的处理、存储及管理；模拟屏的驱动与控制；与 BMS 等通信联网。

监控站的服务器与监控计算机的数量应根据实际需要确定，对于单个变电站的小型供配电监控系统可以只设一台监控计算机；对于多个变电站的中大型供配电监控系统，应设服务器专门进行数据的处理和数据库的管理，同时可设多台监控机。

4. 网络通信

网络通信是现场 I/O 设备与管理层设备实现数据交换的通信设备和通信线路的总称，包括以太网关、以太网交换机、光纤收发器、光交换机以及路由用的光缆、通信电缆等，根据每个项目的实际情况，设计相应的网络结构，配置相应的通信设备。对于单个变电站的小型系统采用现场总线和以太网的网络组织形式。对于多个变电站的大中型系统，采用光纤通信网络与现场总线、以太网相结合的网络组织形式，其中站站之间采用光纤星形网络或光纤冗余环形网络，站内采用现场总线和以太网的网络。

5. 监控系统应用软件

供配电监控系统的应用软件一般和设备配套，采用专用软件，如配电系统监控和能源管理软件，也可以采用通用软件，又称监控和数据采集软件（SCADA）。对软件的要求是：具有良好的人机界面，丰富、方便；具备完全开放的面向各种智能监控设备的通信驱动程序；满足楼控系统、上级管理系统、供电调度中心等系统的数据交换和管理。

5.1.3 监控管理系统的配置方式

供配电监控管理系统现场 I/O 设备的配置方式一般有两种：集中式和分散式。两种配置方式各有利弊，在什么情况下该用哪种方式应根据具体情况和实际要求来确定。

1. 分散配置

采用分散配置时，监控柜中只装有监控管理系统专用电源、通信设备等。若这些设备可以安装在控制台或其他地方时，监控柜可以不用。图 5-5 给出了分散配置的供配电监控管理系统原理框图。各种现场 I/O 设备则分别安装在各配电柜和变配电设备中。现场 I/O 设备分散配置的优点是柜间连线少，通常只有通信电缆和监控管理系统电源线。缺点是增加了配电柜制造和安装调试时的协调工作量；硬件资源会有较多浪费，加大了成本；DDC 的用户程序每次都必须根据每台配电柜的具体配置情况重新编写和调试；系统只能在现场进行调试，周期较长。

当供配电监控管理系统和配电柜的制造商有固定的合作关系，或监控管理系统和配电柜由同一个制造商提供，制造商又有较强的系统集成能力时，或者对供配电监控管理系统只要求有监测功能在配电柜中只需要安装标准规格的网络电力仪表时，适合采用分散配置的供配电监控管理系统。

2. 集中配置

采用集中配置时，监控柜中除监控管理系统专用电源、通信设备外，还安装有 DDC 及其本地、远程扩展的 I/O、RTU、智能变送器和网络电力仪表等所有现场监控元件或设备。图 5-6 给出了集中配置的供配电监控管理系统原理框图。现场 I/O 设备集中配置的优点是监控管理系统和配电柜分别制造和安装，相互间通过二次信号线相连。协调配合比较简单；监控管理系统的硬件和软件都可以实现标准化、产品化，从而进一步提高了系统的可靠性；资源浪费可大大减少，与分散配置相比成本约降低 20%~30%。缺点主要是将分散配置时的柜内接线变成为配电柜与监控柜间的连线加大了安装布线的工作量。

当配电柜和供配电监控管理系统分别由不同的制造商提供，特别当对供配电监控管理系统的要求较高，涉及的现场 I/O 设备种类较多，接线比较复杂时，适合采用集中配置的方式。

这两种配置方式的供配电监控管理系统在许多项目中都得到了成功的应用。分散配置方式是供配电监控管理发展趋势。

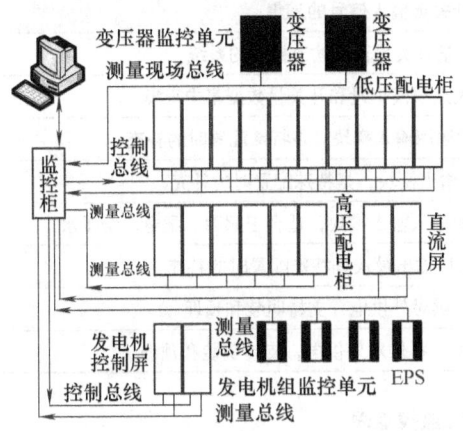

图 5-5 分散配置的供配电监控管理系统原理框图

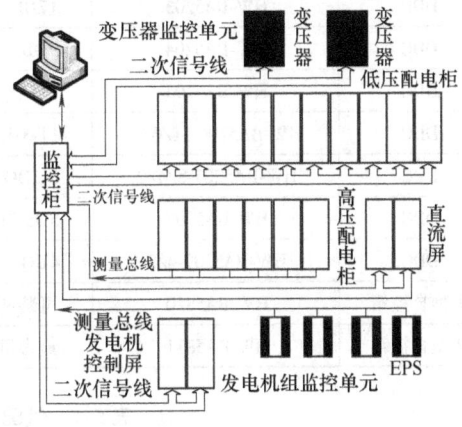

图 5-6 集中配置的供配电监控管理系统原理框图

5.1.4 供配电监控系统设计举例

供配电系统自身一般有相对完善的监控和保护方案，但管理中心要求能够实时了解和控制变配电室的情况，基本上是遥测和遥控的问题。某综合办公楼（见第 6 章），设有两组电源双电路供电，确保电力供应的可靠性，下面只说明低压监控系统的设计过程。

1. 两组电源双电路供电监控系统方案

本工程地上一层设有高低压配电室，双路 10kV 电源进线，高低压配电室内设有 3 台变压器，低压回路共计 53 路。根据用户的要求增减，其监控功能包括：

1）变压器超温报警。

2）监视低压断路器、母联开关、配电开关的开关状态及事故跳闸报警。

3）测量电压、电流、功率因数、有功功率及有功电能脉冲量，对总用电量进行记录和统计，对高峰负荷、日用电量、平均用电量等指标进行分析和管理。

本方案选用海湾 BA-5000 系统，根据前面方案需求，绘制出供配电系统的监控原理如图 5-6 所示。

2. 设备选型

根据以上建设要求，本方案选用海湾 BA-5000 系统，海湾安全技术有限公司推出的基于 Lonworks 技术的控制系统是完全开放的现场总线控制系统。它把现场控制器作为一个网络节点，网络节点之间的数据传送只要通过各个网络变量的互相连接便可完成。表 5-3 给出了 HW-BA5000 系列 DDC 常用的输入输出模块。

3. 供配电节点模块的选择

根据前面供配电系统原理列出供配电系统的监控点表见表 5-4，供配电系统确定 DDC 模块的使用数量及类型见表 5-5。

表 5-3　HW-BA5000 系列 DDC 常用的输入输出模块

名称	型号	说明
DDC	HW-BA5201	11UI/2UO/4DO/2AO，通用控制器，适合于空调机、新风机的控制
DDC	HW-BA5202	11UI/7DO，适合配电系统、水泵系统等监测模拟量、控制起停
DDC	HW-BA5203	17DI，适合大量开关量输入信号的采集
DDC	HW-BA5204	9DI/8DO，适合大量开关量输入输出控制的系统
DDC	HW-BA5205	11UI/7DI，适合大点数模拟量和开关量数据集中采集
DDC	HW-BA5206-11/6/3	11-3UI，小点数的通用输入模块，是特殊配置时的补充
DDC	HW-BA5207-8/4/2	8-2DO，小点数的输出模块，是特殊配置时的补充
DDC	HW-BA5208	5DI/5DO 小点数的输入输出模块，适合于照明、配电、给排水
DDC	HW-BA5209-4/2	4UO，小点数的通用输出模块是特殊配置时的补充
Ⅰ型自控箱	HW-BA5810	可装两个模块，提供对外供电，支持明装和预埋
Ⅱ型自控箱	HW-BA5811	最多可装 4 个模块，提供对外供电，支持明装和预埋

表 5-4　供配电监控系统监控点表

位置	设备名称与控制功能	数量（台）	类型				设备名称（选型参见相关资料）
			AI	AO	DI	DO	
一层配电室	变压器	3					
	变压器高温报警				1×3		靠贴式温度传感器
	低压进线	3					状态模块
	主开关状态				4		液位传感器
	电流		3×3				交流电压变送器
	电压		3×3				交流电流变送器
一层配电室	功率因数		3×3				功率因数变送器
	有功功率		3×3				有功功率变送器
	各回路开关状态				1×53		状态模块
	合计		36		60		
	智能节点控制箱配置				HW-BA5811Ⅱ型楼宇控制箱 2 台		

表5-4给出了一层配电室需要的输出/输入点数，AI点36个，DI点60个，根据表5-3选用HW-BA5205模块（11UI/7DI）×6（块），UI既可用做模拟量输入AI、也可用做开关量输入DI，具体配置见表5-5，首先将3个HW-BA5205（11UI和7DI）模块，配置为33个AI和21个DI，再将1个HW-BA5205（11UI和7DI）模块，配置为7个AI和11个DI，将2个HW-BA5205（11UI和7DI）模块，配置为36个DI，最终配置为40个AI、68个DI。选智能节点控制箱HW-BA5811Ⅱ型楼宇自制箱2台，编号为DDC1-1、DDC1-2。

表5-5 供配电监控系统DDC选型

类型	AI	AO	DI	DO
本系统需要点数	36	0	60	0
6个HW-5205模块提供点数	6×7	0	6×11	0
剩余点数	6	0	6	0

5.2 智能照明系统监控

在现代建筑中，照明系统成为建筑中仅次于空调系统的耗电大户，我国照明所消耗的电能约占建筑内电力总消耗量的1/6，建筑物性质不同，照明用电量所占比例也不同。如何做到既保证照明质量又节约能源，是照明控制的重要内容。因此，需要对照明供电系统进行合理设计与节能控制，以达到节省能源，提供高效、舒适、安全可靠的照明环境及高水平管理的目的。

降低照明系统能耗的途径可以从高效节能电器的使用，以及照明控制方法的改进等几个方面着手。照明系统的控制目前有两种方式：一种是由建筑设备监控系统进行监控，在这种情况下，监控系统中的DDC对照明系统的相关回路按时间程序进行开、关式控制。在系统中工作站可显示照明系统的运行状态、打印报警报告、系统运行报表等，这是目前最常用的一种方式；另一种方式是采用智能照明控制系统对建筑物内的各类照明进行控制和管理，并将照明系统与建筑设备监控系统进行联网，实现统一管理，照明方面的节能潜力可以达到40%~60%。

5.2.1 照明监控自动化

照明系统不仅要满足人们视觉上舒适的要求，而且还要满足艺术性的要求，创造出丰富多彩的意境，给人们以视觉享受。照明质量的好坏直接影响人们的工作效率和视力。随着建筑智能化程度的不断提高，照明系统应用场合的不断变化，应用情况也逐步复杂和多样，照明控制仅靠简单的开关控制已不能完成要求的照明任务。照明系统的发展赋予照明控制更多的控制功能和智能化，比如通过改善控制方法延长光源寿命，改善工作环境，提高照明质量，实现多种照明效果等。

1. 照明控制的主要方式

正确的控制方式是实现舒适照明的有效手段，也是节能的有效措施。目前照明设计中采用的控制方式有开关控制和多级、无级调节两大类。开关控制主要负责控制某个回路或某个照明子系统的起停；多级、无级调节主要控制部分区域的照明效果，如会场照明的各种明暗效果等，这类控制一般由专用的控制器或控制系统完成。无论哪种控制方式，智能楼宇照明设备的控制都包括以下几种典型的控制模式。

(1) 时间表控制模式　这是楼宇照明控制中最常用的控制模式，工作人员预先在上位机编制运行时间表，并下载至相应控制器，控制器根据时间表对应照明设备进行起停控制。时间表中可以随时插入临时任务，如某单位的加班任务等，临时任务的优先级高于正常时间配置，且一次有效，执行后自动恢复至正常时间配置。

(2) 情景切换控制模式　在这种模式中，工作人员预先编写好几种常用场合下的照明方式，并下载至相应控制器。控制器读取现场情景按钮状态或远程系统情景设置，并根据读入信号切换至对应的照明模式。

(3) 动态控制模式　这种模式往往和一些传感器设备配合使用。例如：根据照度自动调节的照明系统中需要有照度传感器，控制器根据照度反馈自动控制相应区域照明系统的起停；走道照明可以根据相应的声感、红外感应等传感器判断是否有人走过，借以控制对应照明系统的起停等。

(4) 远程强制控制模式　除了上面介绍的自动控制方式外，工作人员也可以在工作站远程对固定区域的照明系统进行强制控制，远程设置其照明状态。

(5) 联动控制模式　联动控制模式是指由某一联动信号触发的相应区域照明系统的控制变化。如区域泛光控制中无线控制器干接点信号的输入、火警信号的输入、正常照明系统的故障信号输入等均属于联动信号。当他们的状态发生变化时，将触发相应照明区域的一系列联动动作，如泛光照明的开启，逃生诱导灯的启动、应急照明系统的切换等。

以上列出的各种控制模式之间并不相互排斥，在同一区域的照明控制中往往可以配合使用。当然，这就需要处理好各模式之间的切换户优先级关系。以走道照明为例，就可以采用时间表控制、远程强制控制及安保联动控制 3 种模式相结合的控制方式。其中安保联动控制的优先级最高，远程强制控制次之，最后是时间表控制。正常情况下，走道照明按预设时间表控制，如有特殊需要可远程强制控制某一区域的走道照明起停；当某区域安保系统发生报警时，自动打开相应区域走道的全部照明，以便于利用视频监控系统查看情况或录像。

2. 照明监控系统

照明监控系统的任务主要有两个，一个是为了保证建筑物内各区域的照度及视觉环境而对灯光进行控制，称为环境照度控制，通常采用定时控制、合成照度控制等方法来实现；另一个是以节能为目的，对照明设备进行的控制，简称照明节能控制，有区域控制、定时控制、室内检测控制 3 种控制方式。在多功能建筑中，不同用途的区域对照明有不同的要求，因此应根据使用的性质及特点，对照明设施进行不同的控制。

建设部 2014 年颁布的 JGJ/T 334—2014《建筑设备监控系统工程技术规范规范》对照明监控系统的监控功能做了如下规定。

1) 监控系统对照明的监测功能应符合下列规定：
① 应能监测室内公共照明不同楼层和区域的照明回路开关状态。
② 应能监测室外庭院照明、景观照明、立面照明等不同照明回路的开关状态。
③ 宜能监测室内外的区域照度。
2) 监控系统对照明的远程控制功能应能实现主要回路的开关控制。
3) 监控系统对照明的自动启停功能应能按照预先设定的时间表控制相应回路的开关。

4) 监控系统对照明的自动调节功能宜包括下列内容：
① 设定场景模式。
② 修改服务区域的照度设定值。
③ 起停各照明回路的开关或调节相应灯具的调光器。

实际工程应用中，照明监控系统的功能已远远超过了以上规范规定。按照照明监控功能，可将照明监控系统分为几个部分：

1) 公共区域照明（门厅、走廊、楼梯等）系统监控。保留部分值班照明外，其余的灯在下班后及夜间应关闭，可按预先设定的时间，编制程序进行开/关控制，并监视开关状态。按照预先设定的时间表，自动监控照明开关的开启和关闭。在人流高峰时，打开全部灯，夜间打开少量灯，紧急情况下打开事故照明灯。

2) 工作与办公室照明监控。办工场合宜采用辐射入室内的自然光和人工照明协调配合方式。在办公环境里，当自然光照和灯具照明达到一种合适的平衡时，人们的工作效率会更高。为了保持合适的照度水平，当日光比较充足时，人工照明的水平必须成比例地下降。

实际工作中，应根据对照明空间的照明质量要求，实测的室内自然光照度分布曲线选择调光方式和控制方式。调光时，根据工作面上的照度标准和自然光传感器检测的自然光亮度变化信号自动控制照明灯具。根据白天工作区与夜间工作区的使用特点，分别编制控制程序，如人员一般在白天工作，其中又分为工作、休息、午餐等不同时间段，灯具应能按程序自动进行控制。

3) 障碍照明、建筑物立面景观照明监控。航空障碍灯一般装设在建筑物顶端，属于一级负荷，应接入应急照明回路。由障碍灯控制器可根据预先设定的时间程序控制，并进行闪烁；或根据室外自然环境的照度来控制光电器件的动作实现自动通断。建筑物立面景观照明可采用投光灯，投光灯的开启/断开可编制时间程序进行定时控制，同时监视开关状态。

4) 应急照明的应急启/停控制、状态显示。当建筑物发生意外（停电或火灾）时自动开启；安防监控报警时可联动相应区域的照明灯开启。当有火警时，联动正常照明系统关闭，应急照明打开；当有保安报警时，联动相应区域的照明开启，并且保证市电停电后的应急照明、疏散照明。

3. 照明系统的监控原理

照明监控系统是楼宇自动化系统的一个重要组成部分，对楼宇照明系统的检测与控制通常只涉及开关量，即用只有开关量输入、输出的控制器就能完成全部功能。图5-7 给出了一般照明系统的监控原理图，图中，n 表示配电箱回路数。表 5-6 给出了照明分配电箱监控系统监控点表，表 5-7 给出了照明主配电箱监控系统监控点表。

图 5-8 给出了照明系统控制电路，图中 n 表示配电箱内需要监控的回路数，2 表示两个 DI 信息点。室外自然光传感器等检测元件将各部位检测的相关值送到 DDC 的模拟输入点（AI），各照明开关的状态送到 DDC 的数字输入点（DI），而 DDC 的输出信号（DO）则控制照明开关。

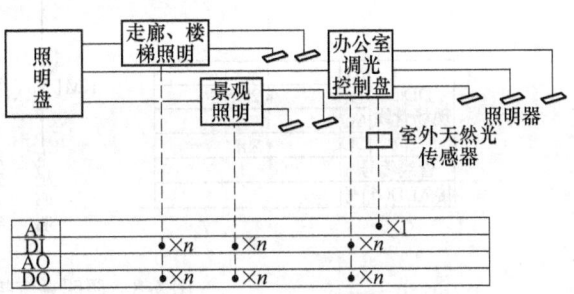

图 5-7 照明系统监控原理图

表5-6 照明分配电箱监控系统监控点表

设备名称	监控内容	点类型				接口位置
		DI	AI	DO	AO	设备名称
走廊、楼梯公共照明配电箱	公共照明电源开关状态	√				电源接触器的辅助触点
	公共照明电源手/自动状态	√				电源箱控制回路
	公共照明电源开关控制			√		DDC 数字输出接口
景观照明配电箱	景观照明电源开关状态	√				电源接触器的辅助触点
	景观照明电源手/自动状态	√				电源箱控制回路
	景观照明电源开关控制			√		DDC 数字输出接口
办公室照明配电箱	室外自然光照度测量		√			照度传感器
	办公室照明电源开关状态	√				电源接触器的辅助触点
	办公室照明电源手/自动状态	√				电源箱控制回路
	办公室照明电源开关控制			√		DDC 数字输出接口

表5-7 照明主配电箱监控系统监控点表

设备名称	监控内容	点类型				接口位置
		DI	AI	DO	AO	设备名称
照明配电箱	照明主回路状态	√				状态模块
	照明手/自动状态	√				热继电器辅助触点
	照明主回路起停控制			√		DDC 数字输出

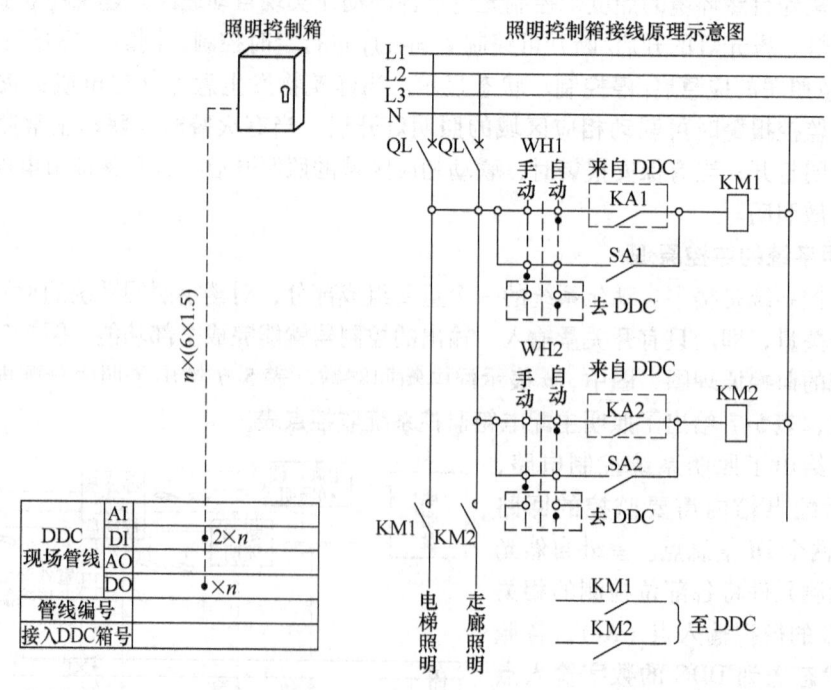

图5-8 照明系统控制电路

图 5-8 所示的照明控制电路中，通过交流接触器 KM1、KM2 控制照明回路的关、断，如庭院照明回路、走廊照明回路等。在控制方式上，可以通过手动和自动两种方式控制回路的供电。在自动方式下，现场控制器 DDC 根据上位计算机的指令或 DDC 本身控制规律（如定时控制）的结果，通过中间继电器 KA1、KA2 的控制来实现照明回路的供电控制。另一方面，通过将操作开关 WH1、WH2 的辅助触点接入 DDC，实现对控制柜中操作开关 WH1、WH2 的状态进行监测；同样，通过将控制照明回路的接触器 KM1、KM2 的辅助触点接入 DDC，实现对照明回路的供电状态进行监测。

4. 照明监控系统举例

某综合办公楼，工程概况详见第 6 章。

（1）照明监控系统方案确定　本工程照明系统包括地下一层至地上十五层（-1F~15F）及景观照明共设计有 17 个照明配电箱，在设计上要求上，主要解决公共区域照明控制问题，其基本功能如下：

1）监视接触器触点的状态、配电盘手自动状态。
2）通过时间设定控制接触器的分合。
3）通过系统提供的控制信号控制接触器的分合。

照明监控系统尽可能以简单地完成控制功能为前提，设计上根据容量划分回路。本方案根据照明系统具体情况，1F~15F 每层照明配电箱各有两个公共照明回路，景观照明有 6 个回路，按每 3 个楼层设楼宇自控箱一台（其中楼控箱设在中间楼层），景观照明单独设一台楼宇控制箱，共设计有 6 台自控箱，每一台楼宇自控箱分为 6 个回路，从而完成照明自动控制和节能的要求。根据以上设计方案，可绘制出照明监控系统原理接线图（略）。

（2）监控节点的选取　根据前面照明监控系统原理图，列出照明系统的监控点表见表 5-8，照明监控系统确定 DDC 模块的使用数量及类型见表 5-9。

表 5-8　照明系统监控点表

位置	设备名称与控制功能	回路	类型				设备名称
			AI	AO	DI	DO	（选型参见相关资料）
楼层弱电配电室	照明回路	36					
	照明主回路状态				36×1		状态模块
	照明手/自动状态				36×1		热继电器辅助触点
	照明主回路起停控制					36×1	DDC 数字输出
	合计				72	36	
	智能节点控制箱配置		HW-BA5810 I 型楼宇控制箱 7 台				

表 5-9　照明监控系统 DDC 选型

类型	AI	AO	DI	DO
本系统需要点数	0	0	6×2	6×1
1 个 HW-5202 模块提供点数	0	0	11	7
1 个 HW-5206-3 模块提供点数	0	0	3	0
剩余点数	0	0	2	1

由表 5-9 可知，照明监控系统需要配置一个 HW-BA5202 模块，一个 HW-BA5206-3 模块，由表 5-3 可知，照明监控系统需配置智能节点控制箱 HW-BA5810 I 型楼宇控制箱一台，编号为 DDC2-1。其他楼层同此，楼控箱编号分别为 DDC5-1、DDC8-1、DDC11-1、DDC14-1、DDC16-1。

5.2.2 智能照明控制系统

智能照明控制系统从狭义上讲可以是一个建筑调光系统，但从广义上讲是一个集多种照明控制方式的控制系统。智能建筑中的建筑设备自动化系统已经实现了对照明的分区自动控制，但它仅限于对照明回路的开关控制。智能照明控制系统以环境调光为特色，用弱电的数字信号来调节强电的模拟电压输出，使照明亮度连续可调，同时，又利用计算机可存储的特点，将设定的照明参数、时间参数预先存储起来，达到可预置场景调光以及完成各种控制功能。

1. 智照明系统概述

智能照明系统与传统照明系统的区别主要表现线路系统和控制系统两个方面。

1）线路系统的区别。

① 传统照明单控电路的特点。

- 控制开关直接接在负载回路中，当负载较大时，需相应增大控制开关的容量，当开关离负载较远时，大截面电缆用量增加；
- 只能实现简单的开关功能。

② 总线式智能照明系统单控电路的特点。

- 负载回路连接到输出单元的输出端，控制开关用总线与输出单元相连，负载容量较大时仅考虑加大输出单元容量，控制开关不受影响；开关距离较远时，只需加长控制总线的长度，节省大截面电缆用量；
- 可通过软件设置多种功能（开/关、调光、定时等）。

③ 传统照明双控电路的特点。

- 实现双控时用两个单刀双置开关，开关之间连接照明电缆；
- 进行多点控制时开关之间的电缆连线增多，使线路安装变得非常复杂，工程施工难度增大。

④ 总线式智能照明系统双控电路的特点。

- 实现双控时只需简单地在控制总线上并联上一个开关；
- 进行多点控制时，依次并联多个开关，开关之间仅用一条总线连接，线路安装简单、省事。

2）控制系统的区别

① 控制方式的区别

- 传统控制采用手动开关，必须一路一路地开或关；
- 智能照明控制采用低压二次小信号控制，控制功能强、方式多、范围广、自动化程度高，而且安全，通过实现场景的预设置和记忆功能，操作时只需按一下控制面板上某一个键即可起动一个灯光场景，各照明回路随即自动变换到相应的状态。上述功能也可以通过其他界面如遥控器等实现。

② 照明方式的区别
- 传统控制方式单一，只有开和关；
- 智能照明控制系统可以采用"调光模块"，通过光源的调光在不同使用场合产生不同灯光效果，营造出不同的舒适氛围。

③ 管理方式的区别
- 传统控制对照明的管理是人为化的管理；
- 智能控制系统可实现自动化管理，通过分布式网络，只需一台计算机就可实现对整幢大楼的管理。

2. 智能照明系统的功能

1）灯光明暗调节功能；场景设置；全开全关和记忆功能；定时控制功能。

2）集中控制和多点操作功能；红外、无线遥控；本地开关；网络远程控制；停电自锁的功能。

3）抑制电网的浪涌电压；软起动和软关断功能。

3. 智能照明系统的组成

智能照明控制系统品牌较多，常见品牌有：澳洲邦奇、ABB 的 I-BUS、奇胜的 C-BUS、路创（LUTRON）、WIELAND、瑞朗、百分百照明、清华同方、索博、海尔等。智能照明控制系统的构成基本相同，略有差异，通常由调光模块、开关模块、控制面板、液晶显示触摸屏、智能传感器、编程插口、时钟管理器、手持式编程器和 PC 监控机等部件组成。整个系统由以下 3 部分组成：现场控制单元、现场检测单元、信号传输及系统管理单元，智能照明系统的组成结构如图 5-9 所示。

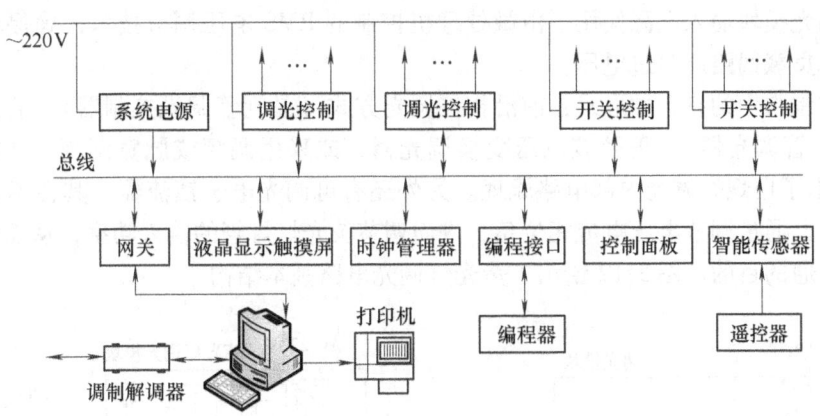

图 5-9　智能照明系统的组成结构

（1）现场控制单元　现场控制单元包括智能开关/继电器、调光器、可调光电子镇流器、智能灯具、控制面板、时钟管理器等控制装置。控制装置应具有光源软起动、热态自动延时起动、软关断、电源电压浪涌限制等的保护功能，状态参数检测的检测功能以及电源异常状态时起动应急照明功能。

1）智能开关/继电器。智能开关/继电器用来直接控制照明设备供电线路的开起与关闭，它是一种执行装置。6 路智能开关模块接线如图 5-10 所示，它通过 RS-485 协议组网连接智能主机或智能控制面板，经过微控制器的控制程序分析、解码、计算后来控制各路继电器线圈，从而达到控制继电器吸合与断开的目的。智能开关/继电器具有本地手动开起、输出状态显示、场景模式存储等功能。

2）调光控制器。调光模块是控制系统中的主要设备，它的主要功能是对不同功能的灯具进行配电、无级连续调光和开关控制。它能记忆多个预设置灯光场景，不因停电而被破坏，调光模块按型号不同其输入电源有三相、也有单相，输出回路功率有 2A、5A、10A、16A、20A 等，输出回路数也有 1、2、4、6、12 等不同组合供用户选用。

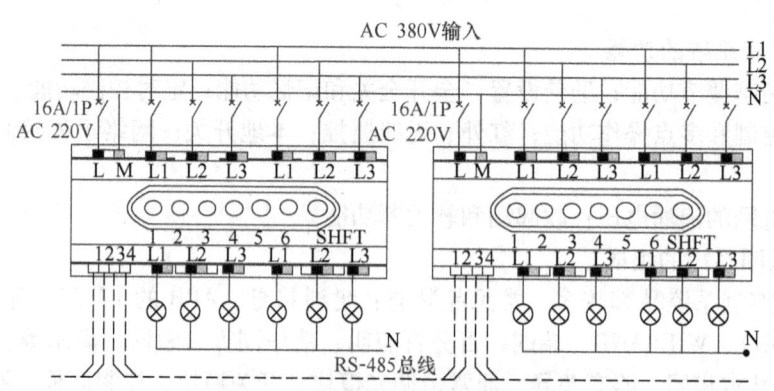

图 5-10　6 路智能开关模块接线

有些调光模块控制灯具亮度采用了软起动方式，即渐增渐减方式，这样的调节方式能防止电压突变对灯具的冲击，同时使人的视觉十分自然地适应亮度的变化，没有突然变化的感觉。有些调光模块输入电源使用了由微处理机控制的 RMS 电压调节技术，确保输出电压稳定，不会对负载回路产生过电压。

调光控制常用的有 3 种形式：前沿相控调光方式（晶闸管调光控制器）、后沿调光控制方式（MOS 管调光器）、正弦波电压变换调光器，或采用调频或脉宽调制（PWM）方式。图 5-11 给出了白炽灯调光内部电路原理。另外还有可调光电子镇流器，其在不改变输出电压的情况下，通过调节电压电流相位角，进而调节荧光灯灯管的输入功率，从而达到改变荧光灯输出光通的目的。图 5-12 给出了荧光灯调光电路基本结构。

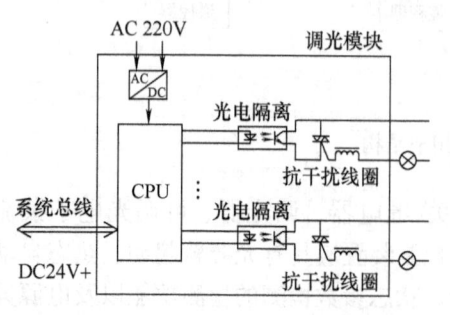 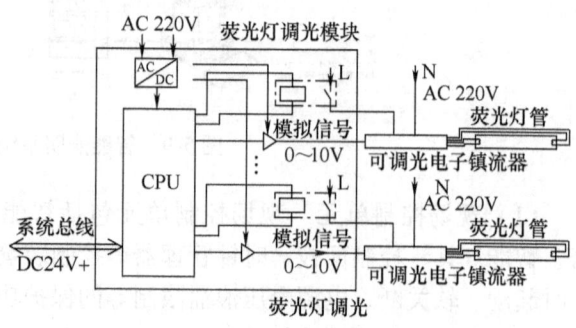

图 5-11　白炽灯调光内部电路原理图　　图 5-12　荧光灯调光电路基本结构

目前荧光灯可调光电子镇流器已较成熟,金卤灯的可调光电子镇流器还在发展中,目前已推出的是配陶瓷金卤灯的,功率在400W以下。图5-13给出了6路荧光灯调光模块的接线。

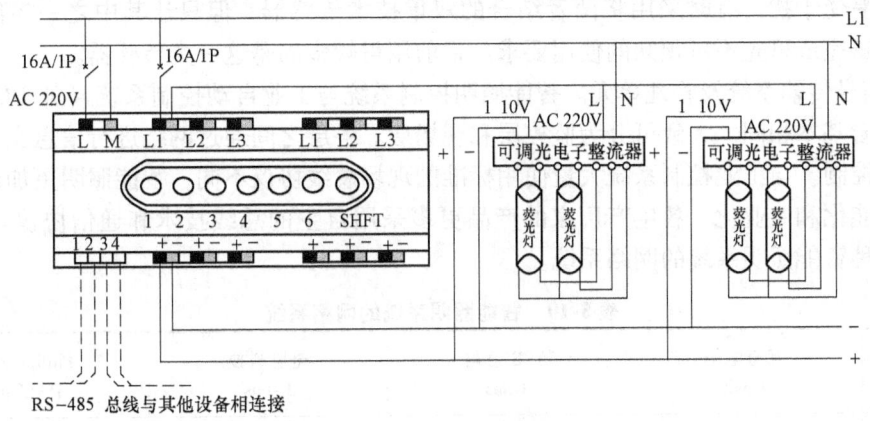

图5-13 6路荧光灯调光模块的接线

3) 控制面板。智能照明中的控制面板相当于传统照明系统中的照明开关,安装在便于操作的地方。人们可以通过操作控制面板上的按钮,来起动照明系统中的灯光控制回路组合,从而调用某个灯光场景。所谓灯光场景,即系统中由不同的照明回路、不同的亮暗搭配而成的一种灯光效果。这种灯光场景可以预设置和记忆在调光模块和开关模块中,用户可以通过控制面板或液晶显示触摸屏设置相应灯光场景以达到某个照明效果。

4) 时钟管理器。用于一周或一年内复杂照明事件和任务的时序设定,可对客厅、餐厅、卧室、洗手间、走廊、景观照明等系统具有周期性控制特点的场所实施时序控制,它可通过按键设置,改变各种控制参数。一台时钟管理器可管理多个区域,每个区域可有多个回路、多个场景。

5) 液晶显示触摸屏。液晶显示触摸屏是一种较高级的人机界面,具有信息存储记忆功能,能显示多种画面图像及相关信息,可根据用户需要产生模拟各种控制要求和调光区域灯位亮暗的图像,用以在屏幕上实现形象直观的多功能面板控制。这种面板既可用于就地控制,也可用作多个控制区域的监控。

6) 手持式编程器。手持式编程器,管理人员只要将手持编程器插头插入编程插口即能与Dynet网络连接,可对楼宇的任何一个楼层、任何一个调光区域的灯光场景进行预设置、修改或读取并显示各调光回路现行预置值。

(2) 现场检测单元 主要包括智能传感器、电压、电流检测单元等,是系统中实现照明智能管理的自动信息传感元件,具有动静检测(用于识别有无人进入房间)、照度动态检测(用于自动日光补偿)和接收红外线遥控3种功能。根据不同的控制要求采用不同的传感器。

1) 光电传感器。采用光电池将光信号转换为电信号,但其输出信号一般较小,必须加放大电路。可利用它来检测环境的照度或亮度,根据预先设定的照度(亮度)值来控制灯的开关。

2) 静动传感器

① 无源红外传感器。可探测运动的人员发出的热量（红外）变化。

② 超声波传感器。可探测由移动人员的反射产生多普勒效应引起的频率改变。

③ 无源红外与超声波结合的传感器。由于无源红外传感器有检测死区，超声波传感器非常敏感易受干扰，有时采用将两者结合的双重技术传感器，但只让其中之一控制灯的开关，已能够完成事先不可预知的使用要求。目前用得较多的是这一类传感器。

3）信号传输系统及管理单元。智能照明控制系统与工业自动控制系统（如DCS）从系统结构上看基本相同，大致可分为监控层和现场层。各层之间通过网络进行信息交换，实现各种照明控制。与工业控制系统大量使用标准的现场总线协议不同，智能照明更加注重照明产品的功能化和专业化，各生产厂家的产品更多采用自主的总线技术和通信协议。表5-10给出了几种智能照明系统的网络系统。

表5-10 智能照明系统的网络系统

名称 内容	邦奇电子 Dynalie	ABB公司 I-bus	奇胜科技 C-bus	Philips公司 DALI-bus
系统形式	分布式	分布式	分布式	分布式
拓扑结构	总线型	总线型	总线型、星型、混合型	总线型、树型、星型或混合型
总线容量	主网可连接64个子网，每个子网可连接64个模块；主网最多可连接4096个模块；调光模块中可存放96个场景	总线上可连接15个域，每个域包含15条线路，每个线路可连接64个总线单元，总线上最多可接14000个元件	每个子网最多有100个单元，255个回路；采用网桥、集线器和交换机，可灵活连接网络	每个DALI控制器可以连接1～5个DALI主站；每个DALI主站可以连接最多64个DALI从站设备；每个从站内可设置16个灯光场景
网络	Dynet网络是使用RS-485通信协议的四线网络总线电源电压为直流12V；总线长度没有严格的限制	I-bus系统是在EIB（欧洲安装总线）的标准上的两线网络；总线电源电压为直流24V（最大29V）；总线长度有严格的限制	C-bus系统是两线网络。总线电源电压为直流36V（15～36V均可）子网的传输距离最大为1000米	DALI接口有两条主电源线，两条控制线，对线材无特殊要求，安装时也无极性要求，只要求主电源线与控制线隔离开，控制线无需屏蔽
传输速率	子网：9.6 kbit/s 主网：最大57.6 kbit/s	9.6kbit/s	9.6 kbit/s	1200 bit/s
通信协议	RS-485	CSMA/CD	CSMA/CD	曼彻斯特编码，主从工作方式
传输介质	屏蔽 五类双绞线	屏蔽 五类双绞线	非屏蔽 五类双绞线	非屏蔽 五类双绞线

系统管理单元主要指设在智能照明管理中心的PC、打印机等设备。通常具有管理及设定功能、统计功能、控制功能及诊断及故障报警功能。

5.2.3 智能照明系统设计

1. 智能照明系统的设计步骤

智能照明系统的设计一般都是在灯光设计和照明电气设计部分完成之后来进行的，根据业主的要求，结合灯光设计图和电气设计图进行系统配置，其设计一般可分为如下几个步骤：

(1) 编制照明回路负载清单 在这过程中应注意：首先，每条照明回路的灯具应该为同类型的灯具，这样才便于调光模块的选择和配置。且每条照明回路的灯具控制性质应该是相同的，是普通供电或同为应急供电。其次，应核对每条照明回路的最大负载功率是否在需要选择的调光器允许的额定负载容量之内，不得超载运行。最后，如不符合照明场所要求的回路划分，可根据灯光设计师对照明场景的要求，对照明回路划分进行审核，并对一些照明回路的划分作些适当的调整，各路灯光可组合构成一个优美的照明艺术环境。

(2) 按照明回路的性能选择相关的调光器 调光器是智能照明控制系统的主要部件，而对于不同类型的灯具应该选用不同适合它们的调光器。比如对于冷阴极灯（发光、霓虹灯、充气）这类采用电压变压器工作的灯具，应采用前沿相控调光器；而对于包括金属卤化物灯在内的各种气体放电灯则应该选用正弦波电压调光器。

(3) 按照明控制要求选择控制面板和其他相关控制部件 控制面板是控制调光系统的主要部件，也是操作者直接操作使用的界面，选择不同功能的控制面板应满足操作者对控制的要求，控制系统一般有以下几种控制输入方式：采用按键式手动控制面板，随时对灯光进行调节控制；采用时间管理控制方式，根据不同时间自动控制；采用光电传感自动控制方式，根据外界光强度自动调节照明亮度；采用手持式遥控器控制；采用电脑集中控制；采用其他控制方式等。

(4) 选择附件和集成方式 智能照明系统如需与其他相关智能系统集成，可选用相应的附件。

(5) 施工图样设计 施工图样设计内容可详见相关智能照明系统厂家的设计手册。

(6) 编制系统设备配置表 编制系统配置清单，如系统中各产品型号、数量、使用区域、备注等相关信息。

2. 智能照明系统的设计举例

下面以 AAB 公司的 I-bus 系统为例介绍智能照明系统的设计方案。图 5-14、图 5-15 给出了某办公楼内某一区域的智能照明平面图和 I-bus 系统工作原理。

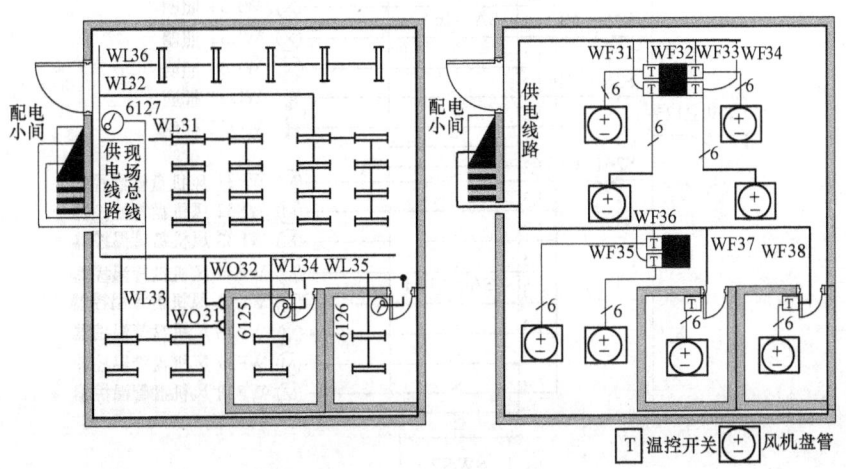

图 5-14 办公楼智能照明平面图

(1) 系统功能。

1) 办公室主出入口处安装四联智能面板 6127，集中管理灯光和空调。

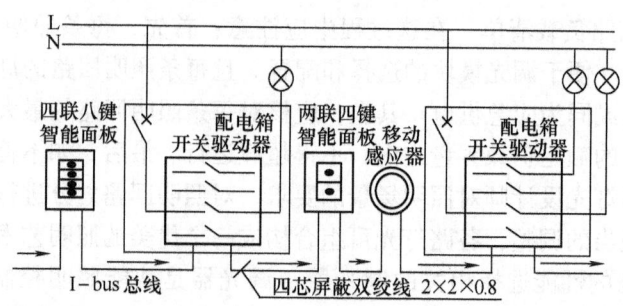

图 5-15　I-bus 系统工作原理

2) 出入口的四联智能面板。
- 第一联控制销售部空调（WF31/33）、插座（WO31/33）和灯光（WL31/33）的开关；
- 第二联控制销售部空调（WF32）和灯光（WL32）的开关；
- 第三联控制走廊灯光（WL3）的开关；
- 第四联控制所有的灯光（WL31/32/33/34/35/36）、空调（WF31/32/33/34/35/36/37/38）的开关，方便管理，避免了分散巡视及多处开关的不便。

3) 在小办公室内安装两联智能面板 6126，现场控制空调和灯光的开关。

4) 普通办公室空调的调温及风速调节，可通过普通温控面板 AS417 实现。

5) 通过定时控制，系统可对空调解照明进行定时控制（例如每天上班之前，预先打开空调等）。

（2）部分器件接线原理。

办公楼智能照明系统如图 5-16 所示。SA/S 8.6.1、SA/S 8.10.1 为开关驱动器，6126、

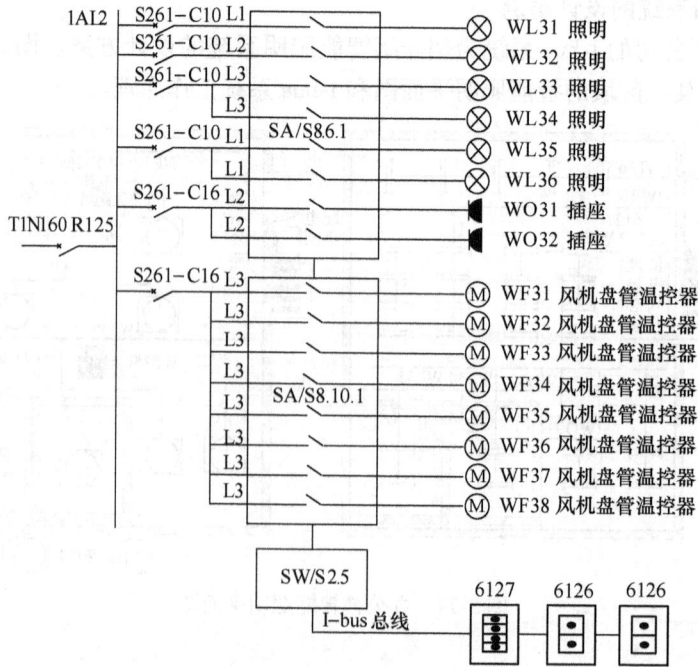

图 5-16　办公楼智能照明系统

6127 是智能面板，SW/S 2.5 是定时控制器。

5.3 电梯系统监控

电梯是高层楼宇的重要设备之一，一座大厦的电梯少则几部，多则几十部。采用计算机对电梯的运行状态进行集中监控管理，及时发现和排除故障，加强电梯的实时管理，保证电梯的安全运行非常重要。电梯系统监控自动化已成为缩短电梯保修与维修时间、提高电梯的运行效率、加强电梯科学管理的有力措施，也是电梯技术发展的必然趋势，更是近年来国内外电梯新技术研究的热点之一。

5.3.1 电梯的组成和工作原理

1. 电梯的主要组成

电梯可分为直升电梯和手扶电梯，而直升电梯按其用途分，可分为客梯、货梯、客货梯、消防梯等。电梯的控制方式可分为层间控制、简易自动、集选控制、有/无司机控制以及群控等。对于大厦电梯，通常选用群控方式。电梯的主要组成部分如下：

(1) 曳引部分　曳引部分由曳引机和曳引钢丝组成。曳引钢丝绳绕在曳引轮上，一端与电梯轿厢相连，另一端与双重装置相连，电动机带动曳引机旋转使轿厢上下运动。

(2) 引导部分　引导部分由导轨和导轨架组成，垂直固定于井壁上，轿厢和对重装置在导轨上移动，用导轨稳定轿厢和对重装置的运行。

(3) 轿厢和厅门　轿厢由轿架、轿底、轿壁和轿门组成。轿门一般分封闭式、中分式、双折式、双折中分式和直分式等几种。

(4) 对重装置　对重装置用于平衡轿厢负荷，一般为轿厢自重加 0.4～0.5 电梯额定载重量，它是用几十块铸铁块放于对重架构成的。

(5) 补偿装置　补偿装置用于抵消钢丝绳和控制电缆自重对电动机负载的影响。通常，当电梯提升高度超过 35m 时才需要加补偿链。

(6) 电气设备及控制装置　电气设备及控制装置由曳引电动机、选层器、传动及控制柜、轿厢操作盘、呼梯按钮和厅站指示器等组成。

2. 电梯的工作原理

对电梯系统的要求是：安全可靠、起、制动平稳、感觉舒适、平层准确、候梯时间短、节约能源。实验表明，人体感觉与速度无关，而取决于加（减）速度 a 和加（减）速度变化率 ρ。电梯加速上升或减速下降时，会产生超重感；电梯加速下降或减速上升时，会产生失重感。人体对失重的感觉比对超重更加不适。因此，为满足感觉舒适、平层准确并且尽可能缩短运行时间、提高运行效率，选择适当的加速度及其变化率是重要的。即在起动加速段和减速制动段皆为抛物线、中间为直线的抛物线－直线综合速度曲线。为实现上述运行速度的改变，需要产生速度给定曲线并进行速度闭环控制，以采用计算机控制为宜。

按驱动电动机的电源，可将电梯分为直流电梯和交流电梯两大类。直流电梯由直流电动机拖动，直流电动机存在换向器和电刷，维修保养工作量大，而且体积、重量和成本都比同容量的交流电动机大。交流电梯由结构简单、成本低廉、维修方便的异步电动机拖动，采用计算机控制的变频调速系统既可以满足电梯运行速度的要求，又可以节约能源。在智能建筑中，对电梯的起动加速、制动减速、正、反向运行、调速精度、调速范围和动态响应都提出了更高的要求，因此，应该选择自带计算机控制系统的电梯系统，并且应留有与 BAS 的相应信息接口。

5.3.2 电梯监控系统的功能

1. 监测功能

（1）运行状态监测　运行状态监视包括起动/停止状态、运行方向、所处楼层位置等，通过自动检测并将结果送入 DDC，动态地显示出各台电梯的实时状态，并将采集的数据存入数据库，为数据查询和曲线输出提供依据。图 5-17 给出了电梯运行监控原理。

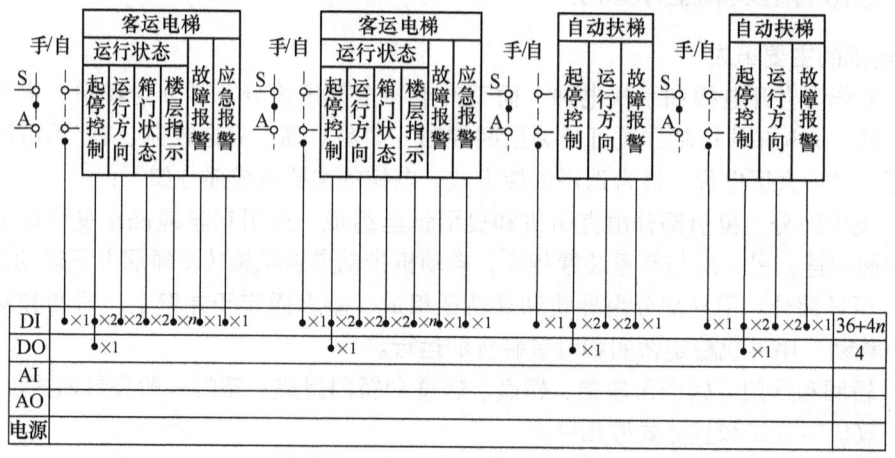

图 5-17　电梯运行状态监控原理

（2）故障及紧急状况报警事件的监测　故障检测包括电动机、电磁制动器等各种装置出现故障后，自动报警，并显示故障电梯的地点、发生故障时间、故障状态等。紧急状况检测通常包括火灾、地震状况检测、发生故障时是否有人在电梯中等，一旦发现，立即报警。

2. 控制功能

（1）按时间程序设定运行时间表控制电梯的起/停。

（2）多台电梯群控管理　群控系统能对运行区域进行自动分配，自动调配电梯至运行区域的各个不同服务区段。服务区域可以随时变化，它的位置与范围均由各台电梯通报的实际工作情况确定，并随时监视，根据呼梯请求引导和控制电梯运行。在客流量很小的"空闲状态"，空闲轿厢中有一台在基站待命，其他所有轿厢被分散到整个运行行程上，为使各层站的候梯时间最短，将从所有分布在整体服务区中的最近一站调度"发车"，不需要运行的轿厢自动关闭，避免空载运行。上班时，可转入"上行客流方式"，下班时，则可转入"下行客流方式"。午餐时，上下行客流量都相当大，可转入"午餐服务方式"，不断地监视各区域的客流量，随时向客流量大的区域分派轿厢，以缓解载客高峰。群控管理可大大缩短候梯时间，改善电梯交通的服务质量，最大限度地发挥电梯作用，使之具有理想的适应性和交通应变能力。这是单靠增加台数和梯速所不易做到的。

（3）配合消防系统联动工作。

（4）配合安全防范系统协同工作。

3. 管理功能

（1）完整动态的图像/文本显示。

（2）任何电梯的紧急情况或者故障都将被显示和记录。

（3）统计数据。

思考题与习题

5-1 请简述供配电监控系统的主要功能。

5-2 供配电监控管理系统的配置方式有哪几种？其中适用场所有何不同？

5-3 供配电监控系统有哪些现场监控设备？

5-4 供配电监控管理系统的通信方式、网络结构、通信设备如何选择？

5-5 请叙述高低压线路的电压及电流检测方法？

5-6 什么是自动照明？什么是智能照明？两者的工作原理和主要区别是什么？

5-7 试叙述电梯监控系统的工作原理和主要监控内容。如何实现对电梯运行参数的监控？

5-8 请根据智能照明公司产品所采用的网络方案，说明智能照明的工作特点和系统组网原则。

5-9 请设计一个楼层和房间的智能照明控制系统方案。

第6章 建筑设备自动化系统设计

6.1 建筑设备自动化系统设计概述

建筑设备自动化系统，实际上是一套中央监控系统，它通过对建筑物（或建筑群）内的各种电力设备、空调设备、冷热源设备、防火、防盗设备等进行监控与管理，达到在确保建筑内环境舒适，充分考虑能源节约和环境保护的条件下，使建筑内的各种设备状态及利用率均达到最佳的目的。

6.1.1 建筑设备自动化系统设计依据

建筑设备自动化系统是智能建筑的重要系统，国内外有关组织先后制定了不少标准和规范，在进行系统设计时必须熟悉这些文件，并以这些文件作为设计的依据。现将主要设计标准和规范分列如下：

(1)《智能建筑设计标准》（GB 50314—2015）
(2)《民用建筑电气设计规范》（JGJ 16—2008）
(3)《供配电系统设计规范》（GB 50052—2009）
(4)《建筑给水排水设计规范》（GB 50015—2003）（2009年版）
(5)《民用建筑供暖通风与空气调节设计规范》GB 50736—2012
(6)《综合布线系统工程设计规范》（GB/T 50311—2007）
(7)《低压配电设计规范》（GB 50054—2011）
(8)《建筑电气安装工程施工质量验收规范》（GB 50303—2015）
(9)《公共建筑节能设计标准》（GB 50189—2015）
(10)《智能建筑弱电工程设计与施工》（09X700）
(11)《自动化仪表工程施工及验收规范》（GB 50093—2013）
(12)《智能建筑工程质量验收规范》（GB 50339—2013）等
(13) LON 协议和标准
(14) BACnetNASI/ASHRAESPC 125p 标准

6.1.2 建筑设备自动化系统设计原则

建筑设备自动化系统的设计具有很大的灵活性，应根据建筑物的整体功能需求和物业管理方式控制水平，根据建筑物内不同区域的要求和被控系统的各个特点，选择技术先进、成熟、可靠、经济合理的控制系统方案和设备，避免投资的盲目性。系统设计时要遵循下列原则：

1) 建筑设备自动化系统应支持开放式系统技术，应建立分布式控制网络。
2) 技术先进、成熟、功能实用性强。

3) 设备与系统的开放性和互操作性。
4) 可集成性。
5) 系统安全性。
6) 可靠性和容错性。

6.1.3 建筑设备自动化系统网络结构

1. 建筑设备自动化系统规模的划分

在确定建筑设备自动化系统网络结构、通信方式、控制问题及监控中心的规划时，系统规模的大小是需要考虑的主要因素之一。另外，不同厂家推出的建筑设备自动化系统产品说明或综述中大多数都涉及规模划分问题。根据《民用建筑电气设计规范》JGJ/T16—2008 的规定，参考国外对工业过程实施管控的分布式计算机控制系统的划分，建筑设备自动化系统规模，可按实时数据库的硬件点和软件点数区分为小型、中型、大型，见表6-1。

表6-1 建筑设备自动化系统规模

系 统 规 模	实时数据库点数
小型系统	≤999
中型系统	1000～2999
大型系统	≥3000

需要指出的是，建筑设备自动化系统各厂家有关实时数据库点数的规定差异很大，例如小型系统有的规定为1000点以下，有的规定为1500点以下，其原因都是根据各自产品的应用条件来描述规模大小的，并没有一个确切的规范依据，因此表6-1的意义在于给出一个明确的量化标准，而不在于其具体的量化值。

2. 建筑设备自动化系统的网络结构

建筑设备自动化系统实质上是一个局域网系统，同时也是实时过程控制系统，其网络结构包括集中式控制系统、分布式控制系统、现场总线控制系统、网络集成系统。建筑设备自动化系统网络结构的合理性决定了整个系统的稳定性、可靠性以及投资的合理性，因此必须认真规划，仔细设计。建筑设备自动化系统网络结构的选定一般应符合下列设计原则：

1) 满足集中监控的需要。这是采用建筑设备自动化系统的目的。凡是能够实现集中监控的系统均认为是可用系统，但并非都是理想的优化系统。

2) 网络结构应与系统规模相适应。监控点少的小型系统可采用集中控制系统和星形网络拓扑。监控点多、复杂的大型系统就适宜采用树形或综合型式的集散型系统或分布型系统，甚至网络集成型系统。

3) 尽量减少故障波及面，实现"危险分散"。实现危险分散主要是针对中、大型系统而言，特指分布式系统时，一个分站的故障仅仅限定在有限的范围内；中央站故障仅对集中管理的性能有所降低，但应不至于影响分站的功能。

4) 减少初投资。节省初投资的重要性是不言而喻的，但不能降低系统的可靠性。不同生产厂商的报价可能极为悬殊，设计者有义务作深入的考核，综合分析产品的性价比，以适用为原则，保证可靠性，尽量较少初投资选择性价比最高的产品。

5) 系统扩展易于实现。系统易于扩展是对一切建筑设备自动化系统的要求，小型系统需要扩展的是监控点，大型系统需要扩展的是分站。对分期实施的系统，对选定设备的扩展能力应做出慎重分析和规划。

根据《民用建筑电气设计规范》JGJ 16—2008 的规定，建筑设备自动化系统宜采用分布式系统和多层次的网络结构，并应根据系统的规模、功能要求及选用产品的特点，采用单层、两层或三层的网络结构，但不同网络结构均应满足分布式系统集中监视操作和分散采集控制的原则。大型系统宜采用由管理、控制、现场设备三个网络层构成的三层网络结构，如图 6-1 所示；中型系统宜采用两层或三层的网络结构，其中两层网络结构宜由管理层和现场设备层构成；小型系统宜采用以现场设备层为骨干构成的单层网络结构或两层网络结构。

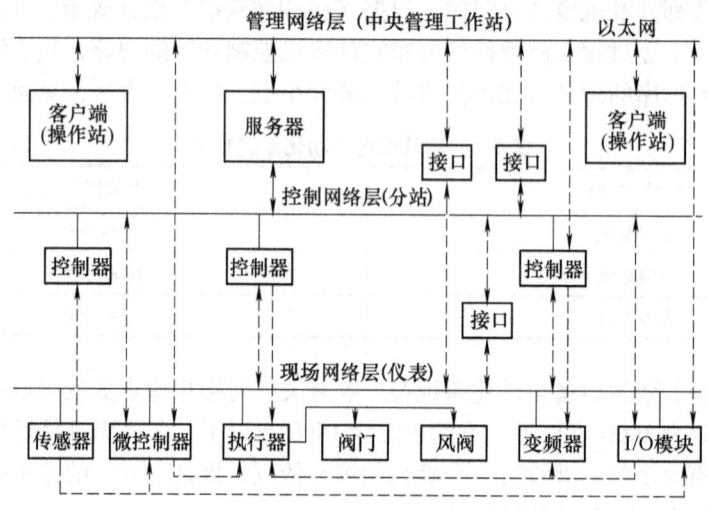

图 6-1 建筑设备监控系统三层网络系统结构

各网络层应符合下列规定：

（1）管理网络层 管理网络层应完成系统集中监控和各种系统的集成，并且应具有下列功能：监控系统的运行参数；检测可控的子系统对控制命令的响应情况；显示和记录各种测量数据、运行状态、故障报警等信息；数据报表和打印。

（2）控制网络层 控制网络层应完成建筑设备的自动控制，即对主控项目的开环控制和闭环控制、监控点逻辑开关表控制和监控点表时间控制。控制网络层应由通信总线和控制器组成，通信总线的通信协议宜采用 TCP/IP、BACnet、LonTalk、Meter Bus 和 ModBus 等国际标准；控制网络层的控制器（分站）宜采用直接数字控制器（DDC）、可编程序逻辑控制器（PLC）或兼有 DDC、PLC 特性的混合型控制器（HybridController，HC），在民用建筑中，除有特殊要求外，应选用 DDC。

（3）现场网络层 现场网络层应完成末端设备控制和现场仪表设备的信息采集和处理。中型及以上系统的现场网络层，宜由通信总线连接的现场控制器、分布式智能输入输出模块和传感器、电量变送器、照度变送器、执行器、阀门、风阀、变频器等智能现场仪表组成。

现场网络层宜采用国际标准通信总线。现场控制器应具有对末端设备进行控制的功能，并能独立于控制器（分站）和中央管理工作站完成控制操作。现场控制器宜直接安装在被控设备的控制柜（箱）里，成为控制设备的一部分。

作为控制器组成部分的分布式智能输入输出模块，通过通信总线与控制器计算机模块连接；智能化仪表通过通信总线与控制器、微控制器进行通信，若现场仪表是常规仪表，则与控制器、微控制器和智能输入输出模块的配线要一对一连接。

6.2 建筑设备自动化系统的设计步骤

建筑设备自动化系统（BAS）在工程中成功、有效地运行，与其设计是密切相关的。BAS功能的发挥，节能效益的体现、系统成本的节约、系统结构的合理性等重要环节均是由设计决定的。与其他工程设计一样，建筑设备自动化系统的工程设计分为方案设计、初步设计和施工设计3个阶段。

6.2.1 方案设计

在方案设计阶段，主要完成对系统的大致功能和主要目标的规划，并提出详细的可行性研究报告，这项工作一般是由业主和设计院共同完成。方案设计阶段的工程设计步骤如下：

1. 需求分析、规划大致的功能和实现目标

首先应根据目标建筑物所处的地理位置、建筑物用途、建筑设备规模与控制工艺及监控范围等工程情况，确定出建筑物内实施自动化控制及管理的各功能子系统，即确定建筑设备自动化系统组成，写出用户的需求基本分析。还需了解业主的具体需求以及期望达到的目标，规划出建筑设备自动化系统的各个子系统的范围和功能要求，写出系统硬件基本配置要求和系统软件基本配置要求。

2. 进行可行性研究

可行性报告的主要内容一般包括：用户需求分析；技术上与经济上的可行性分析；系统硬件基本配置；系统软件基本功能要求；系统基本估计与预算。

6.2.2 初步设计

该步骤在BAS方案设计及土建机电初步设计图完成后进行。初步设计文件应满足编制施工图设计文件的需要，应包括：

1）初步设计文件说明书，包括系统的功能、组成、监控点数及其分布；系统网络结构；系统硬件选型及其配置；系统软件功能及其组态；系统供电要求；线路敷设方式及其他要求。

2）初步设计图样。包括BA系统网络结构示意图，设备监控原理框图、监控总表、主要的设备及材料表等，供方案审查、招投标文件编制、概算使用。

初步设计阶段的工程设计步骤如下：

1. 确定各个子系统控制方案

在方案设计的基础上，由工程实际情况出发，对BA系统的功能进一步地取舍，确定哪些设备或系统要纳入BA系统，从而确定BA系统需要由哪些子系统组成；然后结合土建机电初步设计图样，对于需要进行自动化控制的各功能子系统，给出详细的控制功能说明，并说明方案及达到的控制目的，以指导工程设备的安装、调试及工程验收。

2. 系统及设备选型

综合技术、经济各项指标，进行全面、客观地分析比较并实地考察，选取合适的产品；设备选型结合各设备工种平面图，进行监控点划分（监控点应留有 20% 的余量）；根据监控范围，确定系统网络结构和系统软件；根据各设备的控制要求，选用相应的传感器、阀门及执行机构，并配置满足要求的控制器。

3. 根据所选产品技术文件，绘制各个子系统的控制原理图

主要参考被控建筑设备的位置分布、控制工艺、技术要求等资料，并根据所选定的产品进行设计，绘制出建筑设备自动化系统的控制原理图，必须使用标准图例符号绘制，根据使用的控制设备的不同，可以选用单元控制器或 DDC。控制原理图主要包括：冷源系统原理图、换热器系统原理图、空调机组原理图、新风机组原理图、送排风机原理图、给排水监控系统原理图、照明监控系统原理图、供配电监控系统原理图、电梯监控系统原理图。

4. 根据监控原理图，确定监控点数，编制各个子系统的监控点表

1）将监控点分为 DI、DO、AI、AO 四种类型，分别对应开关量的输入输出端口及模拟量的输入输出端口，根据监控原理图确定各类检测点和控制点的数量。

2）按子系统分别统计监控点数，并编制各子系统监控点表。

5. 绘制建筑设备自动化系统的控制网络图

根据监控点表，确定 DDC 控制箱，给每个 DDC 控制箱编号。一般情况下，DDC 控制箱放置在被控设备附近，应避免传感器与 DDC 的连线过长，造成信号衰减。根据选定的系统结构和 DDC 控制箱在楼层内的分布，绘制建筑设备自动化系统总控制网络图。

6. 确定设备安装的位置及布线

根据网络结构规划、建筑的结构平面确定 BA 系统的安装位置及总线路由。如：确定中央控制室位置及使用面积，分站位置及分布等。

7. 明确与相关专业的接口和界面

BA 系统几乎涉及建筑所有设备工种，设计过程中要注意与相关工程密切配合，熟悉其工艺设备工况、控制要求和范围，绘制设备控制原理图，并对机电设备控制接口提出具体要求。

6.2.3 施工图设计

施工图设计要在经过招投标或调研，确定了具体产品后进行，一般由集成商根据其初步设计文件来完成。施工图设计文件，应满足设备材料采购、非标准设备制作和施工的需要。主要的设计文件包括：图纸封面、图纸目录、设计说明、设备材料表、控制对象监控分表、监控总表、BA 系统网络图、设备监控原理图、DDC 外部接线图、控制室平面布置图、BA 系统各层设备平面布置图及管线敷设图。在施工图设计阶段，设计步骤及内容如下：

1）确定控制对象系统监控方案，包括系统组成及工作原理、各个控制系统要求。

2）画出各子系统的控制原理图。施工图及建筑设备自动化系统的控制原理图应表示出全部控制系统的原理图，要标注传感器、控制器、执行器的位号和点号。

3）按控制对象系统编制监控分表。在初步设计的基础上，按照水、电、通专业再次提出的详细资料，重新复核检测控制的内容和数量，编制监控分表。

4）确定分站的位置及数量，画出分站监控原理接线图。根据现场设备情况，合理选择 DDC 监控范围，确定 DDC 位置及数量，确定 DDC 布线长度，画出 DDC 监控原理接线图。

5）进一步完善监控总表。

6）确定中央站硬件组态，监控中心的位置，画出监控中心设备布置图，对中央站供电电源、用房面积，环境条件提出具体要求。

7）确定系统的网络结构，画出系统网络图。应表示出全部控制系统的配置框图，表明每台控制器的位号以及相互之间的联系、相互位置和网络拓扑结构，连接数量是否超出规定。

8）画出各层 BA 系统设备布置平面，包括中央站与控制器之间、控制器与控制器之间、控制器与现场设备之间的相对位置和接线及敷设方式，图中要标注设备的位号、位置相对、电缆号、敷设方式以及注意事项等。

6.3 建筑设备自动化系统设计中需要注意的问题

6.3.1 编制监控点表

在确定出被控设备的数量及相应的控制方案后，需制作出每一被控设备要进行监控的点数及监控点的性质，核定对指定监控点实施监控的技术可行性，绘制监控点一览表。监控点表的编制应符合下列规定：

监控点表是把各类建筑设备要求监控的内容按输入输出分类，逐一列写的表格，它一方面反映了监控系统的监控目标，另一方面反映了监控点的性质及所要选用的传感器、阀门及执行机构，所以编制监控点表是建筑设备自动化系统设计中非常重要的一步。

1. 编制监控点表的工作流程

1）应在各工种设备选型之后，根据控制系统结构图，由 BA 系统设计人员与各工种设计人员共同编制。

2）BA 系统设计人员根据系统结构图和工艺要求设置监控点。

3）各工种设计人员从工艺角度参与 BA 系统设计人员的监控设计，帮助完善设计，保证 BA 系统设计在监控点设置、数量、种类及仪表安装位置、仪表参数、执行机构选择、电缆沟或电缆桥架设置等能够满足工艺要求并与各工种设备相协调。

2. 编制监控点一览表的要求

1）为划分分站、确定分站 I/O 模件选型提供依据。

2）为确定系统硬件和应用软件设置提供依据。

3）为规划通信信道提供依据。

4）为系统能以简洁的键盘操作命令进行访问和调用具有标准格式的显示报告与记录文件创造前提。

3. 监控点表的内容

1）设备名称、编号、数量；设备安装楼层及安装部位；监控点的被监控量；监控点所属类型。

2）DDC 编号；通信系统为多总线系统时的总线编号；监控点管线编号。

4. 监控点表的推荐格式

监控点表的格式以简明、清晰为原则，根据选定的建筑物内各类设备的技术性能，有针对性地进行制表，监控点一览表和 DDC 监控点表推荐的参考格式见表 6-2 和表 6-3。

表6-2 建筑设备自动化系统监控点一览表

序号	设备名称	设备数量	输入输出点数量统计				数字量输入点DI								数字量输出点DO			模拟量输入点AI										模拟量输出点AO		电源
			数字输入DI	数字输出DO	模拟输入AI	模拟输出AO	运行状态	故障状态	过滤网	压差报警	防冻开关	手/自动	液位检测	起停控制	阀门控制	开关控制	风温检测	水温检测	风压检测	水压检测	温度检测	压差检测	流量检测	阀位检测	电流检测	电压检测	有功功率	功率因数	频率检测	二氧化碳	风阀	水阀	
1	空调机组	2	20	6	18	10	4	4	2	4	2	4		4	2		8	8												2	6	4	
2	新风机组	17	102	34	68	51	17	17	17	17	17	17		17	17		34	34													17	34	
3	送风机	9	18	9			9	9						9																			
4	排烟机	3	6	3			3	3						3																			
5	冷冻机组	3	3	3	7	1	3							3	6			4				1	1		1							1	
6	冷冻水泵	3	12	9			12	3						3	6																		
7	冷却水泵	3	12	9			12	3						3	12																		
8	冷却塔	3	15	15			15							3	1	12																	
9	膨胀水箱	1	2	1									2	1																			
10	热交换器	2	2	2	10	2	2							2				6		1		1		2								2	
11	热水循环泵	2	2	2			2							2																			
12	生活水泵	2	2	2			2							2																			
13	生活水箱	1	4	1									4																				
14	排水泵	2	2	2			2							2																			
15	集水坑	1	3										3																				
16	污水泵	2	2	2			2							2																			
17	污水池	1	3										3																				

第6章 建筑设备自动化系统设计

(续)

序号	项目 日期 设备名称	设备数量	输入输出点数量统计 数字输入DI	模拟输出DO	模拟输入AI	模拟输出AO	数字量输入点DI 运行状态	故障状态	水流状态	压差报警	液位检测	手/自动	高温报警	数字量输出点DO 起停控制	阀门控制	开关控制	模拟量输入点AI 风温检测	水温检测	风压检测	水压检测	湿度检测	压差检测	流量检测	阀位检测	电流检测	电压检测	有功功率	功率因数	频率检测	电能	模拟量输出点AO 风阀	水阀	电源
18	变压器	2	2		30								2																				
19	低压配电柜	10	51				51																		6	6	6	6	6	6			
20	照明配电箱	7	96	48			48	4				48			48																		
21	电梯	2	12				8	4																									
22	合计		369	145	133	64																											

表6-3 DDC配置一览表

项目 DDC编号	序号	监控点描述	设备位号	通道号	DI类型 电压输入	接点输入	其他	DO类型 电压输入	接点输入	其他	模拟量输入点AI要求 信号类型 温度	湿度	压力	流量	其他	供电电源	其他	模拟量输出点AO要求 信号类型	供电电源	其他	DDC供电电源引自	管线要求 导线规格	管线型号	管编号	穿管直径
	1																								
	2																								
	3																								
	4																								
	5																								
	6																								
	7																								

5. 现场总线控制网络测控点与监控点表的关系

1）使用现场总线的控制网络或部分控制网络的测控点不列入监控点表，但应确定现场总线设备的个数，进而确定通信端口总数。

2）根据控制对象的规模、技术要求和经费情况确定系统的基本网络架构。

3）根据确定的网络架构决定采用何种现场总线。

4）根据采用的现场总线确定网络的拓扑结构、节点的连接形式及端口数量。

6.3.2 现场控制器 DDC 的配置

在建筑设备自动化系统设计的初步阶段和设计阶段，现场控制器 DDC 主要完成末端设备的控制和现场仪表的信息采集和处理。

1. 现场控制器 DDC 的设置

在进行现场控制器的选型设计时，首先要明确现场控制器 DDC 的设置原则。

1）现场控制器 DDC 的设置应主要考虑系统管理方式，安装调试维护方便和经济性，一般按机电系统的平面布置进行划分，如布置在冷冻站、热交换站、空调机房、新风机房等控制参数较为集中之处，以达到末端元件距离较短为原则（一般不超过50m），也可根据要求布置在弱电竖井中。

2）一个现场控制器实际所用监控点数不超过最大容量的90%，即每台控制器的监控点数，应留有余量，不宜小于10%，必须考虑冗余和扩展的措施。

3）现场控制器一般可选用壁挂式结构，其安装高度可参考动力或照明配电箱的要求，底边距地1.5m；在设备集中的机房控制模块较多时，现场控制器可选落地柜式结构，柜前操作净距不小于1.5m。

4）控制器箱可与被监控设备的电气控制箱（柜）合并设置，合用的电气控制箱（柜）还应符合相关国家现行标准的要求。

5）有标准电气信号接线端口的通用控制器应安装在控制箱内，且控制箱应符合下列规定：

① 控制器箱宜布置在靠近被监控设备的区域，也可按需求布置在现场指定区域。

② 控制器内环境应能保证控制器的可靠性工作，布置在特殊环境的控制箱应具备相应的防护等级。

③ 控制器箱内空间应便于接线、安装设备操作。

④ 控制箱内应设置接线端子排。

⑤ 控制箱内的电源应满足控制器及执行器的供电要求。

⑥ 控制器箱门上应设置控制箱内配线连接图，并宜设置用于放置维护资料的措施。

2. 现场控制器 DDC 的选型

1）按照监控点表，统计每个 DDC 所要监控的信号数量和类型。

2）熟悉了解选用的 DDC 产品，如控制器或输入输出模块的类型、输入输出端口的形式和数量。

3）确认 DDC 的 I/O 口与监控点的信号类型是否匹配，以保证系统的正常调试和运行。通常，各厂家设计的 I/O 口均可通过跳线方式满足不同信号的要求。

6.3.3 建筑设备自动化系统中现场设备的配置

BAS 现场设备可以分为两大类：一类是检测设备；另一类是现场执行设备。

1. 检测设备的配置

建筑设备自动化系统中常用现场模拟量检测设备有温湿度传感器（室内外风管温度、水管温度传感器）、压力传感器（风管压力、压差、水管压水位传感器、蒸汽压力传感器）、流量传感器、电量传感器、空气质量传感器（包括 CO_2 等）、风速传感器、液位传感器；现场开关量检测设备有压力压差开关、温度开关（防冻开关）、流量开关、液位开关。

检测设备的选择内容包括仪表设备的适用范围、量程、输出信号、测量精度、尺寸规格、防护等级、安装方式等；检测设备的选择原则为在满足仪表设备测量精度和安装场所要求的前提下，应尽量选择结构简单、稳定可靠、通用性强、满足工艺要求的检测设备。

(1) 传感器的配置应符合下列规定

1）应确定传感器的种类、数量、测量范围、测量精度、灵敏度、采样方式和相应时间。

2）当多项功能选取一个传感器完成时，该传感器应同时实现各项功能需求的最高要求。

3）当以安全保护和设备状态检测为目的时，宜选用开关量输出的传感器。

4）传感器应提供标准电气接口或数字接口，当提供数字通信接口时，其通信协议应与监控系统兼容。

5）经过传感、转换和传输过程后的测量精度应满足功能设计的要求。

6）应符合功能设计中的安装位置要求，并应满足产品的安装要求。

7）应根据传感器的安装环境选择保护套管和相应的防护等级。

8）宜预留检测用传感器的安装条件。

(2) 压力（压差）传感器的配置应符合下列规定

1）测压点应选在直管段上流动稳定的地方，测量液体时，安装孔应设在管道下部；测量气体时，安装孔应设在管道上部。

2）在同一水系统上布置的压力传感器宜处在同一标高上。

3）水管压差传感器的两端接管应连接在水流速较稳定的管路上。

4）测量流体管网最不利点压力时，宜选择在管网主要分支处进行多点布置。

5）风道压力传感器，应布置在空气均匀混合的直风道内，不宜布置在空气处理设备内部。

(3) 流量传感器的配置应符合下列规定

1）应耐受管道介质最大压力。

2）安装位置应满足产品所要求的安装条件。

3）选用具有较低水流阻力的产品。

(4) 温度、湿度传感器应符合下列规定

1）应布置在能反映被测区域参数的部位，且附近不应有热源和湿源。

2）风道和水道温度传感器应保证插入深度。

3）壁挂式空气温度传感器应布置在空气流通、能反映被测空间空气状态的部位，不应布置在阳光直射处和靠近风口处。

4）与风机盘管和变风量末端等设备配套使用的壁挂式空气温度传感器，应布置在能反映其对应设备服务区域温度的部位。

5）对于大空间场所，宜布置多个空气温度、湿度传感器。

6）室外温度、湿度传感器应布置在能真实反映室外空气状态的位置，不应布置在阳光直射的部位和靠近新风口、排风口的部位，并宜采用气象测量用室外安装箱。

2. 执行器的配置

BAS 的现场执行设备的主要功能是接受现场控制器的信号，对现场参数进行自动或远程调节。BAS 的现场执行器由执行机构和调节机构组成，常用的电动执行机构有回转电动执行机构及多回转电动执行机构。电动调节阀的电动执行器的选型方法见第 2 章。

（1）执行器的配置应符合下列规定

1）应确定执行器的种类、反馈类型、调节范围、调节精度和相应时间。

2）执行器应提供标准电气接口或数字通信接口；当提供数字通信接口时其通信协议应与监控系统兼容。

3）经过转换、传输和动作过程后的调节精度应满足设计要求。

4）执行器的位置应符合设计要求，并应满足产品动作空间和检修空间的要求。

5）当采用电动机驱动的执行器时，应具有限位保护。

（2）阀门执行器的配置应符合下列规定

1）当仅用于设备通断或水路切断时，应采用电动调节阀。

2）当需对阀门进行连续调节时，宜采用电动调节阀。

3）执行器的输出力（或力矩）应使阀门在最大关闭压差下可靠开起和闭合。

4）电动调节阀的选择，应根据工艺条件、流体特性、调节系统要求及调节阀管道连接形式等因素确定。

5）宜选用带有电源故障复位功能的阀门执行器，并应根据工艺要求确定断电时位置。

（3）风阀执行器的配置应符合下列规定

1）风阀执行器的输出扭矩应使风阀在最大风压下可靠开起和关闭。

2）当风阀面积过大时，可选多台执行器并联工作。

（4）变频器的配置应符合下列规定

1）变频器的规格型号应按负载的负荷特性和电动机的额定电流选择。

2）并联运行的风机或水泵应同时设置变频器，切频率应同步调节。

3）宜选择带有防电磁干扰措施的环保产品。

6.3.4 建筑设备自动化系统的监控中心设计

1. 监控中心设计

监控中心的工作室组态应根据系统规模大小决定，中型以上系统除中央控制室外宜附设若干专用室或不同形式隔断的工作区。按需要可附设的专用室或工作区有：电源室（区）；软件人员工作室（区）；硬件人员工作室（区）；备品保管室；信息媒体保管室。监控中心宜设在主楼底层，在确保设备安全的条件下亦可设在地下层。网络设备和数据库设备保证设备正常工作时对环境有温度、湿度和含尘量的要求，该监控中心的技术要求见表 6-4。

表6-4 建筑设备自动化监控中心的技术要求

序号	项目	要求
1	室内净高（梁下或风管下）	≥2.5m
2	楼面等效均布活荷载	≥4.5kN/m²
3	墙面材料	防静电地面
4	顶棚、墙面	浅色无光涂料，表面不起灰
5	门及宽度	外开双扇防火门1.2~1.5m
6	窗	良好防尘
7	温度	18~28℃
8	相对湿度	40%~70%
9	照度	500lx
10	应急照明	设置

2. 监控中心平面布置

监控中心机房设备应根据系统配置及管理需要分区布置，当几个系统合用机房时，应按功能分区。需要经常监视或操作的设备布置应便于监视或操作。设备的间距和通道应符合下列规定：

1）机柜正面相对排列时，其净距离不应小于1.5m。
2）背后开门的设备，背面离墙边净距离不应小于0.8m。
3）机柜侧面距墙不应小于0.5m，机柜侧面离其他设备净距不应小于0.8m，当需要维修测试时，则距墙不应小于1.2m。
4）并排布置的设备总长度大于4m时，两侧均应设置通道。
5）通道净宽不应小于1.2m。

6.3.5 建筑设备自动化系统辅助设施

建筑设备自动化系统辅助设施设计内容应包括供电、线缆类型、敷设方式、防雷与接地。

1. 建筑设备自动化系统供电电源

建设部2014年颁布的JGJ/T 334—2014《建筑设备监控系统工程技术规范规范》对建筑设备自动化系统的供电设计，做了如下规定：

1）数据库和集中监控的人机界面应配置不间断电源装置，其容量不应小于用电容量的1.3倍，其供电时间不宜少于30min。
2）控制器和传感器宜配置不间断电源装置；采用无线通信的传感器和控制器的供电方式应满足使用要求。
3）执行器宜采用现场供电的方式。当执行器采用220V及以上交流电驱动时，应配置具有手动/自动转换开关的电气控制箱（柜），并应在电气控制箱（柜）内预留供控制器使用的辅助触点和端子排，控制点应为无源干接点。
4）控制器供电电源质量不应受到电磁谐波的干扰。
5）控制器与现场被控设备应有不同回路供电。

实际工程设计中，监控中心内一般设置不间断电源（UPS）装置，其容量应不小于由其供电的全部用电容量的1.5倍，UPS的供电时间不低于30min。不间断电源装置的供电电源一般由变配电所引出专用回路供电，负荷等级不低于所处建筑中最高负荷等级，监控中心内系统主机及其外部设备宜设专用配电盘，通常不宜与照明、动力混用。电源供电质量应满足产品要求，若无明确要求或所提要求过低，则参照计算机供电电源质量要求的C级标准：电压波动≤10%，频率变化≤±1Hz，波形失真率≤±20%。

分站（DDC）的电源可由监控中心专用配电箱以放射式或树干式供电。当系统规模较大时，也可就地采用同级别电源供电。对于含有CPU的分站，应设备用电池组，且支持分站全部负荷运行不小于72h，保证停电时不间断供电。

2. 建筑设备自动化系统线缆类型及敷设方式

《建筑设备监控系统工程技术规范》JGJ/T 334—2014对建筑设备自动化系统的线缆类型与敷设方式做了如下规定：

1）应根据系统设备位置确定线缆路由。

2）信号线缆应根据控制信号传输距离、抗电磁干扰性能和冗余备用等因素进行选择，并应满足所采用的通信技术的要求。

3）信号线缆宜采用屏蔽线缆，且截面不应小于$0.75mm^2$。

4）供电线缆的选择应符合现行行业标准《民用建筑电气设计规范》JGJ 16的规定，向传感器供电的电缆截面不宜小于$0.75mm^2$。

5）金属导管或金属槽盒内，穿导管的总截面积（包括外护层）不应超过金属导管或金属线槽内截面积的40%。

实际工程设计中，中央站至分站、分站之间的通信电缆，应根据采用的计算机局域网及建筑设备自动化系统在数据传输率、未来可兼容性和硬件成本等多方面综合考虑确定。一般宜采用双绞线、同轴电缆或光缆，在满足速率的要求时，宜优先选用双绞线，截面积为$0.5\sim1mm^2$；当需要穿越户外时，宜选用同轴电缆；在强干扰环境中和远距离传输时，宜选用光缆。

分站至现场设备（传感器和阀门等）的信号电缆，宜采用截面积为$1\sim1.5mm^2$的普通铜芯导线或控制电缆，例如RVS、RVSP、RVV、RVVP和KVV等。根据具体控制系统与控制要求确定是否采用软线及屏蔽线，一般模拟量输入输出采用屏蔽电缆，开关量输入、输出采用普通无屏蔽电缆。导线芯数宜根据具体控制系统与控制要求而定。分站、现场设备的电源线一般采用BV-(500V)$2.5mm^2$铜芯聚氯乙烯绝缘线。

3. 建筑设备自动化系统防雷与接地

建筑设备自动化系统的防雷与接地设计除了应符合现行国家标准《建筑物电子信息系统防雷技术规范》GB 50343的规定外，还应符合下列规定：

1）控制器箱金属外壳、金属导管、金属槽盒和线缆屏蔽层，均应可靠接地。

2）当信号线缆和供电线缆由室外引入室内时，应配置信号和电源的电涌保护器。

6.4 建筑设备自动化系统设计应用实例

本节将通过案例介绍建筑设备自动化系统的设计步骤和设计内容。目标工程为济南市某综合楼楼宇自控系统。此综合办公楼集办公、车库等为一体，总建筑面积约 14 000m²，为一类高层民用建筑。地下一层，地上十六层，总建筑高度为 63.9m。地下一层为设备层，一层为高低压配电室和车库，二层以上为办公室及会议室。

6.4.1 控制方案设计

1. 工程需求分析

业主希望对本工程内主要的机电设备进行集中监视、控制和管理，最终达到舒适、节能和便利的目的。根据业主提供的整体控制要求，本工程建筑设备自动化系统的监控功能主要体现在以下几个方面：

(1) 空调系统 对空调系统的冷水机组、换热器、空调机组、新风机组等设备运行状态监视、故障报警和起停控制，以及相应的节能管理。

(2) 送排风系统 监视控制送排风机的起停、运行状态和故障报警。

(3) 给排水系统 对排水系统的水泵运行状态进行监视、故障报警和起停控制，对水箱的水位进行监视以及过线报警。

(4) 变配电系统 对低压进线回路进行电压、电流、功率、功率因数的数值进行统计，对低压开关柜主开关状态监视，对变压器的温度进行监视。

(5) 照明系统 对建筑物内公共照明、景观照明等照明设备的自动控制与管理。

(6) 电梯系统 电梯运行状态的监视与必要的控制。

根据以上建设要求，确定需纳入建筑设备自动化系统的子系统有：制冷站监控系统、热交换监控系统、空调机组监控系统、新风机组监控系统、送排风监控系统、给排水监控系统、公共照明控制系统。此外，如果将来需要对楼宇自控系统进行扩充，则只需要通过在 LonWorks 网络上简单地增加 DDC 和相应的传感器，即可实现系统功能的扩展。根据冷冻、空调、变配电、热力、给排水等相关专业提供的设计条件（资料），确定需要监控的设备种类、数量、分布情况，见表 6-5。

表 6-5 被控设备清单一览表

系统	设备名称	数量	单位	备注
空调制冷系统	冷水机组	3	台	地下一层制冷机房
	冷冻水泵	3	台	地下一层制冷机房
	冷却水泵	3	台	地下一层制冷机房
	冷却水塔	3	台	4 层裙房屋面
	膨胀水箱	1	个	地下一层制冷机房
	空调机组	2	台	1 层空调机房
	新风机组	17	台	2 层 2 台/3 层 3 台/4~15 层各 1 台
热交换系统	汽水换热器	2	台	地下一层制冷机房
	热水循环泵	2	台	地下一层制冷机房
	补水泵	2	台	地下一层制冷机房
送排风系统	送风机	9	台	屋顶 7 台/地下一层 2 台
	排风机	3	台	一层车库

(续)

系统	设备名称	数量	单位	备注
变配电系统	变压器	2	组	一层配电室
	高压进线	2	路	一层配电室
照明系统	照明配电箱	15	个	1~15层强电配电间
给排水系统	生活水泵	2	台	地下一层泵房
	蓄水池	1	个	地下一层泵房
	生活水箱	1	个	屋顶
	污水泵	2	台	地下一层泵房
	污水坑	1	个	地下一层泵房
	排水泵	2	台	地下一层泵房
	集水井	1	个	地下一层泵房
电梯系统	电梯	3	部	机房层

2. 确定各功能子系统的控制方案

根据前面的工程需求分析，可以确定建筑设备自动化系统各个子系统的控制方案。

(1) 冷冻站系统　制冷站监控系统是整个空调系统的核心，本工程冷冻站系统由3台冷水机组、两台冷冻水泵、两台冷却水泵、两台冷却水塔风机和一个膨胀水箱等组成。由于制冷系统是建筑物内的用电大户，也是直接决定办公环境好坏的重要系统，并且该系统设备价格昂贵、日常保养和维护工作所需的人力和物力也很大。因此，对冷/热源系统实施有效的监控和管理是至关重要的。冷冻站控制系统具体监控内容如下：

1) 冷水机组、冷冻水泵、冷却水泵、冷却塔风机的运行状态监测及故障报警。

2) 按冷冻机起停工艺要求顺序起停相应的冷冻水泵、冷却水泵、冷却塔、冷水机组及有关阀门。

3) 用水流开关监视水流状态。

4) 监测冷冻水的供回水温度、压力和供水流量，监测冷却水的供回水温度。

5) 根据冷冻水供水流量和供回水温差计算建筑物实际冷负荷，据此控制冷水机组运行台数，节约能源，提高设备使用效率。

6) 根据冷冻水供回水总管压差，控制冷冻水旁通阀的开度，调节管网压差，保证供水压力稳定。

7) 根据冷却水供回水温度，控制冷却水旁通阀的开度及冷却塔风扇的起停，保证冷却水温度满足工艺要求和最大限度的节约能源。

8) 膨胀水箱设置液位开关，可在中控室监测液位。达到补水液位时开起补水阀，高液位后关闭补水阀。

(2) 热交换监控系统　热交换通过安装在热交换器供水管温度传感器、调节阀等设备，由DDC内置的控制算法，如PID和优化PID算法，DDC发出控制信号到电动调节阀，调节水管内的水流量，保持二次侧供水温度在要求的控制范围内。本工程热交换系统由两台热交换器、两台热水循环泵等组成。具体监控内容如下：

1) 在换热器一、二次管路上通过安装温度传感器测量水温。

2) 在换热器一次水进口设置调节阀,调节阀门开度使二次出水温度保持在设定值。

3) 在每台循环水泵处安装水流开关,监视水泵运行情况。

4) 根据系统时间表和使用情况控制水泵的起停,并监视水泵状态,自动进行主备泵的切换。

5) 记录设备运行参数和统计设备累计运行时间,平衡设备使用率,提醒管理人员定期检修。

6) 加装流量计,满足用户计量和统计方面的要求。

(3) 空调/新风监控系统　空调机组和新风机组都是空调系统中用来调节空气温湿度的末端设备,对其监控的内容基本相同。本工程空调/新风监控系统共设有空调机组两台,新风机组17台,每台机组可由控制器实现自动控制,房间及公共区域的温度和湿度保持在要求的范围内,同时达到管理方便、节省能源、延长设备使用寿命的目的。

1) 空调机组控制系统具体监控内容包括:

① 监视送风和新风温度,计算空气焓值。

② 通过设置在过滤网两侧的压差开关,监视过滤网运行状态。

③ 通过盘管处的防冻开关监视空气温度,防止气温过低损坏盘管。

④ 通过调节在冷热水管道上的阀门,调节送风温度,使送风温度保持在设定值。

⑤ 根据新回风焓值调节风门开度和新回风比例以降低能耗。

⑥ 监测设备的手/自动状态、运行状态及故障状态。

⑦ 编制时间程序自动控制风机起停,并累计运行时间。

2) 新风机组监控的功能如下:

① 监视送风和新风温度,计算空气焓值。

② 通过设置在过滤网两侧的压差开关,监视过滤网状态。

③ 通过盘管处的防冻开关监视空气温度,防止气温过低损坏盘管。

④ 通过调节在冷热水管道上的阀门,调节送风温度。

⑤ 监测新风机组的手/自动状态、运行状态及故障状态。

⑥ 编制时间程序自动控制风机起停,并累计运行时间。

(4) 送排风系统　本工程送排风系统的设备分设在三处,其中顶层设7台正压送风机,一层车库设3台排风机,地下一层送风机房设两台送风机。送排风监控系统只对风机的运行状态、故障报警信号检测,对风机的启停进行控制。

(5) 照明监控系统(见第5章)

(6) 变配电系统(见第5章)

(7) 给排水监控系统　给排水系统包括生活给水系统和污水排水系统,本工程给排水系统设备均设在地下一层,包括生活水泵两台,排水泵两台,污水泵两台,污水池一个,集水坑一个,蓄水池一个、生活水箱一个(设在屋顶)。该系统具体监控功能如下:

1) 监视水池水位,超限报警。

2) 监视和控制各水泵的起停、故障信号。

3) 累计各设备运行时间,提示管理人员定时维修。

4) 根据各泵运行时间,自动切换主、备泵,平衡各设备运行时间。

(8) 电梯系统　本工程在机房层设电梯控制室,有电梯两部,目前电梯系统一般都由厂家配套提供的控制器来控制运行，所以建筑设备自动化系统对电梯系统的监控主要集中于在对电梯的运行状况、故障报警进行监视，由电梯供应商提供相关监视接口实现状态监测，使用触点信号进行监控。

6.4.2 系统及设备选型

建筑设备自动化系统选型以产品质量、性能、可集成性及价格为第一原则，同时兼顾系统产品完整性、与其他系统兼容性、系统可升级等因素，最终上位机软件、DDC、末端检测及执行设备选用海湾公司的 HW-BA5000 楼宇控制系统，该系统基于 LonWorks 现场总线技术开发，选用最先进的数字控制器，具有创新、简洁、高效、可靠等优点，可为其他供应商提供开放性接口，并可根据需要将楼宇控制系统、消防报警系统及安全防范系统及其他子系统集成在统一平台上。

HW-BA5000 系列产品，包含多种基于神经元芯片的 DDC 控制模块和由十几种基本软件功能模块组合而成的配套软件构成。BA5000 系列中的每一种智能控制模块都是 LonWorks 网络中的智能节点，可以直接连接在 LON 时网上。由于设计上实现了软、硬件分离，每种硬件模块可以根据工程需要配置不同种类和数量的软件模块，使得设计人员可以真正按照模块的 I/O 口种类和数量进行设备选型和系统配置，而不必关心其软件实现细节。表 6-6 给出了 HW-BA5000 系列主要软件和 DDC 常用的输入输出模块。

表 6-6　HW-BA5000 系列主要软件和 DDC 常用的输入输出模块

名称	型号	说明
应用软件	iiBS3.0	管理软件系统，可用于楼宇自动化系统控制或系统集成
应用软件	LonMaker3.1	LON 网络组态管理工具，用于构建 LON 网络
LON 网卡	PCLTA-20	PCI 接口的 LON 网卡，用于台式 PC 与 LON 网络相连
LON 网卡	PCC-10	PCMCIA 接口的 LON 网卡，用于笔记本电脑和 LON 网络相连
DDC	HW-BA5201	11UI/2UO/4DO/2AO，通用控制器，适合于空调机、新风机的控制
DDC	HW-BA5202	11UI/7DO，适合配电系统、水泵系统等监测模拟量、控制起停
DDC	HW-BA5203	17DI，适合大量开关量输入信号的采集
DDC	HW-BA5204	9DI/8DO，适合照明、变配电、给排水等系统开关量输入输出控制
DDC	HW-BA5205	11UI/7DI，适合大点数模拟量和开关量数据集中采集
DDC	HW-BA5206-11/6/3	11-3UI，小点数的通用输入模块，是特殊配置时的补充
DDC	HW-BA5207-8/4/2	8-2DO，小点数的输出模块，是特殊配置时的补充
DDC	HW-BA5208	5DI/5D，小点数的输入输出模块，适合于照明、配电、给排水
DDC	HW-BA5209-4/2	4UO，小点数的通用输出模块是特殊配置时的补充
Ⅰ型自控箱	HW-BA5810	可装两个模块，提供对外供电，支持明装和预埋
Ⅱ型自控箱	HW-BA5811	最多可装 4 个模块，提供对外供电，支持明装和预埋

根据现场条件，确定前段传感器，根据风阀、水阀、蒸汽阀等相关阀门的面积、管径、

承压和工作温度等参数的要求,选择阀门的型号,再根据阀门的型号,选择合适的阀门执行器。在前端设备的选用上关键设备如风阀执行器和水阀采用世界知名品牌的产品,从而使系统的先进性、开放性、可靠性、可扩展行得到有效保证,系统造价得到有效控制。

6.4.3 绘制各个监控子系统控制原理图

根据前面上述各个子系统的控制方案,可以绘制出各个子系统的监控原理图。冷冻/冷却水泵监控原理如图 6-2 所示,热交换系统监控原理如图 6-3 所示,空调机组系统监控原理如图 6-4 所示,新风机组系统监控原理如图 6-5 所示,送排风系统监控原理如图 6-6 所示,生活给水系统监控原理图如图 6-7 所示,生活排水系统监控原理如图 6-8 所示,电梯系统监控原理如图 6-9 所示。本次设计图例见表 6-7。

表 6-7 工程建筑设备自动化系统设计图例

图形符号	说明	图形符号	说明
	风机		空气过滤器
	水泵		热电偶
	水冷机组	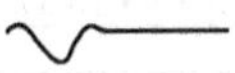	热电阻
	冷却塔	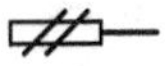	湿度传感器
	热交换器		电动二通阀
	电气配电、照明箱		电动三通阀
	仪表盘,DDC 站		电磁阀
	空气加热、冷却器; S = + 为加热、 S = - 为冷却	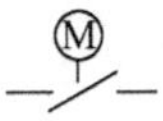	电动蝶阀
	风门		电动风门
	加湿器		

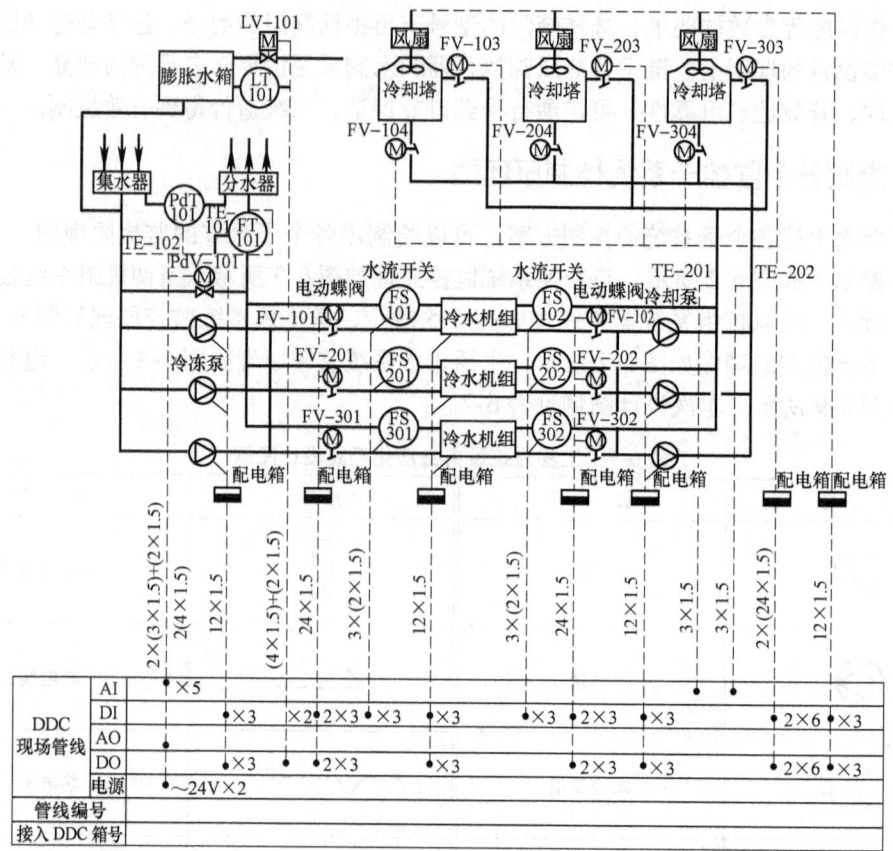

图 6-2 冷冻/冷却水泵监控原理

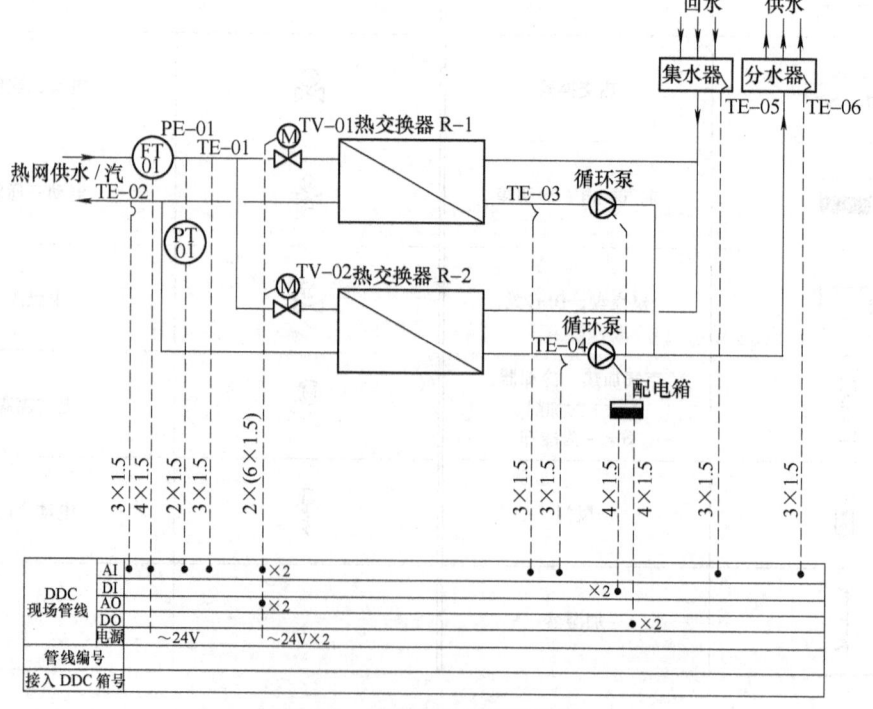

图 6-3 热交换系统监控原理

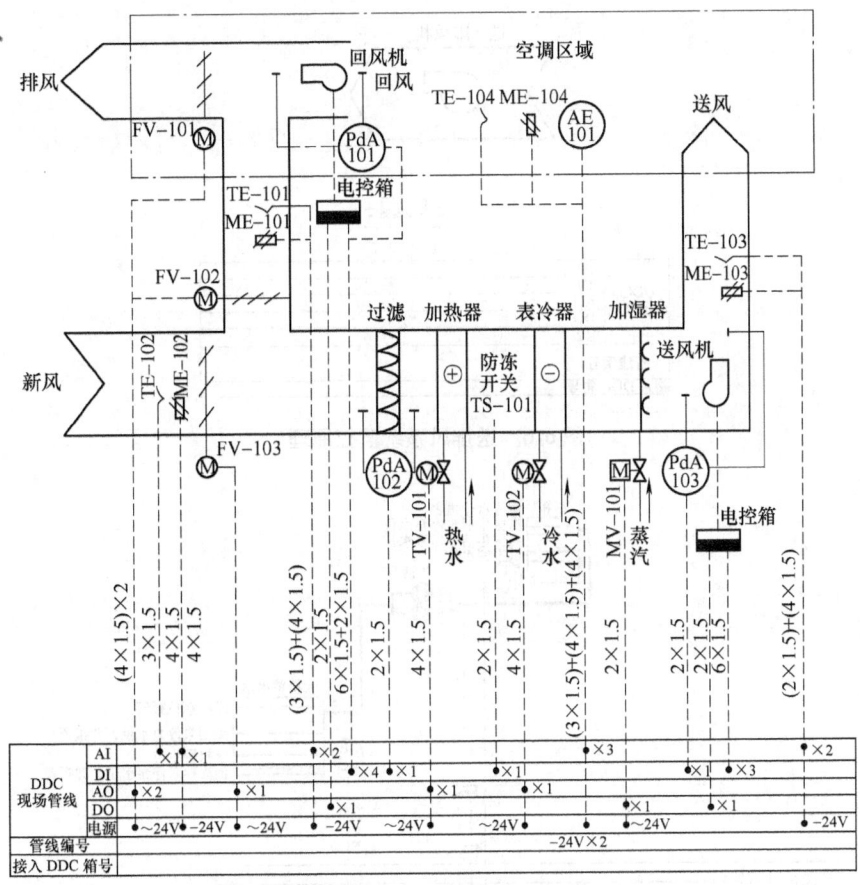

图 6-4 空调机组系统监控原理

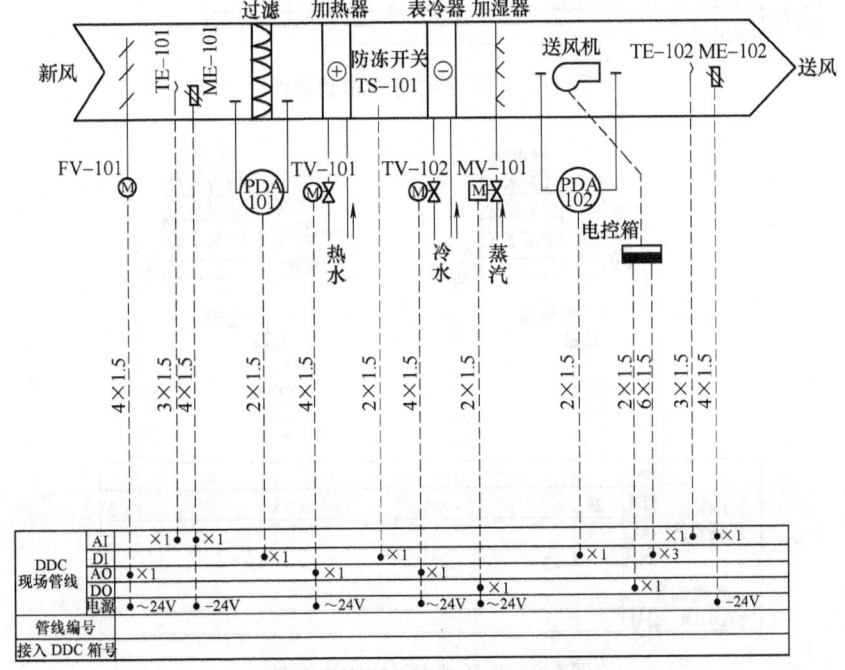

图 6-5 新风机组系统监控原理

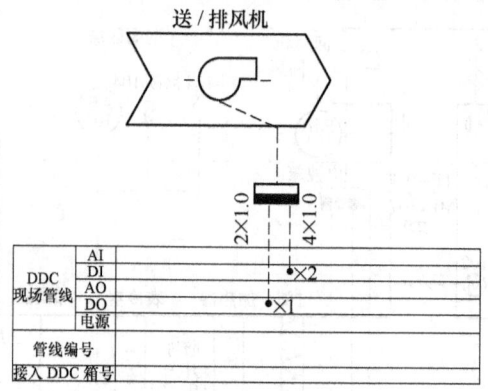

图 6-6　送排风系统监控原理

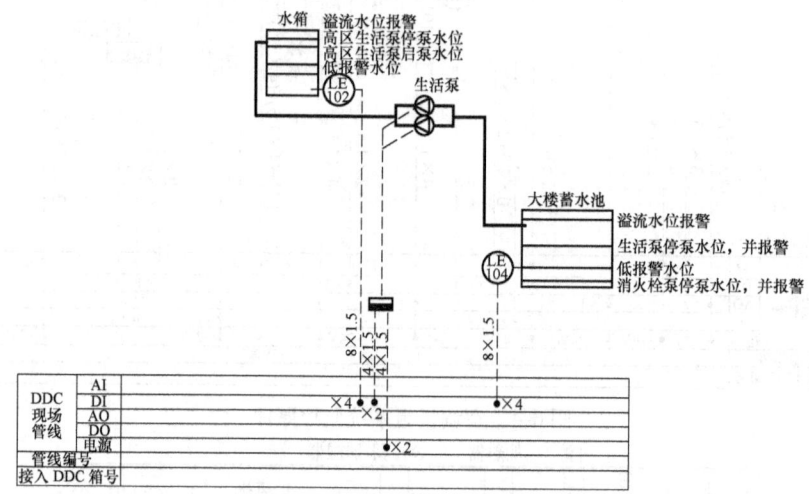

图 6-7　生活给水系统监控原理

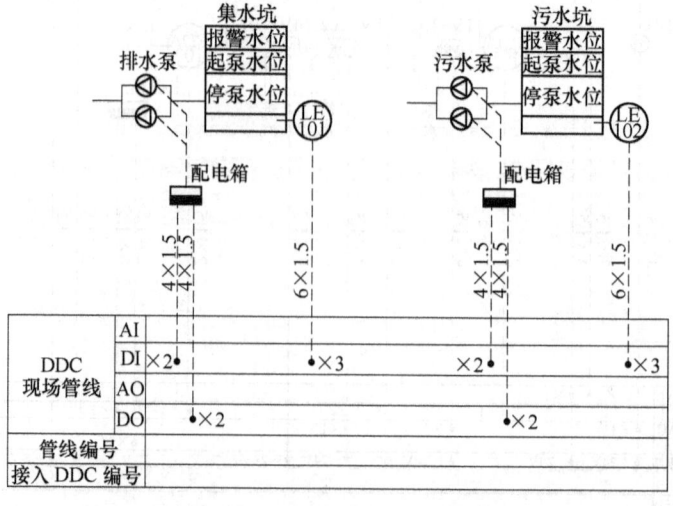

图 6-8　生活排水系统监控原理

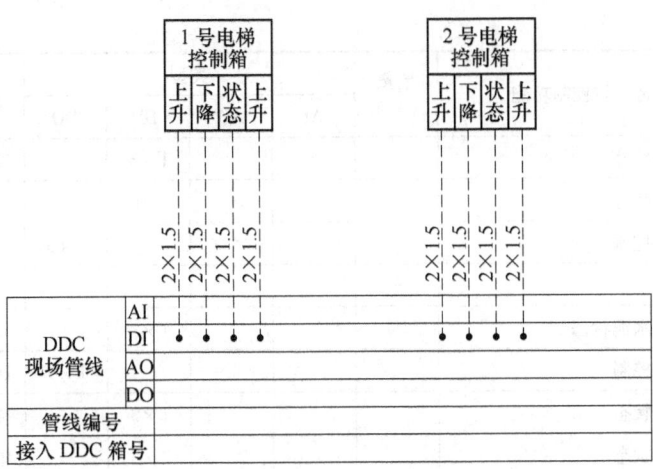

图 6-9 电梯系统监控原理图

6.4.4 编制监控点表

采用 HW-5000 系列产品可以根据控制点的分布而不是仅仅根据系统相关性布置节点控制器，因此在完成上述各子系统控制点分析后，将其按分布区域进行统计。由于每个系统都有专用的智能节点控制箱，所以很快可以确定控制箱的种类和数量。

1. 冷冻站监控系统

根据前面冷冻站监控原理图列出冷冻站 DDC 监控点表。由于监控设备多且集中，所以监控点数目比较多，需要多个模块联合控制，但采用基于 LonWorks 技术的 HW-BA52xx 系统，只需要按控制工艺要求配齐需要的 I/O 点即可。冷冻站系统监控点表见表 6-8。

表 6-8 冷冻站系统监控点表

位置	设备名称与控制功能	数量（台）	类型				设备名称（选型参见相关资料）
			AI	AO	DI	DO	
地下一层制冷机房	冷水机组	3					
	冷冻水供水温度		1				水管温度传感器
	冷冻水回水温度		1				水管温度传感器
	冷却水供水温度		1				水管温度传感器
	冷却水回水温度		1				水管温度传感器
	冷冻水流量检测		1				流量计
	冷水机组运行状态				1×3		交流接触器辅助触点
	冷水机组起停控制					1×3	DDC 数字输出
	分集水器压差		1				压差传感器
	旁通阀控制			1			两通阀（带执行器）
	旁通阀阀门检测		1				两通阀（带执行器）
	冷却塔	3					
	冷却塔风机起停					1×3	DDC 数字输出

(续)

位置	设备名称与控制功能	数量（台）	类型				设备名称（选型参见相关资料）
			AI	AO	DI	DO	
地下一层制冷机房	冷却塔风机状态				1×3		交流接触器辅助触点
	冷却塔蝶阀状态				2×6		电动蝶阀辅助输出
	冷却塔蝶阀控制					2×6	DDC 数字输出
	冷冻泵	3					
	冷冻水供水水流状态				1×3		水流开关
	冷冻泵起停控制					1×3	DDC 数字输出
	冷冻泵运行状态				1×3		交流接触器辅助触点
	冷冻水蝶阀状态				2×3		电动蝶阀辅助输出
	冷冻水蝶阀控制					2×3	DDC 数字输出
	冷却泵	3					
	冷却水供水水流状态				1×3		水流开关
	冷却泵起停控制					1×3	DDC 数字输出
	冷却泵运行状态				1×3		交流接触器辅助触点
	冷却泵蝶阀状态				2×3		电动蝶阀辅助输出
	冷却泵蝶阀控制					2×3	DDC 数字输出
	膨胀水箱	1					
	水箱低水位信号				1		液位开关
	水箱高水位信号				1		液位开关
	水箱阀门控制					1	电动阀及执行器
	合计		7	1	44	37	
	智能节点控制箱配置		HW – BA5811Ⅱ型楼宇控制箱 2 台				

冷冻站系统 DDC 选型表见表 6-9。由表 6-9 可知，地下一层冷冻站监控系统需要的监控点数为：AI 7 个、AO 1 个、DI 44 个、DO 37 个。选用 1 个 HW-5201 模块，4 个 HW-5202 模块，3 个 HW-5207-4 模块，需要配置智能节点控制箱 HW-BA5811Ⅱ型楼宇控制箱 2 台，编号为 DDC-1-01、DDC-1-02。

表 6-9　冷冻站系统 DDC 选型表

类　型	AI	AO	DI	DO
本系统需要点数	7	1	44	37
1 个 5201 模块提供点数	7	2	4	6
4 个 5202 模块提供点数			11×4	7×4
1 个 5207-4 模块提供点数				4
剩余点数	0	1	4	1

2. 热交换系统

根据前面绘制出的热交换系统原理图可列出热交换系统的监控点表见表 6-10。热交换系统 DDC 选型表见表 6-11。

表 6-10 热交换系统监控点表

位置	设备名称与控制功能	数量（台）	类型				设备名称（选型参见相关资料）
			AI	AO	DI	DO	
换热站	换热器	2					
	热水调节阀开度检测		2				两通阀（带执行器）
	热水调节阀开度控制			2			两通阀（带执行器）
	一次供水温度		1				水管温度传感器
	一次供水压力检测		1				压力变送器
	一次供水流量测量		1				流量计
	一次回水温度		1				水管温度传感器
	二次供水温度		2				水管温度传感器
	二次回水温度		2				水管温度传感器
	循环水泵	2					
	热水泵起停控制					2	DDC 数字输出
	热水泵运行状态				2		交流接触器辅助触点
	合计		10	2	2	2	
	智能节点控制箱配置		HW-BA5810 I 型楼宇控制箱 1 台				

表 6-11 热交换系统 DDC 选型表

类型	AI	AO	DI	DO
本系统需要点数	10	2	2	2
1 个 5201 模块提供点数	8	4	3	4
1 个 5206-3 模块提供点数	3			
剩余点数	1	2	1	2

由表 6-11 可知，地下一层热交换系统需要配置 1 个 HW-5201 模块和 1 个 HW-5206-3 模块，配置智能节点控制箱 HW-BA5810 I 型楼宇控制箱 1 台，编号为 DDC-1-03。

3. 新风机组系统

由于新风机组设置位置较分散，其中二层会议室 1 台；三层会议室 2 台，2~15 层的空调机房各 1 台，楼宇自控箱需要根据楼层设置，根据前面新风机组原理图列出新风机组系统监控点表见表 6-12。新风机组系统 DDC 选型表见表 6-13~表 6-15。

表 6-12 新风机组系统监控点表

位置	设备名称与控制功能	数量（台）	类型				设备名称（选型参见相关资料）
			AI	AO	DI	DO	
空调机房	新风机组	17					
	冷水阀控制			1×17			两通阀（带执行器）
	热水阀控制			1×17			两通阀（带执行器）

(续)

位置	设备名称与控制功能	数量(台)	类型				设备名称(选型参见相关资料)
			AI	AO	DI	DO	
空调机房	新风风阀控制			1×17			风阀执行器
	风机起停控制					1×17	DDC数字输出
	风机运行状态				1×17		交流接触器辅助触点
	风机故障报警				1×17		热继电器辅助触点
	风机手/自动				1×17		转换开关
	风机两侧压差				1×17		压差开关
	过滤网状态				1×17		压差开关
	加湿阀开关控制					1×17	电动两通阀+执行器
	防霜冻保护				1×17		防冻开关
	送风温湿度检测		2×17				风道温湿度传感器
	新风温湿度检测		2×17				风道温湿度传感器
	合计		68	51	102	34	
	智能节点控制箱配置		HW-BA5810 I 型楼宇控制箱 13 台 HW-BA5811 II 型楼宇控制箱 1 台				

表 6-13 二层新风机组系统 DDC 选型表

类 型	AI	AO	DI	DO
本系统需要点数	4×2	3×2	6×2	2×2
1 个 5201 模块提供点数	4×2	4×2	7×2	4×2
剩余点数	0	2	2	4

由表 6-13 可知，二层新风机组需要配置 2 个 HW-5201 模块，配置智能节点控制箱 HW-BA5810 I 型楼宇控制箱 1 台，编号为 DDC2-01。

表 6-14 三层新风机组系统 DDC 选型表

类 型	AI	AO	DI	DO
本系统需要点数	4×3	3×3	6×3	2×3
3 个 5201 模块提供点数	4×3	4×3	7×2	4×3
1 个 5206-6 模块提供点数			6	
剩余点数	0	3	2	6

由表 6-14 可知，三层新风机组需要配置 3 个 HW-5201 模块和 1 个 HW-5206-6 模块，配置智能节点控制箱 HW-BA5811 II 型楼宇控制箱 1 台，编号为 DDC3-01。

表 6-15 4~15 层新风机组系统 DDC 选型表

类 型	AI	AO	DI	DO
本系统需要点数	4	3	6	2
1 个 5201 模块提供点数	4	4	7	4
剩余点数	0	1	1	2

由表 6-15 可知，4～15 层每层新风机组需要配置 1 个 HW-5201 模块，配置 HW-BA5810 Ⅰ型楼宇控制箱 1 台，编号分别为 DDC4-01～DDC15-01。

4. 空调机组系统

根据前面空调机组原理图列出空调机组系统监控点表见表 6-16，空调机组系统 DDC 选型表见表 6-17。

表 6-16 空调机组系统监控点表

位置及设备	设备名称与控制功能	类型				设备名称（选型参见相关资料）
		AI	AO	DI	DO	
空调机房空调机组 2 台	冷水阀控制		1×2			两通阀（带执行器）
	热水阀控制		1×2			两通阀（带执行器）
	新风风阀控制		1×2			风阀执行器
	回风风阀控制		1×2			风阀执行器
	排风风阀控制		1×2			风阀执行器
	送风机起停控制				1×2	DDC 数字输出
	送风机运行状态			1×2		交流接触器辅助触点
	送风机故障报警			1×2		热继电器辅助触点
	送风机手/自动			1×2		转换开关
	送风机两侧压差			1×2		压差传感器
	排风机起停控制				1×2	DDC 数字输出
	排风机运行状态			1×2		交流接触器辅助触点
	排风机故障报警			1×2		热继电器辅助触点
	排风机手/自动			1×2		转换开关
	排风机两侧压差			1×2		压差传感器
	过滤网状态			1×2		压差开关
	加湿阀开关控制				1×2	电动两通阀+执行器
	新风温湿度检测	2×2				风道温湿度传感器
	回风温湿度检测	2×2				风道温湿度传感器
	排风温湿度检测	2×2				风道温湿度传感器
	送风温湿度检测	2×2				风道温湿度传感器
	二氧化碳浓度检测	1×2				二氧化碳传感器
	防冻开关状态			1×2		防冻开关
	合计	18	10	20	6	
	配置智能节点控制箱	HW-BA5811 Ⅱ型楼宇控制箱 1 台				

由表 6-17 可知，二层空调机组需要配置 3 个 HW-5201 模块和 1 个 HW-5206-6 模块，配置智能节点控制箱 HW-BA5811 Ⅱ型楼宇控制箱 1 台，编号为 DDC2-02。

5. 送排风系统

送排风机设置位置较分散，其中地下一层送风机房送风机 2 台；屋顶送风机 7 台；车库排风机 3 台，楼宇自控箱需要根据楼层设置，根据前面送风机原理图列出送排风系统监控点表见表6-18。各层送排风系统DDC选型表见表6-19～表6-21。

表6-17 空调机组系统DDC选型表

类 型	AI	AO	DI	DO
本系统需要点数	18	10	20	6
3个5201模块提供点数	6×3	4×3	5×3	4×3
1个5206-6模块提供点数				6
剩余点数	0	2	1	6

表6-18 送排风机系统监控点表

位置	设备名称与控制功能	数量	类型				设备名称 （选型参见相关资料）
			AI	AO	DI	DO	
空调机房	送风机	9					
	风机起停控制					1×9	DDC数字输出
	风机运行状态				1×9		交流接触器辅助触点
	风机故障报警				1×9		热继电器辅助触点
	排风机	3					
	风机起停控制					1×3	DDC数字输出
	风机运行状态				1×3		交流接触器辅助触点
	风机故障报警				1×3		热继电器辅助触点
	合计				24	12	
	智能节点控制箱配置			HW-BA5810 I 型楼宇控制箱3台			

表6-19 地下一层送风机DDC选型表

类 型	AI	AO	DI	DO
本系统需要点数			2×2	2×1
1个5208模块提供点数			5	5
剩余点数			1	3

由表6-19可知，地下一层送风机需要配置1个HW-5208模块，配置智能节点控制箱HW-BA5810 I 型楼宇控制箱1台，编号为DDC-1-04。

表6-20 车库排风机DDC选型表

类 型	AI	AO	DI	DO
本系统需要点数			3×2	3×1
1个5204模块提供点数			9	8
剩余点数			3	5

由表6-20可知，一层车库需要配置1个HW-5204模块，配置智能节点控制箱HW-BA5810 I 型楼宇控制箱1台，编号为DDC1-01。

表6-21 屋顶送风机 DDC 选型表

类型	AI	AO	DI	DO
本系统需要点数			7×2	7×1
1 个 5204 模块提供点数			9	8
1 个 5206-6 模块提供点数			6	
剩余点数			1	1

由表 6-21 可知，屋顶送风机需要配置 1 个 HW-5204 模块和 1 个 HW-5206-6 模块，配置智能节点控制箱 HW-BA5810 I 型楼宇控制箱 1 台，编号为 DDC16-01。

6. 给排水系统

根据前面给排水系统原理图列出给排水系统监控点表见表 6-22。给排水系统 DDC 选型表见表 6-23。

表6-22 给排水监控系统监控点表

位置	设备名称与控制功能	数量	类型				设备名称（选型参见相关资料）
			AI	AO	DI	DO	
地下一层泵房	给水泵	2					
	水泵起停控制					1×2	DDC 数字输出
	水泵运行状态				1×2		交流接触器辅助触点
	生活水箱				4		液位传感器
	蓄水池				4		液位传感器
	排水泵	2					
	水泵起停控制					1×2	DDC 数字输出
	水泵运行状态				1×2		交流接触器辅助触点
	污水坑水位				3		液位传感器
	污水泵	2					
	水泵起停控制					1×2	DDC 数字输出
	水泵运行状态				1×2		交流接触器辅助触点
	集水坑水位				3		液位传感器
	合计				20	6	
	智能节点控制箱配置		HW-BA5810 II 型楼宇控制箱 1 台				

表6-23 给排水系统 DDC 选型表

类型	AI	AO	DI	DO
本系统需要点数			20	6
1 个 5202 模块提供点数			11	7
2 个 5206-6 模块提供点数			6×2	
剩余点数			3	1

由表 6-23 可知，地下一层给排水系统需要配置 1 个 HW-5202 模块，2 个 5206-6 模块，配置智能节点控制箱 HW-BA5810Ⅱ型楼宇控制箱 1 台，编号为 DDC-1-05。

7. 电梯系统

根据前面电梯监控系统原理图列出电梯系统监控点表见表 6-24，电梯系统 DDC 选型表见表 6-25。

表 6-24　电梯系统监控点表

位置	设备名称与控制功能	数量	类型				设备名称 （选型参见相关资料）
			AI	AO	DI	DO	
电梯控制室	电梯	3					
	上升状态				1×3		
	下降状态				1×3		
	运行状态				1×3		
	故障报警				1×3		
	合计				12		
	智能节点控制箱配置			HW-BA5810Ⅰ型楼宇控制箱 1 台			

表 6-25　电梯系统 DDC 选型表

类型	AI	AO	DI	DO
本系统需要点数			12	
1 个 5203 模块提供点数			17	
剩余点数			5	

由表 6-25 可知，电梯系统需要配置 1 个 HW-5203 模块，配置智能节点控制箱 HW-BA5810Ⅰ型楼宇控制箱 1 台，编号为 DDC16-02。

根据上面各个子系统的监控点表，列出本工程的建筑设备自动化系统监控点一览表和 DDC 配置一览表见表 6-2 和表 6-3。

6.4.5　绘制建筑设备自动化系统总控制网络图

根据表 6-2，可知本工程监控点总数为 711 个（其中 DI 369 个、DO 145 个、AI 133 个、AO 64 个），在 999 以内，所以本工程建筑设备自动化系统规模是小型系统，其网络结构可以采用以现场设备层为骨干构成的两层网络结构。根据选定的系统结构和 DDC 控制箱在楼层内的分布，绘制建筑设备自动化系统总控制网络图如图 6-10 所示。

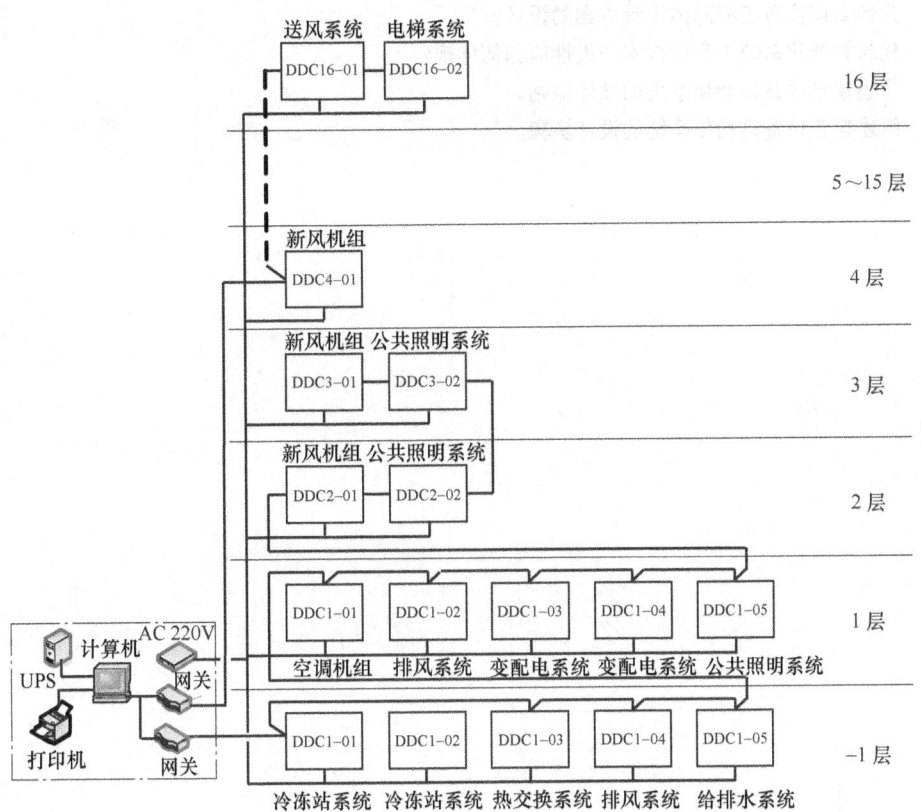

图 6-10 建筑设备自动化系统总控制网络图

6.4.6 设计说明

1) 本工程建筑设备自动化系统选用海湾 HW-5000 楼控系统,监控中心设在一层,与消防控制中心合用,监控中心设中央操作站主机、不间断电源、电源配电箱、网络接口及打印机。

2) 系统线缆选型:电源线选用 RRV3×1.5;现场总线采用 RS-485 连接方式,选用 RVVP2×1.5 双绞屏蔽线;信号线采用 RVVP2×1.5 双绞屏蔽线。

3) 线缆敷设系统每条线路出控制室后均沿桥架敷设至弱电井,沿弱电井内金属线槽敷设至各个楼层的控制器,控制器至现场各种传感器、变送器、阀门等的控制线、电源线等均穿管或采用线槽明敷。

4) 系统电源由控制中心统一供电,控制中心主机同时配置不间断电源,所有供电线路必须单独或与强电线路共同敷设,不得与弱电线路共同敷设。

5) 电梯系统由电梯厂商提供 RS-485 通信接口,由集成商连接入上位机。

思考题与习题

6-1 简述编制建筑物智能化系统的工程总体设计方案的指导思想。

6-2 为什么应注重工程总体设计方案的设计?
6-3 建筑智能化系统工程的技术先进性应如何体现?
6-4 简述建筑设备自动化系统的设计原则。
6-5 简述建筑设备自动化系统的设计步骤。

参 考 文 献

[1] 张九根，马小军，等. 建筑设备自动化系统设计 [M]. 北京：人民邮电出版社，2003.
[2] 戴瑜兴. 建筑智能化系统工程设计 [M]. 北京：中国建筑工业出版社，2005.
[3] 董春利. 建筑智能化系统 [M]. 北京：机械工业出版社，2006.
[4] 杨绍. 智能建筑工程及其设计 [M]. 北京：电子工业出版社，2009.
[5] 许锦标，张振昭. 楼宇智能化技术 [M]. 3版. 北京：机械工业出版社，2010.
[6] 张永坚，周培祥，等. 智能建筑技术 [M]. 北京：中国水利水电出版社，2007.
[7] 刘国林. 建筑物自动化系统 [M]. 北京：机械工业出版社，2002.
[8] 王再英，韩养社，等. 楼宇自动化系统原理与应用 [M]. 北京：电子工业出版社，2005.
[9] 江亿，姜子炎. 建筑设备自动化 [M]. 北京：建筑工业出版社，2007.
[10] 王波. 智能建筑基础教程 [M]. 重庆：重庆大学出版社，2002.
[11] 李春旺. 建筑设备自动化 [M]. 武汉：华中科技大学出版社，2010.
[12] 黄翔. 空调工程 [M]. 北京：机械工业出版社，2006.
[13] 周军. 电气控制及PLC [M]. 北京：机械工业出版社，2015.
[14] 马小军. 建筑电气控制技术 [M]. 2版. 北京：机械工业出版社，2003.
[15] 安大伟. 暖通空调系统自动化 [M]. 北京：中国建筑工业出版社，2009.
[16] 郑清明. 智能化供配电工程 [M]. 北京：中国电力出版社，2007.
[17] 李正军. 现场总线及其应用技术 [M]. 北京：机械工业出版社，2005.
[18] 万金庆. 建筑环境测试技术 [M]. 武汉：华中科技大学出版社，2009.
[19] 徐华. 浅谈照明控制及智能照明控制系统 [J]. 低压电器，2008（6）：4-7.